DESCRIPTION

MOLLUSQUES FOSSILES

DES GRÈS VERTS DES ENVIRONS DE GENÈVE

DESCRIPTION

DES

MOLLUSQUES FOSSILES

QUI SE TROUVENT DANS LES

GRÈS VERTS DES ENVIRONS DE GENÈVE

PAR

F.-J. PICTET

Professeur de Zoologie et d'Anatomie comparée à l'Académie de Genève

—————

GENÈVE

IMPRIMERIE DE JULES-Gme FICK

Rue des Belles-Filles, 40

1847

PRÉFACE.

L'étude des lois qui ont présidé à la succession des êtres organisés forme, depuis quelques années, une branche importante des sciences naturelles. Un grand nombre de découvertes bien propres à attirer l'attention générale ont donné à cette science une impulsion rapide, et sur des observations encore incomplètes on s'est hâté de reconstruire l'histoire du globe. Ces idées nouvelles n'ont pas tardé à rencontrer de nombreux contradicteurs et presque tous les principes généraux que l'on a essayé de formuler, trouvent encore plus ou moins d'opposition.

Pour quiconque a suivi de près ces discussions, il devient évident que les arguments théoriques sont à peu près épuisés et que ce n'est que dans l'étude détaillée des faits que l'on peut chercher les moyens de remonter aux lois. Or, parmi les travaux spéciaux il n'en est point peut-être de plus nécessaires, aujourd'hui, que ceux qui ont pour objet des faunes locales.

Les ouvrages généraux ont dû précéder les recherches spéciales, pour fixer les bases de la science et diriger les études subséquentes; mais ces grands travaux, réservés à quelques hommes placés dans des positions particulières, ne doivent pas être les seuls et, quelle que soit leur utilité, il est beaucoup de questions qu'ils sont peu propres à résoudre. Ils offrent en effet, par leur forme même, quelques chances d'erreurs que les monographies locales peuvent mieux éviter.

On en conviendra facilement si on réfléchit à la nature des faits qui sont nécessaires pour la discussion des lois générales. Il faut, pour arriver à ces lois, que l'on connaisse exactement la physionomie générale de chacune des faunes anciennes, la manière dont les espèces et les genres étaient groupés dans les diverses mers, le nombre proportionnel des êtres qui ont vécu dans les différentes périodes, le nombre relatif des espèces de chaque classe, etc. Quelques exemples feront comprendre pourquoi les ouvrages généraux ne peuvent pas toujours fournir les documents suffisants.

En supposant, par exemple, que l'on veuille connaître en détail les proportions numériques des êtres qui ont vécu dans les époques anciennes, pour les comparer entre elles et avec les faunes actuelles, et pour en tirer des résultats généraux sur le développement du règne animal, les recherches qui porteront sur de grandes étendues de pays trouveront des obstacles dont il leur sera difficile de se débarrasser tout à fait. Chaque terrain en effet, caché dans la plus grande partie de son étendue, ne paraît en général à la surface que par lambeaux, et le plus souvent ses fossiles, sur des centaines de lieues carrées, ne seront connus que par l'exploitation d'un petit nombre de gisements. Les catalogues qui en résulteront seront donc incomplets et l'on ne pourra pas y donner plus de confiance que nous n'en accorderions aux travaux d'un naturaliste qui aurait la prétention de nous faire connaître la population complète d'une de nos vastes mers, dont il n'aurait pu étudier qu'un petit nombre de points choisis au hasard sur ses côtes. La comparaison ne sera donc exacte, ni si on compare ces faunes anciennes avec celles du monde actuel, ni même si on compare les divers terrains entre eux, car dans tous les pays ils sont disposés d'une manière très-inégale quant à la manière dont ils sont accessibles aux études paléontologiques.

Les faunes locales évitent une grande partie de ces inconvénients car, se bornant à l'étude d'un gisement restreint, elles sont plus exactement comparables, soit avec une portion des mers actuelles de même étendue géographique, soit avec des gisements analogues d'autres terrains. M. Agassiz a déjà fait remarquer, avec grande raison, que, si l'on veut se faire une idée du nombre proportionnel des espèces qui vivaient à une époque donnée, il faut comparer un espace restreint des mers anciennes avec un espace de même dimension des mers actuelles, et non le catalogue complet des espèces connues d'un terrain avec le nombre des espèces modernes, car il est évident que ce dernier aura toujours l'avantage. Les monographies locales fourniront seules des éléments certains pour ces recherches importantes.

Il est vrai que ces travaux n'auront toute leur application que lorsque la géographie zoologique, aujourd'hui si peu avancée, aura acquis un développement qui est devenu nécessaire dans l'état actuel de la science. Mais ils contribueront aussi à ses progrès, et auront probablement pour effet, d'en élargir les vues par les comparaisons qu'ils forceront à faire.

Les monographies locales sont appelées, sous un autre point de vue, à jouer un rôle important. M. Edouard Forbes a, par des recherches de géographie zoologique très-remarquables, attiré l'attention sur la distribution des mollusques dans les mers actuelles, suivant la profondeur de l'eau, la nature des côtes, la distance des continents, etc. Il est très-important, pour la paléontologie, que des études dirigées au même point de vue viennent compléter les travaux de cet habile zoologiste. On arrivera, par ce moyen, à savoir jusqu'à quel point on peut trouver, dans des faits analogues, l'explication des différences qui existent entre les faunes; on apprendra ainsi à distinguer, parmi les différences des populations zoologiques, celles qui impliquent nécessairement un changement dans les mers, de celles qui ne tiennent qu'à des accidents locaux. Il est probable que nos idées théoriques et nos connaissances en paléontologie seront plus ou moins modifiées par la connaissance complète de ces faits. Or, l'étude des faunes spéciales peut seule fournir le moyen d'y arriver, parce que seule elle s'appuie sur l'étude d'êtres qui ont incontestablement vécu ensemble et dans des circonstances tout à fait semblables.

Par tous ces motifs j'ai cru utile, dans l'état actuel de la science, de faire une de ces monographies locales en décrivant les mollusques qui ont vécu dans la mer où se sont déposés les grès verts de nos environs. Les nombreux fossiles de ces grès verts sont étudiés depuis assez longtemps et sont conservés dans assez de collections pour que je puisse espérer d'avoir connu la grande majorité des mollusques qui ont habité cette petite portion des mers crétacées. Quelques parties de ces localités sont déjà célèbres par les recherches de M. Alex. Brongniart, et la plupart des espèces ont aussi été étudiées dans l'excellente Paléontologie française de M. d'Orbigny. On s'étonnera peut-être qu'après de pareils travaux, j'aie choisi ces gisements pour en faire une étude spéciale, mais on verra, par la suite de ce mémoire, qu'un grand nombre d'espèces nouvelles restaient encore à décrire, que plusieurs espèces déjà indiquées demandaient à être mieux connues, que de nombreuses variétés méritaient d'être observées et que, par conséquent, malgré les travaux importants que je viens de citer, il y avait encore beaucoup à faire.

J'avais d'abord pensé à restreindre ma monographie aux grès verts de Savoie, mais, dans le courant de mon travail, j'ai vu que la perte du Rhône contenait si constamment presque tous les mêmes mollusques, qu'il y avait avantage à réunir l'étude de ces localités afin de trouver, dans des échantillons plus nombreux, des lumières plus certaines sur les limites des espèces. J'ai d'ailleurs, pour chaque espèce, donné avec soin son gisement et l'on pourra, en conséquence, toujours séparer s'il en est besoin la faune de la perte du Rhône de celle de Savoie. Je comprends donc dans mes recherches les fossiles trouvés à la perte du Rhône et dans ses environs, tels que Châtillon-de-Michaille, Lelex, etc. ; les fossiles du Saxonet au-dessus de Bonneville, ceux des escaliers de Sommier dans la vallée du Reposoir, ceux des rochers des Fiz au-dessus de St-Martin, et ceux des environs de Samoens et de Sixt. L'ensemble de ces localités comprend une ligne d'environ vingt lieues et, par conséquent, formait une portion de la mer crétacée suffisamment limitée, et comparable par ses dimensions à des golfes qui dans les mers actuelles seraient considérés, sous le point de vue de la géographie zoologique, comme formant des localités très-restreintes.

Dans tous ces gisements je n'ai en général étudié que les fossiles de l'étage du grès vert, qui correspond au gault (*terrain albien* d'Orb.). Les fossiles de ce terrain sont tellement identiques dans toutes les localités indiquées ci-dessus, qu'on ne peut avoir aucun doute qu'ils aient été déposés par la même mer. Il est vrai qu'à la perte du Rhône le dépôt qui correspond au gault peut se subdiviser en diverses couches où les fossiles ne sont pas distribués exactement de la même manière; il est vrai aussi qu'en comparant entre elles les localités de Savoie (¹), on trouve certaines espèces qui sout commu-

---

(1) Je dois toutefois excepter de cette identité quelques couches des Fiz et des montagnes de la vallée de Sixt, qui renferment un mélange remarquable d'espèces du gault avec d'autres qui ne se trouvent, en général, que dans l'étage des grès verts supérieurs ou craies chloritées (*terrain turonien* d'Orb.). Il était impossible de séparer la description des fossiles de ces couches de celle

nes dans quelques points, tandis qu'elles sont rares dans d'autres; mais on ne peut, je crois, attribuer ces faits qu'à des circonstances analogues à celles qui existent dans nos mers actuelles, où la répartition des espèces n'est pas identique par tout, et dans lesquelles une longue série d'années amène certains changements dans la population zoologique, comme l'a très-bien montré M. Forbes. Je donnerai d'ailleurs, à la fin de ce mémoire, un tableau complet indiquant les gisements de chaque espèce et je discuterai alors l'importance qu'il faut donner à leur distribution.

Je terminerai cette monographie par quelques considérations générales sur l'ensemble de la faune dont j'aurai décrit les espèces. Je signalerai alors, par des comparaisons avec diverses faunes vivantes et fossiles, les résultats que l'on en peut déduire sur l'état des mers à cette époque, et surtout ceux qui intéressent la solution des questions paléontologiques aujourd'hui controversées.

Pour ne pas trop multiplier le nombre des planches, je n'ai pas fait figurer les espèces qui étaient suffisamment connues. J'ai supposé que la *Paléontologie française* est entre les mains de tous ceux qui s'occupent de l'étude des fossiles et je n'ai, en conséquence, fait dessiner que les mollusques pour lesquels les planches de cet ouvrage m'ont paru insuffisan-

---

de l'ensemble des mollusques de nos grès verts; mais j'ai toujours indiqué les gisements où l'on trouve chaque espèce, de manière à éviter toute erreur et à fournir, au contraire, aux géologues des données plus complètes pour la classification de nos terrains crétacés. J'aurai soin d'ailleurs, plus tard, d'en tenir compte dans les considérations générales que je présenterai sur la faune des terrains albiens.

tes. Je ne me suis toutefois pas borné aux espèces nouvelles, et j'y ai ajouté toutes les variétés importantes qui n'avaient pas été figurées. J'ai voulu que ce travail put être utile aux paléontologistes de nos environs et surtout aux jeunes gens qui commencent, à Genève, l'étude de cette science, et j'ai cru pour cela convenable que la description et la figure des variétés les plus importantes leur facilitassent le moyen de reconnaître les espèces.

Je dois dire un mot, en terminant, des matériaux que j'ai eus à ma disposition. Je me suis principalement servi de la collection du Musée Académique où j'ai déposé presque toutes les espèces décrites dans ce mémoire; la collection classique de M. De Luc m'a été aussi très-utile, principalement parce qu'elle renferme les échantillons originaux décrits par M. Brongniart, ce qui m'a permis de rectifier quelques erreurs de synonymie. J'ai étudié aussi, avec un grand intérêt, la belle collection de Céphalopodes de M. le docteur Mayor ([1]), les collections géologiques de M. le professeur Favre, de M. le docteur Roux, de M. Tollot, de M. Rochat, etc. Je les prie, de recevoir ici, l'expression de ma reconnaissance pour l'obligeance qu'ils ont mise à faciliter mes recherches.

---

(1) M. le docteur Mayor réunit depuis plusieurs années des matériaux importants pour une histoire générale des Ammonites. Je regrette, avec tous les amis de la Paléontologie, que ce travail n'ait pas encore été publié.

PREMIÈRE CLASSE.

CÉPHALOPODES.

PREMIER ORDRE.

CÉPHALOPODES ACÉTABULIFÈRES.

Les céphalopodes acétabulifères ne sont représentés dans nos grès verts que par une seule famille, celle des bélemnitides. La plupart des autres groupes étant dépourvus de parties solides, ou munis seulement d'osselets internes très-fragiles, n'ont été conservés fossiles que dans quelques rares gisements. La nature des terrains de nos environs ne permet guère d'espérer qu'on en puisse recueillir des fragments.

Famille des BÉLEMNITIDES.

Caractères. Animal allongé, à corps fortifié par une coquille interne, composée d'une partie plus ou moins dilatée

et de loges aériennes empilées sur une ligne presque droite,
représentant un cône percé par un siphon marginal.

La famille des bélemnitides comprend trois genres, les
Conoteuthis, les *Bélemnitelles* et les *Bélemnites*. Le premier
n'a encore été observé que dans les terrains aptiens; le second
est spécial aux couches supérieures de la craie. Nous n'avons
donc trouvé dans nos environs que le troisième.

Genre BELEMNITES Lamarck.

CARACTÈRES. Animal céphalopode allongé, dont la tête porte
huit bras courts munis de crochets cornés disposés en deux
rangées alternes, et deux longs bras inconnus. Le corps est
soutenu par un osselet interne, composé d'une partie cornée,
mince, et presque toujours détruite par la fossilisation, d'une
série de loges (phragmocône), et d'une partie terminale ou
rostre qui est la plus fréquemment conservée. Ce rostre est
cylindrique, plus ou moins appointi à l'extrémité et creusé
à sa base en une cavité conique qui reçoit le phragmocône.
Il n'est point coupé par une fente antérieure comme cela a
lieu chez les bélemnitelles, mais il est entier dans la partie
qui entoure la cavité conique.

Les bélemnites ont apparu avec le lias et sont nombreuses
et abondantes dans tous les autres étages jurassiques, ainsi
que dans les terrains néocomiens. M. d'Orbigny en cite une
seule espèce des terrains albiens, qui est la seule aussi que
nous ayons retrouvée. Ce genre disparaît dans les terrains
crétacés supérieurs et y est remplacé par les bélemnitelles.

Belemnites minimus Lister.

(Pl. I, fig. 1 a et b.)

Belemnites testâ elongatâ, claviformi, submucronatâ, anticè angustatâ : facie ventrali breviter sed profundè sulcatâ, lateraliter obsoletè bisulcatâ.

B. minimus Lister, Hist. anim. Angliæ, pl. ccxxviii, fig. 32.
B. Listeri Mantell, Geol. of Sussex, pl. xix, fig. 17, 18, 23.
B. minimus Blainville, Mém. sur les Bélemn. p. 75, pl. iv. fig. 1 c et supp. p. 119.
   Id.   Sowerby, Min. conc. pl. 589, fig. 1—7.
B. attenuatus   *id.*   *id.*   fig. 8—10.
B. Listeri Phillips, Geol. of Yorkshire, pl. i, fig. 18.
B. minimus Michelin, Mém. Soc. géol. 1838, p. 100.
B. Listeri Bronn, Leth. geogn. pl. xxxiii, fig. 13.
B. minimus Geinitz, Charackteristik der sæchsisch-bœhmischen Kreidegebirge, p.
    42 et 68, pl. xvii, fig. 32—34.
   Id.   Reuss, Verst. bœhmischer Kreideformation, I. p. 24.

Dimensions.

Longueur la plus fréquente des individus adultes bien conservés..... 10 à 45 millim.
Diamètre des mêmes... 7 à 8
Diamètre de quelques fragments...................................... 10

Rostre allongé, claviforme, un peu mucroné en arrière. Sa plus grande largeur est au tiers postérieur et il s'amincit sensiblement en s'approchant de l'ouverture qui est à peu près ronde. Sur la face antérieure est un sillon bien marqué, occupant un peu plus du quart de la longueur; sur les côtés on distingue un double sillon souvent presque effacé, et jamais bien apparent. Cavité très-longue, conique et médiane, pourvue, suivant M. d'Orbigny, d'une arête longitudinale. Couleur d'un jaune très-pâle.

Observation. Je n'ai jamais trouvé dans nos environs des rostres prolongés en une pointe atténuée, très-longue (*B. attenuatus* Sow.). Ces rostres, suivant M. d'Orbigny, caractérisent l'âge adulte de cette espèce, et cependant nous voyons atteindre à ceux que nous trouvons ici, le diamètre de dix millimètres qui dépasse beaucoup les mesures données par cet auteur.

RAPPORTS ET DIFFÉRENCES. Cette espèce est très-voisine de la *B. subfusiformis* Raspail, du terrain néocomien ; elle en diffère surtout par la brièveté du sillon antérieur (M. d'Orbigny ajoute à cette différence sa taille plus petite et son prolongement en pointe aiguë dans l'âge adulte, caractères qui , comme je l'ai dit plus haut, ne peuvent guère servir pour nos échantillons).

LOCALITÉ. Le *B. minimus* est très-abondant à la perte du Rhône (Collections du Musée académique et de MM. de Luc, Favre, Roux, etc.). Je n'en connais aucun exemplaire des grès verts de Savoie.

EXPLICATION DES FIGURES. Planche I, fig. 1 *a*, *Belemnites minimus* de la perte du Rhône, vu par sa face antérieure ; — fig. 1 *b*, le même vu de profil.

DEUXIÈME ORDRE.

CÉPHALOPODES TENTACULIFÈRES.

1re FAMILLE : NAUTILIDES.

CARACTÈRES. Coquille spirale ou droite, à cloisons simples ou onduleuses, jamais foliacées sur leurs bords. Siphon central ou situé contre le retour de la spire, jamais dorsal.

Cette famille contient des genres nombreux qui diffèrent par leur enroulement ; mais tous ces genres, sauf les aganides et les nautiles, sont spéciaux à l'époque primaire, celui des nautiles a seul été trouvé dans les terrains crétacés.

Genre NAUTILUS Linné.

CARACTÈRES. Coquille discoïdale, enroulée sur le même plan en spirale régulière composée de tours contigus. Loges aériennes nombreuses, séparées par des cloisons droites ou simplement arquées ou sinueuses. Siphon central ou subcentral.

Les nautiles ont apparu dès les temps les plus anciens du globe et se retrouvent dans tous les terrains; ils paraissent moins nombreux aujourd'hui qu'ils ne l'ont été dans les époques antérieures à la nôtre, car ils ne sont représentés dans les mers actuelles que par deux espèces de l'Océan Indien. Ces mollusques présentent des modifications dans leurs formes qui concordent le plus souvent avec leur distribution géologique. Le groupe le plus commun dans les grès verts est celui que M. d'Orbigny nomme les *Radiati*, groupe tout à fait spécial au terrain crétacé et composé d'espèces plissées ou sillonnées en travers dans l'âge adulte. On y trouve aussi quelques espèces lisses, appartenant au groupe des *Lævigati* du même auteur.

La distinction des espèces de nautiles présente, en général, d'assez grandes difficultés, car ces espèces se ressemblent beaucoup entre elles. Les ornements extérieurs peu variés, et le mode d'enroulement toujours le même, fournissent des caractères d'une appréciation d'autant plus difficile que, dans la plupart des terrains, les échantillons sont médiocrement conservés. Aussi la synonymie des espèces est-elle souvent accompagnée d'incertitudes; la plupart des auteurs ont rapporté les nautiles qu'ils trouvaient dans divers terrains crétacés aux espèces décrites par Sowerby d'une manière assez incomplète, et ces rapprochements sont loin d'être toujours justifiables. Ainsi le *N. radiatus* de Sowerby, a été cité dans presque tous les terrains crétacés, et en particulier à la perte du Rhône, quoique les échantillons de cette localité n'appartiennent certainement pas à la même espèce que ceux de Rouen et d'Angleterre, auxquels on a donné le même nom spécifique.

J'indiquerai plus bas, en décrivant les espèces, la manière dont j'ai cru devoir résoudre ces difficultés, et je montrerai, en même temps, qu'il est probable que les paléontologistes ont imparfaitement connu les nautiles du terrain albien et les ont ordinairement confondus, à tort, avec les espèces du terrain turonien. Je crois, en particulier, que les nautiles sillonnés (*Radiati* d'Orb.) du gault doivent être considérés comme tout à fait distincts, et qu'en conséquence ce groupe des *Radiati* doit être composé des espèces suivantes : 1° le *N. pseudo-elegans* d'Orb. et le *neocomiensis* d'Orb., du néocomien inférieur; 2° le *N. Requienianus* d'Orb. qui n'est autre chose que le *N. plicatus* Fitton, du terrain aptien ; 3° les *N. Saussureanus* Pict. et *Neckerianus* Pict. décrits dans cette monographie, du terrain albien, auxquels il faut peut-être ajouter le *N. undulatus* Sow. pl. 40, espèce remarquable par ses grosses côtes en même nombre que les cloisons; 4° les *N. radiatus* Sow., *elegans* Sow. et *Deslongchampsianus* d'Orb. des terrains turoniens. Quant aux espèces lisses (*Lævigati* d'Orb.) je ne connais, comme trouvé dans nos environs, que le *N. rhodani* nouvelle espèce de la perte du Rhône. Les *N. Bouchardianus* et *Clementinus*, si ils s'y trouvent, auront été confondus avec les moules lisses des espèces sillonnées.

Les caractères qui peuvent servir le mieux à la distinction des espèces me paraissent être les suivants: 1° la position du siphon, qui varie très-peu entre les individus d'une même espèce et sur laquelle l'âge n'influe presque pas, comme on peut s'en assurer par l'étude des nautiles actuels ; 2° la grandeur proportionnelle de l'ombilic, caractère qui paraît très-constant, mais qui échappe souvent à une mesure rigoureuse, parce que cet ombilic est rempli de matière terreuse dont on le dégage difficilement; 3° la forme, l'inclinaison et le nombre des côtes. Je me suis, en particulier, servi d'un caractère qui est très-commode et qui me paraît constant: savoir, l'angle que forment les côtes sur le milieu du dos en s'infléchissant en arrière. Je crois, par contre, qu'il ne faut attribuer qu'une importance secondaire à la largeur de la bouche, car, en comparant un grand nombre d'échantillons d'une même localité dont tous les autres caractères sont identiques, on trouvera des différences notables, soit si on mesure cette largeur de la bouche par rapport à sa hauteur (¹), soit si on la mesure par rapport au diamètre total.

Je dois aussi prévenir, qu'à cause de ces difficultés de dé-

---

(1) Je mesure constamment la hauteur de la bouche par une ligne médiane, passant par le siphon, terminée en avant au dos de la coquille, et en arrière par une ligne perpendiculaire à sa direction et passant par les points terminaux de la bouche sur les côtés. Cette mesure n'est, par conséquent, pas influencée par l'échancrure que produit le retour de la spire.

termination, je n'ai tenu compte que des échantillons clairement caractérisés, et qu'il ne serait pas impossible que nos
grès verts renfermassent des espèces lisses qui m'eussent
échappé. Je dois dire, cependant, que le peu de certitude des
caractères tirés des moules exige une grande prudence à cet
égard, et que je n'ai vu aucun échantillon qui présentât clairement un test lisse.

1. NAUTILUS NECKERIANUS Pictet.

(Pl. I, fig. 2 *a, b, c, d*.)

*Nautilus testá discoïdeá, subcompressá, transversim undulato-sulcatá, sulcis inæqua-
libus, umbilico mediocri, aperturá subrotundatá ; septis undulatis simplicibus ; siphunculo subcentrali (post mediam partem).*

DIMENSIONS.

Diamètre des plus grands individus...........................140 à 150 millim.
Épaisseur par rapport au diamètre, moyenne.....................   0,62
   Id.   *id.*   extrêmes.....................   0,56 à 0,66
Largeur de la bouche par rapport à la hauteur, moyenne..........   0,97
   Id.   *id.*   extrêmes..........   0,75 à 1,15
Diamètre de l'ombilic dans un individu de 145 millim..............   11 millim.

Coquille discoïdale, médiocrement comprimée, à dos arrondi, ornée de
sillons profonds, dirigés en arrière à la partie dorsale, où ils forment, à tous
les âges, un angle d'environ 105 degrés. Sur les côtés ces sillons s'infléchissent
fortement en avant, puis forment en arrière une nouvelle sinuosité peu marquée avant d'arriver à l'ombilic vers lequel il sont toujours aussi profondément
marqués. Quelques-uns d'entre eux (un sur deux ou trois) n'atteignent pas cet
ombilic et disparaissent au tiers de la hauteur. Ombilic médiocre. Bouche à peu
près aussi large que haute, arrondie en avant, fortement échancrée par le retour
de la spire ; sa plus grande largeur est à niveau de la partie antérieure de cette
échancrure. Cloisons très-arquées. Siphon placé à peu près au milieu de la bouche, un peu plus près du retour de la spire que du dos.

Rapports et différences. Cette espèce a des rapports avec le *Nautilus radiatus* Sow.; mais elle s'en distingue facilement par les caractères suivants : 1° le *N. Neckerianus* a l'ombilic beaucoup moins ouvert; 2° son siphon est plus central; 3° une partie de ses sillons s'arrêtent avant l'ombilic.

On ne peut d'ailleurs confondre cette espèce avec aucune de celles décrites par M. d'Orbigny comme se trouvant dans les grès verts; mais elle se rapproche bien plus du *N. neocomiensis* d'Orb. Elle me paraît toutefois s'en distinguer par sa forme moins comprimée, par ses sillons plus arqués et par leur inégalité.

Localité. Le *N. Neckerianus* est l'espèce la plus commune à la perte du Rhône où elle acquiert une assez grande taille. J'ai pu en examiner un grand nombre d'échantillons, pris dans les diverses collections que j'ai indiquées plus haut.

Histoire. M. Alex. Brongniart ne cite point de nautiles dans les terrains de la perte du Rhône, mais il indique seulement une espèce indéterminée dans les grès verts des Fiz. Il n'a donc probablement pas connu le *Nautilus Neckerianus*. Je crois que les auteurs, qui après lui ont étudié les fossiles de ce gisement célèbre, n'ont pas eu des échantillons suffisamment bien conservés, et l'ont confondu avec le *N. radiatus* Sow.; c'est en particulier ce qui est arrivé à M. d'Orbigny. J'ai signalé plus haut les différences évidentes qui distinguent ces deux espèces. Le *N. radiatus* est probablement spécial aux craies chloritées et aux grès verts qui font partie du même étage géologique. Le *N. Neckerianus* au contraire caractérise le gault ou les grès verts de l'étage albien.

Explication des figures. Planche 1, fig. 2 *a*, *N. Neckerianus* vu de face et réduit de moitié; — fig. 2 *b*, le même vu de face; — fig. 2 *c*, une cloison de la forme la plus ordinaire; — fig. 2 *d*, une autre cloison plus étroite.

2. Nautilus Saussureanus Pictet.

(Pl. 1, fig. 3 a. b. c.)

Nautilus testâ latâ, transversim undulato-sulcatâ, sulcis latis striatis, lateribus sublæ-vibus, umbilico minimo, aperturâ lunari latâ, septis undulatis, siphunculo subcentrali (ante mediam partem).

Dimensions.

Diamètre du plus grand individu observé........................... 80 millim.

Epaisseur par rapport au diamètre................................ 0,72

Largeur de la bouche par rapport à sa hauteur..................... 1,14

3

Coquille assez renflée, à dos arrondi, ornée de sillons profonds, réguliers, dirigés en arrière à la partie dorsale, où ils ne forment toutefois pas des angles aussi marqués que chez les *N. Neckerianus* et *neocomiensis*, mais bien des courbes arrondies correspondant à peu près à des angles de 140°. Ces sillons sont dans les individus bien conservés marqués de stries d'accroissement parallèles ; sur les flancs ils sont un peu arqués en avant, et ils disparaissent complétement vers la région ombilicale. L'ombilic est étroit et ne laisse pas voir les tours intérieurs quand le test existe ; on les voit un peu dans les moules. Bouche plus large que haute, arrondie, échancrée par le retour de la spire. Cloisons assez fortement arquées et dirigées en arrière sur le milieu des flancs et sur le dos, et en avant entre ces deux courbures. Siphon situé de manière à partager la ligne médiane de la bouche en laissant deux cinquièmes en avant de lui et trois cinquièmes en arrière.

Rapports et différences. Cette espèce se rapproche aussi du *N. radiatus* et en diffère par ses sillons bien plus profonds, son ombilic plus fermé, la place de son siphon, etc. Elle ne peut pas être confondue avec les *N. neocomiensis* et *Neckerianus*, car ses sillons forment sur le dos un angle bien plus obtus, et en outre ils disparaissent presque complétement sur les flancs et vers l'ombilic. Ce dernier est plus fermé et le siphon est plus rapproché du dos que du retour de la spire, tandis que le contraire a lieu dans le *N. Neckerianus*.

Le *N. Saussureanus* ressemble davantage au *N. elegans* Sow. principalement par sa forme large, son ombilic étroit et la place de son siphon. Je crois toutefois ces deux espèces bien distinctes. Le *N. elegans* a les sillons beaucoup plus rapprochés, plus petits et plus nombreux, et ses cloisons sont peu arquées, tandis que celles du *N. Saussureanus* ont une double courbure très-prononcée. Les figures données par MM. Sowerby et d'Orbigny me paraissent ne laisser aucun doute à cet égard.

Localité. Le *N. Saussureanus* est assez fréquent dans les grès verts du Saxonet, mais les exemplaires conservés avec le test y sont au contraire fort rares, ce qui explique probablement pourquoi cette espèce n'a jamais été distinguée. J'en ai aussi quelques exemplaires de la perte du Rhône, mais conservés sans le test et par conséquent d'une détermination incertaine.

Histoire. Le *N. Saussureanus* a probablement été quelquefois confondu avec le *N. elegans*, ce qui a fait croire que cette dernière espèce se trouvait dans les grès verts de nos environs. Les motifs que j'ai donnés ci-dessus me font penser

que ces deux nautiles ne doivent pas être confondus. Je crois très-probable que le
N. elegans est spécial aux craies chloritées et aux grès verts de l'étage turonien et que le *N. Saussureanus* caractérise, comme le *N. Neckerianus*, le gault et
les grès verts de l'étage albien.

EXPLICATION DES FIGURES. Planche 1, fig. 3 *a*, *N. Saussureanus* du grès vert
du Saxonet, vu de face, de grandeur naturelle; — fig. 3 *b*, le même vu de profil;
— fig. 3 *c*, une cloison.

3. NAUTILUS RHODANI Roux (inédit).

(Pl. 1, fig. 4 *a* et *b*.)

*Nautilus testâ discoïdeâ, compressâ, lævigatâ : dorso planato subcanaliculato, um-
bilico parvo ; aperturâ angulatâ, siphunculo..... ?*

DIMENSIONS.

Diamètre......	41 millim.
Largeur par rapport au diamètre	0,75
Largeur de la bouche par rapport à sa hauteur.....................	1,40

Coquille un peu comprimée, légèrement aplatie sur les côtés, notablement anguleuse sur les bords du dos qui est plus plat que dans la plupart des espèces crétacées. Le seul échantillon que j'aie vu, montre que ce dos est sensiblement creusé
en canal dans son milieu, mais son état de conservation ne permet pas d'en fixer
exactement la profondeur; il paraît avoir été bien marqué dans le jeune âge,
puis tendre à s'effacer par la croissance. Le test était probablement lisse. La
bouche, plus large que haute, présente des angles bien marqués, tant à la jonction
du dos et des flancs que vers le point qui correspond à la plus grande largeur de
ces derniers. Cloisons à doubles courbures assez prononcées. Siphon inconnu.

RAPPORTS ET DIFFÉRENCES. Le *N. Rhodani*, par sa forme anguleuse, se rapproche
un peu du *N. Largilliertianus* d'Orbigny de l'étage turonien ; mais la forme comprimée, le grand ombilic et l'absence de sillon dorsal distinguent facilement ce
dernier de celui que nous décrivons ici.

LOCALITÉ. Cette jolie espèce a été trouvée par M. le Dr Roux dans le grès
vert de la perte du Rhône. Le seul exemplaire que je connaisse fait partie de sa
collection.

Explication des figures. Planche 1, fig. 4 *a*, *N. Rhodani* de grandeur naturelle, vu de face ; — fig. 4 *b*, le même vu de profil.

A la suite de ces trois espèces, je dois dire quelques mots de fragments fort incomplets, insuffisants pour des déterminations spécifiques, mais qui méritent cependant d'être signalés à titre de renseignements. Je désire attirer sur eux l'attention des paléontologistes, pour le cas où l'on parviendrait à découvrir des échantillons plus complets.

La figure 5 de la planche 1 représente une cloison fréquente à la perte du Rhône, et qui est caractérisée parce que sa largeur est à sa hauteur comme douze est à dix et parce que son siphon est situé au tiers postérieur. Je crois qu'il ne faut voir là qu'une variété du *N. Neckerianus* ; mais il faut que la connaissance des ornements extérieurs vienne confirmer cette opinion. On trouve quelquefois à la perte du Rhône des exemplaires du *N. Neckerianus* aussi larges que ces cloisons ; mais, par leur siphon plus central, ils se rapprochent davantage du type que nous avons décrit.

La fig. 6 de la planche 1 représente une cloison trouvée par M. le professeur Favre dans le gault des escaliers de Sommier (Reposoir). Elle a les formes du *N. Neckerianus*, mais le siphon est placé encore plus près du retour de la spire que dans la cloison précédente. Il me paraît impossible de décider si elle indique une espèce nouvelle.

La figure 7 de la planche 1 représente une cloison d'un nautile comprimé, trouvé dans le grès vert de Tanneverges, vallée de Sixt. Dans cette cloison le siphon est petit et situé au quart antérieur. Il n'est pas impossible qu'il faille rapporter ce fragment au *N. Saussureanus*, toutefois le siphon est bien plus petit et bien plus en avant. M. le professeur Favre a trouvé au mont Criou, près de Samoëns, une série de cloisons faisant partie d'un même individu, et dans lesquelles le siphon est placé de même, mais ces cloisons sont plus larges. Dans l'exemplaire de Tanneverges la largeur de la cloison est égale à sa hauteur ; dans l'exemplaire du mont Criou cette même largeur est à la hauteur comme douze est à dix.

2me Famille : AMMONITIDES.

Caractères. Coquille spirale, arquée ou droite, à cloisons découpées ou anguleuses, souvent divisées sur leurs bords en lobes ressemblant à une sorte de feuillage; siphon toujours situé contre le dos de la coquille.

Cette famille, comme celle des nautilides, renferme des genres nombreux qui se distinguent principalement par le mode de leur enroulement. La plupart d'entre eux ont vécu dans les mers crétacées, les *Goniatites* seules et le sous-genre des *Cératites* sont spéciales à des terrains plus anciens. Quelques genres, tels que les *Toxoceras* et les *Ancyloceras*, ne caractérisent que les terrains crétacés inférieurs. Je n'ai trouvé, dans nos grès verts, ni *Baculites*, ni *Helicoceras*, je n'aurai donc à décrire ici que les genres *Ammonites*, *Crioceras*, *Scaphites*, *Hamites*, *Turrilites* et *Ptychoceras;* ce dernier n'avait pas encore été signalé dans le terrain albien.

Genre AMMONITES Brug.

Caractères. Coquille cloisonnée, enroulée régulièrement sur le même plan; spire variant depuis la forme où le dernier tour cache tous les autres, jusqu'à celle où ces mêmes tours ne font que se toucher, sans toutefois être jamais disjoints; bouche variable de forme; cloisons composées d'un

lobe dorsal, d'un lobe ventral, et de lobes latéraux variables
en nombre, sans toutefois qu'il y en ait moins de deux de
chaque côté.

Nous n'avons pas, ici, à examiner les rapports zoologiques
des ammonites avec les goniatites et les cératites. Ce genre,
du reste, est facile à distinguer de tous ceux qui se trouvent
dans les grès verts; il ne peut être confondu ni avec les crioceras dont les tours sont disjoints et écartés, ni avec tous les
autres où l'enroulement, plus ou moins irrégulier, présente
des parties qui n'ont plus la forme spirale.

Je ne veux point, dans une monographie telle que celle-ci,
étudier d'une manière générale l'organisation de ce genre
important; les beaux travaux de M. de Buch et de M. d'Orbigny sont assez clairs et assez complets pour que je puisse
y renvoyer mes lecteurs. Je dois cependant entrer dans
quelques détails sur la manière dont j'ai envisagé les caractères qui peuvent servir à reconnaître les limites des espèces.
Dans un genre aussi nombreux, et dans lequel les zoologistes
sont privés de la connaissance de l'animal, il est essentiel
de discuter avec soin l'importance probable des caractères
spécifiques, afin de mettre chacun à même de juger de la
confiance que l'on peut avoir dans la manière dont les espèces
ont été établies et limitées. Les caractères qui peuvent le
mieux être employés à cet usage se divisent en trois caté-
gories.

1° *Les ornements extérieurs de la coquille,* tels que les
tubercules, les côtes, les stries, etc. Ces accidents sont d'un
emploi facile et général, mais il ne faut pas s'en exagérer l'im-

portance, car ils sont, dans certains cas et dans certaines limites, sujets à varier. L'âge, par exemple, les modifie considérablement. M. d'Orbigny a déjà montré que, pendant la période embryonaire, une ammonite diffère souvent beaucoup de ce qu'elle sera à l'état adulte, et qu'en outre elle perd fréquemment ses ornements lorsqu'à un âge avancé la vie ne paraît plus assez active pour les former. On peut souvent observer aussi, entre des individus de même âge, de très-grandes différences qui sont de simples variétés individuelles, et il est nécessaire, pour éviter les erreurs, d'avoir à sa disposition un grand nombre d'échantillons. Dans certains groupes ces variétés accidentelles sont rares, dans d'autres elles sont au contraire fréquentes, il est impossible de poser une règle générale. Pour éviter les chances d'erreurs qui en découlent, il faut étudier avec soin, dans chaque groupe naturel, les espèces les plus fréquentes, et comparer leurs variations extérieures avec les autres caractères indiqués plus bas et en particulier avec les modifications des cloisons. On arrivera par là à apprécier, pour chacun de ces groupes, l'importance des différences dans la forme et le nombre des ornements, et à distinguer, parmi ces différences, celles qui peuvent servir à établir des espèces de celles qui ne doivent être attribuées qu'à des variétés. Il faut se rappeler aussi que les ammonites conservées avec leur test ne sont pas identiques à celles de même espèce qui ne sont connues que par le moule. Il arrive souvent, dans ce dernier, qu'une partie des ornements ne se reproduisent pas, ou qu'ils sont plus ou moins modifiés dans leurs formes.

2° *Les proportions de la spire, le mode d'enroulement et les dimensions relatives des diverses parties de la coquille.* Ces caractères qui sont susceptibles d'être exprimés par des mesures rigoureuses, sont pour la plupart très-constants et doivent être considérés comme d'une haute importance dans la détermination des espèces.

Les mesures qui me paraissent devoir être comparées le plus constamment sont : 1° La proportion du dernier tour au diamètre entier, 2° la proportion de l'ombilic. Je prends la première de ces mesures, comme l'indique M. d'Orbigny, c'est-à-dire au moyen d'un compas dont une des branches appuie au dos de l'ammonite, et dont l'autre est au bord ombilical de ce même tour. Ainsi que je l'ai dit au sujet des nautiles, cette mesure vaut mieux que celle qu'on prendrait sur le plan médian de la coquille, c'est-à-dire du dos d'un des tours au dos du tour suivant, elle a d'ailleurs l'avantage de ne pas exiger une coupe dans la coquille ; il faut avoir soin, tant pour cette mesure que pour celle de l'ombilic, de les prendre sur la même ligne que celle par laquelle on mesure le diamètre. Je les exprime constamment toutes les deux en fractions du diamètre pris pour unité. Ces mesures sont remarquablement fixes dans la plupart des ammonites ; dans quelques groupes seulement, on trouve une variabilité exceptionnelle. J'ai eu soin, toutes les fois que j'ai pu observer un nombre suffisant d'échantillons, d'indiquer la moyenne des dimensions et les dimensions extrêmes. J'ai toujours mesuré aussi l'épaisseur du dernier tour par rapport au diamètre total ; mais cette dimension est beaucoup moins fixe que les deux précédentes, et je crois qu'il ne faut lui attribuer qu'une importance secondaire. Les ammonites présentent probablement, à cet égard, des différences sexuelles et vraisemblablement aussi des variations individuelles.

3° *La forme des cloisons.* Tous les naturalistes savent quelle précision ont introduit dans l'étude des ammonites les belles recherches de M. de Buch sur la forme des cloisons, qui fournissent maintenant le caractère le plus certain et le moins sujet à l'erreur. Les cloisons des ammonites sont fortement sinueuses et découpées, et présentent, à leur point de contact avec la coquille, des prolongements dirigés en arrière et terminés par des digitations aiguës. Ces prolongements, connus sous le nom de *lobes*, sont toujours en minimum au nombre de six : le *lobe dorsal* situé sur le dos, symétrique des deux côtés du siphon, le *lobe ventral* qui lui est opposé et qui est situé au point de contact avec le tour précédent, et deux lobes latéraux de chaque côté, dont l'un, le *lobe latéral supérieur*, est le plus voisin du dos, et dont l'autre, le *lobe latéral inférieur*, est situé en dedans de lui. Entre le lobe latéral inférieur et le lobe ventral il y a souvent d'autres lobes, plus ou moins nombreux, que l'on désigne sous le nom de *lobes accessoires.* Ces lobes sont dus probablement à des digitations dans le manteau de l'animal et je renvoie, pour leur description détaillée, aux ouvrages de MM. de Buch et d'Orbigny. Ils sont séparés, les uns des autres, par des prolongements dirigés en avant et terminés par des formes arrondies; on les nomme *selles.* La *selle dorsale* est celle qui est en dedans du lobe dorsal, la *selle latérale* est située entre les deux lobes latéraux, et les lobes auxiliaires sont aussi séparés par des *selles* auxiliaires.

Cet appareil compliqué ne se voit, comme je l'ai dit, qu'au point de contact des cloisons et de la coquille; car ces cloisons sont simples dans leur milieu, comme celles des nautiles, et ne se digitent et ne se découpent que sur leurs bords extrêmes. Le côté externe de la coquille n'en offre aucune trace, de sorte qu'on ne peut observer les cloisons que sur les ammonites à l'état de moule et privées de leur test. D'un autre côté, si les moules ne sont pas très-bien conservés et si leur bord est usé, les cloisons se trouvent modifiées parce qu'elles sont d'autant plus simples qu'on s'éloigne davantage de leur point de contact avec la coquille.

Les caractères tirés des cloisons paraissent très-fixes, ils fournissent un guide précieux lorsque les caractères externes sont variables ou peu précis. Il ne paraissent être que très-rarement susceptibles de variations individuelles, mais il faut, jusqu'à un certain point, tenir compte dans leur étude de l'âge et des variations d'enroulement. Pendant la période embryonaire les cloisons sont plus simples et l'âge les modifie en les compliquant; on peut dire toutefois que dès que les ammonites ont commencé ce que M. d'Orbigny nomme leur dernière période d'accroissement, les cloisons ont acquis à peu près tout leur développement; on trouvera cependant encore que, dans les individus de grande taille, les ramifications sont plus nombreuses. Le mode d'enroulement influe aussi, jusqu'à un certain point, sur les lobes accessoires; j'ai observé que, dans les espèces sujettes à de grandes variations sous ce point de vue, les lobes accessoires varient aussi. Dans les individus larges ou dans ceux où les tours se recouvrent beaucoup, les lobes accessoires ont plus de place pour se développer et les selles qui les séparent peuvent être plus larges. Dans les individus étroits, au contraire, ces lobes pressés les uns sur les autres présentent quelquefois des différences assez appréciables.

Le nombre des lobes et des selles, leur grandeur et leur complication, ainsi que la proportion du lobe dorsal avec les latéraux et de ceux-ci entre eux, fournissent d'excellents caractères. Il en est de même de la forme de ces lobes : tantôt ils se terminent par une, trois ou cinq branches, dont une est médiane, ils sont alors ce que M. d'Orbigny nomme des lobes *impairs;* tantôt ils se terminent par deux ou quatre branches et sont ce que M. d'Orbigny nomme des lobes *pairs*. Ces formes sont en général constantes; je n'ai trouvé, dans tout mon travail, qu'un petit nombre d'exceptions, que je citerai en traitant des *Ammonites cristati*.

J'ai toujours dessiné les cloisons à la chambre claire, afin d'avoir leur représentation parfaitement exacte. Leur complication rend, en effet, souvent très-difficile, même pour des peintres plus habiles que moi, de reproduire exactement les proportions, les ramifications, etc. Le dessin à la chambre claire, sous un grossissement microscopique faible, suivi d'une réduction au pantographe, est le seul procédé qui m'ait fourni des résultats certains. Il est vrai que, par ce moyen, on reproduit un peu trop peut-être les petites irrégularités individuelles, dont plusieurs sont dues à l'état de conservation des moules. J'ai en général peu corrigé ces défectuosités, afin de n'y pas suppléer d'une manière arbitraire. Il en résulte que mes dessins sont souvent moins réguliers et moins élégants que ceux des auteurs qui ont plus complétement rétabli la symétrie probable.

Je dois encore dire quelques mots de la manière dont j'ai nommé les espèces nouvelles. Le genre des ammonites est si nombreux, que les noms que l'on peut tirer des formes et des caractères spécifiques ont presque tous été employés. Les noms pris des localités ou des gisements ont de graves inconvénients. J'ai préféré, en général, dédier mes espèces nouvelles au souvenir des hommes qui ont contribué à la connaissance des montagnes des environs de Genève. Quelques-uns d'entre eux ont une célébrité européenne; d'autres moins connus n'ont souvent que le mérite d'avoir aidé les premiers, ou d'avoir contribué à former des collections et à développer le goût des recherches d'histoire naturelle.

J'ai adopté, pour l'étude des ammonites, la plupart des groupes établis par MM. de Buch et d'Orbigny. Neuf de ces groupes se trouvent dans les grès verts et je les ai réduits à sept; ils peuvent être distingués tant par les lobes que par les caractères externes. Voici un tableau analytique qui pourra servir à les reconnaître facilement.

Groupes.

Dos lisse ou excavé sans carène médiane.....
— dos non excavé, côtes nulles ou passant sur le dos....
— — dos arrondi, côtes et tubercules nuls ou très-petits ....
— — — feuilles des selles en massue.... HETEROPHYLLI.
— — — feuilles des selles étroites...... LIGATI.
— — dos le plus souvent carré, côtes très-fortes ANGULICOSTATI.
— dos excavé ou bordé de tubercules formés par la terminaison des côtes .... DENTATI [1].

Dos muni d'une carène médiane...
— interrompue et formée de tubercules.....
— — flancs ornés de tubercules .... RHOTOMAGENSES.
— — flancs ornés de côtes continues. PULCHELLI.
— entière et continue .... CRISTATI [2].

PREMIER GROUPE.

AMMONITES HETEROPHYLLI.

CARACTÈRES. Coquille comprimée, composée de tours embrassants rarement visibles dans l'ombilic, lisse ou ornée de côtes fines et nombreuses. Dos arrondi. Lobes très-ramifiés et très-nombreux, formés de parties impaires; le dorsal étant presque toujours plus court que le latéral supérieur; selles très-divisées et terminées par des feuilles larges formant comme des massues ovoïdes ou arrondies.

Ce groupe, qui se trouve dans les terrains crétacés et les terrains jurassiques, se distingue facilement par la forme de ses cloisons. Je n'en connais qu'une seule espèce dans nos environs.

---

(1) Quelques dentati (*A. splendens*. etc.) ont les côtes faibles et les tubercules très-peu prononcés.

(2) L'*A. varicosus* perd en partie sa carène quand elle arrive à l'âge adulte.

5. Ammonites Velledæ Michelin.

(Pl. 2, fig. 1 *a*, *b*, *c*.)

A. testâ compressâ, subumbilicatâ, transversim subtilissimè costatâ, costis simplicibus; dorso rotundato, anfractibus compressis involutis ultimo o,58; aperturâ oblongâ, compressâ, anticè rotundatâ; septis lateraliter 10-lobatis.

A. Velledæ Michelin, Mag. de Zool. 1833, pl. 35.
        Id.   d'Orbigny, Pal. fr. Terrains crétacés, p. 280, pl. 82.
    A. alpinus ?   *id.*   p. 283, pl. 83, fig. 1—3.

Dimensions.

Diamètre suivant M. d'Orbigny	165 millim.
Diamètre de nos plus grands individus	100 »
Largeur du dernier tour par rapport au diamètre, moyenne	0,58
Id. id. extrêmes	0,57 à 0,59
Épaisseur par rapport au diamètre, moyenne	0,42
Id. id. extrêmes	0,37 à 0,45

Coquille comprimée, à peine ombiliquée, ornée de petites côtes fines, également espacées, flexueuses, plus marquées vers le dos sur lequel elles passent et presque nulles vers l'ombilic; ces côtes ne laissent pas d'impression sur le moule. Dos arrondi. Spire embrassante; le dernier tour a 0,58 du diamètre (M. d'Orb. dit 0,62); l'épaisseur est en moyenne 0,42 et varie de 0,57 à 0,45. Bouche en ogive, très-fortement échancrée par le retour de la spire. Cloisons très-découpées et composées de dix lobes; lobe dorsal beaucoup plus court que le latéral supérieur, et terminé par une grande branche divisée en trois rameaux trifurqués ou bifurqués; selle dorsale étroite et très-profondément découpée; lobe latéral supérieur formant une énorme branche partagée en trois rameaux très-découpés; les selles et les lobes suivants diminuent graduellement.

Les derniers lobes sont très-petits et ne se distinguent que dans les individus très-bien conservés.

Rapports et différences. Cette espèce se rapproche de plusieurs espèces du néocomien et de l'oxfordien; mais elle s'en distingue par ses cloisons. Comparée à celles du gault, elle est d'une détermination facile, car les *hetero-*

phylli y sont très-rares ; c'est la seule espèce de cette division que je connaisse dans le bassin du Léman.

Il est toutefois une espèce de laquelle elle me paraît se distinguer par de bien faibles caractères, c'est l'*A. alpinus* d'Orb. qui est plus petite, et qui a huit lobes au lieu de dix. Les jeunes *A. Velledæ*, à cloisons moins compliquées que les adultes, ont d'immenses rapports avec cette espèce, d'autant plus que leurs derniers lobes auxiliaires ne se distinguent qu'avec peine. Dans les individus bien conservés, on reconnaît toutefois l'existence de dix lobes à tous les âges, ce qui ne me laisse aucun doute que tous les individus de nos grés verts que j'ai observés ne soient des *A. Velledæ*. J'en ai davantage sur la valeur des caractères qui séparent cette espèce de l'*alpinus* ; mais n'ayant pas vu cette dernière en nature, je ne puis point me prononcer à cet égard.

LOCALITÉ. L'*A. Velledæ* n'est pas rare dans les grés verts du Saxonet. Coll. du Musée acad., de MM. Mayor, Favre, Roux, Tollot, etc. A la perte du Rhône on ne la trouve que plus rarement et représentée en général par de petits échantillons. (Mêmes collections.)

EXPLICATION DES FIGURES. Planche 2, fig. 1 *a*, *Ammonite Velledæ* du Saxonet, vue de profil, de grandeur naturelle ; — fig. 1 *b*, la même vue de face ; — fig. 1 *c*, cloisons du même individu (M. d'Orbigny n'avait connu que le lobe dorsal et le latéral supérieur).

DEUXIÈME GROUPE.

AMMONITES LIGATI.

CARACTÈRES. Coquille comprimée, lisse ou ornée de côtes peu saillantes, souvent marquée de distance en distance de sillons qui sont les traces des bouches temporaires successives. Dos arrondi. Lobes formés de parties impaires, le dorsal étant en général plus court que le latéral supérieur, et les lobes auxiliaires présentant souvent le caractère qu'ils ont dans les *Planulati*, c'est-à-dire d'être obliques en arrière vers l'ombilic ; selles ordinairement paires et n'étant jamais terminées par des feuilles larges.

  MOLLUSQUES FOSSILES

Ce groupe, spécial au terrain crétacé, renferme de nombreuses espèces des grès verts. La fragilité du test, qui se trouve rarement conservé de manière à fournir de caractères, et l'absence presque totale d'ornements sur les moules, rend leur détermination difficile. Dans plusieurs cas l'étude des cloisons peut offrir d'excellents caractères, le mode d'enroulement et les mesures de la spire peuvent aussi être employés avec fruit. Quant aux sillons formés par les bouches temporaires, je les crois plus variables; il y a des espèces dans lesquelles on trouve des moules lisses et des moules sillonnés; cependant, lorsque les traces des sillons existent, elles se trouvent en nombre à peu près invariable dans chaque espèce.

6. AMMONITES BICURVATUS Michelin.

(Pl. 2, fig. 2 a et b.)

A. testâ compressâ, transversim undato subcostatâ (præsertim in junioribus); dorso angulato, anfractibus compressis, planatis, ultimo 0,57, aperturâ antice angulatâ; septis lateraliter 7-lobatis, lobo dorsali longitudine ferè æquante lateralem superiorem.

A. bicurvatus Michelin, Mém. de la Soc. géol. de France, tome 3, pl. 12, fig. 7.
    Id.   d'Orbigny, Pal. franç. Terr. crét. tome 1, p. 286, pl. 84.

DIMENSIONS.

Diamètre. . . . . 65 millim.
Largeur du dernier tour par rapport au diamètre 0,57
Épaisseur par rapport au diamètre. 0,25

Coquille très-comprimée, carénée, épaisse de 0,25, ornée de très-faibles côtes qui partent du pourtour de l'ombilic et sont droites jusqu'au milieu des flancs où elles s'infléchissent en avant en s'élargissant; près de la carène elles sont nulles;

ces côtes n'existent pas dans les très-jeunes individus et disparaissent dans les vieux ; elles ne laissent pas de traces au moule. Dos tranchant. Spire très-embrassante ; le dernier tour a 0,57 du diamètre. Bouche très-comprimée, anguleuse en avant, représentant un fer de flèche très-étroit. Cloisons profondément découpées de chaque côté en sept lobes terminés par des branches impaires ; lobe dorsal presque aussi large et presque aussi long que le latéral supérieur, et divisé en deux branches ornées de pointes nombreuses.

RAPPORTS ET DIFFÉRENCES. M. d'Orbigny place cette espèce dans le groupe des *Clypeiformi ;* mais il m'est impossible de la séparer de l'*A. Beudanti* avec laquelle elle a les plus grands rapports par sa forme générale, par celle de ses côtes, par le nombre et la forme de ses lobes, etc. Lorsque l'*A. bicurvatus* a le dos un peu usé, il est même facile de la confondre avec l'*A. Beudanti,* et il existe plusieurs collections où ces deux espèces n'ont pas été convenablement séparées. On pourra toutefois les distinguer : 1º parce que l'*A. bicurvatus* a le dos plus tranchant et les flancs plus plats ; 2º parce que son lobe dorsal égale presque le latéral supérieur, et parce que les ramifications de ses cloisons sont moins nombreuses et plus élancées que dans l'*A. Beudanti.*

LOCALITÉ. Je ne connais qu'un seul exemplaire de cette espèce. Il faisait partie de la collection de M. le professeur Necker et était étiqueté comme trouvé à la perte du Rhône. Cet échantillon est d'ailleurs contenu dans une marne grise qui me ferait douter de l'exactitude de cette désignation, si elle ne reposait sur une aussi forte autorité.

EXPLICATION DES FIGURES. Planche 2, fig. 2 *a, Ammonites bicurvatus,* vue de face ; — fig. 2 *b,* cloissons grossies, d'après M. d'Orbigny, notre exemplaire ne les présentant pas assez complètes, pour en donner une figure. Elles l'étaient assez toutefois, pour que j'aie pu vérifier l'exactitude de celles que je reproduis ici.

7. AMMONITES BEUDANTI Brongniart.

(Pl. 2, fig. 3 *a, b, c, d.*)

A. testâ compressâ, lœvigatâ vel obsoletè et raro costatâ (juniore undato costatâ); dorso rotundato ; anfractibus compressis, ultimo 0,53 ; aperturâ compressâ, antice rotundatâ ; septis lateraliter γ-lobatis, lobo dorsali laterale superiore multo breviore.

MOLLUSQUES FOSSILES

A. Beudanti Brong. dans Cuvier, Oss. foss. 4ᵉ édit. t. 10, p. 641, pl. 0, fig. 2. Les
exemplaires de la collection De Luc étiquetés de la main de
M. Brongniart ne laissent aucun doute.

Id. d'Orbigny, Pal. fr. Terr. crét. p. 278, pl. 33 et 34.

DIMENSIONS.

Diamètre le plus fréquent	40 à 50 millim.
Diamètre d'un grand individu (collection Favre)	147 »
Largeur du dernier tour par rapport au diamètre, moyenne	0,53
Id. id. extrêmes	0,50 à 0,54
Épaisseur par rapport au diamètre, moyenne	0,28
Id. id. extrêmes	0,26 à 0,30
Diamètre de l'ombilic par rapport au diamètre total, moyenne	0,16

Coquille discoïdale, très-comprimée, lisse dans les adultes et offrant souvent
quelques indices de côtes espacées, visibles même dans le moule, mais seulement sur le milieu des flancs. Dos étroit, mais arrondi et non tranchant. Spire
très-embrassante, composée de tours comprimés dont le dernier a 0,55 du diamètre total. Bouche beaucoup plus longue que large, amincie en avant, très-
échancrée par le retour de la spire. Cloisons très-compliquées, formées de chaque côté de sept lobes; lobe dorsal très-court et ne dépassant pas la moitié
de la longueur du lobe latéral supérieur, il est terminé de chaque côté par
deux branches bifurquées; lobe latéral supérieur très-développé, terminé par
une branche impaire et présentant du côté extérieur une grande branche très-
ramifiée; les autres lobes latéraux diminuent graduellement en grandeur et complication, et sont terminés par des branches impaires; les selles sont très-divisées
et partagées en parties paires.

VARIATIONS SUIVANT L'AGE. Au diamètre de 20 millimètres, cette espèce présente des côtes qui partent droites de l'ombilic, et qui, arrivées au milieu de
leur trajet se courbent fortement en arrière pour se diriger de nouveau en avant
en s'approchant du dos. Ces côtes sont fort semblables à celles que M. d'Orbigny
indique dans les jeunes de l'*A. bicurvatus*. A mesure que l'*A. Beudanti* grandit, les
côtes s'espacent davantage et leur courbure terminale y est de moins en moins visible,
jusqu'à ce qu'elles n'apparaissent plus que sous la forme de tronçons très-écartés
les uns des autres. Les cloisons éprouvent aussi des modifications importantes; le
nombre et la proportion des lobes sont les mêmes dans tous les âges, et l'on

peut toujours observer la branche externe du lobe latéral supérieur ; mais la complication des selles et des lobes augmente beaucoup avec la croissance comme on en peut juger en comparant la fig. 5 c, prise sur un individu de 55 millimètres de diamètre avec la fig. 5 d, où le lobe dorsal et le lobe latéral supérieur ont été figurés tels qu'ils existent au diamètre de 90 millimètres.

RAPPORTS ET DIFFÉRENCES. Cette espèce a de grands rapports avec l'*A. bicurvatus* ; mais, comme je l'ai dit, en traitant de celle-ci, on pourra toujours les distinguer parce que le dos de l'*A. Beudanti* est arrondi et que son lobe dorsal est beaucoup plus court que le latéral supérieur. Cette même espèce se distinguera plus facilement encore de l'*A. Velledæ* dont les cloisons sont très-différentes, dont le dos est plus large, etc. L'*A. Beudanti* lie en quelque sorte les espèces clypéiformes avec l'*A. Mayorianus* qui en diffère par son ombilic plus ouvert, sa forme moins comprimée et ses sillons.

LOCALITÉ. L'*A. Beudanti* est très-abondante à la perte du Rhône ; elle n'est pas rare au Saxonet, et se trouve aussi au Reposoir et aux Fiz.

EXPLICATION DES FIGURES. Planche 2, fig. 5 a, *A. Beudanti* du Saxonet, jeune individu ; les individus adultes ont été très-bien figurés par M. d'Orbigny ; — fig. 5 b, la même espèce vue de face ; — fig. 5 c, cloisons prises au diamètre de 55 millimètres ; — fig. 5 d, lobe dorsal et lobe latéral supérieur pris au diamètre de 90 millimètres.

8. AMMONITES DUPINIANUS d'Orbigny.

(Pl. 2, fig. 4 a et b.)

A. testâ compressâ, lævigatâ, transversim undato costatâ et interdum sulcatâ ; dorso rotundato, ultimo anfractu 0,50 ; septis lateraliter 6-lobatis.

A. Dupinianus d'Orbigny, Pal. fr. Terr. crét. p. 276, pl. 81, fig. 6—8.

DIMENSIONS.

Diamètre.	20 à 34 millim.
Largeur du dernier tour par rapport au diamètre, moyenne.	0,50
Id. *id.* extrêmes.	0,46 à 0,53
Épaisseur par rapport au diamètre, moyenne	0,31
Id. *id.* extrêmes.	0,20 à 0,37
Diamètre de l'ombilic par rapport au diamètre total	0,23

Les différences que ces proportions présentent, comparées à celles de M. d'Orbigny, peuvent probablement être expliquées par ce qu'il a observé des échantillons plus grands que les nôtres.

Coquille discoïdale, légèrement comprimée dans son ensemble, marquée en travers de six à neuf côtes flexueuses, en avant et en arrière desquelles on remarque souvent, au moins sur les moules, des sillons assez prononcés ; les bords de ces sillons ont même quelquefois l'apparence de trois côtes réunies à l'ombilic ; entre les côtes principales on en observe quelques-unes très-peu marquées. Spire assez embrassante, composée de tours convexes sur les côtés ; le dernier a 0,50 du diamètre total. Dos arrondi. Cloisons composées de chaque côté de six lobes ; lobe dorsal un peu plus court que le lobe latéral supérieur ; celui-ci présente, comme dans l'*A. Beudanti*, une branche externe séparée ; les autres lobes diminuent graduellement de grandeur et de complication.

Rapports et différences. Cette espèce a tout à fait les caractères des cloisons de l'*A. Beudanti*, mais elle en diffère par ses côtés moins aplatis, par son ombilic sensiblement plus grand, et par les sillons juxtaposés aux côtes. Les exemplaires que j'ai observés ne sont pas identiques à ceux décrits par M. d'Orbigny. Les différences dans les ornements extérieurs peuvent être attribuées à ce que tous les nôtres sont des moules, ce dont je me suis convaincu en les comparant avec des ammonites du gault de Clar ; mais les cloisons présentent des différences plus importantes. Le lobe dorsal de nos échantillons est sensiblement plus long que celui figuré par M. d'Orbigny, et que ceux des exemplaires de Clar que j'ai examinés ; dans ces derniers le lobe dorsal n'est que la moitié du latéral supérieur, dans les nôtres il égale environ les trois quarts.

Localité. L'*A. Dupinianus* se trouve à la perte du Rhône, au Saxonet, au Reposoir et aux Fiz. Elle n'y dépasse que rarement le diamètre de 25 à 50 millim. (Collections du Musée académique, de MM. Favre, Roux, etc.)

Explication des figures. Planche 2, fig. *4 b*, *Ammonites Dupinianus,* du Saxonet, grandeur naturelle (moule) ; — fig. *4 a*, la même vue de face.

9. Ammonites Mayorianus d'Orbigny.

(Pl. 2, fig. 5 *a* et *b*.)

A. testâ compressâ, transversim costis numerosis intus obliteratis ornatâ; sulcis flexuosis 4 vel 6 notatâ; dorso rotundato; anfractibus compressis, ultimo 0,46; septis lateraliter 5-lobatis.

A. planulatus Sowerby, Min. conch. pl. 570, fig. 10 et 11.

A. Selliguinus? Alex. Brongniart dans Cuvier, Oss. foss. 4ᵉ édit. tome 4, p. 640, pl. 0, fig. 1.

A. Mayorianus d'Orbigny, Pal. fr. Terr. crét. tome 1, p. 267, pl. 79.

Dimensions.

Diamètre des plus grands individus observés	120 millim.
Largeur du dernier tour par rapport au diamètre, moyenne	0,46
Id. *id.* extrêmes	0,44 à 0,48
Épaisseur par rapport au diamètre, moyenne	0,36
Id. *id.* extrêmes	0,31 à 0,40
Diamètre de l'ombilic par rapport au diamètre total, moyenne	0,28

Coquille discoïdale, comprimée, ornée en travers de quatre à six sillons flexueux formant sur le dos un angle dirigé en avant; la partie postérieure de ces sillons est quelquefois relevée en bourrelet; ils sont profondément marqués sur le moule; le test est orné de côtes minces flexueuses, bien marquées vers le dos et effacées vers l'ombilic; ces côtes, au nombre de vingt entre chaque sillon, laissent quelquefois une légère impression sur les moules très-bien conservés. Dos arondi. Spire composée de tours apparents dans l'ombilic sur près de la moitié de leur largeur; le dernier a en moyenne 0,46 du diamètre. Bouche plus longue que large, ovale, comprimée sur les côtés et fortement échancrée par le retour de la spire. Cloisons très-fortement découpées et composées de cinq lobes et de quatre ou cinq selles; lobe dorsal aussi large et beaucoup plus court que le latéral supérieur, et divisé en quatre branches dont l'inférieure est très-grande et bifurquée; selle dorsale presque aussi large que le lobe latéral supérieur, et profondément divisée en deux parties qui sont aussi subdivisées; lobe latéral supérieur grand et très-ramifié, terminé par une branche trifurquée;

selle latérale profondément divisée en deux parties aussi subdivisées ; les lobes et les selles suivants ressemblent aux précédents, et se simplifient par degrés.

OBSERVATION. Tous les échantillons que j'ai observés, ont l'enroulement un peu plus serré que ceux décrits et figurés par M. d'Orbigny ([1]) ; c'est ce qui m'a engagé à en donner une figure. La parfaite analogie de tous les autres caractères ne peut pas du reste laisser de doute sur l'identité spécifique.

RAPPORTS ET DIFFÉRENCES. L'*A. Mayorianus* ne pourrait guère être confondue qu'avec les *A. latidorsatus* et *Dupinianus*. Elle se distingue de la première parce qu'elle est plus aplatie, parce que son ombilic est beaucoup plus ouvert, parce que ses sillons sont moins nombreux, et parce que son lobe dorsal est plus court. Elle se distingue de la seconde, parce que ce lobe est au contraire plus long, par son ombilic plus ouvert, ses sillons plus nombreux, etc.

HISTOIRE. Cette espèce a probablement été connue par M. Alexandre Brongniart, et figurée sous le nom d'*A. Selliguinus*. On trouve, en effet, aux Fiz des ammonites comprimées et devenues ovales, dans lesquelles, malgré leur état très-imparfait de conservation, on peut avec grande probabilité reconnaître l'*A. Mayorianus* ; ces échantillons sont tout à fait semblables à celui qui a été figuré par M. Brongniart. Les caractères donnés par ce célèbre géologue sont toutefois trop incertains pour que j'aie cru devoir rétablir son droit de priorité, en changeant le nom de cette espèce qui n'a été décrite avec quelque précision que sous le nom de *Mayorianus*. En 1827, Sowerby la figura sous le nom de *planulatus*, nom déjà donné par Schlotheim à une ammonite jurassique. M. d'Orbigny croit que l'*A. rotula* Sowerby, pl. 570, doit être considérée comme le jeune de cette espèce ; mais le nombre plus considérable des sillons, et l'absence de caractères précis me font considérer ce rapprochement comme douteux.

LOCALITÉ. L'*A. Mayorianus* est très-commun à la perte du Rhône et au Saxonet, j'en ai aussi vu des exemplaires provenant du Reposoir et des Fiz.

EXPLICATION DES FIGURES. Planche 2, fig. 5 *a*, *A. Mayorianus* du Saxonet, de grandeur naturelle ; — fig. 5 *b*, la même vue de face.

---

(1) M. d'Orbigny donne pour la largeur du dernier tour 0,41 ou 0,42. L'ombilic de l'individu figuré a 0,32 du diamètre total.

10. Ammonites Timotheanus Mayor (inédit).

(Pl. 2, fig. 6 a. b ; pl. 3, fig. 1 a. b. c et fig. 2 a, b.)

A. testâ discoïdeâ, lævigatâ, vel subtiliter striatâ, sulcis 5 vel 6, rectis sed obliquis ornatâ ; dorso plano ; anfractibus subplanatis, ultimo o,33 ; aperturâ quadratâ ; septis lateraliter 4-lobatis.

DIMENSIONS.

Diamètre	21 à 33 millim.
Largeur du dernier tour par rapport au diamètre	0,33
Épaisseur par rapport au diamètre	0,50
Diamètre de l'ombilic par rapport au diamètre total	0,42

Coquille large, mais comprimée sur les côtés, ornée de cinq à six sillons qui partent de l'ombilic dans la direction qu'auraient des tangentes au cercle ombilical ; ces sillons sont droits sur les flancs, puis arrivés vers le dos ils s'infléchissent en devenant perpendiculaires au siphon ; l'intervalle qui les sépare est lisse ou marqué de légères lignes d'accroissement. Dos aplati, et formant avec les flancs un angle arrondi, mais bien marqué. Spire composée de tours étroits, aplatis sur les côtés, apparents dans l'ombilic sur un peu plus de la moitié de leur largeur ; le dernier a 0,55 du diamètre total. Bouche plus large que haute, subquadrangulaire. Cloisons formées de chaque côté de quatre lobes ; lobe dorsal étroit, un peu plus long que le latéral supérieur, terminé par une grande branche divisée en deux rameaux, et portant en outre sur les côtés deux autres branches dont la supérieure est bifurquée ; selle dorsale étroite et fortement divisée ; lobe latéral supérieur plus large que la selle dorsale et partagé en deux branches qui sont elles-mêmes ramifiées ; lobe latéral inférieur terminé par trois branches et étant par conséquent impair ; premier lobe accessoire pair comme le latéral supérieur ; second lobe accessoire très-petit ; selles latérales et accessoires ressemblant à la selle dorsale, mais graduellement moins compliquées.

OBSERVATION. Les sillons paraissent être moins marqués à mesure que l'individu grandit ; ils sont presque effacés dans un individu de 55 millimètres dont la dernière loge occupe un peu plus de la moitié du tour.

RAPPORTS ET DIFFÉRENCES. Cette espèce se distingue très-facilement par la direction de ses sillons. Lorsqu'ils sont effacés, on la reconnaîtra à son dos aplati et à ses tours très-étroits. Ces caractères en particulier empêchent de la confondre avec l'*A. latidorsatus* et avec l'*A. Jallabertianus*.

LOCALITÉ. L'*A. Timotheanus* paraît rare, et n'a été trouvée, jusqu'à présent, que dans les grès verts du Saxonet. (Collections du Musée, de M. le Dr Mayor, de M. le prof. Favre et de M. le Dr Roux.) Cette espèce a été dédiée par M. Mayor à Timothée Moineloc, guide au Saxonet, qui a enrichi la plupart des collections de Genève des fossiles de cette localité.

VARIÉTÉ NAUTILOÏDE. Je réunis à cette espèce une ammonite caractérisée, comme quelques *A. Timotheanus* adultes, par un test lisse, sans aucune trace de sillons ou de stries d'accroissement, ni sur le moule, ni sur le test, et par un dos aplati tout à fait identique à celui de cette espèce. Elle diffère du type que j'ai décrit plus haut, parce que l'ombilic est plus petit et parce que la coquille est plus large. Les cloisons ne sont apparentes que tout à fait partiellement, de sorte que je n'ai pas pu en tirer parti ; ce que j'en ai vu, paraît confirmer le rapprochement que j'indique. Cette variété remarquable augmente, ce me semble, encore les rapports qui existent entre l'*A. Timotheanus* et l'*A. Jurinianus*, mais son dos aplati la rapproche beaucoup plus de la première. Voici ses dimensions :

Diamètre. . . . . 42 millim.
Largeur du dernier tour par rapport au diamètre 0,43
Épaisseur par rapport au diamètre 0,66
Diamètre de l'ombilic par rapport au diamètre total 0,28

Je ne connais qu'un seul exemplaire de cette belle variété. Il appartient à M. le Dr Mayor et provient du Saxonet.

EXPLICATION DES FIGURES. Planche 2, fig. 6 *a*, *A. Timotheanus* du Saxonet, de grandeur naturelle, à l'âge où les sillons sont bien marqués ; — fig. 6 *b*, la même vue de face. — Planche 5, fig. 1 *a*, la même espèce à l'âge où les sillons s'effacent (un d'entre eux est encore visible à l'origine du dernier tour) ; — fig. 1 *b*, la même, vue de face ; — fig. 1 *c*, cloisons dessinées au diamètre de 55 millim.; — fig. 2 *a*, *Ammonites Timotheanus* variété *nautiloïde*, de grandeur naturelle ; — fig. 2 *b*, la même vue de face.

11. Ammonites Jurinianus Pictet.

(Pl. 3, fig. 3 *a, b. c.*)

A. testâ inflatâ, lævigatâ vel subtiliter striatâ; dorso rotundato; anfractibus rotundatis, ultimo o,47; aperturâ semilunari; septis lateraliter 4 (vel 5?) lobatis.

Dimensions.

Diamètre	74 millim.
Largeur du dernier tour par rapport au diamètre	0,47
Epaisseur par rapport au diamètre	0,59
Diamètre de l'ombilic par rapport au diamètre total	0,21

Coquille large, complétement lisse sur le moule et dépourvue de sillons, finement striée sur le test comme l'indiquent quelques fragments conservés vers l'ombilic. Spire composée de tours arrondis, légèrement aplatis sur les côtés, apparents dans l'ombilic sur un tiers de leur largeur, le dernier a 0,47 du diamètre; cette spire est remarquable par la rapide croissance de ses tours, car le retour de la spire qui échancre la bouche a à peine les deux cinquièmes de la largeur de cette bouche; ombilic médiocre. Dos arrondi et n'étant point séparé des flancs par un angle. Bouche arrondie, un peu plus large que longue, très-faiblement échancrée par le retour de la spire. Cloisons formées de chaque côté de quatre ou cinq lobes (les bords de l'ombilic sont ou détériorés ou couverts de test dans le seul échantillon que j'aie pu observer); lobe dorsal étroit terminé par une grande branche divisée en deux rameaux, cette branche est suivie d'une autre également bifurquée, après laquelle en vient une très-petite; lobe latéral supérieur presque aussi long que le lobe dorsal, profondément divisé en deux branches elles-mêmes subdivisées et ramifiées, l'externe est la plus grande; lobe latéral inférieur un peu plus court que le latéral supérieur, et divisé en trois branches; lobes accessoires incomplétement connus; les selles sont à peu près de la largeur des lobes et très-fortement divisées.

Rapports et différences. Cette espèce a, par ses cloisons, les plus grands rapports avec la précédente, car, sauf la complication des rameaux qui tient probablement en grande partie à l'âge, il y a identité presque complète. Il me paraît pourtant impossible de les réunir, car il faudrait admettre pour cela une étendue de variations dont aucune autre espèce n'offrirait d'exemple. Elle se distingue surtout par son dos arrondi, par son enroulement beaucoup plus rapide (le dernier tour ayant 0,47 au lieu de 0,33), par son ombilic bien plus serré (0,16 au lieu de 0,42), et enfin, par ses tours qui s'élargissent avec une rapidité beaucoup plus grande. L'*A. Jurinianus* a aussi des rapports avec l'*A. latidorsatus*, mais elle s'en distingue facilement par son mode d'enroulement, par l'absence de sillons, et surtout par la forme de ses cloisons, car le lobe latéral supérieur de l'*A. latidorsatus* est partagé en trois branches et les lobes accessoires y sont plus nombreux.

Localité. Cette belle espèce a été trouvée dans les grès verts du Saxonet. L'exemplaire figuré fait partie de la collection de M. le Dr Mayor. M. le Dr Roux en possède un autre de plus petite taille.

Je l'ai dédiée à la mémoire de notre célèbre compatriote M. le docteur Jurine.

Explication des figures. Planche 3, fig. 5 *a*, *Ammonites Jurinianus* de grandeur naturelle ; — fig. 5 *b*, la même vue de face ; — fig. 5 *c*, cloisons dessinées jusqu'au milieu du premier lobe accessoire, le reste n'ayant pas pu être observé : ces cloisons ont été prises au diamètre de 50 millimètres.

12. Ammonites Bourritianus Pictet.

(Pl. 4, fig. 1 *a. b. c.*)

A. testâ discoideâ, lævigatâ ; dorso rotundato, latissimo ; anfractibus rotundatis, ultimo 0,38 ; umbilico lato et profundo ; septis lateraliter 4-lobatis.

Dimensions.

Diamètre . . . . 40 millim.
Largeur du dernier tour par rapport au diamètre 0,38
Épaisseur par rapport au diamètre 0,57
Diamètre de l'ombilic par rapport au diamètre total 0,30

Coquille très-renflée entièrement lisse (je n'en connais que le moule). Dos arrondi et très-large. Spire composée de tours très-convexes qui sont apparents dans l'ombilic sur une moitié de leur largeur; cet ombilic est très-profond et a 0,30 du diamètre ; le dernier tour a 0,58 du diamètre. Bouche en forme du croissant, échancrée par le retour de la spire. Cloisons très-découpées, formées de chaque côté de quatre lobes ; lobe dorsal un peu plus court, mais aussi large que

le latéral supérieur, présentant latéralement trois grandes branches dont la postérieure est bifurquée ; selle dorsale très-découpée et étroite, partagée profondément en deux parties qui, elles-mêmes, sont divisées en deux autres subdivisées
de nouveau ; lobe latéral supérieur formant une énorme branche divisée en deux
parties terminées chacune par cinq rameaux et présentant en outre des branches latérales ; selle latérale très-étroite et très-subdivisée ressemblant à la selle
dorsale ; lobe latéral inférieur un peu plus oblique et un peu plus petit que le
latéral supérieur, mais de même forme ; après lui viennent deux lobes dont le
premier est divisé en quatre rameaux et dont le dernier plus simple n'en forme
qu'un seul ; ces lobes sont un peu obliques.

RAPPORTS ET DIFFÉRENCES. Cette espèce ressemble beaucoup extérieurement
à l'*A. latidorsatus*, mais elle en diffère d'une manière évidente par son enroulement moins rapide, son ombilic plus grand, et surtout par ses cloisons qui n'ont
que quatre lobes de chaque côté, et qui sont beaucoup plus découpées. Elle a des
rapports plus grands avec les *A. Timotheanus* et *Jurinianus*. Elle diffère de la
première par son dos arrondi, et de toutes deux par le mode de son enroulement et par ses cloisons ; son lobe dorsal et plus court et plus large, son lobe
latéral supérieur est encore plus divisé et ses lobes latéraux sont plus obliques.
Ces trois ammonites offrent un exemple des difficultés qui se présentent souvent
lorsqu'il s'agit de fixer les limites des espèces. Elles sont toutes trois dépourvues
d'ornements et ont des cloisons presque semblables ; elles sembleraient à cause de
ces caractères devoir être réunies (surtout les deux premières), mais, lorsqu'on
vient à étudier le mode d'enroulement, la proportion de la spire et la forme du
dos, on trouve des différences telles que cette réunion devient impossible, surtout
lorsqu'on s'est assuré, comme je l'ai fait par quelques échantillons, que l'âge
n'influe point sur ces caractères.

LOCALITÉ. Je ne connais qu'un seul échantillon de cette espèce remarquable ;
il fait partie de la collection du Musée académique et a été trouvé par moi, dans
les grès verts du Saxonet.

Je l'ai dédiée à la mémoire de M. Bourrit, qui, par ses descriptions des Alpes
de la Savoie, a beaucoup contribué à faire connaître et aimer ces belles montagnes.

EXPLICATION DES FIGURES. Planche 4, fig. 1 *a*, *A. Bourritianus*, de grandeur
naturelle ; — fig. 1 *b*, même vue de face ; — fig. 1 *c*, cloisons dessinées au diamètre de 55 millimètres.

13. Ammonites latidorsatus Michelin.

(Pl. 3, fig. 4 *a. b* et fig. 5 *a. b. c.*)

A. testâ inflatâ, lævigatâ, vel transversim 6-10 sulcis flexuosis ornatâ; dorso rotundato, latissimo; anfractibus subinvolutis, ultimo 0,47; aperturâ semilunari; septis lateraliter 6-lobatis.

A. latidorsatus Michelin, Mém. Soc. géol. de France, tome 3, p. 101, pl. 12, fig. 9.
   Id.   d'Orbigny, Pal. fr. Terr. crét. tome 1, p. 270, pl. 80.

Dimensions.

Diamètre	30 à 60 millim.
Largeur du dernier tour par rapport au diamètre, moyenne	0,47
Id. id. extrêmes	0,43 à 0,55
Épaisseur par rapport au diamètre, moyenne	0,60
Id. id. extrêmes	0,50 à 0,70
Diamètre de l'ombilic par rapport au diamètre total, moyenne	0,21
Id. id. extrêmes	0,15 à 0,25

Coquille renflée, lisse, marquée de six à dix sillons peu profonds, et ornée entre eux de quelques lignes flexueuses, arquées en avant en s'approchant du dos, puis s'infléchissant un peu en arrière sur cette région; le moule ne conserve aucune trace des lignes et souvent très-peu des sillons. Dos rond, très-large. Spire composée de tours convexes, un peu aplatis sur le dos et sur les côtés; le dernier a de 0,45 à 0,55 du diamètre. Bouche large, semi-lunaire, arrondie en avant, très-fortement échancrée en arrière par le retour de la spire. Cloisons très-découpées présentant de chaque côté six lobes et six selles; lobe dorsal aussi large et un peu plus long que le latéral supérieur, divisé en rameaux dont le terminal et le précédent forment des branches ramifiées; selle dorsale très-découpée, profondément divisée en deux parties, elles-mêmes subdivisées; lobe latéral supérieur très-ramifié, et terminé par trois branches; les selles et les lobes suivants se décompliquent à mesure qu'ils approchent de l'ombilic.

Observations. Cette espèce présente des variétés plus nombreuses qu'on n'en

observe en général chez les ammonites ; des transitions évidentes lient entre elles
ces diverses formes. Elle varie :

1° Par le mode d'enroulement. Le dernier tour dans les individus que j'ai observés a de 0,45 à 0,55, par rapport au diamètre, limites plus éloignées que dans
la plupart des autres espèces.

2° Par l'épaisseur qui varie de 0,51 à 0,69.

3° Par les cloisons. Dans les individus à ombilic étroit (fig. 4), on voit quatre
lobes latéraux sur les flancs, c'est-à-dire, avant l'inflexion de la coquille vers l'ombilic, et les deux autres sont médiocrement développés. Dans les individus à
ombilic large (fig. 5), l'on ne voit sur les tours, qui sont plus étroits, que trois
lobes, le quatrième est sur le côté infléchi dans l'ombilic, et les deux derniers
sont très-petits et se distinguent à peine. Il en résulte, dans le premier cas, que
les selles sont étroites comme dans la figure donnée par M. d'Orbigny qui est
très-exacte, et que dans le second, elles sont un peu plus larges, comme je les
ai représentées fig. 5 c.

RAPPORTS ET DIFFÉRENCES. Cette espèce diffère de l'*A. Mayorianus* par son enroulement plus rapide, par son épaisseur plus grande, et par son lobe dorsal aussi
long que le latéral supérieur. Elle se distingue des *A. Timotheanus* et *Jurinianus*
par les caractères que j'ai indiqués plus haut.

LOCALITÉ. L'*A. latidorsatus* est très-commune au Saxonet, où les moules sont
presque toujours conservés de manière à ce que les sillons y soient bien visibles.
On la trouve aussi à la perte du Rhône ; elle se présente ordinairement dans cette
localité avec un ombilic étroit et sous la forme des moules dépourvus de sillons.
J'en ai pu obtenir en outre divers échantillons du Reposoir, des Fiz, etc. Elle
existe dans toutes les collections de Genève.

EXPLICATION DES FIGURES. Planche 5, fig. 4 *a*, *A. latidorsatus* de la perte du
Rhône, grandeur naturelle, variété à ombilic étroit ; — fig. 4 *b*, la même vue de
face ; cet échantillon a exactement les lobes figurés par M. d'Orbigny ; — fig. 5 *a*,
la même espèce, variété à ombilic large, du Saxonet, grandeur naturelle ; —
fig. 5 *b*, la même vue de face ; — fig. 5 *c*, cloisons du même individu ; je les ai
figurées comme exemple des lobes les plus simples et des selles les plus larges ;
elles sont prises sur un diamètre de 35 millimètres, égal à celui où l'échantillon fig. 1, les a identiques à celles figurées dans la Paléontologie française ; le
lobe dorsal y est remarquable par une longueur un peu plus grande qu'à l'ordinaire.

14. Ammonites Jallabertianus Pictet.

(Pl. 4, fig. 2 *a*, *b*.)

A. testâ discoideâ, inflatâ, tenuiter striatâ, transversim 10 vel 12 sulcis rectis, obliquis et profundis ornatâ; dorso rotundato, lato; anfractibus rotundatis, ultimo 0,39; aperturâ rotundatâ, postice excavatâ; septis lateraliter 5-lobatis.

DIMENSIONS.

Diamètre..	45 millim.
Largeur du dernier tour par rapport au diamètre......................	0,39
Épaisseur par rapport au diamètre	0,51
Diamètre de l'ombilic par rapport au diamètre total	0,38

Coquille discoïdale, médiocrement renflée, marquée sur le test (dont je ne connais que de très-petits fragments) de légères stries, fines et un peu arquées, et ornée en outre par tours de dix à douze sillons transverses très-profonds, obliques en avant et presque droits, sauf sur le dos où ils forment une légère sinuosité. Dos arrondi. Spire composée de tours arrondis, apparents dans l'ombilic sur les deux tiers de leur largeur, en sorte que dans cet ombilic on distingue au moins cinq tours; le dernier a 0,39 du diamètre total. Bouche à peu près aussi large que haute, arrondie en avant et échancrée en arrière pour le retour de la spire. Cloisons très-peu apparentes dans les échantillons que j'ai pu observer; on voit seulement qu'elles sont composées de cinq lobes de chaque côté et que les accessoires sont très-obliques.

RAPPORTS ET DIFFÉRENCES. Cette espèce se rapproche un peu de l'*A. latidorsatus*, mais elle s'en distingue facilement par ses sillons plus profonds, moins sinueux et plus obliques, par son ombilic plus grand, etc. Elle a beaucoup plus de rapports avec l'*A. Duvalianus* d'Orbigny, des terrains aptiens, et lui ressemble par les stries du test, par le nombre et la profondeur des sillons et, autant que je l'ai pu voir, par la forme des cloisons. Elle en diffère par son dos arrondi, par ses tours qui ne sont aucunement quadrangulaires, par ses sillons plus droits et parce que l'on voit plus de tours dans l'ombilic.

LOCALITÉ. Cette espèce paraît rare, je n'en connais que deux échantillons du grès vert du Saxonet. L'un appartient à la collection du Musée académique, l'autre fait partie de celle de M. le professeur Favre.

Je l'ai dédiée à la mémoire de M. Jallabert, savant professeur de physique à l'académie de Genève, et qui a fait quelques expériences météorologiques dans les montagnes de Savoie.

EXPLICATION DES FIGURES. Planche 4, fig. 2 *a*, *Ammonites Jallabertianus*, de grandeur naturelle, du mont Saxonet ; — fig. 2 *b*, la même vue de face.

15. AMMONITES AGASSIZIANUS Pictet.

(Pl. 4. fig. 3 *a. b. c. d* et fig. 4 *a. b.*)

A. testâ compressâ, striis tenuissimis arcuatis, et costis 12 latissimis, ad dorsum obliteratis, ornatâ ; dorso rotundato : anfractibus compressis, ultimo 0,40 ; umbilico lato ; septis lateraliter 6-lobatis.

DIMENSIONS.

Diamètre des plus grands individus		50 millim.
Largeur du dernier tour par rapport au diamètre, moyenne		0,40
Id.	*id.*	extrêmes	0,37 à 0,42
Épaisseur par rapport au diamètre, moyenne		0,33
Id.	*id.*	extrêmes	0,32 à 0,35
Diamètre de l'ombilic par rapport au diamètre total, moyenne		0,36

Coquille discoïdale, aplatie, ornée par tours d'environ douze côtes simples, larges, très-obtuses, un peu arquées, formant du côté ombilical un tubercule très-mousse dans le moule un peu plus saillant quand le test existe ; ces côtes disparaissent complétement en arrivant vers le dos qui est arrondi et entièrement lisse ; le test est en outre strié de lignes d'accroissement très-fines, arquées en avant, mais le moule en conserve rarement des traces. Spire composé de tours peu convexes, apparents dans l'ombilic sur plus d'un tiers de leur largeur ; le dernier a 0,40 du diamètre, mais cette mesure est moins fixe que dans la plupart des espèces, car elle varie de 0,57 à 0,42. Bouche ovale, échancrée par le retour de la spire. Cloisons compliquées et formées de chaque côté de six lobes ; lobe dorsal très-grand, plus large et plus long que le latéral supérieur, et fortement échancré sur la ligne médiane ; il forme de chaque côté deux grandes branches très-ramifiées, et une basilaire plus petite ; selle dorsale étroite, découpée, partagée en deux parties elles-mêmes subdivisées ; lobe latéral supérieur formant une grande branche partagée en deux parties paires, dont chacune a un rameau latéral, un rameau terminal bifurqué et un rameau basilaire simple ; selle latérale semblable à la dorsale, mais moins compliquée; lobe latéral inférieur beaucoup plus petit que le latéral supérieur, partagé à peu près de même ; les quatre lobes suivants sont plus petits et très-obliques en arrière vers l'ombilic.

RAPPORTS ET DIFFÉRENCES. Cette espèce, par les stries fines de son test et par ses lobes accessoires obliques, se rapproche évidemment de l'*A. Jallabertianus* et de l'*A. Gossianus* mais ses grosses côtes l'en distinguent facilement. On peut toute fois dire que les intervalles de ces côtes correspondent jusqu'à un certain point aux sillons de l'*A. Jallabertianus*. Ses rapports les plus réels me paraissent être avec l'*A. peramplus* d'Orbigny des terrains turoniens, mais elle s'en distingue par les stries du test, par ses côtes moins droites, par ses tubercules ombilicaux moins forts et par son ombilic plus grand à proportion.

LOCALITÉ. Cette espèce remarquable se trouve au Saxonet. Collections du Musée académique, de M. le professeur Favre et de M. le Dr Roux.

EXPLICATION DES FIGURES. Planche 4, fig. 3 *a*, *Ammonites Agassizianus*, du Saxonet, à l'état de moule, grandeur naturelle ; — fig. 3 *b*, la même vue de face ; — fig. 3 *c*, échantillon plus jeune et muni de son test ; — fig. 3 *d*, cloisons dessinées sur un diamètre de 23 millimètres ; — fig. 4 *a* et *b*, fragments de plus grande taille montrant que les côtes prennent une courbure un peu plus prononcée avec l'âge, et que les stries laissent quelquefois des traces sur le moule.

16. AMMONITES GOSSIANUS Pictet.

(Pl. 4, fig. 5 a. b. c.)

A. testâ discoïdeâ compressâ, transversim costatâ, costis inæqualibus, his simplicibus aut bifidis, ad umbilicum subtuberculatis, illis brevioribus ; dorso rotundato, lævi ; anfractibus compressis, ultimo 0,53; umbilico parvo ; septis lateraliter 4-lobatis.

DIMENSIONS.

Diamètre	36 millim.
Largeur du dernier tour par rapport au diamètre	0,53
Épaisseur par rapport au diamètre	0,36
Diamètre de l'ombilic par rapport au diamètre total	0,16

Coquille discoïdale, comprimée, ornée par tours de dix côtes bifurquées, très-peu saillantes, naissant de l'ombilic par un tubercule obtus et s'atténuant complétement en arrivant vers le dos ; entre ces côtes, on en remarque d'autres plus courtes, oblitérées aussi du côté extérieur et disparaissant au tiers de la distance de l'ombilic au dos ; on compte ainsi environ trente côtes au pourtour extérieur. Dos arrondi, tout à fait lisse au diamètre de 50 à 56 millimètres ; il paraît que dans les individus plus jeunes les côtes passent sur le dos en y étant toutefois peu saillantes. De très-faibles débris du test semblent montrer qu'il a de fines lignes arquées comme l'*A. Agassizianus*. Spire composée de tours aplatis, apparents dans l'ombilic sur un quart environ de leur largeur ; le dernier tour a 0,55 du diamètre ; ombilic étroit. Bouche plus longue que large, arrondie en avant et échancrée en arrière par le retour de la spire. Cloisons peu découpées et divisées de chaque côté en quatre lobes ; lobe dorsal large, plus court que le latéral supérieur, et terminé par deux branches ; selle dorsale plus large que les deux lobes qu'elle sépare, divisée en deux parties qui, elles-mêmes, sont échancrées ; lobe latéral supérieur terminé par trois branches simples ; les lobes suivants sont seulement dentelés à l'extrémité, et sont séparés par des selles à peine subdivisées.

RAPPORTS ET DIFFÉRENCES. Cette espèce forme un type tout à fait spécial. Son dos arrondi et l'ensemble de ses caractères la placent dans les Ligati, tandis que la forme de ses côtes rappelle plutôt le groupe des Cristati. Elle ne peut être confondue avec aucune espèce connue.

LOCALITÉ. Je ne connais que deux échantillons de cette espèce remarquable ; ils ont été trouvés dans le grès vert de la perte du Rhône. L'un d'eux fait partie de la collection de M. Rochat, l'autre appartient au Musée académique.

J'ai dédié cette espèce à la mémoire de M. Gosse l'un des fondateurs de la Société helvétique des sciences naturelles, et qui avait réuni des collections qui ont beaucoup contribué à faciliter l'étude de l'histoire naturelle des environs de Genève.

EXPLICATION DES FIGURES. Planche 4, fig. 5 *a*, *A. Gossianus* de la perte du Rhône, grandeur naturelle ; — fig. 5 *b*, la même vue de face ; —fig. 5 *c*, cloisons dessinées au diamètre de 55 millimètres.

17. Ammonites Bonnetianus Pictet.

(Pl. 4, fig. 6 *a*, *b*.)

A. testâ discoideâ, subcompressâ, transversim costatâ, costis rectis, simplicibus aut bifidis, ad peripheriam umbilici tuberculatis; ultimo anfractu 0,44; septis lateraliter 4-lobatis.

DIMENSIONS.

Diamètre. . . . . 87 millim.
Largeur du dernier tour par rapport au diamètre 0,41
Épaisseur par rapport au diamètre 0,30
Diamètre de l'ombilic par rapport au diamètre total 0,23

Coquille discoïdale, ornée au pourtour de l'ombilic de vingt tubercules comprimés et mousses, desquels partent des côtes bifurquées et trifurquées, entre lesquelles on en voit qui n'arrivent pas à l'ombilic, de manière à ce qu'on en compte soixante à soixante et dix sur le dos; ces côtes passent sur le dos qui est arrondi. Spire composée de tours médiocrement embrassants; le dernier a 0.41 du diamètre total; ils se recouvrent sur les deux tiers de leur largeur. Bouche ovoïde, comprimée sur les côtés, fortement échancrée en arrière par le retour de la spire. Cloisons trop imparfaitement marquées pour avoir pu être dessinées, divisées de chaque côté en quatre lobes : lobe dorsal grand, orné de deux grandes branches; selle dorsale très-large; lobe latéral supérieur médiocre, terminé par trois pointes; selle latérale grande et partagée en deux parties; lobe latéral inférieur médiocre, terminé par trois pointes; après lui on voit encore deux petits lobes accessoires.

Rapports et différences. Cette espèce, par ses tubercules et ses côtes, se distingue trop facilement de tous les ligati décrits dans ce mémoire, pour qu'il soit nécessaire d'insister sur ses différences. Elle a beaucoup plus de rapports avec l'*A. Clementinus* d'Orbigny, p. 260, qui provient du grès vert du département de l'Yonne, et j'ai hésité à la décrire sous ce nom; mais dans l'incertitude j'ai pensé qu'il y aurait plus d'inconvénients à un rapprochement erroné qu'à une séparation. Mes motifs pour ne pas croire à l'identité de ces deux espèces sont : 1º les proportions de la spire, le dernier tour ayant 0,41 au lieu de 0,470; 2º l'épaisseur moindre (0,50 au lieu de 0,40); 3º le nombre des tubercules de l'ombilic, (20 au lieu de 50 à 52); 4° les côtes très-fortement prononcées. Il est vrai, pour ce dernier point, que l'exemplaire de M. d'Orbigny était très-grand (400 millim.) et qu'il montrait que dans le jeune âge les côtes avaient été plus saillantes. Malheureusement les cloisons ne fournissent pas les éléments nécessaires pour discuter cette analogie, car M. d'Orbigny n'a pas pu les observer sur son échantillon.

LOCALITÉ. Je ne connais que deux exemplaires de cette belle espèce ; ils proviennent tous deux du grès vert du Saxonet ; celui qui a été figuré fait partie de la collection du Musée académique, un autre appartient à M. le Dr Mayor.

J'ai dédié cette espèce au célèbre philosophe et naturaliste Bonnet.

EXPLICATION DES FIGURES. Planche 4, fig. 6 *a*, *A. Bonnetianus* du Saxonet, grandeur naturelle ; — fig. 6 *b*, la même vue de face.

TROISIÈME GROUPE.

AMMONITES ANGULICOSTATI.

CARACTÈRES. Coquille comprimée ou renflée, ornée de côtes élevées et fortes, qui passent sur le dos ; dans la plupart des espèces le dos est un peu aplati, et il est séparé des flancs par un angle plus ou moins prononcé ; ce caractère toutefois n'est pas général. Cloisons composées de lobes terminés par des branches impaires et de selles le plus souvent divisées en parties paires ; lobe dorsal plus court que le latéral supérieur, lobes accessoires obliques vers l'ombilic.

Ce groupe spécial au terrain crétacé, ne diffère de celui des *Ligati* que par ses côtes plus fortes, car le caractère du dos aplati n'a aucune importance réelle ; sur les quatre espèces décrites dans ce mémoire, deux ont le dos tout à fait arrondi, et dans une seule il est terminé par des angles bien prononcés. Par la même raison, le groupe des *Angulicostati* a de grands rapports avec ceux des *Planulati* et des *Macrocephali*, et les

motifs qui ont engagé M. d'Orbigny à l'établir ne sont peut-
être pas suffisants.

18. Ammonites Milletianus d'Orbigny.

(Pl. 5, fig. 1 *a, b, c, d.*)

A. testâ discoïdeâ, transversim costatâ, costis alternantibus, unâ longâ et unâ vel 2
brevioribus ; dorso planato; costis ad laterâ dorsi sub-tuberculatis; ultimo anfractu 0,42 ;
aperturâ antice truncatâ et biangulatâ ; septis lateraliter 3-lobatis.

A. Milletianus d'Orbigny, Pal. fr. Terr. crét. tome 1, p. 263, pl. 77.

DIMENSIONS.

Diamètre le plus fréquent	30 à 110 millim.
Id. du plus grand individu observé	475 »
Largeur du dernier tour par rapport au diamètre, moyenne	0,42
Id. *id.* extrèmes	0,41 à 0,46
Épaisseur par rapport au diamètre, moyenne	0,34
Id. *id.* extrèmes	0,31 à 0,37
Diamètre de l'ombilic par rapport au diamètre total, moyenne	0,31

Coquille discoïdale, plus ou moins comprimée, ornée en travers de côtes saillantes, généralement droites mais quelquefois un peu obliques et arquées ; les
unes sont longues et vont jusqu'à l'ombilic, les autres plus courtes s'arrêtent
vers le milieu des flancs ; ces côtes sont disposées d'une manière régulièrement
alternative, sauf dans de rares exceptions ; elles passent sur le dos en formant au
moment de leur inflexion un angle marqué et même un léger tubercule, plus apparent dans le jeune âge ; leur nombre est de 45 à 55 dans les jeunes,
puis il diminue et arrive à n'être que de 55 et même de 51 suivant M. d'Orbigny.
Spire composée de tours subquadrangulaires, apparents dans l'ombilic sur les deux
tiers de leur largeur ; le dernier a 0,42 du diamètre total. Bouche tronquée
en avant et terminée dans cette même partie par deux angles assez prononcés.
Cloisons passablement découpées, formées de chaque côté de trois lobes terminés
par des branches impaires ; lobe dorsal un peu plus court et aussi large que le
latéral supérieur, pourvu de chaque côté de deux petites branches dont l'inférieure est la plus longue ; lobe latéral supérieur formé de cinq branches ; lobe
latéral inférieur peu divisé ; lobe accessoire formé de trois pointes ; selles divisées
en parties elles-mêmes subdivisées.

OBSERVATIONS. Les échantillons nombreux que j'ai observés, ont en général un peu plus de côtes que ceux décrits par M. d'Orbigny et la plupart d'entre eux sont plus étroits ; le nombre moyen des côtes comptées au dos, est de 45 par tours, le nombre le plus fort que j'aie observé est de 54 dans un individu de 50 millimètres de diamètre, qui provenait du mont Saxonet.

Cette espèce est une de celles qui, dans nos environs, présente la taille la plus considérable, on trouve en particulier à la perte du Rhône des échantillons remarquables sous ce point de vue. Le plus grand que j'aie vu fait partie de la collection de M. De Luc et a une taille de plus 475 millimètres (plus de 17 pouces).

RAPPORTS ET DIFFÉRENCES. L'*A. Milletianus* se distingue facilement de toutes les espèces décrites dans ce mémoire par son dos carré et ses côtes alternes. Elle a plus de rapports avec quelques espèces des terrains néocomiens, mais elle s'en distingue aussi facilement.

LOCALITÉ. Cette espèce est très-commune au Saxonet et à la perte du Rhône ; j'en ai vu aussi quelques exemplaires du Reposoir, du Criou etc.

EXPLICATION DES FIGURES. Planche 5, fig. 1 *a*, *Ammonites Milletianus* de grandeur naturelle, du Saxonet; — fig. 1 *b*, la même vue de face ; — fig. 1 *c*, individu plus jeune, pris au moment où les tubercules dorsaux sont apparents ; — fig. 1 *d*, la même vue de face.

19. AMMONITES FISSICOSTATUS Phillips.

(Pl. 5, fig. 2 a. b.)

A. testâ discoideâ, subinflatâ, transversim costatâ, costis arcuatis, ad peripheriam umbilici bifidis, in dorso continuis ; ultimo anfractu 0,40; septis lateraliter 5-lobatis.

A. fissicostatus Phillips, Geology of Yorkshire, p. 123, pl. 2, fig. 49.
A. venustus Phillips, loc. cit. p. 123, pl. 2, fig. 48 (jeune).
A. concinnus Phillips, loc. cit. p. 123, pl. 2, fig. 47 (var.).
A. fissicostatus d'Orbigny, Pal. franç. Terr. crét. tome 1, p. 261, pl. 76.

DIMENSIONS.

Diamètre	34 millim.
Largeur du dernier tour par rapport au diamètre	0,40
Épaisseur par rapport au diamètre	0,57
Diamètre de l'ombilic par rapport au diamètre total	0,30

Coquille médiocrement renflée, ornée sur les côtés, près de l'ombilic, de 14 tubercules peu saillants, de chacun desquels partent deux côtes élevées, arquées, passant sur le dos, où elles forment par leur rencontre avec celles de l'autre côté des angles presque droits dirigés en avant. Dos rond. Spire composée de tours convexes, apparents dans l'ombilic sur environ le tiers de leur largeur; le dernier a 0,40 du diamètre. Bouche à peu près aussi longue que large, arrondie en avant et échancrée en arrière par le retour de la spire. Je n'ai pas pu voir les cloisons.

Observations. Les exemplaires que j'ai décrits et figurés diffèrent de ceux qui ont été observés par M. d'Orbigny par deux caractères : leur dernier tour est plus étroit à proportion (0,40 au lieu de 0,47) et leurs côtes forment sur le dos des angles moins obtus. Je n'ai toutefois pas hésité à les rapporter à l'*A fissicostatus*, car la description de M. d'Orbigny montre que cette espèce est très-variable dans son enroulement et dans son épaisseur.

Rapports et différences. Cette espèce se distingue facilement par ses côtes bifurquées qui passent sur un dos arrondi, ses tubercules simples, etc.

Localité. Je ne connais que deux exemplaires de cette espèce, trouvés dans nos grès verts; l'un deux appartient au Musée académique, l'autre fait partie de la collection de M. Rochat. Ils proviennent de la perte du Rhône.

Explication des figures. Planche 5, fig. 2 *a*, *Ammonites fissicostatus* de la perte du Rhône, de grandeur naturelle; collection de M. Rochat ; — fig. 2 *b*, la même vue de face.

20. Ammonites Brongniartianus Pictet.

(Pl. 5, fig. 3 a, b.)

A. testâ discoideâ, transversim costatâ, costis rotundatis, bifurcatis, ad peripheriam umbilici tuberculatis, in dorso breviter subinterruptis ; dorso rotundato; ultimo anfractu 0,44; septis.... ?

Dimensions.

Diamètre.	57 millim.
Largeur du dernier tour par rapport au diamètre.	0,44
Épaisseur par rapport au diamètre	0,42
Diamètre de l'ombilic par rapport au diamètre total	0,30

Coquille discoïdale, ornée sur le pourtour de l'ombilic de vingt tubercules comprimés et médiocrement saillants, dont chacun donne naissance à une côte presqu'immédiatement bifurquée ; ces côtes sont grosses, arrondies, rapprochées, légèrement infléchies en avant, et un peu épaissies en s'approchant du dos, sur lequel elles passent en formant sur la ligne médiane une dépression bien marquée mais courte, dont l'ensemble produit une sorte de canal médian étroit et peu profond. On observe en outre quelques côtes qui, passant sur le dos comme les précédentes, n'aboutissent pas à l'ombilic. Dos arrondi. Spire composée de tours aplatis sur les côtés ; le dernier a 0,44 du diamètre entier. Bouche plus longue que large, arrondie en avant. Cloisons inconnues.

Rapports et différences. Cette espèce a des rapports évidents avec l'*A. fissicostatus*, mais elle en diffère par ses côtes plus nombreuses, parce qu'une partie d'entre elles n'aboutissent pas aux tubercules de l'ombilic et surtout par la manière dont elles s'interrompent sur le dos. Elle se rapproche aussi de l'*A. Pusozianus* et s'en distingue par ses côtes également plus nombreuses, par son dos arrondi, et parce que les côtes disparaissent sur le dos dans un espace beaucoup plus court et d'une manière plus marquée.

Localité. Je ne connais qu'un seul exemplaire de cette belle espèce. Je l'ai trouvé dans les grès verts du Saxonet, et je l'ai déposé dans la collection du Musée académique.

Je l'ai dédiée à l'illustre géologue qui le premier a prouvé que les dépôts de la perte du Rhône et des Fiz avaient été formés par la mer crétacée.

Explication des figures. Planche 5, fig. 3 *a*, *Ammonites Brongniartianus* du Saxonet, de grandeur naturelle ; — fig. 3 *b*, la même vue de face.

21. Ammonites Cornuelianus d'Orbigny.

(Pl. 5, fig. 4 *a*, *b*.)

A. testâ discoïdcâ, inflatâ, transversim inæqualiter costatâ, costis elevatis, internè subtuberculatis, in medio acutè tuberculatis et ad dorsum bifurcatis, intermediis simplicibus ; dorso lato subquadrato ; anfractibus rotundatis, ultimo 0,40 ; aperturâ dilatatâ, lateraliter tuberculatâ ; septis...?

A. Cornuelianus d'Orbigny, Pal. fr. Terr. crét. tome 1, p. 364, pl. 112, fig. 1 et 2.

DIMENSIONS.

Diamètre.. 37 à 55 millim.

Largeur du dernier tour par rapport au diamètre.................. 0,40

Épaisseur par rapport au diamètre .... 0,45 à 0,48

Diamètre de l'ombilic par rapport au diamètre total 0,32

Coquille assez renflée, ornée de côtes inégales ; les plus saillantes naissent de l'ombilic en formant un léger tubercule et continuent simples jusqu'au milieu du tour, où elles s'élèvent en tubercule aigu ; là elles se bifurquent et passent sur le dos en s'épaississant légèrement ; entre ces côtes principales, on trouve ordinairement deux côtes simples (quelque fois une) qui tantôt vont jusqu'à l'ombilic et qui d'autres fois s'arrêtent avant d'y arriver ; le nombre des côtes bifurquées est d'environ neuf par tours. Dos large, marqué sur la partie médiane d'une dépression qui le rend légèrement carré. Spire composée de tours arrondis, apparents dans l'ombilic sur à peu près la moitié de leur largeur ; le dernier a 0,40 du diamètre entier. Bouche déprimée, plus large que longue, un peu aplatie en avant, et présentant de chaque côté deux saillies qui correspondent aux deux tubercules ; l'antérieure est très-forte, et la postérieure est ordinairement très-peu prononcée. Cloisons peu distinctes sur les échantillons que j'ai pu observer, et formées de lobes peu developpés et de selles très-larges ; lobe latéral supérieur à peu près égal au lobe dorsal et terminé par trois petites branches ; lobe latéral inférieur beaucoup plus petit ; les lobes accessoires m'ont paru manquer.

OBSERVATIONS. Les trois exemplaires de cette coquille que j'ai pu observer correspondent tout à fait par leurs caractères essentiels à la description et à la figure que M. d'Orbigny a donnés de l'*A. Cornuelianus*. Je dois toutefois faire remarquer que ce savant paléontologiste indique cette espèce comme trouvée dans le terrain aptien. Ce serait un des seuls exemples d'une ammonite se trouvant à la fois dans ce terrain et dans les grès verts. Je n'ai aucun doute sur l'identité spécifique de mes échantillons avec ceux de M. d'Orbigny, je doute un peu plus que les siens appartiennent bien au terrain aptien, car le musée de Genève possède des *A. Cornuelianus* de Saint-Paul-Trois-Châteaux trouvés dans la même couche que des *A. Milletianus* et d'autres espèces du grès vert.

RAPPORTS ET DIFFÉRENCES. Cette espèce se distingue avec la plus grande facilité de toutes celles de nos grès verts, par ses doubles tubercules et par l'inégalité de ses côtes.

Localité. Je ne connais que trois exemplaires de cette jolie espèce. Deux d'entre eux ont été trouvés à la perte du Rhône, ils appartiennent à M. le professeur Favre et à M. le docteur Roux. Un autre a été trouvé dans les grès verts du Saxonet, et fait partie de la collection de M. le docteur Mayor.

Variété comprimée. J'ai vu quelques échantillons qui semblent indiquer une variété (ou une espèce?); elle diffère du type que j'ai décrit par une compression beaucoup plus grande, et parce que les angles du dos y sont aussi marqués que dans l'*A. Milletianus*. Ces fragments sont trop incomplets pour m'avoir permis d'en donner une figure et une description détaillée. Les mesures prises sur un d'entre eux donnent les résultats suivants : diamètre 55 millimètres ; largeur du dernier tour par rapport au diamètre 0,37 ; épaisseur par rapport au diamètre 0,58 ; diamètre de l'ombilic par rapport au diamètre total 0,54. Cet exemplaire fait partie de la collection du Musée académique (série géologique), un autre beaucoup plus imparfait appartient à M. le professeur Favre. Tous deux ont été trouvés au Saxonet.

Explication des figures. Planche 5, fig. 4 *a*, *Ammonites Cornuelianus*, du Saxonet, de grandeur naturelle ; — fig. 4 *b*, la même vue de face.

QUATRIÈME GROUPE.

AMMONITES DENTATI.

Caractères. Coquille plus ou moins renflée, ornée de côtes tantôt simples, tantôt bifurquées, naissant souvent d'un tubercule au pourtour de l'ombilic; l'extrémité de ces côtes fait saillie de chaque côté du dos, en formant des tubercules qui sont souvent alternes. Dos tantôt plat, tantôt excavé, tantôt même creusé d'un sillon. Cloisons formées de lobes divisés en parties impaires; lobe dorsal égal au latéral supérieur ou plus court que lui.

Ce groupe, spécial aux terrains crétacés, est très-bien caractérisé. Je réunis au groupe des *Dentati* de M. de Buch celui des *Tuberculati* de M. d'Orbigny, car le dos présente de si grandes variations dans la manière dont il est creusé lorsque l'on compare des espèces très-voisines, et même des individus d'une même espèce, que je ne puis pas considérer le petit canal des *Tuberculati* comme assez différent du dos excavé des *Dentali* pour y voir un caractère suffisant pour séparer des espèces qui ont tant de rapports dans leurs ornements extérieurs. Je le puis d'autant moins que, dans certains échantillons des *Tuberculati*, le canal s'évase de manière à rendre toute division rigoureuse impossible.

Pour faciliter toutefois l'étude des espèces, j'indiquerai ici quelques groupes secondaires ou sections qui sont faciles à distinguer et qui me paraissent assez naturelles.

Première section. Espèces à dos canaliculé et à lobe dorsal très-étroit : *A. falcatus* et *lautus.*

Seconde section. Espèces dans lesquelles les tubercules ombilicaux sont moins nombreux que les tubercules dorsaux, et où, par conséquent, les côtes sont ou bifurquées, ou plus nombreuses que les tubercules ombilicaux. Les lobes sont nombreux, et le dos est tantôt plat, tantôt excavé : *A. Guersanti Raulinianus, interruptus, denarius* et *splendens.*

Troisième section. Espèces dans lesquelles les côtes sont simples, et où le nombre des tubercules dorsaux égale celui des tubercules ombilicaux (si ils existent) et des côtes. Celles-ci se terminent par des oreilles aplaties. Les lobes sont nombreux et ressemblent à ceux de la section précédente : *A. Senebierianus.*

Quatrième section. Espèces à côtes simples, égalant en nombre les tubercules ombilicaux et dorsaux; ces côtes se terminent en pointes, tantôt aiguës et tantôt mousses. Les lobes sont peu nombreux : *A. regularis* et *tardèfurcatus*.

Cinquième section. Espèces à côtes composées de tubercules nombreux : *A. mammillaris*.

Les espèces appartenant au groupe des *Dentati* sont sujettes, pendant leur croissance, à de grandes modifications dans la profondeur de l'excavation du dos, ainsi que dans le nombre et la forme des ornements. J'en donnerai un exemple en décrivant l'*Ammonites lautus*.

22. AMMONITES FALCATUS Mantell.

(Pl. 5, fig. 5 *a*, *b*.)

A. testâ discoideâ, compressâ, transversim costatâ, costis angulatis, ad peripheriam umbilici tuberculatis, externè tuberculis 2-seriatis ornatis ; dorso canaliculato ; ultimo anfractu 0,44 ; septis... ?

A. curvatus Mantell, Geol. of Sussex, pl. 21, f. 18, p. 118.
A. falcatus Mantell, loc. cit. p. 117, pl. 21, fig. 12.
    Id.   Sowerby, Min. conch. t. vi, p. 153, pl. 579, fig. 1.
A. curvatus Sowerby, loc. cit. t. vi, p. 154, pl. 579, fig. 2.
A. falcatus Geinitz, Charackt. der sæchsisch-bœhmischen Kreidegebirge, p. 67.
    Id.   Rœmer, Verstein. norddeut. Kreidegeb. p. 88.
A. curvatus   *id.*   *id.*   *id.*   p. 89.
A. falcatus d'Orbigny, Pal. fr. Terr. crét. tome 1, p. 331, pl. 99.

DIMENSIONS.

Diamètre.	36 millim.
Largeur du dernier tour par rapport au diamètre	0,44
Épaisseur par rapport au diamètre	0,47
Diamètre de l'ombilic par rapport au diamètre total	0,30

Coquille discoïdale, plane sur les côtés, ornée au pourtour de l'ombilic de huit tubercules saillants, qui alternent avec des tubercules plus petits ; de ces tubercules partent de petites côtes minces, les plus gros donnent ordinairement naissance à trois côtes et les plus petits à deux ; ces côtes se dirigent en avant, puis arrivées au milieu des flancs, elles se replient en arrière par un angle assez prononcé et forment jusqu'au dos une courbe dont la concavité est dirigée en avant ; elles aboutissent à des tubercules qui forment une double rangée composée de seize paires, dont les plus internes bordent le dos. Celui-ci est profondément canaliculé. Spire composée de tours aplatis sur les côtés, apparents dans l'ombilic sur la moitié de leur largeur, le dernier a 0,44 du diamètre total. Bouche plus haute que large, anguleuse aux points qui correspondent aux tubercules. Cloisons inconnues.

Observations. Il paraît que cette espèce éprouve de grandes variations avec l'âge, je n'en ai pas pu observer un assez grand nombre d'échantillons pour m'en assurer par moi-même. M. d'Orbigny signale dans la Paléontologie française les variétés et les modifications d'âge qui l'engagent à réunir les *A. falcatus* et *curvatus* de Mantell.

Rapports et différences. La forme anguleuse des côtes et la double série de tubercules vers le dos distinguent clairement cette espèce de toutes celles qui appartiennent au même groupe.

Localité. L'*A. falcatus* ne se trouve pas, en général, dans les grès verts de nos environs. Les seuls exemplaires que je connaisse ont été découverts par M. Tollot dans une couche de la montagne des Fiz, où les fossiles sont en général comprimés. Cette couche d'un gris blanchâtre est probablement celle qui a été observée par M. Beudant, et dont parle M. Brongniart (Cuv. Oss. foss. 4e éd., t. IV, p. 180). Elle renferme une association remarquable d'espèces que l'on retrouve dans le gault et d'espèces qui sont généralement considérées comme appartenant à l'étage turonien. L'*A. falcatus* appartient à cette dernière catégorie (voy. la note p. 6).

Explication des figures. Planche 5, fig. 5 *a*, *Ammonites falcatus* des Fiz, de la collection de M. Tollot. L'exemplaire original est comprimé par la fossilisation ; j'ai jugé inutile de reproduire cette altération accidentelle ; — fig. 5 *b*, la même vue de face.

23. AMMONITES LAUTUS Parkinson.

(Pl. 5, fig. 6 *a, b. c.*)

A. testâ discoideâ, transversim costatâ, ad peripheriam umbilici tuberculatâ; dorso, profundè canaliculato, alternatim tuberculis magnis et compressis marginato; ultimo anfractu 0,41; septis lateraliter 6-lobatis.

A. lautus Parkinson, Trans. of the Geol. Soc. t. v, p. 58.
 Id. Sowerby, Min. conch. t. iv, p. 3, pl. 309.
 Id. Mantell, Geol. of Sussex, pl. 21, fig. 11, p. 91.
A. biplicatus Mantell, loc. cit. pl. 22, fig. 6.
A. lautus Haan, Mon. Amm. et Goniat. p. 116, nᵒˢ 31.
 Id. Fitton, Trans. of the Geol. Soc. t. iv, p. 112, pl. 152.
 Id. Buckland, Géologie et Min. t. ii, pl. 37, fig. 7.
 Id. d'Archiac, Mém. de la Soc. géol. t. iii, p. 306.
 Id. d'Orbigny, Pal. fr. Terr. crét. tome 1, p. 330, pl. 64, fig. 3—5.

DIMENSIONS.

Diamètre	34 millim.
Largeur du dernier tour par rapport au diamètre	0,41
Épaisseur par rapport au diamètre	0,42
Diamètre de l'ombilic par rapport au diamètre total	0,32

Coquille discoïdale, comprimée, ornée au pourtour de l'ombilic de onze à douze tubercules pointus, situés au tiers interne de la largeur des flancs, et sur le bord du dos d'une vingtaine de tubercules comprimés, saillants et alternes; entre ces deux rangées sont des côtes courtes, minces, mais saillantes, disposées ordinairement de manière à ce que, de chaque tubercule interne, il en part deux qui aboutissent plus ou moins régulièrement aux tubercules externes; ces derniers donnent en outre naissance à une ou à deux côtes intermédiaires qui n'aboutissent pas jusqu'à l'ombilic. Dos creusé d'un canal profond. Spire composée de tours comprimés, apparents dans l'ombilic sur un peu plus de la moitié de leur largeur; le dernier a 0,41 du diamètre. Cloisons très-découpées, partagées latéralement en six lobes; lobe dorsal long et mince; lobes accessoires très-petits et obliques.

VARIATIONS SUIVANT L'AGE. Dans son premier âge, cette ammonite est complétement lisse, mais seulement jusqu'au diamètre de 5 millimètres; elle prend ensuite de petites côtes transverses et arquées, mais jusqu'au diamètre de 10 millimètres elle n'a point de tubercules ; son dos est arrondi, sans canal, et les côtes passent dessus en s'atténuant légèrement sur le milieu. Depuis le diamètre de 10 millimètres, les tubercules naissent, le dos se creuse et les ornements se rapprochent de ce qu'ils seront à l'état adulte.

Rapports et différences. L'*Ammonites lautus* se distingue facilement de toutes celles que l'on trouve dans nos grès verts par son canal profond. C'est en particulier ce qui le distingue de l'*A. Guersanti* avec laquelle elle a, dans la disposition des ornements, de très-grands rapports. Elle est plus difficile à distinguer de l'*A. auritus* de Sowerby, et comme le dit M. d'Orbigny, elle n'en est peut-être qu'une variété. Nous ne trouvons pas ici cette dernière espèce, mais en comparant les descriptions de M. d'Orbigny, il m'a paru évident que la nôtre devait être rapportée à l'*A. lautus* à cause de son canal profond.

Localité. Cette espèce est rare dans nos grès verts. La collection du Musée académique en renferme quelques échantillons de la perte du Rhône et de Châtillon de Michaille.

Explication des figures. Planche 5, fig. 6 *a*, *Ammonites lautus* de la perte du Rhône, grandeur naturelle ; — fig. 6 *b*, la même vue de face ; — fig. 6 *c*, très-jeune individu de la même espèce.

24. Ammonites Guersanti d'Orbigny.

(Pl. 5, fig. 7 *a, b*.)

A. testâ discoideâ, transversim costatâ, ad peripheriam umbilici tuberculatâ ; dorso plano, tuberculis compressis alternatim marginato ; ultimo anfractu o,45 ; septis lateraliter 5-lobatis.

A. Guersanti d'Orbigny, Pal. fr. Terr. crét. t. 1, p. 235, pl. 67.

Dimensions.

Diamètre		30 à 67 millim.
Largeur du dernier tour par rapport au diamètre, moyenne		0,45
Id. *id.* extrêmes		0,43 à 0,47
Épaisseur par rapport au diamètre, moyenne		0,41
Id. *id.* extrêmes		0,37 à 0,46
Diamètre de l'ombilic par rapport au diamètre total		0,27

Coquille discoïdale comprimée et ordinairement aplatie sur les côtés, ornée au pourtour de l'ombilic de douze tubercules comprimés, de chacun desquels partent deux ou trois côtes peu saillantes, un peu infléchies en avant, dont la plupart arrivent vers le dos à des tubercules comprimés et alternes ; entre ces côtes s'en intercalent d'autres qui n'aboutissent ni aux tubercules ombilicaux ni quelquefois à ceux du dos, en sorte que pour trois tubercules ombilicaux il y a en général six tubercules dorsaux et dix à douze côtes. Dos plat, non creusé en canal. Spire composée de tours comprimés, apparents de l'ombilic sur la moitié de leur largeur ; le dernier a ordinairement 0,47 du diamètre ; dans ce cas l'épaisseur est de à peu près 0,57 du diamètre ; quelquefois la coquille est plus renflée, son épaisseur est de 0,46, et le dernier tour du spire n'a que 0,45 du diamètre. Je ne connais les cloisons qu'en partie ; M. d'Orbigny les décrit comme ayant cinq lobes de chaque côté ; le lobe dorsal est court et presque aussi large que le latéral supérieur.

Rapports et différences. J'ai rapporté cette espèce à l'*A. Guersanti* d'Orbigny à cause de son dos plat et de l'ensemble de ses formes. Elle n'a toutefois les caractères exacts d'aucune des deux variétés que signale cet auteur, car elle a les côtes comme dans la variété sans tubercules ombilicaux, tandis que ceux-ci sont très-développés. Cependant l'existence même des variétés montre qu'il ne faut pas attacher trop d'importance à ces caractères et j'ai cru devoir les réunir.

Elle ressemblerait encore plus aux *A. lautus* et *auritus* si son dos n'était pas large et plat, tandis qu'il est fortement excavé dans une de ces espèces et canaliculé dans l'autre. Il y a d'ailleurs une différence plus importante encore dans la forme du lobe dorsal qui est large et court dans l'*A. Guersanti*, et qui est long et très-étroit dans les *A. auritus* et *lautus*.

Localité. L'*A. Guersanti* se trouve dans la plupart de nos grès verts. Le musée de Genève en possède plusieurs exemplaires du Saxonet et quelques fragments de la perte du Rhône.

Explication des figures. Planche 5, fig. 7 *a*, *Ammonites Guersanti*, de grandeur naturelle, du Saxonet ; — fig. 7 *b*, la même vue de face.

25. Ammonites Raulinianus d'Orbigny.

(Pl. 7, fig. 2 *a, b.*)

A. testâ discoideâ , transversim irregulariter costatâ , costis elevatis, ad peripheriam umbilici tuberculatis ; dorso haud plano, tuberculis magnis alternatim marginato ; ultimo anfractu 0,39 ; septis...?

A. Raulinianus d'Orbigny, Pal. fr. Terrains crétacés, t. 1, p. 238, pl. 68.

DIMENSIONS.

Diamètre	23 à 28 millim.
Largeur du dernier tour par rapport au diamètre	0,39
Epaisseur par rapport au diamètre	0,47
Diamètre de l'ombilic par rapport au diamètre total	0,36

Je n'ai vu que deux exemplaires jeunes de cette coquille, de sorte que je ne suis pas parfaitement certain qu'elle appartienne réellement à cette espèce.

Coquille peu comprimée , ornée au pourtour de l'ombilic de douze tubercules comprimés, de chacun desquels partent deux côtes élevées qui s'infléchissent en avant, pour aller se réunir à un tubercule saillant et comprimé du pourtour ; ces derniers tubercules , au nombre de vingt à vingt-quatre, envoient aussi quelques côtes intermédiaires qui n'aboutissent pas à l'ombilic, et plusieurs d'entre elles sont réunies à deux tubercules ombilicaux. Dos marqué de zigzags réguliers, formés par des parties élevées qui le traversent d'un côté à l'autre. Spire composée de tours un peu aplatis, apparents dans l'ombilic sur la moitié de leur largeur ; le dernier a 0,39 du diamètre. Je n'ai pas vu les cloisons.

OBSERVATIONS. Ainsi que je l'ai dit plus haut, je n'ai pas eu à ma disposition des échantillons assez adultes et assez caractérisés pour pouvoir les rapporter sans aucune hésitation à l'*A. Raulinianus* d'Orbigny. Ils correspondent tout à fait à la description et à la figure qu'en a donné cet auteur par leurs côtes élevées , leur dos marqué de zigzags réguliers et le fait que plusieurs tubercules dorsaux sont réunis avec deux des tubercules ombilicaux. Ils en diffèrent parce que cette réunion n'a lieu que par places et parce que les côtes sont plus irrégulières, en sorte que le nombre des tubercules dorsaux est presque double de celui des ombilicaux. Il est possible que ces différences tiennent à l'âge ou soient dues à de simples variétés accidentelles. Dans tous les cas l'*A. Raulinianus* est la seule espèce décrite par M. d'Orbigny à laquelle on puisse rapporter les échantillons que j'ai observés.

RAPPORTS ET DIFFÉRENCES. Cette espèce a beaucoup de rapports avec l'*A. Guersanti*, mais elle s'en distingue facilement par ses côtes plus élevées, son ombilic plus grand, et par les zigzags réguliers du dos.

LOCALITÉS. Les exemplaires que j'ai décrits ont été trouvés dans le grès vert des escaliers de Sommier (Reposoir), et au mont Criou près Samoëns (collection de M. le professeur Favre).

EXPLICATION DES FIGURES. Planche 7, fig. 2 *a*, *Ammonites Raulinianus* de grandeur naturelle ; — fig. 2 *b*, la même vue de face.

26. AMMONITES INTERRUPTUS Bruguière.

(Pl. 6, fig. 1 et 2.)

A. testâ discoïdeâ, transversim costatâ, costis bifidis, ad peripheriam umbilici tuberculatis ; dorso concavo, tuberculis alternis marginato : ultimo anfractu 0,43 ; septis lateraliter 6-lobatis, lobo dorsali symetrico.

> Langius, Hist. lapid. figurat. Helv. t. 25, fig. 5.
> Knorr, Recueil des Mon. part. II, 1, A, fig. 10, 11, 13.
> *A. interruptus* Bruguière, Encycl. méth. n° 18.
> *A. serratus* Parkinson, Trans. of the Geol. Soc. t. V, p. 57.
> *A. noricus* Schlotheim, Petrefact. p. 77, n° 30.
> *A. dentatus* Sowerby, Min. conch. pl. 308, fig. 1—3.
> *A. interruptus* Haan, Mon. Amm. et Goniat. p. 110, n° 17.
> *A. noricus* Haan, loc. cit. p. 117, n° 32.
> *A. Benettianus* Sowerby, Min. conch. pl. 539.
> *A. marginatus* Phillips, Geol. of. Yorkshire, pl. 2, fig. 41.
> *A. nucleus* Phillips, loc. cit. pl. 2, fig. 43.
> *A. noricus* Rœmer, p. 206, n° 49.
> *A. dentatus* Fitton, Trans. of the Geol. Soc. t. IV, p. 112, 152, 258 et 316.
> *A. interruptus* d'Orbigny, Pal. franç. Terr. crét. tome 1, p. 211, pl. 31—32.

DIMENSIONS.

Diamètre . . . . 19 à 63 millim.
Largeur du dernier tour par rapport au diamètre, moyenne   0,43
   Id.   *id.*   extrèmes . . . . 0,40 à 0,45
Épaisseur par rapport au diamètre, moyenne   0,31
Dans une seule exception j'ai trouvé pour cette épaisseur   0,60
Diamètre de l'ombilic par rapport au diamètre total, moyenne   0,26

Coquille discoïdale, comprimée, ornée au pourtour de l'ombilic de vingt à vingt-quatre tubercules comprimés; de ces tubercules partent des côtes bifurquées et minces qui, en arrivant vers le bord, s'infléchissent en avant, s'élargissent un peu, et forment sur le dos une série de tubercules alternes; quelquefois une côte accessoire se place entre les autres, forme un tubercule dorsal semblable, et se termine près du tubercule ombilical; de cette manière il y a cinquante à cinquante-cinq tubercules au dos; rarement on voit une côte s'arrêter avant le dos et se terminer comme dans l'*A. Guersanti*. Le dos est un peu excavé, mais les tubercules le font paraître plus profondément creusé qu'il ne l'est en réalité. Spire composée de tours comprimés, apparents dans l'ombilic sur un tiers de leur largeur; le dernier a 0,42 du diamètre. Bouche comprimée, plus large en arrière. Je n'ai pu voir les cloisons qu'imparfaitement, mais, cependant assez pour reconnaître que la description de M. d'Orbigny s'y applique complétement; le lobe dorsal est médian.

Variétés. M. d'Orbigny dans sa description indique de grandes différences dans l'épaisseur, et paraît disposé à les attribuer à des différences sexuelles; les exemplaires que nous trouvons dans nos environs, sont presque tous comprimés et ne paraissent pas en conséquence confirmer cette manière de voir. Parmi un grand nombre d'exemplaires, je n'en ai vu qu'un seul renflé; il avait une largeur de 0,60 par rapport au diamètre, et provenait du grès vert de Châtillon-de-Michaille près de la perte du Rhône.

Rapports et différences. Cette espèce se rapproche beaucoup des *Ammonites denarius* et *splendens;* elle diffère de toutes deux par son lobe dorsal médian et par son lobe latéral supérieur à peu près symétrique. La position du lobe dorsal est en particulier le seul moyen certain de distinguer toujours les *A. interruptus* des nombreuses variétés de l'*A. denarius*. Les caractères extérieurs sont moins certains, mais pourront, cependant, suffire dans la plupart des cas; on distinguera en général ces deux espèces parce que dans l'*A. interruptus* chaque tubercule ombilical ne donne naissance qu'à deux côtes, parce que ces tubercules sont plus nombreux, parce que la coquille est plus comprimée et parce que le dos est plus excavé. On distinguera l'*A. interruptus* de l'*A. splendens* par ses côtes beaucoup plus saillantes, par ses tubercules du dos moins nombreux, et par sa spire moins embrassante.

Observations sur la synonymie. M. d'Orbigny rapporte à l'*A. interruptus* l'*A.*

Deluci Brongniart, mais cette espèce doit être réunie à l'*A. denarius* comme je le prouverai en traitant de cette espèce. Nos exemplaires d'ailleurs, concordent tout à fait avec ceux décrits par Schlotheim et Rœmer sous le nom d'*A. noricus*.

LOCALITÉS. Cette espèce se trouve à la perte du Rhône, au Saxonet, au Reposoir, aux Fiz, au Criou, sans être commune nulle part (Collections du Musée académique et de M. le professeur Favre).

EXPLICATION DES FIGURES. Planche 6, fig. 1 *a*, *A. interruptus*, variété étroite, du Reposoir, grandeur naturelle ; — fig. 1 *b*, la même vue de face ; — fig. 2 *a*, la même espèce, variété épaisse, de Châtillon-de-Michaille, grandeur naturelle ; — fig. 2 *b*, la même vue de face.

27. AMMONITES CHABREYANUS Pictet.

(Pl. 7, fig. 1 *a. b.*)

A. testâ inflatâ, transversim costatâ, costis irregularibus ; dorso excavato, tuberculis alternis marginato ; anfractibus convexis, in medio tuberculatis, ultimo o,4o ; septis...? lobo dorsali symetrico.

DIMENSIONS.

Diamètre.	35 millim.
Largeur du dernier tour par rapport au diamètre	0,40
Épaisseur par rapport au diamètre	0,45
Diamètre de l'ombilic par rapport au diamètre total	0,34

Coquille discoïdale, assez renflée, ornée un peu en dedans du milieu de chaque tour d'une rangée de tubercules élevés et pointus, au nombre de huit à dix par tours ; ces tubercules se prolongent du côté ombilical en une petite côte peu marquée, et se divisent du côté externe en des côtes saillantes et peu régulières ; chaque tubercule donne ordinairement naissance à deux côtes, dont la plupart aboutissent aux tubercules dorsaux, et dont quelques-unes disparaissent avant d'y arriver ; les tubercules dorsaux sont en nombre double de ceux des flancs, et quelquefois ils donnent naissance à des côtes qui s'arrêtent avant l'ombilic sans arriver à des tubercules ; de cette manière le nombre des côtes est presque triple de celui des grands tubercules ; elles sont inégalement saillantes. Dos assez profondément excavé, surtout dans le jeune âge, mais non creusé en canal. Spire composée de tours arrondis, apparents dans l'ombilic sur les deux cinquièmes de leur largeur, le dernier a 0,40 du diamètre. Bouche à peu près hexagonale, un peu échancrée en avant par le canal du dos, et fortement en arrière par le retour de la spire. Cloisons formées de chaque côté de lobes divisés en parties impaires (je n'ai pas pu les voir assez complétement pour les figurer); lobe dorsal étroit et symétrique, un peu plus court que le latéral supérieur; ce dernier est terminé par trois branches ainsi que le latéral inférieur.

Rapports et différences. Cette espèce, par la disposition de ses ornements, se rapproche beaucoup de l'*A. tuberculatus*; les côtes, toutefois, y sont plus saillantes, et elle en diffère tout à fait par l'absence de canal sur le dos. Elle se distingue de l'*A. interruptus* par l'irrégularité de ses côtes et par la position de ses tubercules sur le milieu des flancs; le même caractère l'éloigne des *A. Guersanti* et *Deluci* qui, ont en outre le lobe dorsal placé d'une manière non symétrique.

Localité. Cette espèce paraît rare; le Musée académique de Genève en possède un échantillon trouvé à la perte du Rhône.

Je l'ai dédiée à la mémoire de Dominique Chabrey, le premier naturaliste descripteur qui ait écrit à Genève.

Explication des figures. Planche 7, fig. 1 *a*, *Ammonites Chabreyanus* de grandeur naturelle, de la perte du Rhône; — fig. 1 *b*, la même vue de face.

28. Ammonites Deluci Brongniart.

(Pl. 6, fig. 3, 4 et 5.)

A. testá inflatá vel compressá, transversim costatá, costis bifidis vel trifidis, ad peripheriam umbilici tuberculatis; dorso subplano, tuberculis alternis marginato; ultimo anfractu 0,44; septis lateraliter 7-lobatis, lobo dorsali haud symetrico.

A. Deluci Brongniart dans Cuvier, Oss. foss. pl. *N*, fig. 4.
A. denarius Sowerby, Min. conch. pl. 540, fig. 1.
A. parvus Sowerby, loc. cit. pl. 449, fig. 2 (jeune).
    Id.   Phillips, Geology of Yorkshire, p. 123, pl. 11, fig. 46.
A. denarius Fitton, Trans. of the Geol. Soc. 2de série, t. iv, p. 239.
    Id.   d'Orbigny, Pal. fr. Terr. crét. tome 1, p. 219, pl. 62.

Dimensions.

Diamètre . . . . 36 à 100 millim.

Largeur du dernier tour par rapport au diamètre, moyenne   0,44

     Id.   *id.*   extrêmes . . . .   0,40 à 0,50

Épaisseur par rapport au diamètre, moyenne   0,46

     Id.   *id.*   extrêmes . . . .   0,30 à 0,60

Diamètre de l'ombilic par rapport au diamètre total, moyenne   0,32

Coquille quelquefois discoïdale et comprimée, plus souvent renflée, ornée au pourtour de l'ombilic de huit à douze tubercules plus ou moins comprimés, de chacun desquels partent trois côtes infléchies en avant; les trois côtes sont ordinairement continues avec le tubercule, quelquefois une d'elles reste indépendante; ces côtes en arrivant sur le dos forment des crénelures alternes au nombre de vingt-cinq à trente-cinq (ordinairement trente à trente-trois). Dos lisse et peu excavé. Spire formée de tours convexes ou comprimés, apparents dans l'ombilic à peu près sur un tiers de leur largeur; le dernier a ordinairement 0,44 du diamètre total; les individus les plus renflés ont les tours les plus étroits. Je n'ai pu voir qu'imparfaitement les cloisons; leur caractère principal est, que le lobe dorsal est à cheval sur le côté droit des crénelures du dos; de chaque côté on compte sept lobes, le latéral supérieur a cinq branches disposées non symétriquement sur un seul rameau.

Variations. Cette espèce présente de grandes différences dans l'épaisseur qui en entraînent d'autres. Cette dimension varie de 0,30 du diamètre à 0,60. Les individus plus larges ont les tubercules et les côtes plus saillants et plus distants du bord interne, et la spire moins promptement enroulée; de nombreux passages prouvent que ces individus appartiennent bien à une seule espèce. M. d'Orbigny avait déjà signalé des différences de cette nature; j'ai fait figurer un individu plus renflé encore que ceux qu'il a connus, et un bel exemplaire choisi parmi les variétés comprimées.

Une seconde source de variétés consiste dans le nombre des côtes. Il arrive quelquefois que chaque tubercule ombilical, comme dans le tronçon figuré pl. 6, fig. 5 *c*, ne donne naissance qu'à deux côtes, et que les côtes intermédiaires sont rares et espacées; dans ce cas les ressemblances extérieures avec l'*A. interruptus* augmentent beaucoup. Il arrive même quelquefois que, comme dans le grand exemplaire figuré planche 6, fig. 5, les tubercules ombilicaux ne donnent naissance qu'à une côte qui alterne avec d'autres qui n'aboutissent pas à l'ombilic. On peut remarquer, en général, que plus l'individu est adulte, moins il a de côtes qui aboutissent aux tubercules ombilicaux.

RAPPORTS ET DIFFÉRENCES. Cette espèce a ses principaux rapports avec les *A. interruptus* et *splendens*, car on ne peut la confondre ni avec l'*A. Guersanti* qui a plus de côtes que de tubercules dorsaux, ni avec les autres espèces que nous figurons ici.

Le caractère principal qui la distingue de l'*A. interruptus* me paraît être la position du lobe dorsal qui est toujours sur le milieu du dos dans l'*A. interruptus* et sur le côté dans l'*A. Deluci*. Aucun autre caractère ne me paraît aussi certain. On peut, il est vrai, en général, se servir pour les distinguer du nombre des côtes qui, dans l'*A. interruptus* est de deux pour chaque tubercule, et dans l'*A. Deluci* de trois ; mais plusieurs *interruptus* en ont trois et quelques *Deluci* deux, comme je viens de le montrer. Le nombre des tubercules ombilicaux peut fournir un meilleur caractère que les côtes elles-mêmes ; dans les *interruptus* de nos pays, je n'en ai jamais trouvé moins de vingt, et dans les *Deluci* plus de douze ; mais les exemplaires renflés d'*A. interruptus* du nord de la France et d'Angleterre fournissent des intermédiaires. Enfin le dos est ordinairement plus sensiblement excavé dans l'*A. interruptus* ; mais ces différences sont quelquefois peu apparentes et le caractère tiré du lobe dorsal est seul invariable.

L'*A. Deluci* se distingue de l'*A. splendens* par des caractères inverses, car dans cette dernière espèce le nombre des tubercules dorsaux est quadruple de celui des ombilicaux, les côtes sont plus longues, moins élevées, la spire est plus embrassante, les tubercules dorsaux plus petits, le dos plus plat, etc. Les cloisons de ces deux espèces offrent de très-grands rapports ; le lobe dorsal est aussi dévié dans l'*A. splendens*.

HISTOIRE. Cette espèce a été décrite pour la première fois par M. Brongniart dans sa description géologique des environs de Paris (reproduite dans les diverses éditions des Recherches sur les ossements fossiles de M. Cuvier). M. De Luc lui avait communiqué la coquille qui a servi à cette description ; et il conserve encore dans sa belle collection cet exemplaire étiqueté de la main même de M. Brongniart. J'ai examiné cette coquille qui, comme me l'avait déjà fait soupçonner la figure donnée par M. Brongniart, appartient à l'espèce que MM. Sowerby, d'Orbigny, etc., ont décrite sous le nom d'*A. denarius*. Elle a trois côtes pour chaque tubercule ombilical, le dos peu excavé et le lobe dorsal placé sur le côté. M. d'Orbigny s'est donc trompé en considérant l'*A. Deluci* comme synonyme de l'*A. interruptus,* et l'espèce que nous décrivons ici doit conformément aux principes de la nomenclature zoologique reprendre son nom le plus ancien.

LOCALITÉS. L'*A. Deluci* est commune à la perte du Rhône, et n'est pas rare au Saxonet.

EXPLICATION DES FIGURES. Planche 6, fig. 3 *a,* *A. Deluci,* variété épaisse de la perte du Rhône, grandeur naturelle ; — fig. 3 *b,* le même vue de face ; — fig. 3 *c,* tronçon de la même espèce où on ne voit que deux côtes par tubercules ; — fig. 4 *a,* la même espèce , variété étroite, de la perte du Rhône, grandeur naturelle ; — fig. 4 *b,* la même vue de face ; — fig. 5 *a,* grand échantillon de la même espèce, à côtes peu nombreuses , du Saxonet, collection de M. le docteur Mayor ; — fig. 5 *b,* la même vue de face.

29. AMMONITES SPLENDENS Sowerby.

(Pl. 6, fig. 6 *a, b.*)

A. testâ compressâ, tenuiter costatâ, ad peripheriam umbilici tuberculatâ; dorso plano, tuberculis alternis marginato ; ultimo anfractu 0,50 ; septis lateraliter 6-lobatis , lobo dorsali haud symetrico.

Corne d'Ammon Bourguet, Traité des Pétrif. pl. 48, fig. 312, p. 74.
A. splendens Sowerby, Min. conch. pl. 103, fig. 1 et 2.
    Id.   Parkinson, Trans. of the Geol. Soc. t. IV, p. 112, 152, 156.
A. subplanus   *id.*   *id.*   t. V, p. 17.
A. splendens Mantell, Geol. of Sussex, p. 89, pl. 21, fig. 13, 17.
A. planus Mantell, loc. cit. p. 39, pl. 21, fig. 13, 17.
A. splendens Haan, Mon. Amm. et Goniat. p. 111, n° 20.
A. planus Phillips, Geology of Yorkshire, p. 123, pl. 2, fig. 42.
A. splendens Fitton, Trans. of the Geol. Soc. 2ᵈᵉ série, t. IV, p. 112 et 152.
A. planus Fitton, loc. cit. p. 258.
A. splendens d'Archiac, Mém. de la Soc. géol. t. III, p. 101.
A. planus   *id.*   *id.*
A. subplanus   *id.*   *id.*
A. planus Rœmer, Verstein. norddeut. Kreidegeb. p. 86.
A. splendens d'Orbigny, Pal. fr. Terr. crét. tome 1, p. 222, pl. 63.
    Id.   Reuss, Verstein. der bœhm. Kreideform. p. 22.

Dimensions.

Diamètre. . . . . 40 à 125 millim.

Largeur du dernier tour par rapport au diamètre, moyenne . . . .　　0,49

    Id.　　　　　　　　　　　*id.*　　　　　　　extrêmes. . . . .　　0,47 à 0,50

Épaisseur par rapport au diamètre, moyenne. . . . .　　0,30

    Id.　　　　　*id.*　　　　　extrêmes. . . . .　　0,28 à 0,36

Diamètre de l'ombilic par rapport au diamètre total . . . .　　0,23

Coquille très-comprimée, aplatie sur les côtés, ornée au pourtour de l'ombilic de treize à dix-huit tubercules comprimés, peu élevés, d'où naissent des côtes peu apparentes, divisées en deux ou trois vers leur milieu, infléchies en avant et aboutissant au dos à des tubercules alternes peu saillants ; entre ces côtes on en trouve d'autres qui aboutissent aussi à des tubercules dorsaux, mais non à ceux de l'ombilic ; il en résulte que le nombre des premiers est à peu près quadruple de celui des seconds. Dos aplati, lisse au milieu. Spire assez embrassante, composée de tours comprimés, apparents dans l'ombilic sur le quart ou le tiers de leur largeur ; le dernier a 0,50 du diamètre. Bouche comprimée, profondément échancrée par le retour de la spire. Je ne connais qu'imparfaitement les cloisons, j'ai pu vérifier en partie le dessin qn'en a donné M. d'Orbigny ; le lobe n'est pas médian.

Observations. Le test de cette espèce est très-épais (il a près de 4 millimètres au pourtour de l'ombilic dans un exemplaire de 110 millimètres de diamètre). Les ornements sont beaucoup moins saillants sur le moule.

Rapports et différences. Cette espèce se rapproche à la fois des *A. Deluci* et *interruptus*. Elle diffère de la première par ses côtes beaucoup plus nombreuses et moins saillantes, par sa spire plus embrassante et surtout par le nombre de ses tubercules dorsaux ; les cloisons démontrent toutefois avec elles de très-grands rapports. Elle diffère de l'*A. interruptus* par des caractères à peu près analogues, car les côtes y sont aussi plus nombreuses, plus ramifiées et la proportion des tubercules dorsaux aux ombilicaux y est très-différente ; elle en diffère encore plus par la position du lobe dorsal qui est médian et régulier dans l'*A. interruptus*.

Localités. L'*A. splendens* se trouve à la perte du Rhône et au Saxonet (Collections du Musée académique, de MM. les docteurs Mayor, Roux, etc.).

Explication des figures. Planche 6, fig. 6 *a, A. splendens* du Saxonet, réduite de moitié, collection de M. le Dr Mayor ; — fig. 6 *b*, la même vue de face.

30. AMMONITES SENEBIERIANUS Pictet.

(Pl. 6, fig. 7 *a, b, c.*)

A. testâ compressâ, transversim costatâ, costis latis, simplicibus, ad peripheriam umbilici non tuberculatis; dorso plano, tuberculis magnis et compressis alternatim marginato : ultimo anfractu 0,37 ; septis lateraliter 6-lobatis.

DIMENSIONS.

Diamètre	51 millim.
Largeur du dernier tour par rapport au diamètre....................	0,37
Épaisseur par rapport au diamètre.................................	0,27

Coquille discoïdale, comprimée, ornée par tours de seize côtes saillantes, régulières, simples et égales; chacune d'elles commence à l'ombilic, sans former de tubercules, puis se déprime en arrivant vers le dos pour se relever en un fort tubercule comprimé; ces tubercules sont alternes et le dos à peu près plat. Spire composée de tours apparents dans l'ombilic sur plus des deux tiers de leur largeur; le dernier a 0,57 du diamètre. Bouche quadrangulaire, un peu renflée sur les côtés et terminée en avant par deux oreilles. Cloisons peu compliquées et composées de six lobes; lobe dorsal un peu dévié de la ligne médiane, et imparfaitement symétrique, court et composé de deux branches dentées : selle dorsale, large et partagée en deux parties; lobe latéral supérieur terminé par une branche médiane ou submédiane après laquelle viennent deux plus petites et quelques autres irrégulières; selle latérale de la largeur du lobe latéral supérieur, faiblement divisée en deux parties; lobe latéral inférieur semblable au supérieur, mais plus petit; on trouve ensuite quatre petits lobes, dont le premier a cinq pointes et les autres trois.

RAPPORTS ET DIFFÉRENCES. La régularité des côtes qui sont droites et simples, la forme comprimée des tubercules et le nombre des lobes séparent cette espèce d'une manière parfaitement claire de tous les *dentati* décrits ici, sauf de la variété de l'*A. Guersanti* où les côtes correspondent aux tubercules; mais elle s'en distingue facilement par la dépression de la côte qui précède le tubercule, par son dos plus plat, par un lobe de plus et surtout par la découpure des cloisons beaucoup moins grande.

Elle a aussi des rapports avec les *A. Michelianus*, *Archiacianus*, etc. (d'Orbigny), du gault des Ardennes et en particulier dans le nombre des lobes. Elle s'en distingue toutefois : 1° par ses côtes simples qui correspondent toujours exactement à un tubercule dorsal, 2° par l'absence de tubercules ombilicaux, 3° par ses lobes et ses selles beaucoup moins divisés.

LOCALITÉ. Je ne connais qu'un exemplaire de cette espèce; il a été trouvé dans le grès vert des escaliers de Sommier (Reposoir) et fait partie de la collection du Musée académique.

EXPLICATION DES FIGURES. Planche 6, fig. 7 *a*, *Ammonites Senebierianus*, grandeur naturelle, du Reposoir; fig. 7 *b*, la même vue de face; — fig. 7 *c*, cloisons dessinées au diamètre de 30 millimètres.

31. AMMONITES REGULARIS Bruguière.

(Pl. 7, fig. 3 a. b, c.)

A. testâ compressâ, transversim costatâ, costis simplicibus, subcanaliculatis, ad peripheriam umbilici aut in medio tuberculatis; dorso concavo, tuberculis acutis marginato : ultimo anfractu 0,40 ; septis lateraliter 3-lobatis.

Bayer, Oryct. nor. t. 3, fig. 7—8.
Langius, Hist. lapid. figur. Helvet. t. 24, fig. 3.
Bourguet, Traité des Pétrifications, t. 42, fig. 275.
A. regularis Bruguière, Encycl. n° 19.
   Id.   Bosc, Buff. de Déterv., Vers, t. 5, p. 178.
    Id.   de Roissy, Buff. de Sonnini, Moll. t. 5, p. 26, n° 16.
A. canteriatus Defrance, Brongniart dans Cuv. Oss. foss. pl. N, fig. 7.
A. regularis Haan, Mon. Amm. et Goniat. p. 109, n° 16.
A. canteriatus d'Archiac, Mém. de la Soc. géol. t. III, p. 310.
A. regularis d'Orbigny, Pal. fr. Terrains crétacés, t. 1, p. 245, pl. 71, fig. 1—3.

DIMENSIONS.

Diamètre.	30 à 50 millim.
Largeur du dernier tour par rapport au diamètre	0,40
Épaisseur par rapport au diamètre, moyenne	0,32
Id. *id.* extrêmes	0,29 à 0,34
Diamètre de l'ombilic par rapport au diamètre total	0,37

Coquille comprimée, ornée en travers d'environ vingt côtes simples (ce nombre varie de quinze à trente), élevées et régulièrement espacées ; ces côtes partent de l'ombilic, puis s'élèvent en un tubercule qui, dans la jeunesse, est très-saillant et situé sur le milieu de la côte, et qui plus tard s'abaisse en se rapprochant de l'ombilic ; en s'approchant du dos, ces côtes s'élargissent un peu, se creusent souvent en gouttières et forment au pourtour extérieur des pointes ou crénelures paires très-saillantes ; le dos présente ainsi une surface concave. Spire composée de tours comprimés, quadrangulaires, apparents dans l'ombilic sur les trois quarts de leur diamètre ; le dernier a 0,40 du diamètre entier. Bouche plus haute que large, quadrangulaire , ornée au-dessus de deux pointes : sa plus grande largeur correspond au tubercule médian des côtes et par conséquent sa place varie avec l'âge. Je n'ai pu observer complétement les cloisons ; elles sont peu découpées et composées de chaque côté de trois lobes formés de parties impaires ; le lobe dorsal est un peu moins large et aussi long que le latéral supérieur.

Variations suivant l'age. Cette ammonite varie beaucoup plus que ne l'a soupçonné M. d'Orbigny ; une grande série d'exemplaires, dont quelques-uns présentent aux diverses parties de leur spire des caractères très-différents, m'ont montré que ces variations sont très-étendues. Dans le premier âge les côtes sont très-rapprochées et peu saillantes , puis vient un moment où au contraire les tubercules dorsaux et surtout les tubercules médians sont très-aigus et élevés : la côte à ce moment est tranchante et n'est point creusée en gouttière. Plus tard, c'est-à-dire dans l'âge adulte, qui parait limité à une taille d'environ 50 millimètres, les tubercules médians deviennent plus petits, se rapprochent de l'ombilic et même disparaissent tout à fait ; la côte alors s'aplatit et commence à se creuser en gouttière. L'exemplaire figuré montre ces différentes phases.

Ces changements de forme présentent des irrégularités ; ainsi j'ai fait figurer un jeune individu de 20 millimètres, du Reposoir, où les côtes sont fortement creusées en gouttière dès le diamètre de 15 millimètres. Un très-bel exemplaire de la perte du Rhône de 55 millimètres présente un cas contraire ; les côtes y sont très-tranchantes, les tubercules dorsaux saillants et les latéraux y sont encore très-apparents et forts distants de l'ombilic. Dans les exemplaires du Reposoir, il faut d'ailleurs remarquer que le mode de conservation des fossiles détruit les pointes, de sorte que les exemplaires paraissent souvent lisses, quoiqu'un examen attentif montre la trace des tubercules.

RAPPORTS ET DIFFÉRENCES. Cette espèce se distingue facilement de l'*A. Sene-
bicrianus*, ainsi que des *A. Guersanti, Raulinianus, Michelianus* et *Archiacianus*, par
ses tubercules plus pointus, ses côtes plus regulières et canaliculées dans l'âge
adulte : elle diffère aussi de toutes ces espèces par ses cloisons moins découpées,
et ses lobes moins nombreux. Elle ressemble beaucoup plus à l'*A. tardèfurcatus*
et n'en diffère que par ses côtes moins nombreuses et tuberculées.

LOCALITÉS. L'*A. regularis* est très-commune au Reposoir et aux Fiz ; elle est au
contraire rare au Saxonet et se trouve plus fréquemment à la perte du Rhône.

EXPLICATION DES FIGURES. Planche 7, fig. 5 *a*, *Ammonites regularis*, de la perte
du Rhône, grandeur naturelle ; — fig. 5 *b*, la même vue de face ; — fig. 5 *c*,
jeune individu de la même espèce.

32. AMMONITES TARDÈFURCATUS Leymerie.

(Pl. 7, fig. 1 *a, b.*)

*A. testâ compressâ, transversim costatâ, costis obliquis, simplicibus, subcanalicu-
latis, ad peripheriam umbilici haud tuberculatis; dorso depresso, tuberculis brevibus
marginato : ultimo anfractu 0,43 ; septis....?*

A. tardèfurcatus Leymerie, Mém. de la Soc. géol. t. 3, 2de partie.
Id.   d'Orbigny, Pal. fr. Terr. crét. tome 1, p. 248, pl. 71, fig. 4—5.

DIMENSIONS.

Diamètre. . . . . 20 à 45 millim.
Largeur du dernier tour par rapport au diamètre.   0,43
Épaisseur par rapport au diamètre.   0,32
Diamètre de l'ombilic par rapport au diamètre total.   0,33

Coquille comprimée, ornée en travers de trente-cinq à quarante-cinq côtes,
simples, flexueuses, également espacées et arquées en avant; ces côtes s'élargissent depuis le tiers de leur longueur et sont alors marquées d'une dépression
longitudinale qui les fait paraître bifurquées; en arrivant vers le dos elles
s'infléchissent en avant et n'y forment que des tubercules très-courts; ces tubercules sont pairs et un peu plus élevés que le dos qui paraît former un sillon légèrement concave. Spire composée de tours comprimés, subquadrangulaires, ap-

parents dans l'ombilic sur deux tiers de leur largeur; le dernier a 0,43 du diamètre entier. Bouche un peu plus haute que large, et plus étroite en avant qu'en
arrière. Cloisons inconnues.

RAPPORTS ET DIFFÉRENCES. Cette espèce a les plus grands rapports avec l'*A.*
regularis, d'autant plus que les variétés que présente cette dernière dans le nombre des côtes et dans les tubercules, forment des intermédiaires qui rendent souvent les limites difficiles à fixer : toutefois je n'ai pas des motifs suffisants pour
combattre l'opinion de MM. Leymerie et d'Orbigny qui considèrent ces deux espèces comme distinctes. L'*A.* *tardèfurcatus* est caractérisée par ses côtes plus
nombreuses, plus arquées et plus infléchies en avant, par l'absence constante de
tubercules à l'ombilic ou au milieu de la côte, et parce que les tubercules du dos
sont presque nuls.

LOCALITÉS. On trouve des exemplaires très-caractérisés de cette espèce à la
perte du Rhône, où les transitions qui la lient avec l'*A.* *regularis* paraissent
moins nombreuses que dans les grès verts de Savoie. Elle est très-commune aux
escaliers de Sommier (Reposoir) et se trouve aussi au Saxonet, aux Fiz, etc.

EXPLICATION DES FIGURES. Planche 7, fig. 4 *a*, *A.* *tardèfurcatus*, du Reposoir,
grandeur naturelle; — fig. 4 *b*, la même vue de face.

33. AMMONITES MAMMILARIS Schlotheim.

(Pl. 7, fig. 5 *a*, *b*.)

A. testà subinflatà, transversim costatà, costis spinosis et tuberculatis; dorso ex-
cavato; ultimo anfractu o,43; septis lateraliter 3-lobatis.

Walch, Naturforsch. 1, p. 196, t. 2, fig. 3.
A. mammillaris Schlotheim, Min. Tasch. 7, p. 111.
A. monile Sowerby, Min. conch. pl. 117.
A. clavatus De Luc, Brongniart dans Cuv. Oss. foss. pl. V, fig. 14.
A. tuberculifera Lamarck, Anim. sans vert. t. 7, p. 639, n° 11.
A. monilis de Haan, Mon. Amm. p. 115, n° 30.
A. monile Passy, Descr. géol. de la Seine-Inf. p. 334.
A. clavatus Passy, loc. cit. p. 333.
A. monile de Buch, Ammonites, traduct. p. 24.
     Id.   Fitton, Trans. of the Geol. Soc. t. IV, p. 366.

A. monile Bronn, Lethea geognost. p. 724, n° 39, t. 33, fig. 5.

   Id.   Michelin, Mém. de la Soc. géol. de France, t. 3, p. 101.

   Id.   d'Archiac, Mém. de la Soc. géol. de France, t. 3, p. 310.

   Id.   Rœmer, Verstein. norddeut. Kreidegeb. p. 88.

A. mammillaris d'Orbigny, Pal. fr. Terr. crét. tome 1, p. 249, pl. 72—73.

DIMENSIONS.

Diamètre . . . . 20 à 50 millim.

Largeur du dernier tour par rapport au diamètre, moyenne   0,43

   Id.   *id.*   extrêmes . . . .   0,40 à 0,45

Épaisseur par rapp. au diam., sans les grandes pointes latérales, moyenne   0,55

   Id.   *id.*   *id.*   extrêmes   0,50 à 0,60

Diamètre de l'ombilic par rapport au diamètre total   0,33

Coquille renflée, épaisse, ornée en travers d'un nombre variable de côtes (M. d'Orbigny dit de seize à trente, nous trouvons chez nous de seize à vingt-cinq); ces côtes sont saillantes, tantôt égales, tantôt inégales, presque interrompues sur le dos et ornées de tubercules nombreux, disposés comme suit : à partir de la dépression du dos on voit trois à cinq tubercules, comprimés dans leur longueur, qui, dans les côtes larges, forment comme de petites crêtes transversales ; après ces tubercules, vient une petite dépression, puis une longue pointe conique sur le milieu des flancs, perpendiculaire au plan médian de la coquille ; cette pointe est suivie d'une nouvelle dépression, puis de un ou deux petits tubercules à l'endroit où les flancs s'infléchissent dans l'ombilic. Dos paraissant comme excavé par les interruptions des côtes dont la série forme un canal arrondi. Spire composée de tours renflés, plus larges que hauts, apparents dans l'ombilic sur un peu moins de la moitié de la largeur. Je n'ai pas pu voir complétement les cloisons, elles sont très-découpées, formées de chaque côté de trois lobes divisés en parties impaires ; le lobe dorsal est aussi long et d'un tiers moins large que le latéral supérieur.

Les moules de cette espèce traduisent assez exactement les formes de la coquille ; mais les protubérances y sont un peu moins marquées parce que le test s'épaissit sur leur extrémité ; cependant on voit encore, dans les échantillons très-bien conservés, des pointes longues et aiguës. Quelques échantillons de la perte du Rhône en particulier présentent des pointes à l'état de moule, recouvertes d'une légère couche de test, et qui se prolongent bien avant dans la matière minérale qui encroûte la coquille. J'ai vu entre autres un moule de 45 millimètres où ces pointes avaient 18 millimètres de longueur. Il arrive souvent, il est vrai, que ces longs appendices sont fracturés et que le moule paraît plus simple, soit parce que la substance qui l'a formé n'a pas pénétré dans toutes les cavités de la coquille, soit surtout parce que les ornements ont été usés ou brisés.

Observations. Cette coquille présente aussi fréquemment une apparence qui pourrait induire en erreur sur la véritable forme de sa surface. Lorsque l'animal grandit et qu'il recouvre les tours précédents, il secrète du côté ventral une substance semblable à la coquille ; cette substance recouvre et empâte les ornements de ces tours, et forme un plancher plus lisse en faisant disparaître les tubercules dorsaux qui, par leur irrégularité pourraient blesser le ventre de l'animal. Dans les échantillons où le dernier tour est brisé, il arrive fréquemment que le dépôt formé sur le tour précédent paraît être l'état naturel de la coquille, ce qui pourrait induire en erreur ceux qui ne possèdent pas une suite suffisante d'individus bien conservés. Je n'ai compris moi-même le véritable état des choses qu'après avoir vu la belle série que possède M. d'Orbigny, car les exemplaires trouvés dans nos environs n'étaient pas de nature à lever tous les doutes.

Cette disposition se retrouve dans quelques autres espèces ; mais je n'en connais aucune où elle soit plus frappante que dans celle-ci.

Variétés. L'*A. mammillaris* présente dans nos terrains moins de variétés que n'en signale M. d'Orbigny, on voit toutefois quelques exemplaires à côtes plus grosses, plus espacées, et d'autres minces et nombreuses. Il est rare que ces côtes soient irrégulières.

Rapports et différences. Cette espèce se distingue, avec la plus grande facilité de toutes les ammonites des grès verts. Ses tubercules lui donnent quelque ressemblance avec l'*A. Lyelli*, mais cette dernière espèce a une rangée de tubercules sur le milieu du dos, à la place du canal.

Localités. On trouve l'*A. mammillaris* à la perte du Rhône, au Reposoir et au Saxonet.

Explication des figures. Pl. 7, fig. 5 *a*, *Ammonites mammillaris* de la perte du Rhône, grandeur naturelle, échantillon dans lequel le dernier tour a été brisé et où on voit le tour précédent en partie recouvert de l'incrustation décrite plus haut. Ce dépot lui donne l'apparence d'une coquille lisse, à dos creusé d'un canal peu profond ; dans cette partie les pointes latérales sont les seuls ornements externes qui restent visibles ; — fig. 5 *b*, la même vue de face.

CINQUIÈME GROUPE.

AMMONITES RHOTOMAGENSES.

Caractères. Coquille à tours renflés, ornée de côtes saillantes, plus ou moins chargées de tubercules, dont une rangée sur la ligne médiane du dos. Cloisons peu découpées, formées de lobes peu nombreux, divisés en parties paires; lobe dorsal tantôt plus court, tantôt plus long que le latéral supérieur.

Ce groupe, spécial aux terrains albiens et turoniens, diffère peu de celui des *Pulchelli*. La seconde espèce, en particulier, que je décris ici, ne peut pas être fort éloignée de l'*A. Itierianus*, et montre, ce me semble, qu'il serait convenable de réunir ces deux groupes.

34. Ammonites Lyelli Leymerie.

(Pl. 7. fig. 6 *a* *b*.)

A. testâ discoïdeâ, latè umbilicatâ, transversim costato-tuberculatâ, tuberculis obtusis, 7-seriatis; dorso rotundato; ultimo anfractu, 0,30; septis lateraliter 3-lobatis.

A. rhotomagensis Michelin, Mém. de la Soc. géol. t. 3, p. 101.
A. Lyelli Leymerie, Mém. de la Soc. géol. t. 5, p. 115.
Id.   d'Orbigny, Pal. fr. Terr. crét. 1. p. 255, pl. 74.

DIMENSIONS.

Diamètre. . . . . 26 à 50 millim.
Largeur du dernier tour par rapport au diamètre.   0,30
Epaisseur par rapport au diamètre.   0,38
Diamètre de l'ombilic par rapport au diamètre total.   0,45

Coquille discoïdale, comprimée dans son ensemble, à ombilic très-grand, ornée
en travers par tours d'une vingtaine de côtes saillantes; dans le jeune âge ces
côtes passent régulièrement sur le dos où elles forment sur la ligne médiane un
tubercule mousse; sur les côtés du dos et sur les flancs, chaque côte porte en outre trois tubercules, dont le plus près de l'ombilic est souvent peu saillant; l'ensemble de ces tubercules forme ainsi sept lignes longitudinales, dont trois sur le
dos, deux sur le haut des flancs et deux pas loin de l'ombilic; à mesure que la
coquille grandit, les tubercules du milieu du dos augmentent de nombre, en
sorte qu'ils ne correspondent plus aux côtes; il en résulte quelquefois que les trois
rangées dorsales forment des zigzags réguliers. Spire composée de tours arrondis,
convexes, apparents dans l'ombilic sur la presque totalité de leur largeur; le
dernier a 0,50 du diamètre. Bouche plus large que haute, arrondie en avant.
Cloisons peu découpées, divisées de chaque côté en trois lobes formés de parties
impaires; lobe dorsal médian dans le premier âge, puis dévié sur le côté dès que
la coquille atteint le diamètre de 15 à 16 millimètres; ce lobe est aussi large, mais
d'un tiers plus court que le latéral supérieur; celui-ci est terminé par deux petites
branches bifurquées et a, en outre, deux branches latérales; lobe latéral supérieur et lobe accessoire ayant la même forme générale, mais plus petits; selles
larges et peu découpées.

RAPPORTS ET DIFFÉRENCES. Cette espèce, par ses sept rangées de tubercules,
se distingue facilement de toutes les ammonites des grès verts, sauf de l'*A. Huberianus*. J'indiquerai, en traitant de cette espèce, les caractères qui la séparent de
l'*A. Lyelli*.

LOCALITÉS. L'*A. Lyelli* a été trouvé par M. Hugard aux Fiz (d'Orbigny), le Musée académique de Genève en possède quelques exemplaires du Reposoir et
des fragments provenant des grès verts de Châtillon-de-Michaille, près Bellegarde. Plusieurs collections de Genève en conservent des échantillons de ces
diverses localités, ainsi que du Saxonet.

EXPLICATION DES FIGURES. Planche 7, fig. 6 *a*, *Ammonites Lyelli* du Saxonet,
de grandeur naturelle; — fig. 6 *b*, la même vue de face.

35. Ammonites Huberianus Pictet.

(Pl. 7, fig. 7 *a*, *b*, *c*.)

A. testâ discoideâ, mediocriter umbilicatâ, transversim costato-tuberculatâ, tuberculis compressis, 7-seriatis; ultimo anfractu 0,40 ; septis lateraliter 3-lobatis.

Dimensions.

Diamètre . . . . 17 à 31 millim.
Largeur du dernier tour par rapport au diamètre   0,40
Épaisseur par rapport au diamètre   0,49
Diamètre de l'ombilic par rapport au diamètre total   0,39

Coquille discoïdale, comprimée dans son ensemble, ornée en travers par tours de douze à quatorze côtes saillantes ; chacune de ces côtes présente, comme dans l'*A. Lyelli*, trois tubercules comprimés, dont l'ensemble forme trois rangées situées sur les bords du dos, sur le sommet des flancs et sur le bord de l'ombilic ; sur le milieu du dos, on voit une rangée de petits tubercules qui, même dans le jeune âge, sont presque en nombre double des côtes ; à mesure que la coquille grandit, ces tubercules tendent à se réunir en une crête mousse presque continue, irrégulière et flexueuse, les tubercules latéraux augmentent en dimension, et deviennent comprimés et allongés. Spire composée de tours arrondis, apparents dans l'ombilic sur la moitié de leur largeur. Bouche plus large que haute. Cloisons peu découpées, divisées de chaque côté en trois lobes, formés de parties impaires ; lobe dorsal large et presque aussi long que le latéral supérieur ; il est encore symétrique au diamètre de 25 millimètres, et commence à dévier à partir de là, mais d'une manière beaucoup moins marquée que dans l'espèce précédente ; lobe latéral supérieur terminé par cinq rameaux simples, dont le médian est le plus grand ; lobe latéral inférieur semblable dans sa forme, mais plus petit ; lobe accessoire terminé par deux branches ; selles larges et peu découpées, divisées en deux parties presque égales.

Rapports et différences. Cette espèce a de grands rapports avec l'*A. Lyelli*, et l'exemple de l'*A. mammillaris* où l'on observe de grandes variations dans le nombre des côtes m'avait d'abord fait penser qu'elle pourrait bien n'en être qu'une variété ; mais en les examinant de plus près il m'a semblé que les différences qui les distinguent dépassent les variations que l'on peut admettre dans une espèce, et je crois probable que l'examen d'un plus grand nombre d'échantillons confirmera la convenance de leur séparation. L'*A. Huberianus* se distingue de l'*A. Lyelli* : 1° par son enroulement beaucoup plus rapide et son ombilic plus petit ; 2° par le nombre plus petit de ses côtes ; 3° par le nombre relativement plus grand des tubercules dorsaux ; 4° par la forme des tubercules latéraux plus grands et plus comprimés (ce caractère n'est peut-être pas constant) ; 5° par ses cloisons, dont les lobes latéraux sont formés de parties impaires et dont le lobe dorsal est plus grand et moins dévié.

LOCALITÉ. Je ne connaissais que deux exemplaires de cette jolie espèce, l'un appartient à M. le docteur Mayor, et l'autre à M. le professeur Favre. Ils ont été trouvés tous deux dans les grès verts du Saxonet.

J'ai dédié cette espèce à la mémoire des deux célèbres observateurs François et Pierre Huber.

EXPLICATION DES FIGURES. Planche 7, fig. 7 *a*, *A. Huberianus* du Saxonet, de grandeur naturelle ; — fig. 7 *b*, la même vue de face ; — fig. 7 *c*, cloisons dessinées au diamètre de 25 millimètres.

SIXIÈME GROUPE.

AMMONITES PULCHELLI.

Coquille ornée de côtes saillantes, passant sur le dos en s'interrompant et en laissant sur la ligne médiane un tubercule comprimé ; chaque côte forme quelquefois avant l'interruption un tubercule saillant sur les bords du dos, mais n'en a jamais sur les flancs. Cloisons peu découpées, formées de lobes peu nombreux ; lobe dorsal plus court que le latéral supérieur.

Ce groupe, spécial aux terrains néocomiens et albiens, doit probablement, comme je l'ai dit plus haut, être réuni à celui des Rhotomagenses, car leur seule différence extérieure consiste

dans l'absence de tubercules latéraux sur les côtes des Pulchelli. Les caractères des cloisons donnés par M. d'Orbigny
sont d'ailleurs loin d'être généraux; jai montré, en effet, que
l'*A. Huberianus* a des lobes terminés en parties impaires, et
M. d'Orbigny dit lui-même que l'*A. Lyelli* a, comme les Pulchelli, le lobe dorsal plus court que le latéral supérieur.

36. Ammonites Itierianus d'Orbigny.

(Pl. 7, fig. 8 *a, b*.)

*A. testâ compressâ, transversim costatâ, costis elevatis, ad dorsum interruptis; tu-
berculis 3-seriatis; ultimo anfractu 0,45; septis...?*

A. Itierianus d'Orbigny, Pal. fr. Terr. crét. t. 1, p. 367, pl. 112, fig. 6 et 7.

Dimensions.

Diamètre	18 à 20 millim.
Largeur du dernier tour par rapport au diamètre	0,45
Épaisseur par rapport au diamètre	0,31
Diamètre de l'ombilic par rapport au diamètre total	0,23

Coquille comprimée, ornée en travers par tours de quinze à seize côtes simples, espacées, égales, minces vers l'ombilic, épaissies vers le dos, sur les bords
duquel elles forment un tubercule saillant, puis s'interrompent pour s'élever sur son
milieu en un tubercule comprimé, de sorte que le dos présente trois lignes de tubercules dont une médiane et deux latérales. Spire composée de tours aplatis sur les
côtés, apparents dans l'ombilic sur un tiers de leur largeur; le dernier a 0,45 du
diamètre total. Cloisons inconnues.

Rapports et différences. Cette espèce lie d'une manière évidente le groupe
des *Rhotomagenses* avec celui des *Pulchelli*. Placée avec raison par M. d'Orbigny
dans ce dernier, elle ne peut pas être éloignée de l'*A. Huberianus* qui n'en diffère guère que parce que les côtes présentent de chaque côté trois tubercules
au lieu d'un, caractère évidemment insuffisant pour constituer un groupe. Je
trouve un second motif de réunir ces deux groupes, comme je le dirai en
traitant de l'*A. Brottianus*, dans les ressemblances que présentent les cloisons.

L'*A. Itierianus* est du reste facile à distinguer de toutes les autres espèces ;
elle diffère, en particulier, de l'*A. Brottianus* par ses côtes égales, simples et
moins nombreuses.

LOCALITÉS. L'*A. Itierianus* se trouve à la perte du Rhône, mais elle n'y est pas
commune. M. Tollot en possède un exemplaire trouvé dans les grès verts du col
de Golèze (près Samoëns).

EXPLICATION DES FIGURES. Planche 7, fig. 8 *a*, *A. Itierianus* de la perte du
Rhône, de grandeur naturelle ; — fig. 8 *b*, la même vue de face.

37. AMMONITES BROTTIANUS d'Orbigny.

(Pl. 7, fig. 9 *a*, *b*, fig. 10 *a*, *b* et fig. 11.)

*A. testâ discoideâ, transversim costatâ, costis rectis, furcatis, in dorso interruptis ;
dorso tuberculis carinato ; ultimo anfractu 0,52 ; septis lateraliter 4-lobatis.*

A. Brottianus d'Orbigny, Pal. fr. Terr. crét. t. 1, p. 290, pl. 85, fig. 8—10.

DIMENSIONS.

Diamètre	20 à 75 millim.
Largeur du dernier tour par rapport au diamètre, moyenne	0,52
Id. id. extrèmes	0,50 à 0,54
Épaisseur par rapport au diamètre, moyenne	0,39
Id. id. extrèmes	0,30 à 0,47
Diamètre de l'ombilic par rapport au diamètre total.................	0,20

Coquille discoïdale, quelquefois renflée, ornée au pourtour de l'ombilic de tubercules comprimés, souvent très-peu apparents, qui donnent naissance à des
côtes droites, tantôt simples tantôt bifurquées ; ces côtes s'élargissent en arrivant
vers le dos, s'interrompent, et chacune d'entre elles correspond à un tubercule
comprimé et tranchant dont l'ensemble forme une crête interrompue et comprimée sur le milieu du dos ; entre ces côtes principales il y en a d'autres qui sont
semblables aux précédentes du côté du dos, mais qui n'aboutissent pas à l'ombilic ;
le nombre des tubercules dorsaux varie de vingt-cinq à trente. Spire assez embrassante, composée de tours tantôt convexes tantôt aplatis, dont le dernier a 0,52 du
diamètre ; ombilic étroit. Bouche ovale. Cloisons profondément découpées, formées
de chaque côté de quatre lobes ; lobe dorsal presque aussi long et aussi large que

lc latéral supérieur, orné de chaque côté de deux branches; lobe latéral supérieur terminé par trois branches ramifiées ; selles aussi larges que les lobes.

VARIATIONS. Lorsque cette ammonite est jeune (pl. 7, fig. 11), il arrive souvent que les côtes sont moins droites et qu'elles forment une double courbure peu apparente, étant arquées en avant vers l'ombilic et courbées en arrière vers le dos. Cette forme s'observe surtout dans quelques individus comprimés, qu'on trouve tant à la perte du Rhône qu'au Saxonet et qui paraissent former une variété constante (tenant peut-être au sexe?), mais qui ont d'ailleurs, trop de rapports avec les autres pour former une espèce distincte. Dans l'âge très-adulte, c'est-à-dire lorsque la coquille atteint le diamètre de 60 millimètres, les dentelures du dos deviennent plus fortes et le sillon qui sépare les tubercules dorsaux de l'extrémité des côtes s'efface presque totalement, en sorte que le dos qui est plat dans l'âge moyen finit par s'incliner en forme de toît.

RAPPORTS ET DIFFÉRENCES. Cette espèce est clairement caractérisée par ses côtes inégales et bifurquées, plus nombreuses que dans l'*A. Itierianus.*

LOCALITÉS. L'*A. Brottianus* se trouve à la perte du Rhône, où elle n'est toutefois pas très-commune. J'en ai vu aussi quelques échantillons de Châtillon-de-Michaille et du Saxonet.

EXPLICATION DES FIGURES. Planche 7, fig. 9 *a, Ammonites Brottianus* très-adulte, de grandeur naturelle, de la perte du Rhône ; — fig. 9 *b,* la même vue de face ; — fig. 10 *a,* un individu de la même espèce à un âge moyen, et appartenant au type le plus fréquent; — fig. 10 *b,* la même vue de face ; — fig. 11, un autre individu de la même espèce à côtes arquées, du Saxonet.

SEPTIÈME GROUPE.

AMMONITES CRISTATI.

CARACTÈRES. Dos muni d'une quille saillante, presque toujours continue, contenant le siphon; flancs ornés de côtes bifurquées (rarement simples), infléchies en avant, ne formant pas de coudes, souvent ornées de tubercules. Cloisons formées de lobes en général peu nombreux, tantôt pairs, tantôt impairs; lobe dorsal souvent plus long que le latéral supérieur.

Ce groupe se distingue facilement de tous ceux des terrains crétacés par sa quille entière; dans un petit nombre d'espèces cette quille s'efface et s'interrompt avec l'âge, mais sans cesser, en général, d'être plus ou moins visible. Il diffère par la forme de ses côtes et par celle de ses cloisons du groupe des *Arietes* et de celui des *Falciferi*, qui ont aussi une quille saillante et qui sont spéciaux au lias.

La distinction des espèces présente dans ce groupe de grandes difficultés, car les ornements extérieurs sont sujets à de nombreuses variations de formes et de proportions; la plupart des amonites de cette division se présentent sous des formes très-diverses, qui nécessitent l'étude d'un grand nombre d'échantillons; les caractères tirés des cloisons n'ont même pas la fixité qui leur est habituelle. La proportion du lobe dorsal présente des différences notables entre des individus d'ailleurs tout semblables; le mode de terminaison du lobe latéral supérieur varie dans la même espèce comme je le montrerai, en particulier, pour l'*A. inflatus*, et les lobes accessoires sont plus ou moins placés dans l'ombilic suivant que la coquille et plus au moins renflée.

Malgré ces différences, l'étude des cloisons faite sur un grand nombre d'individus est le meilleur moyen pour limiter les espèces. Il faut y ajouter principalement les mesures indiquant le mode d'enroulement de la spire, ces mesures paraissent beaucoup plus fixes que les caractères tirés de la forme des côtes, de leur nombre, de la largeur du dos, etc.

38. Ammonites varians Sowerby.

A. testâ compressâ, carinatâ, subcostatâ, tuberculatâ ; tuberculis utrinque 3-serialis, serie internâ obliteratâ ; ultimo anfractu o,43 ; septis lateraliter 4-lobatis.

A. varians Sowerby, Min. conch. pl. 176.
     Id.   Mantell, Geol. of Sussex, pl. xxi, fig. 2, 5, 7, p. 115.
     Id.   Mantell, Geol. trans., t. 3, p. 207 et 209.
     Id.   Brongniart, dans Cuv. Oss. foss. pl. *N*, fig. 5.
A. Coupei Brongniart, loc. cit. pl. *N*, fig. 3.
     Id.   de Haan, Mon. Amm. et Goniat. p. 121, n° 42.
A. varians de Haan, loc. cit. p. 122, n° 45.
A. Brongniartii de Haan, loc. cit. p. 121, n° 43.
A. tetrammatus Sowerby, Min. conch. pl. 587, fig. 2 ?
A. varians Zieten, Wurtemb. p. 10, pl. 14, fig. 5.
     Id.   Passy, Géol. de la Seine-Inf. p. 333.
A. Coupei Passy, loc. cit. p. 334.
A. varians de Buch, Ammonites (trad.), Ann. des Scien. nat. t. 29, p. 28.
     Id.   Fitton, Trans. of the Geol. Soc. t. iv, p. 336.
     Id.   Bronn, Leth. geogn. p. 72, n° 40, pl. 33, fig. 2.
A. Coupei Bronn, loc. cit. p. 723, n° 38, pl. 33, fig. 4.
A. varians Buckland, Géologie et Min. t. ii, p. 70, pl. 37, fig. 9.
     Id.   Geinitz, Charackt. der sæchsisch-bœhmischen Kreidegebirge, p. 40.
     Id.   d'Orbigny, Pal. fr. Terr. crét. p. 311, pl. 92.

DIMENSIONS.

Diamètre.. 30 à 60 millim.
Largeur du dernier tour par rapport au diamètre 0,43
Épaisseur par rapport au diamètre, moyenne 0,48
    Id.   *id.*   extrêmes...................... 0,40 à 0,60
Diamètre de l'ombilic par rapport au diamètre total 0,30

Coquille plus ou moins renflée, carénée, ornée au pourtour de l'ombilic de côtes en nombre variable (10 à 19) qui s'élèvent par un très-léger tubercule et vers le tiers de la largeur des flancs en forment un beaucoup plus saillant ; de là elles se bifurquent irrégulièrement ou restent simples et chacune des branches va

se terminer à un tubercule pointu, situé sur les côtés du dos ; il arrive quelquefois
que les côtes disparaissent presque complétement et que les tubercules seuls restent visibles; cela a surtout lieu chez les individus renflés, dont M. Alex. Brongniart
avait fait son *A. Coupei*. Dos large, caréné au milieu et tuberculé de chaque côté.
Spire composée de tours quadrangulaires, plus ou moins renflés, apparents dans
l'ombilic sur à peu près la moitié de leur largeur ; le dernier a 0,45 du diamètre.
Cloisons formées de chaque côté de trois lobes divisés en parties impaires ; lobe
dorsal moins long que le latéral supérieur et présentant de chaque côté quatre
branches ; lobe latéral supérieur formé de cinq branches ; selles larges et bilobées.

Rapports et différences. Cette ammonite se distingue facilement par ses
grands tubercules, par le double rang qu'ils forment vers l'ombilic, par son lobe
dorsal court, etc.

Localité. Cette espèce est une de celles qui appartiennent à l'étage turonien et
non au terrain albien. Le musée de Genève en possède quelques échantillons
trouvés dans une couche des montagnes de Tanneverges (vallée de Sixt), riche en
turrilites, dont quelques espèces aussi, comme je le montrerai plus loin, sont caractéristiques des craies chloritées. M. Tollot en a recueilli un exemplaire aux Fiz
dans la même couche dont j'ai parlé plus haut (voyez page 6 et 60), et où se
trouvent l'*A. falcatus* et la *Turrilites Bergeri*.

Je n'ai pas fait figurer cette espèce, qui me paraît suffisamment connue.

39. Ammonites Colladoni Pictet.
(Pl. 8, fig. 1 *a, b.*)

*A. testà compressâ, carinatâ, transversim costatâ; costis simplicibus, æqualibus, ad
peripheriam umbilici subtuberculatis ; ultimo anfractu 0,41 ; septis .. ?*

Dimensions.

Diamètre.	20 millim.
Largeur du dernier tour par rapport au diamètre.	0,41
Épaisseur par rapport au diamètre.	0,26
Diamètre de l'ombilic par rapport au diamètre total	0,47

Coquille discoïdale, comprimée, carénée, ornée par tours d'environ vingt-cinq
côtes simples, légèrement flexueuses, minces du côté de l'ombilic et élargies vers

le dos où elles sont un peu renflées; ces côtes sont toutes égales, sauf une ou deux par tours qui n'aboutissent pas à l'ombilic. Dos étroit, orné d'une carène assez saillante, et sans canaux latéraux. Spire composée de tours aplatis, apparents dans l'ombilic sur un peu plus de la moitié de leur largeur; le dernier a 0,41 du diamètre entier. Cloisons inconnues.

RAPPORTS ET DIFFÉRENCES. Cette espèce diffère de toutes celles que nous décrivons ici par ses côtes simples et égales; elle a quelques rapports avec l'*A. Delaruei* d'Orbigny; mais elle est beaucoup plus comprimée; son dos ne présente point de canaux des deux côtés de la crête, et surtout elle n'a jamais, comme cette espèce, des côtes plus élevées que les autres. Toutefois comme je n'ai eu qu'un petit nombre d'échantillons de petite taille, j'aurais pu hésiter à les considérer comme les jeunes de l'*A. Delaruei*, si M. d'Orbigny n'avait pas décrit le premier âge de cette espèce et montré que les côtes n'y naissent qu'au diamètre de 10 à 15 millimètres, et qu'à cette époque la coquille s'élargit subitement. Dans nos échantillons, les côtes sont visibles dès les premiers tours, au diamètre de 4 à 5 millimètres.

LOCALITÉ. Le musée de Genève possède un seul échantillon de cette espèce, trouvé dans les grès verts de Châtillon-de-Michaille, près Bellegarde. M. le docteur Roux en a trouvé un autre à la perte du Rhône.

EXPLICATION DES FIGURES. Planche 8, fig. 1 *a*, *A. Colladoni*, grandeur naturelle; — fig. 1 *b*, la même vue de face.

40. AMMONITES CRISTATUS Deluc.

(Pl. 8, fig. 2, 3, 4 et 5.)

A. testá inflatá, carinatá, transversim inæqualiter costatá; costis majoribus sæpe reflexis et ad peripheriam dorsi bifidis, intermediis 2-5 minoribus, simplicibus; anfractibus convexis, ultimo 0,42; septis lateraliter 2-lobatis.

A. cristatus Deluc, Brongniart dans Cuv. Oss. foss. pl. 0, fig. 9.
A. subcristatus Deluc, loc. cit. pl. 0, fig. 10.
     Id.   Haan, Mon. Amm. et Goniat. p. 119, n° 37.
A. cristatus Haan, loc. cit. p. 119, n° 38.
A. subcristatus Fitton, Trans. of the Geol. Soc. t. IV, p. 112.
A. cristatus d'Orbigny, Pal. fr. Terr. crét. tome 1, p. 298, pl. 88, fig. 1—5.

DIMENSIONS.

Diamètre . . . . 25 à 50 millim.

Largeur du dernier tour par rapport au diamètre, moyenne 0,42

    Id.   *id.*   extrêmes . . . . 0,41 à 0,43

Épaisseur par rapport au diamètre, moyenne 0,50

    Id.   *id.*   extrêmes . . . . 0,42 à 0,78

Diamètre de l'ombilic par rapport au diamètre total 0,33

Coquille discoïdale assez épaisse, fortement carénée, ornée en travers de côtes inégales, dont les plus grandes s'élèvent souvent de manière à former une lame aplatie, réfléchie en arrière ; ces côtes, toujours bien saillantes, sont plus ou moins irrégulières et presque toujours bifurquées au côté externe et quelquefois mais très-rarement au côté interne ; avec elles alternent d'autres côtes plus petites, plus régulières et moins saillantes, ordinairement simples ; leur nombre est irrégulier et les grandes côtes sont séparées les unes des autres par deux, trois, quatre ou cinq petites. Dos large, muni d'une quille tranchante. Spire composée de tours arrondis, apparents dans l'ombilic sur un peu plus de la moitié de leur largeur ; le dernier a 0,42 du diamètre. M. d'Orbigny dit que la bouche se termine en avant de la carène par une très-longue languette qui laisse de chaque côté deux sinus profonds. Cloisons découpées de chaque côté en deux lobes ; lobe dorsal plus long que le latéral supérieur et variant un peu pour sa largeur suivant la forme du dos ; il présente de chaque côté deux petites branches principales ; selle dorsale large, divisée en deux parties par un petit lobe oblique ; lobe latéral supérieur formé de parties presque paires et terminé par deux rameaux principaux ; selle latérale semblable à la selle dorsale, et presque aussi large ; lobe latéral inférieur égal aux deux tiers du latéral supérieur et terminé tantôt par trois branches tantôt par deux, c'est-à-dire étant tantôt pair, tantôt impair.

VARIÉTÉS. Cette espèce présente de nombreuses modifications dont j'ai déjà signalé une partie. On a vu par les dimensions qu'il y a de grandes différences dans l'épaisseur ; on en trouve aussi dans la manière dont les côtes arrivent sur le dos, elles sont en général plus obliques dans les individus de grande taille. Ces légères différences ne sont pas les seules et je décrirai ici trois variétés qui m'ont paru mériter une mention spéciale.

J'ai fait figurer (pl. 8, fig. 5 *a*, *b*.) une ammonite appartenant à cette espèce dans laquelle les flancs des côtes sont creusés de petites fossettes peu profondes, qui donnent une apparence réticulée à l'ensemble de la coquille. Cette variété n'est pas rare à la perte du Rhône.

Une seconde variété plus importante (pl. 8. fig, 4) a été observée sur un fragment trouvé à la perte du Rhône, et qui fait partie de la collection de M. le docteur Roux. Les côtes élevées prennent un très-grand développement et forment de larges et longues cornes perpendiculaires aux flancs; sur chacune d'elles aboutissent du côté du dos trois côtes minces, qui remplacent la bifurcation que nous avons signalée dans le type normal.

Une troisième variété est figurée (pl. 7, fig. 5 *a, b, c,*) et elle s'écarte assez du type normal pour m'avoir fait hésiter à la considérer comme une espèce distincte ; elle se rapproche de l'*A. cristatus* par des côtes alternativement basses et élevées et parce que ces dernières présentent sur le dos la même bifurcation ; mais elle en diffère parce que la différence entre les côtes est peu marquée et surtout parce que l'enroulement est différent. En voici les dimensions :

Diamètre. . . . . 39 millim.

Largeur du dernier tour par rapport au diamètre 0,38

Épaisseur par rapport au diamètre. 0,43

Diamètre de l'ombilic par rapport au diamètre total 0,38

Les cloisons (fig. 5 *c*) tout en ayant les caractères essentiels de l'*A. cristatus*, s'en éloignent par les détails de leurs formes. Elles sont, comme dans cette espèce, composées d'un lobe dorsal long, d'un lobe latéral supérieur plus court que lui, divisé en parties paires, et situé sur le milieu des tours, et d'un lobe latéral inférieur en dedans du tubercule ombilical et divisé en trois pointes ; mais, ces trois lobes sont beaucoup plus simples, les branches du dorsal sont très-courtes et le latéral supérieur est beaucoup plus étroit que dans le type normal et ne présente à son extrémité que des échancrures peu profondes ; le lobe latéral inférieur est presque aussi long que lui. Cette variété provient de la perte du Rhône.

RAPPORTS ET DIFFÉRENCES. Malgré toutes ces variétés l'*A. cristatus* se distingue en général facilement par ses côtes inégales, en partie irrégulières, et surtout par la bifurcation sur le dos des côtes les plus élevées ; cette bifurcation n'est pas parfaitement constante, mais elle a toujours lieu au moins pour une partie des côtes. Il ne faut pas mettre trop d'importance à ces sortes de lames réfléchies dans lesquelles se dilatent quelquefois certaines côtes, car elles manquent dans quelques individus, et on retrouve dans d'autres espèces des épatements à peu près analogues. Sous le point de vue des cloisons, l'*A. cristatus* a à peu près les mêmes caractères que l'*A. inflatus* et se distingue comme elle de la plupart des autres espèces, parce que le lobe latéral supérieur est sur le milieu des flancs, et que le latéral inférieur est en dedans du tubercule ombilical.

LOCALITÉ. Cette espèce n'est pas rare à la perte du Rhône, elle se trouve aussi, mais rarement, au Saxonet.

EXPLICATION DES FIGURES. Planche 8, fig. 2 *a, Ammonites cristatus* de la perte du Rhône, grandeur naturelle; — fig. 2 *b,* la même vue de face; — fig. 2 *c,* cloisons dessinées au diamètre de 30 millimètres; — fig. 3 *a,* la même espèce *variété granulée*; — fig. 3 *b,* la même vue de face; —fig. 4, la même espèce, *variété à grosses côtes,* fragment dessiné de grandeur naturelle et vu du côté du dos; — fig. 5 *a,* la même espèce, *variété à ombilic large* de la perte du Rhône, grandeur naturelle; — fig. 5 *b,* la même vue de face;— fig. 5 *c.* cloisons dessinées au diamètre de 39 millimètres.

41. AMMONITES CORNUTUS Pictet.

(Pl. 8, fig. 6 a, b, c.)

A. testâ discoideâ, carinatâ, transversim inæqualiter costatâ; costis majoribus ad peripheriam dorsi cornutis, haud bifidis, intermediis minoribus 1-5, simplicibus; anfractibus convexis, ultimo 0,41; septis lateraliter 4-lobatis.

DIMENSIONS.

Diamètre	27 millim.
Largeur du dernier tour par rapport au diamètre	0,41
Épaisseur par rapport au diamètre	0,52
Diamètre de l'ombilic par rapport au diamètre total	0,30

Coquille discoïdale assez renflée, carénée, ornée en travers de côtes inégales, dont les plus grandes, minces vers l'ombilic, s'élargissent en arrivant vers le dos et s'élèvent en gros et longs tubercules qui forment comme des cornes saillantes et obliques; ces tubercules paraissent augmenter avec l'âge dans une proportion plus grande que les tours; ils sont lisses dans toute leur étendue; entre ces singulières côtes, on en remarque une, deux, trois ou quatre simples, droites, régulières, qui alternent avec elles. Dos aplati, carène bordée de chaque côté d'un petit sillon. Spire composée de tours arrondis, apparents dans l'ombilic sur la moitié de leur largeur ; le dernier a 0,41 du diamètre. Cloisons très-peu découpées, composées de chaque côté de quatre lobes ; lobe dorsal très-grand, terminé par trois branches simples ; lobe latéral supérieur très-simple, échancré de chaque côté par deux sinuosités, d'où il résulte qu'il est terminé par cinq parties arrondies, trop courtes pour mériter le nom de rameaux ; lobe latéral inférieur divisé en trois parties de même forme, ainsi que les deux accessoires ; selle dorsale très-large, divisée en deux parties elles-mêmes subdivisées par des prolongements qui ont à peu près la forme des lobes ; les autres selles sont plus étroites et divisées en deux parties arrondies.

Observations. Quand cette ammonite est jeune elle paraît tout à fait lisse, les côtes ne naissent qu'au diamètre de 12 millimètres ; le test (conservé dans l'ombilic) est finement strié de lignes d'accroissement obliques.

Rapports et différences. Cette espèce pourrait être confondue avec les variétés de l'*A. cristatus*, dans lesquelles les grandes côtes prennent un développement semblable à celui qui est figuré (pl. 8, fig. 4) ; mais la disposition toute spéciale des cloisons montre que sous cette apparente analogie il y a des différences réelles. Lorsqu'on ne connaîtra que les ornements extérieurs, on pourra encore distinguer l'*A. cornutus* à ce que les grands tubercules sont lisses sur le dos et ne présentent jamais de bifurcation ou de trifurcation, et à ce que les côtes sur lesquelles ils sont implantés sont minces, peu élevées et régulières du côté de l'ombilic.

Localité. Cette espèce a été trouvée à la perte du Rhône et fait partie de la collection du Musée académique.

Explication des figures. Planche 8, fig. 6 *a*, *Ammonites cornutus*, de grandeur naturelle ; — fig. 6 *b*, la même vue de face ; — fig. 6 *c*, cloisons dessinées au diamètre de 20 millimètres.

42. Ammonites Bouchardianus d'Orbigny.

(Pl. 8, fig. 7, 8 et 9.)

A. testâ discoideâ, carinatâ, transversim costatâ; costis arcuatis, bifidis, ad peripheriam umbilici interdum tuberculatis; ultimo anfractu 0,40; septis lateraliter 3-lobatis.

A. cristatus Fitton, Trans. of the Geol. Soc. t. iv, p. 337, pl. xi, fig. 23.
A. Bouchardianus d'Orbigny, Pal. franç. Terr. crét. t. 1, p. 300, pl. 88, fig. 6—8.

DIMENSIONS.

Diamètre.			25 à 70 millim.
Largeur du dernier tour par rapport au diamètre, moyenne			0,40
Id.	id.	extrêmes	0,37 à 0,43
Épaisseur par rapport au diamètre, moyenne.			0,37
Id.	id.	extrêmes	0,30 à 0,42
Diamètre de l'ombilic par rapport au diamètre total, moyenne			0,34
Id.	id.	extrêmes	0,32 à 0,36

Coquille discoïdale, quelquefois très-comprimée, quelquefois assez épaisse, fortement carénée, ornée en travers de côtes sinueuses, dont les unes sont simples, et dont les autres sont bifurquées au quart interne de leur longueur ; sur la bifurcation on remarque souvent un tubercule comprimé qui quelquefois manque tout à fait ; ces côtes, à partir du milieu des flancs s'inclinent en arrière, pour revenir en avant en s'approchant du dos, vers lequel elles ne s'élargissent pas et ne forment pas de tubercules. Dos tantôt étroit, tantôt assez large, fortement caréné. Spire composée de tours apparents dans l'ombilic sur les deux tiers de leur largeur ; le dernier a 0,40 du diamètre. Cloisons découpées de chaque côté en trois lobes ; lobe dorsal beaucoup plus long que le lobe latéral supérieur, et variant de largeur suivant la forme du dos ; il est formé de chaque côté de trois branches ; selle dorsale large, divisée en deux parties par un lobe oblique ; lobe latéral supérieur divisé en parties paires, sans rameaux, mais orné de dix digitations dont deux terminales plus grandes ; selle latérale plus étroite que la dorsale et divisée aussi en deux parties ; lobe latéral inférieur terminé par des digitations irrégulières ; lobe accessoire très-petit.

VARIÉTÉS. M. d'Orbigny n'a connu cette espèce que par des individus comprimés, mais de nombreuses transitions et l'étude des cloisons me forcent à y réunir des échantillons larges, à dos plat, de sorte que les variations de cette espèce sont assez nombreuses, et se caractérisent : 1° par la forme du dos qui, tantôt est étroit et tranchant, et tantôt plat et creusé de deux sillons peu profonds à côté de la carène ; cette dernière forme appartient principalement à l'âge adulte, car l'on trouve des échantillons dans lesquels le dos est tranchant dans les premiers tours, et plat dans les derniers ; 2° par les tubercules ombilicaux qui tantôt sont tout à fait nuls (principalement dans les individus étroits), et tantôt sont bien marqués et même assez saillants ; 3° par la forme et le mode de bifurcation des côtes qui , quelquefois sont toutes régulièrement bifurquées comme dans l'exemplaire figuré par M. d'Orbigny, et qui quelquefois présentent une assez grande quantité de côtes simples ; dans les individus adultes elles sont plus droites, et forment vers le dos des angles plus aigus et plus saillants ; 4° par quelques détails dans la forme des cloisons, et en particulier parce que le lobe latéral inférieur varie un peu de longueur.

RAPPORTS ET DIFFÉRENCES. Cette espèce a des rapports intimes avec l'*A. cristatus* et avec l'*A. inflatus,* et ses nombreuses varités rendent quelquefois difficile la détermination de certains échantillons. La comparaison d'un très-grand nombre d'individus m'a montré que les meilleurs caractères à employer sont les suivants.

On la distinguera de l'*A. cristatus* parce que, quoique quelques individus aient des côtes un peu plus élevées que les autres, aucune d'entre elles ne présente des différences aussi grands et surtout aucune n'a, vers le dos, les bifurcations si caractéristiques de l'*A. cristatus.* Les cloisons de ces deux espèces ont de grands rapports, toutefois on pourra presque toujours les distinguer parce que dans l'*A. cristatus* la selle latérale est presque aussi large que la selle dorsale, tandis que dans l'*A. Bouchardianus* cette selle sensiblement plus étroite permet que les lobes latéraux soient, en général, plus rapprochés. M. d'Orbigny admet chez l'*A. Bouchardianus* un lobe de plus, mais ce très-petit lobe, souvent difficile à voir à cause de sa place, peut être trop facilement confondu avec le prolongement qui, dans l'*A. cristatus,* échancre la selle ventrale, pour qu'on puisse y trouver un bon caractère pratique.

Pour distinguer l'*A. Bouchardianus* de l'*A. inflatus,* il faut remarquer que la première de ces espèces a toujours des côtes plus arquées et plus nombreuses, qu'elle manque de tubercules au pourtour du dos où les côtes restent minces et tranchantes, et que son enroulement est plus rapide. Mais leur principale différence et la seule qui puisse guider d'une manière certaine au milieu de leurs nombreuses variétés consiste dans la forme des cloisons ; dans l'*A. inflatus* le lobe latéral supérieur est au milieu des flancs et le lobe latéral inférieur, ordinairement très-petit, est situé en dedans du tubercule ombilical, qui se trouve ainsi au milieu de la selle latérale ; tandis que dans l'*A. Bouchardianus* les deux lobes latéraux plus égaux sont tous les deux situés sur les flancs, de sorte que le tubercule ombilical est ordinairement placé sur le lobe latéral inférieur, et même en dedans de lui sur la première selle auxiliaire.

LOCALITÉS. L'*A. Bouchardianus* n'est pas rare à la perte du Rhône ; on la trouve aussi au Saxonet.

EXPLICATION DES FIGURES. Planche 8, fig. 7 *a*, *A. Bouchardianus*, jeune , variété à dos canaliculé, grandeur naturelle ; — fig. 7 *b*, la même vue de face ; — fig. 8, la même espèce vue de face, variété à dos arrondi ; — fig. 9 *a*, la même espèce très-adulte ; — fig. 9 *b*, la même vue de face ; — fig. 9 *c*, cloisons dessinées au diamètre de 50 millimètres.

43. AMMONITES BALMATIANUS Pictet.

(Pl. 9, fig. 1 *a, b, c.*)

A. testâ discoideâ, compressâ, carinatâ, transversim costatâ ; costis simplicibus aut bifidis, ad peripheriam umbilici et dorsi tuberculatis, in lateribus sœpè obliteratis ; ultimo anfractu o,44 ; septis lateraliter 3-lobatis.

DIMENSIONS.

Diamètre.	30 à 50 millim.
Largeur du dernier tour par rapport au diamètre.	0,44
Epaisseur par rapport au diamètre.	0,30
Diamètre de l'ombilic par rapport au diamètre total.	0,27

Coquille discoïdale, comprimée, fortement carénée, ornée au pourtour de l'ombilic de quinze à vingt tubercules qui donnent naissance à des côtes droites, souvent simples , quelquefois bifurquées ; ces côtes sont très-peu apparentes et même quelquefois oblitérées ; elles s'infléchissent en avant en arrivant vers le dos, s'élargissent et sont ornées d'un tubercule saillant suivi de deux autres quelquefois peu apparents ; outre ces côtes principales on en remarque quelques autres semblables aux premières du côté du dos, mais qui n'aboutissent pas à l'ombilic ; le nombre des côtes au pourtour extérieur se trouve ainsi être de vingt à trente. Dos étroit, muni d'une quille tranchante, bordée de chaque côté par un sillon peu profond. Spire composée de tours quadrangulaires comprimés, se recouvrant sur un tiers de leur largeur ; le dernier a 0,44 du diamètre entier. Bouche quadrangulaire, évidée sur les côtés et terminée à ses angles par des pointes médiocres. Cloisons formées de chaque côté de trois lobes ; lobe dorsal plus large et d'un tiers plus long que le latéral supérieur, orné de digitations parmi lesquelles on distingue deux branches plus grandes ; selle dorsale très-large, au moins double du lobe latéral supérieur, partagée en deux parties elles-mêmes subdivisées par un court prolongement ; lobe latéral supérieur terminé par deux branches courtes, et présentant sur ses côtés quatre autres rameaux ; selle latérale un peu plus large que le lobe latéral supérieur et divisée comme la selle dorsale ; lobe latéral inférieur d'un tiers plus court et de moitié plus étroit que le latéral supérieur, terminé par quatre rameaux courts ; lobe accessoire terminé par trois petites pointes.

RAPPORTS ET DIFFÉRENCES. L'*A. Balmatianus* a de très-grands rapports avec l'*A. Bouchardianus*, leurs cloisons sont presque identiques, mais les ornements extérieurs exigent évidemment leur séparation, car les côtes droites et peu marquées de l'*A. Balmatianus*, et ses tubercules très-saillants au pourtour du dos, la distinguent clairement de l'*A. Bouchardianus*, qui est caractérisée par des côtes saillantes, tranchantes, sinueuses et dépourvues de tubercules au pourtour extérieur.

L'*A. Balmatianus* a aussi des rapports avec l'*A. inflatus*, mais elle en diffère par sa compression plus grande, son enroulement moins rapide, son ombilic plus petit et surtout par la forme des cloisons qui présentent les mêmes caractères que j'ai signalés pour l'*A. Bouchardianus*, c'est-à-dire que dans l'*A. Balmatianus*, il y a trois lobes de chaque côté et que le tubercule ombilical est situé sur le lobe latéral inférieur ou au dedans de lui, tandis que dans l'*A. inflatus*, il n'y a que deux lobes, et que ce même tubercule est au milieu de la selle latérale.

LOCALITÉS. On trouve cette espèce à la perte du Rhône où elle n'est pas commune ; je lui rapporte avec doute quelques échantillons trouvés au Saxonet, mais où les cloisons ne sont pas visibles, et que , par conséquent, l'on ne peut pas déterminer avec une complète sécurité.

Je l'ai dédiée à la mémoire de Jacques Balmat qui, le premier, a gravi la cime du Mont-Blanc.

EXPLICATION DES FIGURES. Planche 9, fig. 1 *a, Ammonites Balmatianus*, grandeur naturelle, de la perte du Rhône ; — fig. 1 *b,* la même vue de face ; — fig. 1 *c,* cloisons dessinées au diamètre de 50 millimètres.

44. AMMONITES ROUXIANUS Pictet.

(Pl. 9, fig. 2 *a*, *b*.)

A. testâ discoideâ, carinatâ, transversim costatâ; costis his simplicibus, illis trifidis, tuberculis magnis et acutis ad peripheriam umbilici ornatis; dorso canaliculato; ultimo anfractu 0,44; septis lateraliter 3-lobatis ?

DIMENSIONS.

Diamètre . . . . 41 millim.
Largeur du dernier tour par rapport au diamètre   0,44
Épaisseur par rapport au diamètre   0,41
Diamètre de l'ombilic par rapport au diamètre total   0,27

Coquille discoïdale, carénée, ornée au pourtour de l'ombilic, à peu près vers le tiers de la largeur du tour de spire, de douze à quatorze tubercules aigus, saillants, de chacun desquels partent trois côtes, un peu infléchies, épaissies en arrivant vers le dos, et munies ordinairement d'un léger tubercule au point où commence cette flexion; on remarque en outre ordinairement quelques côtes simples, terminées au dos comme les précédentes et dépourvues à l'ombilic de tubercules; elles alternent assez régulièrement avec les tubercules ombilicaux. Dos aplati, muni d'une carène assez saillante, bordée de chaque côté d'un sillon étroit et profond. Spire composée de tours assez renflés, mais aplatis sur les flancs, apparents dans l'ombilic sur un peu moins de la moitié de leur largeur; le dernier a 0,44 du diamètre. Cloisons inconnues; j'ai seulement pu distinguer que le lobe dorsal est médiocre, et que le lobe latéral inférieur est situé sur le tubercule ombilical.

RAPPORTS ET DIFFÉRENCES. Cette espèce se rapproche de l'*A. Bouchardianus* et surtout de l'*A. Candollianus*; elle diffère de toutes deux, par la position de ses tubercules beaucoup plus éloignés de l'ombilic, par la division régulière de ses côtes en trois, par le canal du dos bien marqué, etc.; elle a aussi des rapports avec l'*A. inflatus* et s'en distingue par la disposition de ses côtes, par son enroulement plus rapide, et probablement aussi par ses lobes plus nombreux et par la position du lobe latéral inférieur.

LOCALITÉ. Je ne connais que trois échantillons de cette espèce; ils proviennent tous trois du Saxonet; deux d'entre eux font partie de la collection de M. le docteur Roux et un appartient à M. le professeur Favre.

Je l'ai dédiée à M. le docteur Roux, dont la collection m'a été très-utile pour tout mon travail et dont la collaboration m'a été précieuse pour fixer les limites des espèces qui appartiennent au groupe difficile des A. Cristati.

Explication des figures. Planche 9, fig. 2 *a*, *Ammonites Rouxianus*, de grandeur naturelle ; — fig. 2 *b*, la même vue de face.

45. Ammonites varicosus Sowerby.

(Pl. 9, fig. 3, 4 et 5.)

A. testâ compressâ, transversim costatâ, carinatâ, carinâ in adultis interruptâ; costis bifidis, externè plerumque incrassatis; anfractibus angustatis, ultimo o,34 ; septis lateraliter 3-lobatis.

> *A. varicosus* Sowerby, Min. conch. pl. 451, fig. 4 et 5.
> *Id.*   Fitton, Trans. of the Geol. Soc. t. iv, p. 112.
> *Id.*   d'Orbigny, Pal. fr. Terr. crét. tome 1, p. 294, pl. 87, fig. 1—5.

Dimensions.

Diamètre	20 à 60 millim.
Largeur du dernier tour par rapport au diamètre, moyenne	0,34
Id. *id.* extrêmes	0,30 à 0,36
Épaisseur par rapport au diamètre, moyenne	0,38
Id. *id.* extrêmes	0,29 à 0,45
Diamètre de l'ombilic par rapport au diamètre total, moyenne	0,44
Id. *id.* extrêmes	0,42 à 0,46

Coquille discoïdale, comprimée dans son ensemble, carénée dans le jeune âge ; la carène diminue ensuite, et disparaît plus ou moins promptement suivant les individus ; autour de l'ombilic on trouve de onze à vingt-deux tubercules saillants et comprimés, d'où partent des côtes simples ou bifurquées, qui s'élargissent vers le dos et qui ne sont jamais séparées de la carène par un sillon bien distinct; lorsque cette carène a disparu, il arrive dans les vieux individus que chaque côte se réunit à son analogue de l'autre côté et forme ainsi sur le dos un bourrelet saillant; quelques côtes partent du dos, n'aboutissent pas à l'ombilic et ne forment alors point de tubercules ; le nombre des côtes comptées au pourtour est de vingt-deux à quarante. Spire composée de tours étroits, très à découvert, apparents dans l'ombilic sur les trois quarts de leur largeur ; le dernier a les trente-quatre centièmes du diamètre entier. Bouche quadrangulaire, un peu plus haute que large ; je n'ai pu observer les cloisons que d'une manière imparfaite ; M. d'Orbigny en donne la description suivante : Cloisons symétriques, découpées de chaque côté en trois lobes formés de parties impaires et en trois selles formées de parties presque paires ; lobe dorsal étroit, aussi large et aussi long que le lobe latéral supérieur, orné de chaque côté de deux petites branches formées de deux pointes ; selle dorsale double en largeur du lobe latéral supérieur, divisée en deux parties inégales, la plus grande est externe ; les autres selles sont en petit également divisées ; lobe latéral supérieur oblong, orné de chaque côté de quatre petites pointes et d'une neuvième pointe terminale ; lobe latéral inférieur à cinq pointes ; premier lobe auxiliaire à trois.

VARIÉTÉS. Les *A. varicosus* présentent deux types assez distincts.

La première variété a pour caractères : 1° une épaisseur plus grande (le dernier tour a 0,42) ; 2° un enroulement un peu plus prompt (le dernier tour a 0,56) ; 5° moins de côtes, c'est-à-dire treize tubercules et vingt-cinq côtes ; 4° la carène disparaît d'une manière un peu différente ; les côtes des deux flancs se réunissent avant que la carène ait complétement disparu, et on trouve des traces de celle-ci dans les parties profondes, entre les bourrelets ; c'est en moyenne au diamètre de 18 millimètres que les bourrelets se forment, et depuis vingt-deux on ne trouve plus de traces de la carène.

La seconde variété est plus mince (0,54), elle est enroulée moins rapidement (son dernier tour a 0,51) et ses côtes sont plus nombreuses ; je trouve en moyenne seize tubercules et trente côtes ; sa carène disparaît avant que ses côtes se réunissent, c'est-à-dire que les bourrelets n'apparaissent sur le dos qu'après que celui-ci a été quelque temps lisse et dépourvu de carène ; cette disparution de la carène a lieu en moyenne à 56 millimètres de diamètre.

Dans les deux variétés les jeunes individus diffèrent des vieux :

1° Par un nombre de côtes en général moindre ; j'ai trouvé en moyenne dans les individus de 20 à 50 millimètres, onze tubercules au pourtour de l'ombilic et vingt-quatre côtes au pourtour extérieur, dans ceux de trente à quarante , quinze tubercules et trente côtes, et dans ceux au-dessus seize tubercules et trente-deux côtes.

2° Par la carène qui est toujours bien marquée dans le jeune âge et qui ensuite disparaît. L'époque de sa disparution est très-variable, car on ne la trouve quelquefois plus dans des individus de 16 à 20 millimètres de diamètre, et on le trouve quelquefois encore visible dans des individus de 40 à 50 millimètres. La moyenne de plusieurs mesures m'a montré que c'est au diamètre de 30 millimètres qu'elle disparaît le plus fréquemment.

Rapports et différences. Parmi les espèces que nous décrivons ici, c'est avec l'*A. inflatus* que l'*A. varicosus* peut être le plus facilement confondue. On l'en distinguera toujours à l'état adulte par l'absence de carène et par les bourrelets du dos, mais dans la jeunesse et lorsque la carène subsiste encore, les ressemblances sont plus grandes ; on pourra toutefois distinguer encore les *A. varicosus* à leur enroulement moins prompt, à leur ombilic plus découvert, et à ce que les côtes ne s'abaissent pas en arrivant à la carène, de sorte que le dos ne présente pas des deux côtés de celle-ci le sillon qui existe toujours plus ou moins dans l'*A. inflatus*, et à ce que ses côtes ne sont pas ridées au pourtour du dos.

Si on la compare à quelques espèces du gault que nous n'avons pas décrites dans ce mémoire, on verra qu'elle se rapproche aussi beaucoup de l'*A. Senequieri*, principalement la variété large que j'ai signalée ; mais d'après la description de M. d'Orbigny, elle en diffère : 1° parce que la carène est plus apparente dans la jeunesse, tandis que le contraire a lieu dans l'*A. Senequieri* ; 2° par la présence de tubercules au pourtour de l'ombilic ; 3° par les cloisons.

Localités. L'*Ammonites varicosus* est une des espèces les plus communes à la perte du Rhône et au Saxonet, on la trouve aussi dans diverses autres localités de Savoie, telles que les grès verts du Criou (près Samoëns) et de la vallée de Sixt.

Explication des figures. Planche 9, fig. 3 *a*, *Ammonites varicosus*, variété à côtes nombreuses ; — fig. 3 *b*, la même vue de face ; — fig. 4 *a*, la même espèce, variété à côtes éloignées ; — fig. 4 *b*, la même vue de face ; — fig. 5 *a*, la même variété à un âge avancé ; — fig. 5 *b*, la même vue de face.

46. Ammonites inflatus Sowerby.
(Pl. 9, fig. 6 ; pl. 10, fig. 1 et 2.)

A. testâ discoideâ, carinatâ, transversim costatâ ; costis plerumque bifidis, apud umbilicum tuberculatis, ad peripheriam dorsi tuberculatis et transversim rugosis ; ultimo anfractu 0,34 ; dorso subcanaliculato ; septis lateraliter 2-lobatis.

A. inflatus Sowerby, Min. conch. pl. 178.

    Id.   Brongniart, dans Cuv. Oss. foss. pl. *N.* fig. 1.

    Id.   Haan, Mon. Amm. et Goniat. p. 120, n° 39.

A. affinis Haan, loc. cit. p. 120, n° 40.

    Id.   Keferstein, Cat. p. 8, n° 3.

A. inflatus Passy, Géol. de la Seine-Inf. p. 334, n° 40.

    Id.   Fitton, Trans. of the Geol. Soc. t. 4, p. 117.

    Id.   d'Orbigny, Pal. fr. Terr. crét. tome 1, p. 304, pl. 90.

DIMENSIONS.

Diamètre.	20 à 225 millim.
Largeur du dernier tour par rapport au diamètre, moyenne	0,34
Id. *id.* extrêmes	0,32 à 0,38
Épaisseur par rapport au diamètre, moyenne	0,44
Id. *id.* extrêmes	0,36 à 0,55
Diamètre de l'ombilic par rapport au diamètre total	0,38

Coquille discoïdale, plus ou moins comprimée dans son ensemble, fortement carénée, ornée au pourtour de l'ombilic de dix-huit à dix-neuf tubercules comprimés, d'où partent des côtes quelquefois simples, plus souvent bifurquées ; ces côtes s'abaissent vers le milieu des flancs pour se relever au pourtour extérieur, où elles présentent une série de petits tubercules dont le premier est le plus apparent, les autres ne sont guère que des plis ; les côtes comptées au pourtour sont, en général, au nombre de trente. Dos large, muni d'une carène saillante, et marqué chaque côté d'un sillon dont le bord externe est formé par les protubérances des côtes. Spire composée de tours quadrangulaires, renflés, apparents dans l'ombilic sur plus des quatre cinquièmes de leur largeur ; le dernier a 0,54 du diamètre entier. Bouche subquadrangulaire, tronquée et évidée sur les côtés. Cloisons formées de chaque côté de deux lobes et de trois selles ; lobe dorsal remarquable par sa longueur, dépassant d'un tiers le lobe latéral supérieur et découpé en digitations nombreuses ; selle dorsale deux fois aussi large que le lobe latéral supérieur et divisée en deux parties dont chacune se trouve encore subdivisée en deux folioles ; lobe latéral supérieur formé de cinq branches ramifiées ; selle latérale bilobée, un peu plus large que le lobe latéral supérieur ; lobe latéral inférieur très-oblique, plus court de moitié que le lobe latéral supérieur et terminé par trois petites branches ; après lui vient une large selle bilobée.

Variétés. L'*A. inflatus* est une des espèces qui présentent les variétés les plus nombreuses et les plus embarrassantes, car ces variétés portent non-seulement sur les ornements extérieurs dans des limites plus étendues que pour la plupart des autres espèces, mais elles s'étendent encore aux cloisons qui offrent dans certains détails des modifications remarquables. Si l'on ne possédait qu'un petit nombre d'échantillons, on serait probablement disposé à y distinguer plusieurs espèces, mais de nombreuses transititions me forcent à les réunir. Je signalerai ici ces principales variétés :

Première variété (Planche 9, fig. 6 *a*, *b*, *c*). Cette variété est remarquable en ce qu'elle présente un fait complétement contraire à ce qui existe en général chez les ammonites. Parfaitement identique de forme avec le type ordinaire de l'*Ammonites inflatus*, elle s'en distingue par son lobe latéral qui est fourchu à l'extrémité, c'est-à-dire pair suivant l'expression de M. d'Orbigny. Je n'aurais pas hésité à considérer cette variété comme devant former une espèce distincte, si la ressemblance des caractères externes n'avait pas été aussi complète. La forme générale, celle des côtes et de leurs tubercules, celle de la carène, et le mode d'enroulement correspondent complétement à la description que nous avons donnée plus haut, et il serait impossible d'y saisir un caractère valable pour les distinguer. On est donc forcé d'admettre, contrairement à tout ce qui a été établi jusqu'à présent, que les lobes des Ammonites peuvent présenter des variations individuelles dans leur terminaison, et qu'en particulier ils peuvent être pairs et impairs dans la même espèce. Je dois d'ailleurs, faire observer que tous les autres caractères des cloisons sont parfaitement ceux de l'*A. inflatus*. La grandeur du lobe dorsal, la forme et le mode de division des selles, et l'obliquité du lobe latéral inférieur qui est situé en dedans du tubercule ombilical rappelent complétement les formes caractéristiques de cette espèce.

Seconde variété (Planche 10, fig. 1 *a*, *b*, *c*). Cette variété que l'on peut désigner sous le nom de var. *subinflatus*, diffère du type normal par des caractères assez marqués, qui m'auraient engagé à en faire une espèce si la grande analogie des cloisons ne m'avait paru rendre leur réunion nécessaire. Cette variété diffère de l'*A. inflatus* : 1° par sa spire plus embrassante (le dernier tour a 0,41 du diamètre total); 2° par le nombre des côtes qui, comptées au pourtour, sont au moins de quarante-deux; 3° par l'épaisseur moindre de ces côtes; 4° par leur forme en général un peu plus arquée. Les cloisons ressemblent beaucoup à celles de l'*A. inflatus*, en particulier par la grandeur du lobe dorsal; toutefois j'y trouve les légères différences suivantes : 1° la selle dorsale est un peu plus large, en sorte que le lobe latéral supérieur est plus rapproché du côté interne que du côté externe ; 2° les subdivisions de cette selle dorsale sont plus compliquées ; 3° le lobe latéral inférieur est moins oblique. Cette seconde variété se trouve au Saxonet.

Troisième variété (Planche 10, fig. 2 *a, b*). Dans cette troisième variété, les tubercules du dos présentent une disposition spéciale. Le tubercule le plus externe du renflement dorsal, qui ordinairement est le principal, est peu pointu et peu proéminent ; mais en revanche, le tubercule le plus voisin de la carène est très-développé, et dirigé parallélement à cette carène. Ce tubercule n'est en réalité qu'un développement extrême des petites collines qui forment des rugosités dans le type normal. L'exemplaire figuré appartient à M. le docteur Mayor et a été trouvé au Saxonet.

Localités. L'*A. inflatus* se trouve communément à la perte du Rhône et au Saxonet, ainsi que dans diverses autres localités, telles que les grès verts de Bossétan et du Criou (près Samoëns.)

Explication des figures. Planche 9, fig. 6 *a*, *A. inflatus* dans sa forme normale, mais dont le lobe latéral supérieur est divisé en parties paires ; — fig. 6 *b*, la même vue de face ; — fig. 6 *c*, ses cloisons dessinées au diamètre de 75 millimètres ; — pl. 10, fig. 1 *a*, la même espèce, variété *subinflatus* du Saxonet ; — fig. 1 *b*, la même vue de face ; — fig. 1 *c*, cloisons dessinées au diamètre de 45 millimètres ; — fig. 2 *a*, la même espèce, variété à tubercules dorsaux très-saillants ; — fig. 2 *b*, la même vue de face.

47. Ammonites Candollianus Pictet.

(Pl. 11.)

A. testâ discoideâ, compressâ, carinatâ, transversim costatâ; costis plerumque bifidis, apud umbilicum subtuberculatis, ad peripheriam dorsi incrassatis et transversim rugosis; ultimo anfractu 0,46 ; dorso non canaliculato ; septis lateraliter 4-lobatis.

Dimensions.

Diamètre. . . . . 25 à 125 millim.
Largeur du dernier tour par rapport au diamètre, moyenne   0,46
     Id.   *id.*   extrêmes . . . .   0,44 à 0,49

14

Épaisseur par rapport au diamètre, moyenne   0,34

      Id.   *id.*   extrêmes . . . .   0,30 à 0,38

Diamètre de l'ombilic par rapport au diamètre total, moyenne   0,26

     Id.   *id.*   *id.*   extrêmes . . . .   0,24 à 0,28

Obs. Ces mesures ont été prises sur plus de vingt exemplaires bien conservés. Un grand individu du diamètre de 125 millimètres a seul présenté des différences plus grandes que celles que j'ai signalées ci-dessus. Ses mesures sont :

Largeur du dernier tour par rapport au diamètre   0,39

Épaisseur par rapport au diamètre   0,29

Diamètre de l'ombilic par rapport au diamètre total   0,34

Coquille discoïdale, comprimée dans son ensemble, fortement carénée, ornée au pourtour de l'ombilic de dix-huit à vingt-trois tubercules comprimés et peu élevés ; ces tubercules donnent naissance à des côtes peu saillantes qui, en s'approchant du contour extérieur, se relèvent, s'élargissent, et forment des espèces de bourrelets allongés et marquées en travers de petits plis ; plusieurs côtes sont bifurquées, quelques-unes sont simples, quelquefois aussi il en part une du pourtour extérieur qui n'aboutit pas à l'ombilic ; de cette manière le nombre des côtes au pourtour extérieur est à peu près double du nombre des tubercules qui entourent l'ombilic. Dos lisse, carène saillante mais non bordée de sillons. Spire composée de tours comprimés, apparents dans l'ombilic sur les deux tiers de leur largeur ; le dernier a 0,46 du diamètre entier. Bouche plus haute que large, en forme d'ogive ; sa plus grande largeur est en arrière. Cloisons très-découpées, lobe dorsal large, à peu près égal au latéral supérieur, orné de digitations au milieu desquelles se remarquent deux branches plus longues ; selle dorsale très-découpée, à peu près égale au lobe latéral supérieur, très-étroite, surtout au point où le lobe latéral supérieur rencontre presque le dorsal ; cette selle est profondément partagée en deux parties, qui elles-mêmes sont fortement divisées ; lobe latéral supérieur grand et terminé par quatre branches ramifiées et bifurquées ; selle latérale supérieure très-étroite et découpée à peu près comme la dorsale ; lobe latéral inférieur terminé par trois branches dont la médiane est bifurquée ; premier lobe accessoire terminé par trois rameaux simples ; second lobe accessoire court, oblique et terminé par trois pointes courtes.

Variétés. Cette espèce varie principalement par le plus ou moins de compression, ce qui entraîne quelques autres modifications. Dans les individus les plus comprimés (pl. 11, fig. 2), l'ombilic est plus étroit et les tours de spire sont plus larges, ce qui permet de voir plus facilement les lobes accessoires et augmente les selles auxiliaires; dans les individus plus renflés, les derniers lobes se trouvent quelquefois serrés dans la partie du tour qui est infléchie dans l'ombilic et sont plus difficiles à distinguer. L'âge amène aussi quelques modifications; les individus plus jeunes ont les tubercules et les côtes moins nombreuses et moins saillantes; ces dernières en particulier disparaissent quelquefois presque complétement sur le milieu des flancs, comme dans l'individu figuré pl. 11, fig. 5.

RAPPORTS ET DIFFÉRENCES. Cette espèce se rapproche beaucoup de l'*A. inflatus*, elle en diffère : 1° par sa spire plus serrée et ses tours plus larges ; 2° par ses côtes plus longues, plus nombreuses et moins saillantes, et par ses tubercules très-peu développés ; 5° par son dos étroit et l'absence de sillons des deux côtés de la carène ; 4° par ses cloisons dans lesquelles il y a quatre lobes de chaque côté au lieu de deux ; le lobe dorsal est plus court, le latéral supérieur beaucoup plus large et plus ramifié, et les selles sont considérablement plus étroites et plus ramifiées. Ces caractères tirés des cloisons peuvent, à tous les âges, fournir une distinction évidente.

Elle a des rapports tout aussi grandes avec l'*A. Hugardianus*, mais elle s'en distingue constamment par un lobe de moins aux cloisons, par la complication beaucoup moins grande des lobes accessoires, par son ombilic plus large, ses côtes moins nombreuses et moins ramifiées, etc.

LOCALITÉS. L'*A. Candollianus* est très-commune au Saxonet et se trouve aussi fréquemment à la perte du Rhône. Il paraît qu'elle a été jusqu'à présent confondue avec l'*A. inflatus*.

Je dédie cette belle espèce à la mémoire de l'illustre botaniste, mon premier maître en histoire naturelle, qui occupe une place si éminente parmi les savants qui ont honoré Genève.

EXPLICATION DES FIGURES. Planche 11, fig. 1 *a*, *Ammonites Candollianus* adulte, du Saxonet; — fig. 1 *b*, la même vue de face; — fig. 1 *c*, cloisons dessinées au diamètre de 50 millimètres ; — fig. 2 *a*, la même espèce, variété comprimée de la perte du Rhône; — fig. 2 *b*, la même vue de face; — fig. 5 *a*, individu de même diamètre, à dos carré, du Saxonet; — fig. 5 *b*, la même vue de face; — fig. 4 *a*, jeune individu de la même espèce; — fig. 4 *b*, la même vue de face.

48. Ammonites Hugardianus d'Orbigny.

(Pl. 10, fig. 3 et 4.)

A. testâ compressâ, carinatâ, transversim costatâ ; costisbifidis aut trifidis ; anfractibus subinvolutis, ultimo o,56; umbilico parvo ; septis lateraliter 5-lobatis.

A. Hugardianus d'Orbigny, Pal. fr. Terr. crét. t. 1, p. 291, pl. 86, fig. 1 et 2.

DIMENSIONS.

Diamètre.	50 à 100 millim.
Largeur du dernier tour par rapport au diamètre, moyenne.	0,56
Id. *id.* extrêmes.	0,53 à 0,58
Épaisseur par rapport au diamètre, moyenne.	0,32
Id. *id.* extrêmes.	0,31 à 0,35
Diamètre de l'ombilic par rapport au diamètre total	0,14

Coquille discoïdale, très-comprimée, ornée en travers de côtes inégales, légèrement flexueuses, peu élevées, partant de l'ombilic au nombre de seize à vingt, puis se divisant chacune en deux ou trois vers le milieu de la largeur de chaque tour ou avant cette moitié, de manière à se trouver au nombre d'environ soixante-dix au pourtour extérieur où elles se relèvent un peu, s'élargissent et s'infléchissent sans toutefois former des tubercules ridés. Le dos est lisse parce que les côtes s'arrêtent un peu avant la carène; celle-ci est saillante et n'a point de sillons sur les côtés. Ombilic très-étroit. Spire très-embrassante, composée de tours comprimés, apparents sur une très-petite partie de leur largeur; le dernier a 0,56 du diamètre entier. Bouche beaucoup plus haute que large, comprimée en forme d'ogive, anguleuse en avant. M. d'Orbigny n'avait pas pu observer les cloisons, je puis compléter à cet égard sa description ; elles sont très-découpées, et formés de chaque côté de cinq lobes; lobe dorsal large, un peu plus court que le latéral supérieur, présentant de chaque côté deux grandes branches, dont la terminale est bifurquée; selle dorsale profondément partagé en parties paires, elles-mêmes très-subdivisées ; lobe latéral supérieur terminé par cinq branches dont la plupart sont ramifiées; selle latérale un peu moins divisée que la dorsale; lobe latéral inférieur plus petit et plus simple que le supérieur; premier et deuxième accessoires terminés par quatre rameaux simples; troisième accessoire terminé par deux pointes courtes; selles auxiliaires divisées en parties elles-mêmes échancrées.

Variété. Je réunis à l'*A. Hugardianus* l'ammonite figurée pl. 10, fig. 4 *a*, *b*, quoiqu'elle en diffère par plusieurs points essentiels. Voici ses dimensions :

Diamètre . . . . 45 à 60 millim.
Largeur du dernier tour par rapport au diamètre 0,53
Épaisseur par rapport au diamètre 0,44
Diamètre de l'ombilic par rapport au diamètre total 0,21

Cette variété, comme on voit, se distingue par une épaisseur plus grande et par un ombilic plus ouvert; il en résulte que les lobes accessoires, plus serrés, sont placés dans la partie du tour qui s'incline vers l'ombilic en conservant toutefois leurs caractères de formes. Les côtes sont plus saillantes, surtout au pourtour de l'ombilic et leur nombre est un peu moins considérable vers le dos.

Rapports et différences. Cette espèce est clairement caractérisée par sa forme comprimée, par sa spire très-embrassante, par son ombilic étroit et par ses côtes très-nombreuses, c'est avec l'*A. Candollianus* qu'elle a le plus de rapports, mais, outre les caractères externes, elle s'en distingue par ses lobes plus nombreux et plus divisés.

Localité. L'*A. Hugardianus* n'est pas rare au Saxonet; je n'en connais aucun exemplaire bien caractérisé qui ait été trouvé dans d'autres localités.

Explication des figures. Planche 10, fig. 3 *a*, *Ammonites Hugardianus*, de grandeur naturelle ; — fig. 3 *b*, la même vue de face ; — fig. 3 *c*, cloisons dessinées au diamètre de 90 millimètres ; — fig. 4 *a*, la même espèce, variété à ombilic plus grand et côtes plus rares ; fig. 4 *b*, la même vue de face.

49. Ammonites Tollotianus Pictet.

(Pl. 10, fig. 5 *a. b.*)

A. testâ compressâ, carinatâ, transversim costatâ ; costis bifidis, flexuosissimis, ad peripheriam dorsi tuberculatis ; dorso angulato, lateribus planis et obliquis, carina haud compressâ ; ultimo anfractu o,45 ; septis lateraliter 4 (vel 5 ?) lobatis.

DIMENSIONS.

Diamètre . . . . 55 millim.
Largeur du dernier tour par rapport au diamètre 0,45
Épaisseur par rapport au diamètre 0,24
Diamètre de l'ombilic par rapport au diamètre total 0,25

Coquille discoïdale, comprimée, ornée en travers de côtes très-flexueuses et très-peu saillantes ; ces côtes partent de quinze tubercules comprimés, petits et peu apparents, situés au pourtour de l'ombilic ; elles se dirigent obliquement en avant jusqu'au tiers de la largeur du tour, puis s'infléchissent en arrière en formant une courbe très-prononcée, et reviennent en avant vers le dos sur les bords duquel elles se terminent chacune par un petit tubercule pointu. Dos en forme de toit, muni d'une carène non saillante, et qui n'est presqu'une arête formée par la réunion, sous un angle à peu près droit, des deux côtés du dos qui sont aplatis et lisses. Spire composée de tours aplatis, apparents dans l'ombilic sur un tiers de leur largeur ; le dernier tour a 0,45 du diamètre total. Je n'ai pas pu voir exactement les cloisons, qui paraissent avoir des rapports avec celles de l'*A. Hugardianus*; elles sont formées de chaque côté par un grand lobe latéral supérieur terminé par trois branches, par un lobe latéral inférieur plus petit, par un premier accessoire situé sur les tubercules ombilicaux, et probablement par un ou deux autres accessoires situés en dedans de l'ombilic ; lobe dorsal un peu plus court que le latéral supérieur.

RAPPORTS ET DIFFÉRENCES. L'*A. Tollotianus* forme un type très-remarquable qui semble en quelque sorte intermédiaire entre le groupe des *Clypeiformi* (réuni ici aux *Ligati*), et celui des *Cristati* ; sa forme comprimée, ses côtes très-flexueuses, son ombilic dont les côtés sont presque coupés à angles droits, rapprochent cette espèce de l'*A. bicurvatus* ; les cloisons, les tubercules du dos et la carène qui existe réellement, quoique peu distincte, montrent de grandes analogies avec l'*A. Hugardianus* et démontrent qu'elle appartient bien au groupe des *Cristati*. Les caractères que je viens d'indiquer la distinguent d'ailleurs clairement de toutes les espèces connues.

LOCALITÉ. Le seul exemplaire que je connaissance de cette belle espèce a été trouvé à Lessex au-dessus du lac de Flaine (Faucigny), par M. Tollot, auquel je l'ai dédiée. Elle était dans une couche qui appartient certainement au grès vert, car M. Tollot l'a trouvée associée à des *Ammonites Beudanti* et *varicosus*, *Inoceramus concentricus* et *sulcatus*, *Cerithium excavatum*, etc.

EXPLICATION DES FIGURES. Planche 10, fig. 5 *a*, *Ammonites Tollotianus*, de grandeur naturelle ; — fig. 5 *b*, la même vue de face.

Genre **CRIOCERAS** Léveillé.

Caractères. Coquille cloisonnée, enroulée régulièrement sur le même plan, en une spire dont les tours sont disjoints et plus ou moins distants les uns des autres. Ce genre ne diffère de celui des ammonites que par ce caractère et lui ressemble sous tous les autres points de vue.

Je ne puis pas affirmer avec une complète certitude que le genre Crioceras se trouve dans nos grès verts. Quelques fragments, d'une courbure plus régulière que ne le sont ordinairement les hamites, semblent faire partie d'un Crioceras et indiquer la présence d'une espèce assez semblable à celle que M. d'Orbigny à décrite sous le nom de *C. cristatus*. Ces fragments (dont les cloisons ne sont pas visibles) ne sont pas assez complets pour ne laisser aucun doute. J'ai toutefois cru convenable de les attribuer provisoirement à ce genre, afin d'attirer sur eux l'attention des paléontologistes. Dans tous les cas l'espèce à laquelle ils appartiennent n'a certainement pas été décrite, et en supposant qu'elle doive être rapportée au genre des hamites, elle ne pourrait être confondue avec aucune de celles qui sont décrites plus loin.

50. Crioceras Vaucherianus Pictet.

(Pl. 12, fig. 1 *a*, *b*.)

C. testâ transversim inæqualiter costatâ; costis his simplicibus, illis in dorso subinterruptis et bituberculatis ; aperturâ rotundatâ : septis... ?

DIMENSIONS.

Diamètre probable de la coquille	40 millim.
Largeur du dernier tour	12 »
Id. *id.* par rapport au diamètre total	0,30
Épaisseur mesurée sur le dernier tour	13 millim.
Id. par rapport au diamètre total	0,32

Coquille discoïdale, composée de tours un peu plus larges que hauts, ornée en travers de côtes élevées, simples, légèrement infléchies en arrière sur le milieu du dos et un peu atténuées au côté ventral où elles restent cependant encore visibles; une partie de ces côtes sont simples, d'autres sont ornées d'un fort tubercule de chaque côté de la ligne médiane du dos, et sont presque interrompues entre ces deux tubercules; on voit en général alternes une côte tuberculeuse avec deux simples (quelquefois une ou trois). Bouche presque circulaire et modifiée seulement par les tubercules. Cloisons inconnues.

RAPPORTS ET DIFFÉRENCES. L'état de conservation des deux fragments que j'ai pu observer et l'impossibilité en particulier d'y voir les cloisons, ne me permettent pas, comme je l'ai dit, d'avoir une certitude complète que cette espèce doive être rapportée au genre des Crioceras, et il ne serait pas impossible que ces fragments ne fussent que des morceaux de crosses d'Hamites. Les motifs qui m'ont fait adopter la première opinion sont : 1° la forme de la courbure, qui est parfaitement uniforme et qui semble avoir fait partie d'une spirale régulière; 2° la différence de diamètre très-marquée qui existe entre l'extrémité antérieure et la postérieure, et qui montre une décroissance plus rapide que celle qui a ordinairement lieu dans les crosses d'Hamites ; 5° l'analogie dans la forme des côtes qui existe entre cette espèce et le *Crioceras cristatus* du gault.

Cette espèce se distingue d'ailleurs facilement de tous les Crioceras et de tous les Hamites connus, et en supposant que plus tard, de nouveaux documents vinssent prouver qu'elle appartient à ce dernier genre, elle y devra former sous le nom de *Hamites Vaucherianus* une espèce nouvelle, voisine des *H. Favrinus, Desorianus* et *flexuosus,* mais clairement distincte de tous trois.

LOCALITÉ. Les deux seuls exemplaires que j'aie vus ont été trouvés dans les grès verts de Châtillon-de-Michaille.

J'ai dédié cette espèce à la mémoire de l'illustre auteur de l'*histoire des conferves d'eau douce.*

EXPLICATION DES FIGURES. Planche 12, fig. 1 *a*, *Crioceras Vaucherianus*, de grandeur naturelle avec l'indication de sa forme probable ; — fig, 1 *b*, le même vu du côté du dos.

GENRE SCAPHITES Parkinson.

CARACTÈRES. Coquille cloisonnée, enroulée sur un même plan, d'abord en une spire composée de tours en contact ou embrassants, puis se projetant en une crosse d'abord droite, puis recourbée à son extrémité du côté de la spire. La partie régulièrement enroulée ressemble à une ammonite, et est toujours cloisonnée, la partie projetée est au contraire dépourvue de cloisons et servait probablement à contenir l'animal. Bouche ovale ou en croissant, pourvue de bourrelets saillants lorsqu'elle est complète. Cloisons composées de lobes divisés en parties paires ; lobe dorsal aussi long que le latéral supérieur ; il y a toujours des lobes accessoires.

Ce genre se distingue de celui des *Ancyloceras*, parce que dans la partie enroulée en spirale, les tours ne sont jamais disjoints ; l'existence d'une partie projetée plus ou moins droite les distingue des *Ammonites* et des *Crioceras;* la spire les éloigne au contraire des *Hamites, Ptychoceras et Baculites*.

M. d'Orbigny divise les scaphites en deux groupes ; les *Elongati* où les tours de spire sont simplement contigus, et les *Breves* où ces tours se recouvrent les uns les autres et où la crosse est très-courte. C'est à cette dernière division qu'appartient la seule espèce que j'aie trouvée dans nos grès verts.

15

51. Scaphites Hugardianus d'Orbigny.

(Pl. 12, fig. 2 *a, b, c, d.*)

Sc. testâ ellipticâ, transversim costulatâ; costis his simplicibus, illis lateraliter tuberculatis; dorso rotundato; anfractibus subinvolutis, ultimo o,47; aperturâ depressâ, marginatâ; septis... ?

Sc. Hugardianus d'Orbigny, Pal. fr. Terr. crét. tome 1, p. 525.

Dimensions.

Longueur totale d'un grand individu................................ 32	millim.
Grand diamètre de la partie spirale 16	»
Largeur du dernier tour spiral par rapport au diamètre	0,57
Largeur de la crosse par rapport à la longueur totale.................	0,50

Coquille elliptique, à spire peu connue dans sa partie enroulée à cause de l'imparfaite conservation des exemplaires, formée de tours presque entièrement embrassants; le dernier se projette en une partie courte, arquée et terminée par une crosse courte; cette coquille est ornée partout de petites côtes très-minces et très-rapprochées qui mériteraient plutôt le nom de stries; une partie d'entre elles partent, deux à deux, de très-petits tubercules pointus, situés au pourtour; les autres passent entre ces tubercules. Dans la partie régulièrement enroulée il n'y a ordinairement qu'une ou deux stries simples entre les tubercules; ceux-ci s'écartent un peu dans la partie projetée et disparaissent ordinairement sur la courbure terminale; ces tubercules sont quelquefois très-petits et indistincts. Cloisons inconnues.

Rapports et différences. Cette espèce se rapproche du *S. æqualis,* elle en diffère : 1° par ses côtes plus nombreuses et plus fines, 2° par la partie projetée un peu plus longue, 3° parce que les grosses côtes du pourtour sont remplacées par de très-petits tubercules.

Localités. Le *S. Hugardianus* n'est pas rare dans les grès verts du Saxonet et de Tanneverges ; on le trouve aussi à la perte du Rhône.

Explication des figures. Planche 12, fig. 2 *a, Sc. Hugardianus* du Saxonet, grandeur naturelle ; — fig. 2 *b,* le même vu du côté du dos ; — fig. 2 *c,* individu plus jeune de la même localité ; — fig. 2 *d,* bouche d'un autre individu de la même espèce.

Genre HAMITES Parkinson.

Caractères. Coquille cloisonnée, repliée dans un même plan en une ellipse irrégulière, composée de coudes joints par des branches plus ou moins droites ; ces diverses branches ne sont jamais en contact et les coudes sont en forme de fer-à-cheval. Cloisons divisées régulièrement en six lobes et six selles ; lobe dorsal toujours plus court que le latéral supérieur, celui-ci très-grand, partagé en parties paires ; lobe ventral formé aussi quelquefois de parties paires.

Les hamites diffèrent des ancyloceras et des scaphites parce que aucune partie de la coquille n'est enroulée en spirale. Je dois toutefois en excepter l'*H. Saussureanus*, espèce remarquable, qui s'écarte sous quelques points de vue des véritables caractères des Hamites, et qui a probablement une tendance à un enroulement qui, sans être aussi régulier que celui des Ancyloceras, la rapproche un peu de ce genre. Les hamites diffèrent des Ptychoceras, parce que leurs branches ne sont jamais en contact.

M. d'Orbigny dit que la bouche ne paraît pas avoir été pourvue de bourrelets. Je montrerai plus loin qu'une espèce commune au Saxonet (*H. virgulatus*) présente, quand elle est complète, un bourrelet très-marqué. Les hamites se trouvent d'ailleurs, dans nos terrains, en fragments en général trop petits pour que l'on puisse en tirer beaucoup de lumières sur la forme générale de la coquille et sur son mode de développement.

Ce genre renferme un grand nombre d'espèces nouvelles; j'ai donc dû rechercher quels étaient les caractères les plus propres à en fixer les limites. Les ornements extérieurs assez variés fournissent de nombreux moyens pour arriver à ce but, moyens d'autant plus convenables que l'étude des espèces les plus communes et les plus connues dans leur ensemble montre que ces ornements varient très-peu avec l'âge. La présence ou l'absence des tubercules et la manière dont ils se comportent avec les côtes, fournissent plusieurs caractères d'une observation facile. La direction des côtes, qui tantôt sont obliques en avant et tantôt en arrière, leur forme plus ou moins aiguë et jusqu'à un certain point leur distance peuvent aussi être souvent employés. Pour apprécier le nombre et l'écartement des côtes d'une manière simple et indépendante de la croissance, je mesure ordinairement le diamètre de la coquille du dos au ventre et je recherche combien cette longueur embrasse de côtes à l'endroit même où elle a été mesurée. L'aplatissement plus ou moins grand des hamites me paraît un caractère incertain et dont on ne doit se servir qu'avec précaution.

J'ai subdivisé ce genre en deux groupes.

PREMIER GROUPE.

HAMITES À TUBERCULES.

Je réunis sous ce nom toutes les espèces qui ont sur les côtes des tubercules plus ou moins prononcés. Quoique ce caractère ait peu d'importance au fond, et qu'il ne partage pas les espèces en deux divisions bien tranchées sous le point de vue de l'ensemble de leur organisation, je le considère comme utile à cause de son emploi facile.

Les hamites à tubercules peuvent se subdiviser suivant le nombre des saillies : tantôt il n'y a qu'une rangée de tubercules de chaque côté du dos, tontôt on en observe une seconde rangée sur chaque flanc. La manière dont ces tubercules sont disposés par rapport aux côtes, fournit aussi des caractères commodes : dans quelques espèces plusieurs côtes se réunissent sur chaque tubercule, dans d'autres les tubercules ne sont placés que sur une côte; tantôt toutes les côtes sont tuberculées, tantôt une partie d'entre elles sont simples. J'ai essayé par le tableau suivant de faciliter la détermination des espèces.

1 { Quatre rangées de tubercules (une de chaque côté du dos et une sur chaque flanc). 2
  { Deux rangées de tubercules (une de chaque côté du dos). 5

2 { Côtes bifurquées, ou en partie réunies par les tubercules. 3
  { Côtes simples, ne se réunissant jamais plusieurs à un seul tubercule. 4

3 { Côtes dirigées en avant du côté du dos, enroulement en partie spiral ? *H. Saussureanus*.
  { Côtes dirigées en avant du côté du ventre, pas d'enroulement spiral . . *H. armatus*.

4 { Des tubercules sur toutes les côtes. . . . . *H. punctatus*.
  { Côtes en partie simples, en partie tuberculées . . . . *H. Raulinianus*.

5 { Côtes ramifiées ou réunies plusieurs sur un même tubercule 6
  { Côtes simples, ne se réunissant jamais plusieurs sur un même tubercule. 7

6 { Côtes en partie simples, et en partie tuberculées et trifurquées du côté du ventre.
  {   *H. elegans*.
  { Côtes se réunissant toutes deux à deux aux tubercules dorsaux. . *H. flexuosus* var.

7 { Des tubercules sur toutes les côtes. 8
  { Côtes en partie simples et en partie tuberculées. . . . . *H. flexuosus*.

8 { Côtes saillantes et écartées, coquille peu comprimée. . . . . *H. Favrinus*.
  { Côtes peu élevées et rapprochées, coquille très-comprimée. . . . . *H. Desorianus*.

52. Hamites Saussureanus Pictet.

(Pl. 13, fig. 1—7.)

H. testâ rotundatâ, ad originem spiroïdeâ?, transversim costatâ; costis inæqualibus, his simplicibus, illis duplicibus et tuberculis communibus junctis; tuberculis 4-seriatis; aperturâ rotundatâ.

DIMENSIONS.

Longeur probable des plus grands individus 600   millim.

Diamètre des plus grands fragments observés........................ 70   »

Épaisseur par rapport à la hauteur, moyenne........................ 0,90

Coquille ornée en travers de côtes médiocres, un peu plus obliques et un peu plus avancées sur le dos que sur le ventre; ces côtes aboutissent en partie à des tubercules; chaque côté de la coquille en présente deux rangs, les uns situés sur les côtés du dos et les autres sur le milieu des flancs; les tubercules dorsaux sont ordinairement réunis par une côte double (rarement simple); le tubercule dorsal est aussi lié avec celui des flancs par deux côtes; du tubercule des flancs partent ordinairement trois petites côtes qui passent sur le ventre pour s'unir à celles du côté opposé; entre chacun de ces groupes de côtes et de tubercules, on remarque ordinairement deux (quelquefois trois) côtes simples qui passent sur le dos, les flancs et le ventre sans former de tubercules et et sans s'élever autant que les autres. Cloisons très-découpées; lobe dorsal plus court que le latéral supérieur, terminé par une grande branche à trois rameaux et orné d'une plus petite à sa base; selle dorsale très-découpée, profondément divisée en deux parties qui sont elles-mêmes bilobées; la branche externe est la plus grande; lobe latéral supérieur très-grand, terminé par deux branches à trois rameaux; selle latérale divisée presque jusqu'à sa base en deux lobes profondément séparés eux-mêmes en deux parties bilobées; lobe latéral inférieur semblable au supérieur et un peu plus petit; selle ventrale découpée et divisée comme la dorsale; lobe ventral égal aux deux tiers du latéral supérieur, terminé par cinq rameaux et en présentant en outre deux autres près de sa base.

La figure a été dessinée sur un grand fragment; dans le jeune âge la complication est moindre quoique les proportions soient les mêmes.

L'enroulement de cette espèce est très-difficile à déterminer, car on ne trouve jamais d'échantillons assez grands pour ne laisser aucun doute; mais j'ai pu observer des centaines de fragments du Saxonet qui concordent tous à donner une certaine probabilité à la restauration que j'ai essayée. Il faut pour cela remarquer : 1° que je n'ai jamais trouvé de fragments droits au-dessous du diamètre de 30 à 40 millimètres ; 2° qu'au contraire les fragments de grand diamètre sont presque tous droits ; 3° que dans les plus petits fragments la courbure est toujours très-fortement prononcée, ce qui exclut l'idée que la coquille commence comme les autres Hamites par une branche droite ; 4° que dans les fragments moyens cette courbure est médiocre (sauf une exception dont je parlerai plus tard). La grande uniformité de tous ces fragments semble indiquer que l'espèce adulte avait toujours à peu près la même forme, et en plaçant dans leur ordre naturel les échantillons les plus caractéristiques, on arrive à la figure (pl. 13, fig. 1 à 4) que je considère comme la forme *probable* de l'espèce.

Ce qui m'engage à le croire est que, sauf deux ou trois exceptions, tous les morceaux que j'ai eus (et je le répète ce sont des centaines) correspondent par leur diamètre et leur courbure à un fragment de cette figure.

Il en résulte que l'*H. Saussureanus* avait probablement sa crosse supérieure semblable à celle des hamites ordinaires ; mais que dans le jeune âge son accroissement se rapprochait plus d'un enroulement spiral à distance. Sous ce point de vue elle se rapprocherait donc des *Crioceras*; mais ses lobes sont ceux des hamites.

Ce n'est toutefois qu'avec réserve, et en la laissant à l'appréciation des zoologistes, que j'ai hasardé cette reconstruction.

Quelques fragments s'écartent des courbures que présentent les diverses parties de la figure 1. Ce sont :

1° Une crosse (pl. 13, fig. 5) qui fait partie de la collection de M. De Luc, et qui forme une courbure subite à un âge où les autres échantillons sont droits ; c'est le seul exemplaire que je connaisse ayant, à la fois, ce diamètre et cette courbure. Peut-être est-ce la crosse supérieure d'un individu plus petit ;

2° Le fragment figuré pl. 13 fig. 6 qui est moins arqué que la partie qui lui correspond en diamètre dans la grande figure. Peut-être appartient-il aussi à un individu de la taille de celui de M. De Luc.

3° Les exemplaires de la perte du Rhône sont ordinairement sensiblement plus petits; et leur courbure prouve l'existence d'une variété constante qui n'a que rarement atteint la taille de ceux du Saxonet.

Il est à remarquer enfin sur cet enroulement que la partie la plus arquée de la spire originaire n'est pas ordinairement enroulée dans un plan, mais se dévie comme les hélicoceras (pl. 15, fig. 5 *b*). Les deux tubercules dorsaux ne sont alors pas situés sur une ligne perpendiculaire à l'enroulement général.

VARIÉTÉS. La disposition ci-dessus est presque constante et uniforme dans le jeune âge. Les côtes sont à peu près perpendiculaires à la direction dans les régions arquées, et obliques dans les régions droites; avec l'âge adulte, les côtes deviennent moins visibles, mais les tubercules latéraux le sont encore plus. Les coudes présentent quelquefois des irrégularités; la belle crosse citée plus haut qui appartient à M. De Luc montre : 1° des tubercules dorsaux qui ne correspondent pas à des tubercules de flancs ; 2° des côtes qui des tubercules des flancs passent sur le dos sans tubercules dorsaux; 5° des côtes qui croisent sur le dos de l'un et de l'autre.

MOULES. Si les moules sont bien conservés, on trouve des traces de toutes les côtes et de tous les tubercules; sur le ventre cependant les premières sont peu distinctes. On trouve aussi plusieurs moules où les groupes des côtes tuberculées ne sont plus marquées que par des bourrelets uniformes, peu sensibles, séparés par des dépressions correspondant aux côtes qui n'avaient pas de tubercules (pl. 15, fig. 1 *b* et *d*).

RAPPORTS ET DIFFÉRENCES. Cette espèce a les plus grands rapports avec l'*H. armatus*. Elle en diffère : 1° par ses côtes plus avancées sur le dos, tandis que dans l'*H. armatus* elles sont en sens inverse; 2° par son enroulement, si ce que j'ai supposé plus haut est exact; 5° par ses cloisons qui présentent de nombreuses différences de détail, et en particulier un lobe ventral beaucoup plus grand.

LOCALITÉS. L'*H. Saussureanus* est très-abondante au Saxonet; elle se trouve aussi à la perte du Rhône.

EXPLICATION DES FIGURES. Planche 15, fig. 1 à 5, essai de restauration de l'*Hamites Saussureanus* du Saxonet, de grandeur naturelle. Chaque partie est exactement dessinée d'après nature ; leur position respective a été supposée d'après les faits indiqués plus haut; — fig. 1 *a*, fragment de la courbure antérieure (moule); cet échantillon présente le plus grand diamètre que j'aie observé; — fig. 1 *b*, fragment droit, moule un peu usé où les traces des côtes ne sont plus visibles ; — fig. 1 *c*, cloisons de ce même fragment ; — fig. 1 *d*, fragment un peu arqué (moule); — fig. 2 *a*, fragment plus arqué et mieux conservé ; les fragments de cette taille et de cette courbure sont très-fréquents ; — fig. 2 *b*, le même vu du côté du dos; — fig. 2 *c*, le même vu du côté du ventre ; — fig. 3 *a*, fragment d'un diamètre plus petit et d'une courbure encore plus prononcée ; — fig. 3 *b*, le même vu du côté du dos, pour montrer qu'à ce diamètre la coquille a ordinairement une double courbure; — fig. 4, fragment qui présente le plus petit diamètre connu; — fig. 5 *a*, crosse qui fait partie de la collection de M. De Luc et qui présente la première exception signalée plus haut; — fig. 5 *b*, la même vue du côté du dos ; — fig. 5 *c*, coupe transversale; — fig. 6 *a*, échantillon du Saxonet qui forme la seconde exception signalée, et qui est moins arqué que ne le sont ordinairement les fragments de même diamètre ; — fig. 6 *b*, le même vu du côté du dos ; — fig. 6 *c*, le même vu du côté du ventre ; — fig. 7 *a*, échantillon de la perte du Rhône, appartenant à la troisième catégorie d'exceptions et dépourvu de courbure à un diamètre où tous les échantillons du Saxonet sont arqués. Les côtes sont plus obliques que dans le type normal; fig. 7 *b*, le même vu du côté du dos; — fig. 7 *c*, le même vu du côté du ventre.

53. HAMITES ARMATUS Sowerby.

H. testà compressà, transversim costatà ; costis distantibus, ad partem lateralem et ad dorsum tuberculis spinosis ornatis, intermediisque striis undulatis ; aperturà compressà.

Je cite avec doute ici, et sur l'autorité de M. d'Orbigny, l'*H. armatus* Sowerby, comme trouvé dans nos grès verts. J'ai quelques incertitudes fondées sur les rapports qui le lient avec l'*H. Saussureanus*. Il ne serait pas impossible que l'on eût confondu ces deux espèces, et que par conséquent il fallût effacer du catalogue des mollusques des grès verts du bassin du Léman l'*H. armatus* qui est abondant dans les craies chloritées. Si cette conjecture se vérifie, l'exception signalée par M. d'Orbigny, que cette espèce se trouve à la fois dans les terrains albiens et turoniens cesserait d'exister.

54. Hamites punctatus d'Orbigny.

(Pl. 12, fig. 3 *a*, *b*, *c*, *d*.)

H. testâ transversim costatâ, costis æqualibus, posticè obliquis, lateraliter acutè bi-tuberculatis ; aperturâ subhexagonâ.

H. punctatus d'Orbigny, Pal. fr. Terr. crét. tome 1, p. 532, pl. 131, fig. 6—8.

Dimensions.

Diamètre mesuré du dos au ventre (sans les tubercules) . . . . 5 $^1/_2$ millim.
Diamètre transversal 6   »

Coquille ornée obliquement d'avant en arrière de côtes égales, pourvues de chaque côté de deux tubercules aigus, l'un près du dos, l'autre sur le côté; ces tubercules forment des lignes droites le long de la coquille; ventre lisse. Bouche hexagone. Cloisons inconnues.

Rapports et différences. Cette espèce par ses côtes simples et égales et ses quatre rangées de tubercules se distingue facilement de toutes les autres.

Localité. Je ne connais qu'un seul exemplaire de cette espèce, il a été trouvé dans les grès verts de la perte du Rhône et fait partie de la collection de M. De Luc.

Explication des figures. Planche 12, fig. 3 *a*, *Hamites punctatus* de la perte du Rhône, grandeur naturelle; — fig. 3 *b*, le même vu du côté du dos; — fig. 2 *c*, le même vu du côté du ventre; — fig. 3 *d*, coupe transversale.

55. Hamites Raulinianus d'Orbigny.

(Pl. 12, fig. 4 *a*, *b*, *c*.)

H. testâ transversim costatâ, costis elevatis, inæqualibus ; unâ tuberculatâ cum 3-4 simplicibus alternante ; tuberculis 4-seriatis ; aperturâ subhexagonâ.

H. Raulinianus d'Orbigny, Pal. franç. Terr. crét. t. 1, p. 546, pl. 134, fig. 5—11.

Dimensions.

Diamètre mesuré du dos au ventre 14   millim.
Diamètre transversal 14   »

Coquille ornée en travers de côtes saillantes, grosses, arrondies, presque pas obliques, atténuées sur le ventre ; les unes sont ornées de quatre gros tubercules saillants, dont un de chaque côté du dos et un sur chaque flanc ; les autres, au nombre de trois ou quatre pour chaque côte tuberculée, sont simples. M. d'Orbigny dit que leur nombre varie avec l'âge. Les côtes tuberculeuses sont ordinairement bifides entre les tubercules du dos, mais simples sur les flancs et sur le ventre ; bouche à peu près hexagone. Cloisons inconnues.

RAPPORTS ET DIFFÉRENCES. L'exemplaire que j'ai décrit diffère de la description de M. d'Orbigny par ses côtes plus arrondies, quoique très-saillantes, et par ses tubercules plus aigus ; les autres caractères sont parfaitement identiques. Cette espèce se distingue du reste facilement par ses côtes grosses, espacées, toujours indépendantes, et par la disposition de ses tubercules.

LOCALITÉ. L'exemplaire figuré a été trouvé à la perte du Rhône par M. le professeur Necker, cet exemplaire fait partie aujourd'hui de la collection du Musée académique. M. le docteur Roux en possède quelques-uns de la même localité.

EXPLICATION DES FIGURES. Planche 12, fig. 4 a *Hamites Raulinianus*, de grandeur naturelle ; — fig. 4 b, le même vu du côté du dos ; — fig. 4 c, coupe transversale.

56. HAMITES ELEGANS d'Orbigny.

(Pl. 13, fig. 8.)

H. testà elongatà, compressà, transversim obliquè costatà ; costis posticè subæqualibus, internè trifurcatis ; dorso bituberculato ; aperturà compressà, subquadratà.

H. elegans d'Orbigny, Pal. fr. Terr. crét. t. 1, p. 542, pl. 133, fig. 1—5.

DIMENSIONS.

Diamètre. . . . . 6 à 15 millim.

Coquille ornée en travers de petites côtes un peu obliques, plus avancées sur le dos et formant un anneau complet ; une partie d'entre elles sont réunies par des tubercules qui en embrassent trois, et qui sont situés sur les côtés du dos. On compte ordinairement trois côtes simples et indépendantes, qui alternent régulièrement avec trois côtes réunies.

Nous ne trouvons dans nos environs que de rares fragments de cette espèce en sorte que je renvoie à la description de M. d'Orbigny pour la forme générale de la coquille et pour celle des cloisons.

RAPPORTS ET DIFFÉRENCES. Cette espèce par la réunion de plusieurs côtes en un même tubercule se distingue facilement des *H. flexuosus*, *Favrinus et Deso-rianus*; sous ce point de vue elle se rapproche des *H. Saussureanus* et *armatus*, mais elle en diffère parce qu'elle n'a point de tubercules sur les flancs.

LOCALITÉS. M. Hugard a trouvé l'*H. elegans* à la montagne des Fiz. J'en ai vu quelques exemplaires trouvés au Saxonet.

EXPLICATION DES FIGURES. Planche 13, fig. 8, *H. elegans* du Saxonet, de grandeur naturelle.

57. HAMITES FAVRINUS Pictet.

(Pl. 12, fig. 5, 6 et 7.)

H. testâ transversim costatâ; costis rectis, æqualibus, ad latera dorsi tuberculatis; aperturâ ovali.

DIMENSIONS.

Diamètre des plus grands individus mesuré du dos au ventre............ 21 millim.
Diamètre transversal par rapport au diamètre précédent, moyenne....... 0,88
   Id.   *id.*   extrêmes....... 0,86 à 0,92

Coquille ornée de côtes simples, égales, peu obliques, munies de chaque côté du dos d'un tubercule aigu; ce dos est en conséquence bordé de deux séries de tubercules, il est aplati et les côtes y sont quelquefois dédoublées; sur le ventre elles sont très-attenuées, mais encore visibles; sept côtes sont comprises dans une longueur égale au grand diamètre qui leur correspond. Bouche arrondie ou ovale. Cloisons inconnues.

OBSERVATION. La figure 6 de la planche 12 représente un exemplaire du Saxonet, dévié et tordu, ce qu'il faut probablement attribuer à une compression artificielle.

RAPPORTS ET DIFFÉRENCES. Cette espèce par ses côtes égales, munies seulement de deux rangées de tubercules, se distingue clairement de toutes les autres, sauf de l'*H. Desorianus*. J'indiquerai leurs différences en décrivant cette dernière espèce.

Localités. L'*H. Favrinus* paraît rare, j'en connais quelques échantillons trouvés au Saxonet et à la perte du Rhône.

Je l'ai dédiée à mon ami et collègue M. le professeur Favre.

Explication des figures. Planche 12, fig. 5 *a*, *Hamites Favrinus* du Saxonet, individu où les tubercules dorsaux sont réunis par des côtes doubles ; — fig. 5 *b*, le même vu du côté du dos ; — fig. 6 *a*, la même espèce, échantillon du Saxonet, tordu par la fossilisation, et où les tubercules dorsaux sont réunis par des côtes simples ; — fig. 6 *b*, le même vu du côté du dos ; — fig. 6 *c*, le même vu du côté du ventre ; — fig. 6 *d*, coupe transversale ; — fig. 7 *a*, individu plus jeune de la perte du Rhône ; — fig. 7 *b*, le même vu du côté du dos ; — fig. 7 *c*, coupe transversale.

58. Hamites Desorianus Pictet.

(Pl. 12, fig. 8 *a. b. c.*)

H. testâ compressâ, transversim costatâ ; costis tenuibus, æqualibus, ad laterâ dorsi tuberculatis ; aperturâ compressâ, ovali.

Dimensions.

Diamètre mesuré du dos au ventre............................... 19 millim.
Diamètre transversal par rapport au diamètre précédent............... 0,50

Coquille comprimée, ornée de côtes simples, peu saillantes, égales, légèrement obliques, un peu plus avancées sur le dos que sur le ventre, munies de chaque côté du dos d'un tubercule aigu ; ce dos est en conséquence bordé de deux séries de tubercules, il est étroit et les côtes y sont presque interrompues ; sur le ventre les côtes sont encore visibles mais plus faibles que sur les flancs ; dix côtes sont comprises dans une longueur égale au grand diamètre qui leur correspond. Bouche ovale, deux fois aussi haute que large. Cloisons assez découpées ; lobe dorsal large, un peu plus court que le latéral supérieur, formé de chaque côté d'une grande branche terminée par trois rameaux et de deux petites branches simples ; selle dorsale profondément divisée en deux parties elles-mêmes subdivisées ; lobe latéral supérieur terminé par deux grandes branches dont chacune a trois rameaux et dont la plus rapprochée du lobe dorsal est la plus grande ; selle latérale semblable à la selle dorsale ; lobe latéral inférieur terminé par trois branches bifurquées ou trifurquées, un peu plus court que le latéral

supérieur ; selle ventrale profondément divisée par un lobe accessoire très-grand
en deux parties elles-mêmes subdivisées ; lobe ventral plus court que le latéral
inférieur, terminé par un petit prolongement médian et par deux branches latérales plus longues que lui.

RAPPORTS ET DIFFÉRENCES. Cette espèce ressemble beaucoup à l'*H. Favrinus*,
mais elle me paraît en différer par sa compression plus grande, ses côtes moins
saillantes, plus rapprochées et moins interrompues sur le ventre, et par ses tubercules du dos plus rapprochés. Les cloisons de l'*H. Favrinus* étant inconnues, il
me reste quelques doutes sur la possibilité que ces deux espèces ne soient qu'une
variété l'une de l'autre.

Elle a aussi quelques rapports avec l'*H. ellipticus* Mantell , mais cette dernière
espèce est si imparfaitement connue, que je n'ai pas eu des raisons suffisantes
pour admettre un rapprochement qui la ferait considérer comme se trouvant à la
fois dans les terrains turoniens et albiens.

LOCALITÉ. L'*H. Desorianus* se trouve dans les grès verts de la perte du Rhône.
(Collection du Musée académique.)

Je l'ai dédiée à **M.** Desor, habile collaborateur de **M.** Agassiz dans ses travaux
sur les glaciers.

EXPLICATION DES FIGURES. Planche 12, fig. 8 *a*, *H. Desorianus* de grandeur naturelle ; — fig. 8 *b*, le même vu de face ; — fig. 8 *c*, coupe transversale.

59. HAMITES FLEXUOSUS d'Orbigny.

(Pl. 12, fig. 9, 10. 11, 12. 13 et 14.)

*H. testâ transversim obliquè costatâ ; costis inæqualibus, his ad dorsum tuberculatis,
illis simplicibus (4 vel 2) cum præcedentibus alternantibus ; aperturâ ovali.*

H. flexuosus d'Orbigny, Pal. fr. Terr. crét. t. 1, p. 535, pl. 131, fig. 14—16.
H. canteriatus Brongniart dans Cuvier, Oss. foss. 4ᵉ édit. pl. 0, fig. 8 *a, b*.

DIMENSIONS.

Diamètre du plus grand individu, mesuré du dos au ventre . . . . 21 millim.
Diamètre transversal par rapport au diamètre précédent, moyenne   0,78
　　Id.　　　　　　　　　*id.*　　　　　　extrêmes . . . . 0,73 à 0,82

Coquille plus ou moins comprimée, ornée en travers de côtes obliques, plus avancées sur le dos, atténuées sur le ventre sans toutefois y disparaître tout à fait; les unes un peu plus élevées présentent de chaque côté du dos un tubercule saillant, les autres un peu plus basses et simples passent sur le dos sans former de tubercules ; on trouve presque toujours une alternance régulière d'une côte tuberculée et d'une simple ; rarement il n'y a que deux côtes simples, plus rarement encore il n'y en a point. Bouche un peu comprimée. Cloisons assez découpées ; lobe dorsal d'un tiers plus court que le latéral supérieur, terminé par deux grandes branches subdivisées ; selle dorsale profondément partagée en deux parties elles-mêmes échancrées ; lobe latéral supérieur terminé par quatre branches dont chacune présente ordinairement trois petites pointes ; selle latérale ressemblant à la selle dorsale ; lobe latéral inférieur un peu plus court que le latéral supérieur, terminé par trois branches semblables aux siennes ; selle ventrale échancrée par un lobe accessoire plus court que celui qui échancre les autres selles ; lobe ventral d'une longueur égale à la moitié du latéral supérieur et terminé par trois rameaux simples et égaux.

Observations. Ce n'est pas avec une entière certitude que je rapporte cette espèce à l'*H. flexuosus* d'Orbigny, car ce savant paléontologiste décrit sous ce nom un petit hamite de 6 millimètres de diamètre, dans lequel les côtes simples sont toujours au nombre de deux entre les côtes tuberculées. Parmi les nombreux échantillons que j'ai observés, j'en ai peu vu de ce diamètre et dans la grande majorité il n'y a qu'une côte simple alternant régulièrement avec une côte tuberculée. Mes motifs pour admettre cette réunion se fondent principalement sur ce que ces alternances de côtes sont un peu irrégulières dans toutes les espèces et sur ce que la forme des côtes, leur direction, leur obliquité, et la position des tubercules sont tout à fait semblables dans l'échantillon figuré par M. d'Orbigny et dans tous les miens. La comparaison des cloisons pourra seule changer ces probabilités en certitude, quand on aura pu étudier celles des échantillons recueillis à Wissant (Pas-de-Calais), seule localité indiquée par M. d'Orbigny. Je trouve aussi de grands rapports entre cette espèce et l'*H. spinulosus* Sow. des grès verts du Blackdown. La description s'accorde tout à fait, sauf dans l'obliquité des côtes ; ce dernier point m'a empêché d'admettre leur réunion.

Je crois que l'on doit réunir à cette espèce l'*H. canteriatus* Brongniart, établi sur un échantillon évidemment déformé par une anomalie individuelle de croissance. J'ai donné une nouvelle figure plus exacte (pl. 12, fig. 13) de ce fragment qui fait partie de la collection de M. De Luc. Les côtes sont moins obliques et fort irrégulières, mais il est facile d'y reconnaître la position des tubercules et l'alternance du véritable *H. flexuosus.* Il a été trouvé à la perte du Rhône.

Variétés. Je réunis aussi à cette espèce une variété assez remarquable (pl. 12, fig. 14), dans laquelle les flancs sont ornés de côtes qui se réunissent régulièrement deux par deux à des tubercules dorsaux plus grands que dans le type normal, et dans laquelle le dos est lisse ; on pourrait croire au premier coup d'œil que cette forme de côtes doit indiquer l'existence d'une autre espèce ; mais elle est liée à la forme ordinaire par les transitions suivantes : dans quelques individus les côtes simples au lieu de passer sur le dos, s'affaiblissent en s'approchant de cette région et disparaissent presque totalement; dans quelques-uns, elles s'infléchissent un peu de côté vers la côte qui les précède; dans la variété décrite, cette inflexion devient une véritable réunion. Les cloisons de cette variété sont tout à fait identiques à celles que j'ai figurées et confirment la nécessité de la réunir à l'*H. flexuosus.*

Rapports et différences. Cette espèce se distingue facilement par ses tubercules sur un seul rang de chaque côté du dos, par ses côtes très-obliques et par le mode de leur alternance; elle se distingue par ces deux derniers caractères des *A. Favrinus* et *Desorianus.* Ses cloisons ont des rapports avec celles de cette dernière espèce ; elles confirment cependant leur différence parce qu'elles ont le lobe dorsal plus court, le lobe ventral d'une forme très-différente, et le lobe accessoire qui échancre la selle dorsale beaucoup plus petit. L'*H. flexuosus* diffère de l'*H. elegans* par ses tubercules qui (sauf dans la variété) sont placés sur une seule côte et par le nombre des côtes simples.

Localités. L'*H. flexuosus* se trouve à la perte du Rhône, et au Saxonet. Le Musée académique en possède un exemplaire un peu plus comprimé, qui provient des grès verts de la vallée de Sixt.

Explication des figures. Planche 12, fig. 9 *a, H. flexuosus* de la perte du Rhône, individu jeune ; — fig. 9 *b,* le même vu du côté du dos ; — fig. 9 *c,* le même vu du coté du ventre ; — fig. 9 *d,* coupe transversale ; — fig. 10 *a, b, c, d,* la même espèce du Saxonet ; — fig. 10 *e,* cloisons du même échantillon ; — fig. 11 *a, b,* fragment de la même espèce où les côtes simples ont en partie disparu ; — fig. 12 *a,* crosse postérieure de la même espèce, du Saxonet ; — fig. 12 *b,* fragment de la même, vu du côté du dos ; — fig. 13 *a*, *H. flexuosus*, individu déformé, décrit par M. Al. Brongniart sous le nom de *II. canteriatus* ; — fig. 13 *b*, le même vu du côté du dos ; — fig. 14 *a*, *b*, *II. flexuosus*, variété à côtes réunies.

DEUXIÈME GROUPE.

HAMITES SANS TUBERCULES.

Ce groupe comprend les espèces dont les côtes, tantôt simples tantôt bifurquées, n'ont jamais de tubercules.

Ces Hamites peuvent se subdiviser suivant que leurs côtes sont simples ou rameuses, perpendiculaires à l'axe ou obliques, et suivant leur direction, leur écartement, leur forme plus ou moins tranchante. Le tableau suivant est destiné à faciliter la distinction des espèces.

1	Côtes simples	2
	Côtes bifurquées	6
2	Côtes plus ou moins visibles sur le ventre	3
	Ventre tout à fait lisse	5
3	Côtes grosses, espacées et obliques	4
	Côtes rapprochées, fines, presque perpendiculaires à la direction . . *H. Charpentieri.*	
4	Côtes aiguës, plus avancées du côté du ventre . . . . *II. rotundus.*	
	Côtes mousses, plus avancées du côté du dos . . . . *II. attenuatus.*	
5	Côtes tranchantes . . . . moule de l'*H. virgulatus.*	
	Côtes très-arrondies, sous la forme d'ondulations . . . . *II. Venetzianus.*	
6	Côtes simples sur le dos, bifurquées sur le ventre . . . . *H. virgulatus.*	
	Côtes bifurquées sur le dos . . . . *H. Studerianus.*	

60. HAMITES ROTUNDUS Sowerby.

(Pl. 14, fig. 1 *a, b, c, d, e.*)

II. testá rotundatá vel compressá, transversim obliquè costatá ; costis posticè obliquis, æqualibus, acutis, simplicibus ; aperturá ovali vel rotundatá.

H. rotundus Sowerby, Min. conch. pl. 61, fig. 2, 3.

H. maximus Sowerby, loc. cit. pl. 62, fig. 1.

H. gibbosus Sowerby, loc. cit. pl. 62, fig. 4.

  Id. Defrance, Dict. des scienc. nat. t. 20, p. 249.

H. maximus Defrance, loc. cit.

H. rotundus Defrance, loc. cit.

  Id. Brongniart dans Cuv. Oss. foss. pl. 0, fig. 5.

  Id. Mantell, Geol. of Sussex, p. 386.

  Id. Haan, Mon. Amm. et Goniat. p. 154.

  Id. Phillips, Geology of Yorkshire, p. 123, pl. 1, fig. 24.

  Id. Fitton, Trans. of the Geol. Soc. t. 4, p. 337, pl. 12, fig. 12.

  Id. Bronn, Leth. geogn. t. 33, fig. 9, p. 730, n° 1.

  Id. d'Orbigny, Pal. fr. Terr. crét. t. 1, p. 536, pl. 132, fig. 1—4.

  Id. Reuss, Verst. bœhmischer Kreideformation, p. 23.

DIMENSIONS.

Diamètre le plus fréquent mesuré du dos au ventre................. 9 à 15 millim.

Diamètre du plus grand individu observé .... 23 »

Diamètre transversal par rapport au diamètre précédent, moyenne...... 0,88

  Id.   *id.*   extrêmes...... 0,72 à 0,100

Coquille composée de tours tantôt cylindriques, tantôt plus ou moins comprimés, marqués en travers de côtes égales, annulaires, saillantes, assez aiguës sur le dos, peu atténuées du côté ventral, et formant un anneau un peu oblique et plus avancé sur le ventre que sur le dos; cinq à six de ces côtes sont comprises dans une longueur correspondant au grand diamètre ; l'accroissement a lieu, suivant M. d'Orbigny, sous un angle de 5 degrés, mais je le trouve plus petit (3 à 4 degrés). L'ensemble de la coquille forme probablement une ellipse à coudes larges et à intervalles un peu arqués. Cloisons inconnues.

RAPPORTS ET DIFFÉRENCES. Les principaux caractères qui distinguent cette espèce parmi celles à côtes simples et sans tubercules sont : 1° le peu d'obliquité des côtes qui sont plus avancées sur le ventre, ce qui distingue facilement cette espèce de l'*H. attenuatus*; 2° le fait que ces côtes ne sont pas interrompues au ventre, mais seulement un peu affaiblies; ce qui la distingue de l'*H. virgulatus* ; 3° la forme même des côtes qui sont saillantes, tranchantes, étroites et médiocrement rapprochées. La forme de la bouche n'est pas un bon caractère, car cette espèce varie pour la compression malgré son nom de *rotundus*.

LOCALITÉ. L'*H. rotundus* se trouve à la perte du Rhône ; elle est rare dans les grès verts de Savoie.

EXPLICATION DES FIGURES. Planche 14, fig. 1 *a*, *Hamites rotundus* restauré avec des fragments de la perte du Rhône (d'après la figure de M. d'Orbigny) ; — fig. 1 *b*, fragment vu du côté du dos ; — fig. 1 *c*, le même vu du côté du ventre ; — fig. 1 *d*, coupe transversale ; — fig. 1 *e*, un autre fragment de la même espèce.

61. HAMITES CHARPENTIERI Pictet.

(Pl. 14, fig. 2, 3 et 4.)

H. testâ rotundatâ vel subcompressâ, transversim costatâ ; costis rectis, æqualibus, minutis, simplicibus ; aperturâ rotundatâ vel subovali.

DIMENSIONS.

Diamètre mesuré du dos au ventre	10 à 11 millim.
Diamètre transversal par rapport au diamètre précédent, moyenne.....	0,90
Id. *id.* extrèmes	0,85 à 0,100

Coquille allongée, ordinairement arrondie, quelquefois un peu comprimée, ornée en travers de côtes égales, rapprochées, peu saillantes, presqu'aussi marquées sur le ventre que sur le dos ; ces côtes dans les parties droites de la coquille sont presque perpendiculaires à l'axe ; elles deviennent un peu obliques vers les coudes ; on en compte sept à huit dans une longueur égale au grand diamètre. Bouche presque ronde. Cloisons assez découpées, remarquables par le très-grand développement du lobe ventral ; lobe dorsal formé de parties paires, terminé par deux branches et orné en outre de deux rameaux latéraux ; selle dorsale étroite et profondément divisée en deux parties elles-mêmes bilobées ; lobe latéral supérieur très-grand, pair, et formé de deux grandes branches ornées de digitations dont quatre principales et terminales ; selle latérale étroite, divisée en deux parties faiblement bilobées ; lobe latéral inférieur large, terminé par deux branches à trois rameaux principaux ; selle ventrale à peu près semblable aux autres ; lobe ventral terminé au milieu par une branche courte, à cinq pointes obtuses, et latéralement par deux grands rameaux digités qui dépassent le lobe latéral inférieur. Le lobe ventral dans son ensemble est plus grand que le dorsal.

OBSERVATIONS. Je réunis à cette espèce la variété figurée (pl. 14, fig. 4), caractérisée par une coupe plus ovale et par des côtes un peu plus obliques et encore plus rapprochées, car on en compte neuf dans une longueur qui correspond au grand diamètre. Les autres caractères sont trop semblables pour que l'on puisse voir là des circonstances suffisantes pour établir une espèce.

RAPPORTS ET DIFFÉRENCES. Cette espèce se rapproche de l'*H. rotundus* par ses côtes peu inclinées, rapprochées, passant sur le ventre, caractères qui la distinguent facilement des *H. attenuatus* et *virgulatus*. Elle diffère de ce *rotundus* : 1° par ses côtes encore plus droites et plus rapprochées ; 2° parce qu'elles sont bien plus mousses ; 3° parce qu'elles s'atténuent moins sur le ventre. Elle se caractérise principalement par la grandeur et le développement de son lobe ventral ; il est vrai que l'on ne connaît pas les lobes de l'*H. rotundus*, mais si la fig. 4, pl. 152, de M. d'Orbigny est juste, elle montre que, dans cette espèce, le lobe ventral est beaucoup plus petit que le dorsal.

LOCALITÉS. L'*H. Charpentieri* a été trouvée à la perte du Rhône et au Saxonet. (Collections du Musée académique, de M. le professeur Favre, de M. le docteur Roux, etc.)

J'ai dédié cette espèce au savant auteur de l'*Essai sur les glaciers*.

EXPLICATION DES FIGURES. Planche 14, fig. 2 *a*, fragment de l'*Hamites Charpentieri* de la perte du Rhône ; — fig. 2 *b*, coupe transversale ; — fig. 2 *c*, cloisons dessinées au diamètre de 10 millimètres ; — fig. 3 *a*, la même espèce du Saxonet ; — fig. 3 *b* et *c*, coupes transversales ; — fig. 4 *a*, la même espèce, du Saxonet, variété à côtes rapprochées ; — fig. 4 *b* et *c*, coupes transversales.

62. HAMITES ATTENUATUS Sowerby.

(Pl. 14, fig. 5 *a, b, c, d, e*.)

H. testà compressà vel rotundatà, transversim obliquè costatà; costis anticè obliquis, æqualibus, rotundatis, simplicibus ; aperturà ovali vel rotundatà.

> *H. tenuis* Sowerby, Min. conch. pl. 61, fig. 1.
> *H. attenuatus* Sowerby, loc. cit. fig. 4, 5.
> *H. compressus* Sowerby, loc. cit. fig. 7, 8 ?
> *H. attenuatus* Defrance, Dict. des scienc. nat. t. 20, p. 249.
> *H. tenuis* Defrance, loc. cit.

H. attenuatus Mantell, Geol. of Sussex, p. 93, pl. 19, fig. 29.

H. funatus Brongniart, dans Cuvier, Oss. foss. pl. O, fig. 7.

H. attenuatus Haan, Mon. Amm. et Goniat. p. 103, n° 11.

 Id. Phillips, Geol. of Yorksh. pl. 7, fig. 6.

 Id. Fitton, Trans. of the Geol. Soc. t. 4, p. 337, pl. 12, fig. 3.

 Id. d'Orbigny, Pal. fr. Terr. crét. p. 533, pl. 131, fig. 9—13.

 Id. Reuss, Verstein. der bœhm. Kreideformation, p. 23.

DIMENSIONS.

Diamètre mesuré du dos au ventre...................................... 6 à 18 millim.

Diamètre transversal par rapport au diamètre précédent, moyenne ... 0,88

 Id.   *id.*   extrêmes ... 0,80 à 0,100

Coquille comprimée ou arrondie, ornée en travers de côtes égales, annulaires, obtuses, élevées sur le dos, atténuées sur le ventre où elles sont pourtant encore visibles, et très-obliques d'arrière en avant, formant ainsi des anneaux très-inclinés dont la partie dorsale est plus avancée que la ventrale ; quatre à cinq côtes sont comprises dans la longueur d'un grand diamètre. Bouche ovale ou circulaire. L'ensemble de la coquille forme probablement une spire très-elliptique, dont les coudes sont assez brusquement repliés, et dont les intervalles sont presque droits (ce qui fait que l'on a souvent de longs fragments droits, circonstance rare dans l'*H. rotundus*). Cloisons inconnues.

OBSERVATIONS. L'*H. funatus* Al. Brongniart (dans Cuvier, Oss. foss. pl. O, fig. 7), est identique à l'*H. attenuatus* telle que nous la considérons ici, c'est donc par erreur que M. d'Orbigny cite de nouveau cette figure comme synonyme de l'*H. virgulatus*.

RAPPORTS ET DIFFÉRENCES. Cette espèce se caractérise clairement : 1° par ses côtes arrondies et obtuses ; 2° par leur obliquité et leur direction ; 3° parce qu'elles sont visibles sur le ventre où elles forment des sortes de chevrons. Les deux premiers caractères la séparent des *H. rotundus* et *Charpentieri*, les deux derniers de l'*H. virgulatus*.

LOCALITÉS. L'*H. attenuatus* est très-commune à la perte du Rhône, et se trouve aussi au Saxonet et au Reposoir.

EXPLICATION DES FIGURES. Planche 14, fig. 5 *a*, fragment droit de l'*H. attenuatus*, de la perte du Rhône ; — fig. 5 *b*, le même vu du côté du dos ; — fig. 5 *c*, le même vu du côté du ventre ; — fig. 5 *d*, coupe transversale ; — fig. 5 *e*, crosse de la même espèce, du Saxonet.

63. Hamites Venetzianus Pictet.

(Pl. 14, fig. 6 *a, b, c, d, e.*)

H. testâ compressâ, transversim costatâ ; costis rectis, æqualibus, rotundatis, internè interruptis, simplicibus; aperturâ ovali.

Dimensions.

Diamètre mesuré du dos au ventre . . . . 8 millim.
Diamètre transversal par rapport au diamètre précédent. 0,76

Coquille grêle un peu comprimée, ornée transversalement de côtes arrondies très-mousses, perpendiculaires à l'axe, interrompues sur le ventre, où elles sont toutefois encore un peu indiquées par des ondulations à peine marquées ; quatre de ces côtes sont comprises dans la longueur d'un grand diamètre. Bouche ovale. Cloisons peu compliquées ; lobe dorsal pair terminé par deux branches divergentes ; selle dorsale un peu plus étroite que le lobe latéral supérieur et bilobée ; lobe latéral supérieur pair, partagé en deux branches dont chacune se termine par deux rameaux principaux ; selle latérale semblable à la dorsale, mais un peu plus petite et moins échancrée ; lobe latéral inférieur oblique, terminé par trois branches ; lobe ventral court et terminé par cinq pointes obtuses dont la médiane est la plus grande.

Rapports et différences. Cette espèce se distingue de toutes celles qui ont des côtes simples parce que ces côtes sont plus mousses et plus arrondies ; sous ce point de vue ainsi que par son ventre lisse et par ses côtes éloignées, elle se rapproche davantage de l'*H. attenuatus* que des autres espèces ; mais elle en diffère : 1° parce que ses côtes, même dans les parties droites, sont presque perpendiculaires à l'axe ; 2° parce que ses sillons sont plutôt plus étroits que les côtes, tandis que dans l'*H. attenuatus* ils sont presque deux fois aussi larges. Les mêmes caractères la distinguent des moules de l'*H. virgulatus*.

Localité. L'*H. Venetzianus* a été trouvé à la perte du Rhône. (Collection du Musée académique.)

Je l'ai dédiée à M. Venetz, auquel la géologie suisse est redevable des premières idées sur l'extension des anciens glaciers.

Explication des figures. Planche 14 , fig. 6 *a*, *H. Venetzianus* de grandeur naturelle, de la perte du Rhône ; — fig. 6 *b*, fragment vu du côté du dos ; — fig. 6 *c*, le même vu du côté du ventre ; — fig. 6 *d*, coupe transversale ; — fig. 6 *e*, cloisons dessinées au diamètre de 7 millimètres.

64. HAMITES VIRGULATUS Brongniart.

(Pl. 14, fig. 7—10.)

H. testâ compressâ, transversim costatâ; costis rectis, æqualibus, acutis, internè bifidis (testâ deficiente interruptis); aperturâ ovali, marginatâ.

> *H. virgulatus* Brongniart, dans Cuv. Oss. foss. pl. 0, fig. 6.
>   *Id.*   d'Orbigny, Pal. fr. Terr. crét. tome 1, p. 545, pl. 134, fig. 1—4.

DIMENSIONS.

Diamètre mesuré du dos au ventre	9 à 12 millim.
Diamètre transversal par rapport au diamètre précédent, moyenne.....	0,85
Id. *id.* extrêmes	0,76 à 0,92

Coquille allongée, plus ou moins comprimée, ornée transversalement, presque à angle droit, de côtes égales, étroites, peu saillantes, rapprochées, légèrement élargies sur le dos et se dédoublant sur le ventre en deux petites côtes qui y forment une ellipse allongée ; six à sept de ces côtes sont comprises dans la longueur d'un grand diamètre. Les moules ont des côtes un peu plus saillantes sur le dos et sur les flancs, mais ils sont au contraire parfaitement lisses sur le ventre, car les deux petites côtes n'y laissent aucune trace. Bouche arrondie ou ovale. Je n'ai pu voir les cloisons que très-imparfaitement ; le lobe ventral est court et terminé par cinq points obtuses à peu près comme dans l'*H. Venetzianus;* le lobe latéral inférieur n'est pas oblique et est terminé par trois branches ; la selle latérale est très-large (beaucoup plus que les lobes) et est partagée profondément en deux parties elles-mêmes bilobées.

OBSERVATIONS. Cette espèce est remarquable en ce qu'elle présente une bouche (M. d'Orbigny dit que les *Hamites* n'en ont jamais), ce qui m'aurait fait douter qu'elle appartînt à ce genre, si tous les autres caractères ne l'indiquaient pas d'une manière évidente. Cette bouche n'est d'ailleurs pas un accident, car je l'ai vue dans plusieurs échantillons ; elle est composée de deux anneaux plus forts que les côtes et un peu plus arqués en avant, séparés par un étranglement lisse et assez profond.

Si l'on compare la description que je viens de donner avec celle de M. d'Orbigny, on trouvera des différences importantes; je crois pouvoir les attribuer complétement à ce que ce savant paléontologiste n'a connu que des moules. Dans la plupart des échantillons, en effet, le test manque, et le ventre tout à fait lisse n'offre aucune trace de la bifurcation des côtes.

Histoire. Cette espèce a été décrite pour la première fois par M. Alex. Brongniart; je ne suis toutefois pas certain que cet illustre géologue ait eu entre les mains l'espèce à laquelle M. d'Orbigny a conservé ce nom, car il dit : que les côtes sont plus écartées que dans l'*H. rotundus* et la figure montre ces côtes sur le ventre, caractère qui rappelle plutôt l'*H. Charpentieri*. Mais la brièveté de la description et l'imperfection de la figure laissent trop de doute, pour que j'aie cru devoir essayer de rectifier une synonymie qui prendra dorénavant sa base sur la description plus complète de M. d'Orbigny.

Ce dernier auteur cite comme identique à l'*H. virgulatus* l'*H. funatus* Alex. Brongniart, loc. cit. pl. O, fig. 7. J'ai déjà montré que cette citation devait être rapportée seulement à l'*H. attenuatus*.

Variété. Je rapporte à cette espèce un échantillon figuré pl. 14 fig. 10, dont je ne connais que le moule ; il diffère du type ordinaire de l'espèce par ses côtes plus grosses et plus espacées. Pour décider définitivement de ses véritables rapports, il faudrait connaître le test.

Rapports et différences. Cette espèce quand elle est munie de son test se distingue facilement de toutes les autres par ses côtes clairement bifurquées du côté du ventre. Quand ce test manque, elle se reconnaîtra facilement encore par son ventre parfaitement lisse; ce dernier caractère la rapproche de l'*A. Venetzianus,* mais les côtes larges et arrondies de cette dernière espèce n'ont aucun rapport avec les côtes étroites et nombreuses de l'*H. virgulatus.*

Localités. L'*H. virgulatus* est commune dans les grès verts de Savoie. J'en ai vu des échantillons du Saxonet, du Reposoir, du Criou (près Samoëns) et de Bossétan (val d'Iliers). Elle est rare à la perte du Rhône.

Explication des figures. Planche 14, fig. 7 *a, Hamites virgulatus* du Saxonet, grandeur naturelle, avec le test ; — fig. 7 *b,* coupe transversale; — fig. 8 *a,* la même espèce, portion de la crosse qui précède immédiatement la bouche, vue du côté du dos ; — fig. 8 *b*, la même, vue du côté du ventre ; — fig. 8 *c*, coupe transversale ; — fig. 9 *a*, bouche vue de profil ; — fig. 9 *b*, la même vue du côté du dos ; — fig. 10 *a*, variété à côtes plus larges (moule); — fig. 10 *b*, fragment du même vu du côté du dos; — fig. 10 *c*, le même vu du côté du ventre ; — fig. 10 *d*, coupe transversale.

65. HAMITES STUDERIANUS Pictet.

(Pl. 15, fig. 1—4.)

H. testâ inflatâ, transversim costatâ ; costis internè simplicibus, attenuatis, ad dorsum bifidis et trifidis ; aperturâ ovali.

DIMENSIONS.

Diamètre mesuré du dos au ventre....................................... 8 à 10 millim
Diamètre transversal par rapport au diamètre précédent, moyenne...... 0,92
    Id.   *id.*   extrêmes (sauf là
    la seconde variété citée plus bas)..................... 0,85 à 0,100

Coquille arrondie, épaisse, ornée en travers de côtes qui sont simples sur la moitié interne des flancs, et qui se partagent en deux ou trois pour arriver sur le dos, qu'elles traversent en rejoignant celles du côté opposé. Dans le moule, ces côtes disparaissent sur le ventre, mais lorsque le test existe, elles s'y subdivisent aussi en des lignes minces dont l'imparfaite conservation de nos échantillons m'a empêché d'apprécier distinctement le mode de distribution. Bouche ronde ou ovale. Dos arrondi. Cloisons inconnues.

VARIÉTÉS. Je réunis provisoirement à cette espèce remarquable deux variétés qui, quand elles seront mieux connues, formeront peut-être de nouvelles espèces.

La première (pl. 15, fig. 3) m'est connue par une grande crosse du Saxonet ; elle diffère du type décrit plus haut, parce que ses côtes sont plus promptement bifurquées, de manière à ce qu'il y a beaucoup moins de différence entre la portion interne des flancs où les côtes sont simples et rares, et la portion externe où elles sont plus nombreuses ; ces côtes sont en outre sensiblement plus sinueuses.

La seconde variété (pl. 15, fig. 4) est remarquable par sa compression beaucoup plus grande ; le diamètre transversal n'est que 0,60 du grand diamètre ; les côtes y sont beaucoup plus atténuées, plus minces et moins visibles. Cet échantillon provient aussi du Saxonet et fait partie de la collection de M. le Dr Roux

RAPPORTS ET DIFFÉRENCES. La bifurcation des côtes sur le dos fournit un caractère tellement évident que cette espèce ne peut être confondue avec aucune de celles que j'ai décrites dans ce mémoire. Elle se rapproche davantage d'un fragment décrit et figuré par M. Rœmer (Verst. norddeustsch. Kreidegebirg. pl XIII, fig. 15), dans lequel les côtes sont disposés de même, mais dont la coupe transversale est aplatie sur le ventre. M. Rœmer le rapporte sous le nom de *H. fissicostatus* à l'*Ammonites fissicostatus* Phillips, Geol. of Yorkshire, tab. II, fig. 49, que j'ai décrite ci-dessus, page 55 ! Ce rapprochement et la forme de la coupe m'ont empêché de voir une analogie réelle entre notre espèce et le fragment décrit par M. Rœmer.

LOCALITÉS. L'*H. Studerianus* se trouve à la perte du Rhône et au Saxonet. (Collection du Musée académique, de M. le professeur Favre, de M. Tollot et de M. le docteur Roux.)

Je l'ai dédiée au savant géologue Bernois dont les travaux ont tant contribué aux progrès de la géologie suisse.

EXPLICATION DES FIGURES. Planche 15, fig. 1 *a, Hamites Studerianus* de la perte du Rhône, fragment de grandeur naturelle; — fig. 1 *b*, le même vu du côté du dos; — fig. 1 *c*, coupe transversale ; — fig. 2 *a*, la même espèce, du Saxonet; — fig. 2 *b*, la même vue du côté du dos ; — fig. 3 *a*, première variété à bifurcations moins régulières, du Saxonet, grandeur naturelle ; — fig. 3 *b*, la même vue du côté du dos; — fig. 4 *a*, seconde variété du Saxonet; — fig. 4 *b*, fragment vu du côté du dos.

GENRE PTYCHOCERAS d'Orbigny.

CARACTÈRES. Coquille cloisonnée, formée de deux branches droites, en contact dans toute leur longueur, repliées l'une sur l'autre par un coude serré. Cloisons divisées en six lobes et six selles.

Les *Ptychoceras* diffèrent des *Hamites* parce que les coudes ou crosses ne forment pas un fer à cheval, mais sont comprimés de manière à rapprocher les deux branches l'une de l'autre. La petite branche forme contre la grande une impression plus ou moins marquée.

Ce genre n'avait jusqu'à présent été trouvé que dans les terrains néocomiens. L'espèce nouvelle que je décris ici est par conséquent la seule que l'on connaisse des terrains albiens.

66. Ptychoceras gaultinus Pictet.

(Pl. 15, fig. 5 et 6.)

P. testâ rectâ, transversim costatâ; costis rectis, simplicibus, acutis, in flexurâ minoribus; aperturâ rotundatâ.

Dimensions.

Diamètre de la petite branche mesuré du dos au ventre . . . . 4 à 10 millim.
Diamètre de la grande branche   *id.*   . . . . 6 à 15   »
Diamètre transversal par rapport aux diamètres précédents, moyenne .   0,90

Coquille allongée, fortement repliée sur elle même par un coude brusque, les deux parties étant en contact dans toute leur longeur; chacune d'elles est cylindrique un peu plus large que haute; la petite branche présente des côtes obliques qui se resserrent, en se rapprochant du coude où elles sont beaucoup plus fines et moins saillantes; sur la grande branche elles s'écartent de nouveau et deviennent très-fortes et très-aiguës mais moins obliques. Bouche presque circulaire, un peu échancrée par la compression de la petite branche. Cloisons inconnues.

Rapports et différences. Cette espèce est évidemment un Ptychoceras, comme le démontrent ses deux branches en contact; elle ressemble d'ailleurs beaucoup, par la nature de ses ornements aux deux espèces connues; elle en diffère par sa bouche circulaire, par la régularité des côtes de la grande branche, qui ne sont point disposées en gradins, et par les côtes de sa petite branche plus fortes et plus espacées.

Localités. Le Musée de Genève possède deux exemplaires de cette espèce provenant du Saxonet, et un trouvé à la perte du Rhône.

EXPLICATION DES FIGURES. Planche 15, fig. 5 *a*, *Ptychoceras gaultinus* du Saxonet, grandeur naturelle; — fig. 6 *a*, la même espèce, individu plus jeune; —
fig. 6 *b*, la même vue du côté du ventre; — fig. 6 *c*, coupe transversale.

GENRE **TURRILITES** Lamarck.

CARACTÈRES. Coquille cloisonnée, enroulée en une spirale
oblique de manière à être turriculée et à ce que sa forme
générale soit conique; spire tantôt dextre, tantôt senestre,
composée de tours arrondis ou anguleux, tantôt contigus,
tantôt s'entamant légèrement, mais toujours apparents extérieurement, et laissant entre eux un ombilic perforé. Cloisons
divisées en six lobes, non symétriques, car la coquille elle
même, perdant sa symétrie par son enroulement, il en résulte
un inégal développement entre les lobes de la partie supérieure du tour et ceux de la partie inférieure.

Les Turrilites se distinguent facilement de toutes les autres
ammonitides par leur spire enroulée obliquement et turriculée. Elles se rapprochent toutefois par ce caractère des
Helicoceras, mais elles s'en éloignent par leurs tours contigus
au lieu d'être disjoints.

Les espèces qui composent ce genre n'ont été trouvées
jusqu'ici que dans le lias et dans les terrains crétacés moyens
et supérieurs (terrains albien et turonien). Dans les grès verts
de nos environs elles sont inégalement réparties; peu abondantes à la perte du Rhône et au Saxonet, elles le deviennent davantage aux Fiz et dans quelques gisements des en-

virons de Samoëns et de la vallée de Sixt. Dans quelques-
unes de ces localités elles semblent caractériser des couches
un peu supérieures au gault proprement dit. J'ai eu soin en
décrivant chaque espèce d'indiquer avec soin les fossiles auxquels elle se trouve associée.

Il est rare que l'on trouve dans ces terrains des échantillons
d'une belle conservation, de sorte qu'il est en général difficile
d'y déterminer l'angle spiral et les rapports exacts des tours.
On trouvera dans l'ouvrage de M. d'Orbigny quelques détails
sur leur organisation que l'on pourrait difficilement déduire de
l'étude des fragments conservés dans nos collections. Je
n'ai d'ailleurs qu'une seule espèce nouvelle à ajouter à celles
qui sont connues aujourd'hui.

Ce savant paléontologiste les distingue en deux groupes
caractérisés par la position du siphon, qui est situé tantôt
sur le milieu du dos, et tantôt en dessous près du contact
du tour avec le précédent. Cette division paraît correspondre
avec la manière dont les tours se recouvrent, c'est-à-dire, que
le premier groupe (*Rotundati* d'Orbigny) est caractérisé par
un siphon dorsal et par des tours de spire arrondis, non en-
tamés les uns par les autres, et que le second groupe (*Angulati* d'Orbigny) est caractérisé par un siphon inférieur et
par des tours anguleux toujours modifiés les uns par les
autres. Cette classification, naturelle et convenable lorsque
l'on possède des échantillons bien conservés, ne peut pas être
d'un grand secours pour l'étude des Turrilites de nos environs, où l'on ne peut que rarement distinguer les cloisons.

Le tableau suivant est destiné à faciliter la distinction des espèces décrites dans ce mémoire, en étudiant principalement les caractères externes.

<table>
<tr><td rowspan="2">1</td><td>Flancs ornés de côtes plus ou moins apparentes et de tubercules.............. 2</td></tr>
<tr><td>Flancs ornés de côtes bien marquées, mais dépourvus de tubercules.......... 11</td></tr>
<tr><td rowspan="2">2</td><td>Tubercules très-apparents.. 3</td></tr>
<tr><td>Tubercules presque indistincts et formant seulement deux séries de légers renfle-
ments sur les côtes................................... T. Escherianus.</td></tr>
<tr><td rowspan="2">3</td><td>Tubercules formant deux à quatre rangées disposées sur tout le flanc .... 4</td></tr>
<tr><td>Flancs ornés de côtes qui en occupent la plus grande partie, et de tubercules dis-
posés seulement dans la partie supérieure................. T. Puzosianus.</td></tr>
<tr><td rowspan="2">4</td><td>Quatre rangées de tubercules .... 5</td></tr>
<tr><td>Deux rangées de tubercules... 9</td></tr>
<tr><td rowspan="2">5</td><td>Des côtes simples entre les tubercules...... T. Robertianus (jeune et âge moyen).</td></tr>
<tr><td>Pas de côtes simples entre celles qui portent les tubercules .... 6</td></tr>
<tr><td rowspan="2">6</td><td>Tubercules également espacés dans chaque rangée...................... 7</td></tr>
<tr><td>Tubercules de la seconde rangée (à partir du bas) très-éloignés les uns des autres
T. tuberculatus.</td></tr>
<tr><td rowspan="2">7</td><td>Milieu des flancs correspondant à l'intervalle qui sépare la seconde et la troisième
rangée.. 8</td></tr>
<tr><td>Milieu des flancs correspondant à l'intervalle qui sépare la première et la seconde
rangée.. T. Bergerii.</td></tr>
<tr><td rowspan="2">8</td><td>Tubercules aigus, surtout dans les deux rangées médianes.......... T. elegans.</td></tr>
<tr><td>Tubercules très-arrondis.......................... T. Robertianus (vieux).</td></tr>
<tr><td rowspan="2">9</td><td>Milieu du dos lisse, siphon entre les deux rangés de tubercules T. bituberculatus.</td></tr>
<tr><td>Milieu du dos traversé par les côtes, siphon en dessous de la rangée inférieure des
tubercules .... 10</td></tr>
<tr><td rowspan="2">10</td><td>Côtes réunies deux à deux par des tubercules et formant ainsi 3 anneaux T. catenatus.</td></tr>
<tr><td>Côtes isolées, au moins à la partie inférieure, tubercules très-petits T. Mayorianus.</td></tr>
<tr><td rowspan="2">11</td><td>Côtes interrompues vers leur tiers supérieur.................... T. Desnoyersi.</td></tr>
<tr><td>Côtes non interrompues... 12</td></tr>
<tr><td rowspan="2">12</td><td>Ombilic grand, au moins cinquante côtes par tours............. T. Senequieri.</td></tr>
<tr><td>Ombilic petit ou moyen, au plus quarante côtes par tours................. 13</td></tr>
<tr><td rowspan="2">13</td><td>Ombilic moyen, angle spiral de 30 degrés, quarante côtes........ T. Escherianus
(variété à tubercules des côtes oblitérés).</td></tr>
<tr><td>Ombilic petit, angle spiral de 20 degrés, vingt à vingt-cinq côtes.. T. Hugardianus.</td></tr>
</table>

67. Turrilites Robertianus d'Orbigny.

(Pl. 15, fig. 7 *a, b, c, d*.)

T. testâ conicâ, dextrâ vel sinistrorsâ, anfractibus rotundatis, angustatis, transver-
sim obliquè tuberculatis ; tuberculis rotundatis, 4-seriatis ; costis tenuissimis interjectis ;
aperturâ ovali, umbilico magno ; lobo dorsali maximo.

Dimensions.

Diamètre des plus grands individus observés........................	50 millim.
Hauteur des tours par rapport à leur diamètre........................	0,34 à 0,38
Hauteur de chaque tour par rapport au suivant........................	0,73 à 0,77
Angle spiral	42 degrés.

Coquille turriculée, formant une spire dextre ou sénestre, composée de tours
convexes, appliqués les uns sur les autres sans s'entamer ; chacun d'eux est orné
en travers et très-obliquement de quinze à vingt larges côtes dont chacune porte
quatre tubercules larges, mousses, plus saillants dans le jeune âge que dans
l'âge adulte ; ces tubercules forment quatre rangées, dont les deux supérieures
sont très-rapprochées et situées au-dessus du siphon ; la rangée supérieure est
cachée par le recouvrement des tours, la troisième rangée est presque médiane et
la quatrième est encore bien visible en dessous de la suture ; entre chacune de
ces côtes tuberculeuses, on trouve deux petites côtes très-fines et peu marquées
qui disparaissent avec l'âge adulte. Ombilic égal aux deux tiers du dernier tour.
Bouche arrondie. Cloisons très-compliquées ; lobe dorsal double en longueur et en
largeur du latéral supérieur, et remarquable en particulier par l'énorme branche qui
le termine, caractère qui distingue cette espèce de toutes les turrilites du gault ;
selle dorsale très-profondément découpée, partagée en deux parties par un lobe
accessoire très-long ; ces deux parties sont elles-mêmes partagées en d'autres parties elles-mêmes subdivisées ; lobe latéral supérieur terminé par deux branches,
dont chacune est composée de deux rameaux subdivisés ; selle latérale inférieure
beaucoup plus petite que la selle dorsale, mais de même forme ; lobe latéral inférieur semblable au supérieur mais plus petit ; lobe ventral.... (suivant M. d'Orbigny, ce lobe est étroit, plus long que le latéral inférieur, et orné de chaque côté
de trois branches et d'une septième terminale).

Observations. La description ci-dessus s'écarte en plusieurs points de celle de

M. d'Orbigny, et en particulier, cet auteur, n'a vu que trois rangs de tubercules ; je crois que le quatrième lui aura échappé parce qu'il est caché par le tour supérieur ; il décrit aussi comme des sillons les petites lignes interposées entre les tubercules, et qui dans mes exemplaires sont des petites côtes saillantes. J'aurais pu hésiter à rapprocher cette espèce de la sienne si la parfaite identité des lobes ne m'avait montré que ces différences sont peu importantes.

RAPPORTS ET DIFFÉRENCES. Parmi les espèces de nos grès verts, le *T. Robertianus* peut principalement être confondu avec la *T. Bergerii ;* on l'en distinguera surtout parce qu'elle a les tubercules plus gros et plus obtus, des petites côtes interposées entre les côtes tuberculeuses, parce que la deuxième ligne de tubercules est plus loin de la troisième, et par ses côtes moins nombreuses. Les mêmes caractères la distinguent de la *T. elegans* qui a les tubercules encore plus pointus que la *T. Bergeri* et qui, par conséquent, diffère encore plus de la *T. Robertianus.*

LOCALITÉS. Cette espèce se trouve à la perte du Rhône et au Reposoir ; elle est rare dans cette dernière localité. (Collections du Musée académique, de M. le docteur Roux, de M. le professeur Favre, etc.)

EXPLICATION DES FIGURES. Planche 15, fig. 7 *a*, *T. Robertianus* de la perte du Rhône (spire sénestre), grandeur naturelle ; — fig. 7 *b*, la même vue du côté de l'ombilic ; — fig. 7 *c*, un fragment de la même espèce (spire dextre), à l'âge où les petites côtes ont disparu et où les tubercules sont plus arrondis et plus également espacés ; — fig. 7 *d*, cloisons dessinées au diamètre de 25 millimètres, ce qui explique pourquoi elles sont moins compliquées que celles figurées par M. d'Orbigny. Je les ai fait représenter pour montrer combien il existe de différences entre le lobe latéral supérieur qui est situé au-dessus du siphon et celui qui se trouve au-dessous.

68. TURRILITES CATENATUS d'Orbigny.

T. testâ turritâ, spirâ sinistrorsâ vel dextrâ, conicâ, anfractibus convexis, transversim costatis ; costis in medio et infra catenatis ; tuberculis biseriatis ; aperturâ ovali ; siphunculo infra tuberculâ.

T. catenatus d'Orbigny, Pal. fr. Terr. crét. tome 1, p. 574, pl. 140, fig. 1—3.

Diamètre des plus grands individus observés .... 40 millim.

Angle spiral.. 25 degrés.

Coquille turriculée, spire sénestre ou dextre, composée de tours convexes, ornés en dessus dans chaque révolution de vingt à vingt-cinq côtes, simples au côté supérieur du tour, terminées au tiers supérieur par un tubercule aigu, puis de là se bifurquant en deux petites côtes qui se réunissent de nouveau à un second tubercule aigu situé au tiers inférieur; de ce dernier tubercule partent deux côtes ordinairement un peu infléchies. On les a comparées, ainsi que celles qui joignent les deux tubercules, aux anneaux d'une chaîne, et c'est de là que le nom a été donné à l'espèce. Les fragments que nous possédons ne nous ont pas permis de compléter la description de la coquille, mais ils s'accordent tout à fait avec la figure et la description de M. d'Orbigny, qui montrent que la spire forme un angle de vingt-cinq degrés et est composée de tours seulement en contact et laissant entre eux un large ombilic. Cloisons inconnues.

RAPPORTS ET DIFFÉRENCES. Cette espèce, une des mieux caractérisées du genre, ne peut être confondue qu'avec la *T. Mayorianus* d'Orbigny, ainsi que je le montrerai en décrivant cette espèce.

LOCALITÉS. La *T. catenatus* se trouve dans les grès verts de la perte du Rhône et de Châtillon-de-Michaille ; je n'en connais aucun échantillon trouvé dans les grès verts de Savoie.

Je n'ai pas fait figurer cette espèce parce que nos exemplaires sont très-incomplets et parce que la figure de M. d'Orbigny paraît très-exacte.

69. TURRILITES MAYORIANUS d'Orbigny.

T. testâ turritâ, spirâ dextrâ, conicâ, anfractibus convexis, transversim costatis ; costis his simplicibus, illis infra bifidis, tuberculis biseriatis ; aperturâ ovali ; siphunculo infra tubercula.

T. Mayorianus d'Orbigny, Pal. fr. Terr. crét. tome 1, p. 576, pl. 140, fig. 4, 5.

Diamètre des plus grands individus observés........................ 25 millim.

Angle spiral .... 22 degrés.

Coquille turriculée, spire dextre, composée de tours convexes, ornés en dessus dans chaque révolution de vingt à vingt-cinq côtes; les unes sont simples, les autres se bifurquent au tiers supérieur du tour, étant simples du côté supérieur et doubles du côté inférieur; ces côtes sont ornées de tubercules plus faibles que dans l'espèce précédente et disposés de même en deux séries, placées l'une au tiers inférieur, l'autre au tiers supérieur de chaque tour; ces tubercules manquent sur une partie des côtes, surtout dans la série inférieure. Ombilic ayant les deux cinquièmes du diamètre entier. Bouche ovale. Cloisons inconnues.

RAPPORTS ET DIFFÉRENCES. Cette espèce se rapproche beaucoup du *T. catenatus* et, malgré l'assertion de M. d'Orbigny, je ne suis pas certain qu'elle en soit distincte. Il lui donne pour caractères : 1° que la spire forme un angle de vingt-deux degrès; 2° que ses côtes se bifurquent vers le tiers supérieur d'une manière moins régulière que dans la *T. catenatus*, car la bifurcation est quelquefois supérieure au tiers de la hauteur, où elle nait insensiblement par des côtes intermédiaires; les tubercules du tiers supérieur sont d'ailleurs bien marqués; 3° en ce que les tubercules du tiers inférieur sont plus petits et ne réunissent pas deux côtes de manière à en faire un chaînon. Quelques échantillons de la perte du Rhône et de Châtillon-de-Michaille me font croire que des nuances insensibles lient ces deux espèces; mais ces échantillons sont trop peu nombreux et trop incomplets pour que je propose ici leur réunion.

LOCALITÉS. J'ai trouvé cette espèce dans les mêmes gisements que la *T. catenatus*.

Je renvoie aussi pour la figure aux planches de M. d'Orbigny.

70. TURRILITES BITUBERCULATUS d'Orbigny.

T. testá turritá, spirá dextrá, anfractibus rotundatis, transversim costatis et tuberculatis; tuberculis biseriatis; costis in medio interruptis; siphunculo inter tubercula.

T. bituberculatus d'Orbigny, Pal. fr. Terr. crét. t. 1, p. 582, pl. 141, fig. 7—10.

DIMENSIONS.

Diamètre.. 38 millim.

Coquille turriculée, formant une spire dextre, composée de tours arrondis, très-convexes, seulement en contact; ils sont lisses dans le milieu de la convexité où l'on remarque simplement dans le moule la trace du siphon; de chaque côté de cette partie lisse est une rangée de tubercules élargis et arrondis, qui représentent, comme le dit très-bien M. d'Orbigny, les tubercules dorsaux des Ammonites; à ces tubercules aboutissent en dessus et en dessous des petites côtes transverses au nombre de une à trois pour chaque tubercule. Ombilic presque aussi large que le dernier tour de spire. Bouche un peu ovale. Cloisons inconnues.

RAPPORTS ET DIFFÉRENCES. Cette espèce a dans ses ornements des rapports évidents avec la *Turrilites catenatus;* mais elle s'en distingue par l'absence de côtes entre les deux rangées de tubercules, différence qui se lie avec un caractère d'une bien plus haute importance, car son siphon et, par conséquent, son lobe dorsal sont placés entre les deux rangées de tubercules, en sorte qu'elle appartient à la division des *T. rotundati,* tandis que dans la *T. catenatus* le siphon et le lobe dorsal sont en dessous de la rangée inférieure des tubercules, ce qui force à placer cette espèce dans les *T. angulati.*

LOCALITÉ. Le Musée de Genève possède un échantillon de cette espèce trouvée à la perte du Rhône.

71. TURRILITES ELEGANS d'Orbigny.

T. testâ turritâ, spirâ dextrâ, anfractibus convexis, transversim undato costatis; costis simplicibus, acutis, tuberculatis; tuberculis 4-seriatis; aperturâ subangulatâ.

T. elegans d'Orbigny, Pal. fr. Terr. crét. t. 1, p. 577, pl. 140, fig. 6—7.

DIMENSIONS.

Diamètre . . . . 10 à 35 millim.
Angle spiral (d'après M. d'Orbigny) . . . . 46 degrés.

Spire dextre, conique, composée de tours arrondis, séparés, ornés en travers par chaque révolution de vingt à trente côtes sinueuses, obliques; chacune de ces côtes porte quatre tubercules, dont deux petits situés au point de contact des tours, l'un à l'extrémité supérieure, l'autre à l'extrémité inférieure de la côte, et deux plus gros, rapprochés près du milieu du tour, où ils forment deux lignes saillantes bien marquées. Ombilic assez large. Bouche et cloisons inconnues.

OBSERVATIONS. M. d'Orbigny dit que les deux rangées supérieures de tubercules sont sensiblement plus rapprochées que les inférieures. Ce caractère n'existe pas sur les échantillons que j'ai observés et je ne les aurais pas rapportés à cette espèce si je n'avais vu la figure donnée par le même auteur, qui ne me paraît pas correspondre tout à fait à sa description, mais qui se rapporte par contre complétement à mes échantillons.

RAPPORTS ET DIFFÉRENCES. Cette espèce a de grands rapports avec la *T. Bergerii*. J'indiquerai en traitant de cette dernière espèce les caractères qui peuvent servir à les distinguer.

LOCALITÉS. La *T. elegans* se trouve à la perte du Rhône ; je rapporte avec doute à cette espèce un fragment trouvé au Criou, près Samoëns, par M. le professeur Favre.

L'état de conservation de nos échantillons ne m'a pas non plus permis de figurer cette espèce.

72. TURRILITES BERGERII Brongniart.

(Pl. 15, fig. 8, jeune.)

T. testâ turritâ, spirâ sinistrorsâ vel dextrâ, conicâ, anfractibus convexis, transversim obsoletè costatis ; costis simplicibus, acutè tuberculatis ; tuberculis 4-seriatis ; aperturâ compressâ.

T. Bergerii Brongniart dans Cuvier, Oss. foss. 4e édit. pl. 0, fig. 3 *a.*

DIMENSIONS.

Diamètre des plus grands individus observés.......................... 95 millim.
Angle spiral .... 25 degrés.

Coquille turriculée, presque toujours dextre, formant un angle à peu près de vingt-cinq degrés (M. d'Orbigny dit de trente-trois à trente-huit, mais je ne possède aucun exemplaire à angle aussi ouvert) ; les tours sont saillants, anguleux, profondément séparés ; tous sont ornés en travers de côtes tuberculeuses au nombre de vingt à trente-deux suivant M. d'Orbigny, mais dont j'ai vu jusqu'à quarante; chacune de ces côtes est formée d'une partie droite, rayonnant du centre, cachée par le tour suivant et se terminant en un tubercule visible; puis elle s'interrompt et donne naissance à deux tubercules, pour ensuite se relever de nouveau en une ligne droite, qui commence aussi par un quatrième tubercule; ces quatre tubercules forment des lignes régulières, saillantes, dont la supérieure et la seconde sont un peu plus rapprochées que les autres. Bouche comprimée, un peu quadrangulaire. Cloisons inconnues.

OBSERVATIONS. Dans le jeune âge les côtes ne s'abaissent pas tout à fait entre les tubercules, mais restent saillantes dans toute leur longueur, sauf en dessous de la seconde rangée supérieure des tubercules où elles s'abaissent d'une manière notable. Cette espèce acquiert une grande taille, j'en ai vu du diamètre de 95 millimètres. Elle varie beaucoup par le nombre des côtes et par la grosseur des tubercules.

RAPPORTS ET DIFFÉRENCES. Cette espèce, par ses côtes simples et jamais doublées et ses quatre rangées de tubercules se distingue des *T. catenatus* et *Mayorianus*. Elle a plus de rapports avec la *T. elegans* et me paraît s'en distinguer surtout par la position de ses tubercules; car dans cette dernière c'est la seconde et la troisième rangée de tubercules qui sont les plus saillantes et les plus médianes, tandis que dans la *T. Bergerii* la ligne supérieure et la suivante sont très-rapprochées et c'est la troisième et la dernière qui sont médianes et saillantes. Dans la *T. elegans* les quatre tubercules sont en outre, situés sur des côtes saillantes et même tranchantes, qui sont très-peu apparentes ou nulles dans la *T. Bergerii*, au moins à l'état adulte; l'angle d'accroissement est d'ailleurs beaucoup moins rapide. La *T. Bergerii* se rapproche enfin de la *T. Robertianus* par ses quatre rangées de tubercules, mais dans cette dernière ils sont plus mousses et séparés par des petites côtes.

LOCALITÉS. La *T. Bergerii* est l'espèce la plus commune dans les grès verts de Savoie; elle est plus abondante aux Fiz et dans la vallée de Sixt qu'au Saxonet, et quelquefois elle est associée avec des coquilles caractéristiques de l'étage turonien. Près de Tanneverges en particulier, on la trouve abondamment dans la couche qui renferme la *T. tuberculatus* dont je parlerai plus bas. Aux Fiz M. Tollot l'a trouvée dans cette couche blanche dont j'ai déjà parlé ailleurs, associée avec l'*Ammonites falcatus*, l'*A. Milletianus* et l'*A. varians*. Au Saxonet elle se trouve dans le véritable gault avec toutes les espèces caractéristiques de cette formation.

Les diverses collections de Genève en renferment aussi quelques échantillons trouvés à la perte du Rhône dans le même terrain.

EXPLICATION DES FIGURES. Je renvoie pour les adultes aux excellentes figures de M. d'Orbigny. La fig. 8, de la planche 15, représente un jeune individu où les côtes sont encore très-saillantes.

73. TURRILITES TUBERCULATUS Bosc.

(Pl. 15, fig. 10.)

T. testâ turritâ, spirâ sinistrorsâ, conicâ, anfractibus convexis, tuberculatis; tuberculis 4-seriatis, tuberculis serieï inferioris distantibus, superioribus approximatis; aperturâ subangulatâ.

Corne d'Ammon turbinée Montfort, Journ. de Phys. pl. 1, fig. 2, p. 143, n° 2.
T. tuberculatus Bosc, Buff. de Déterville, Vers, t. 5, p. 189, pl. 42, fig. 8.
T. varicosa Bosc, loc. cit. p. 190.
T. tuberculata de Roissy, Buff. de Sonnini, Moll. t. 5, p. 32, n° 2.
T. varicosa de Roissy, loc. cit. n° 3.
T. tuberculata Sowerby, Min. conch. pl. 74.
T. tuberculatus Mantell, Geol. of Sussex, pl. 24, fig. 2, 3, 7.
　　Id.　　Bronn, Syst. der Urwelt, t. 1, fig. 17.
　　Id.　　Haan, Mon. Amm. et Goniat. p. 78, n° 5.
T. giganteus Haan, loc. cit. p. 78, n° 6.
T. varicosus Haan, loc. cit. p. 77, n° 3.
T. tuberculatus Woodw., Synop. n° 36.
　　Id.　　Rœmer, Verst. norddeut. Kreidegeb. p. 91.
　　Id.　　d'Orbigny, Pal. fr. Terr. crét. tome 1, p. 593, pl. 144, fig. 1, 2.

DIMENSIONS.

Diamètre. . . . . 30 millim.
Hauteur des tours par rapport au diamètre 0,54
Hauteur de chaque tour par rapport au suivant. 0,80
Angle spiral . . . . 23 degrés.

Coquille turriculée, à spire sénestre, composée de tours arrondis et séparés par une profonde suture ; ils sont ornés de quatre rangées de tubercules dont les deux supérieures sont très-rapprochées, l'une d'elles étant recouverte par le tour suivant ; dont la troisième, située un peu plus bas que le tiers supérieur, est composée comme les précédentes de vingt à vingt-cinq tubercules ; et dont la quatrième, située un peu au-dessous de la moitié, est composée de tubercules moins nombreux et plus irrégulièrement espacés. Le bord inférieur de chaque tour est fortement échancré par une série d'arcades, qui paraissent destinées à recevoir les tubercules supérieurs du tour précédent, mais qui sont beaucoup plus grandes qu'eux. Ombilic étroit. Bouche et cloisons inconnues.

RAPPORTS ET DIFFÉRENCES. Je ne crois pas qu'on puisse séparer cette espèce de la *Turrilites tuberculatus* Bosc, quoiqu'elle en diffère par plusieurs caractères, et en particulier, parce que ses tours sont plus hauts par rapport à leur largeur, parce que ses tubercules sont un peu moins nombreux, et parce que le bord postérieur de chaque tour a des échancrures beaucoup plus prononcées. Il est d'ailleurs impossible de la confondre avec aucune autre espèce.

LOCALITÉS. J'en connais trois échantillons des grès verts de Tanneverges, trouvés dans la même couche que la *T. Bergerii* et la *T. Puzosianus*, quoique ces espèces paraissent en France appartenir au véritable gault, tandis que la *T. tuberculatus* y caractérise les terrains turoniens.

EXPLICATION DES FIGURES. Planche 15, fig. 10 *a*, *Turrilites tuberculatus* de Tanneverges, grandeur naturelle.

74. TURRILITES PUZOSIANUS d'Orbigny.

(Pl. 15, fig. 9 *a, b*.)

T. testâ turritâ, spirâ sinistrorsâ, conicâ, anfractibus complanatis, transversim costatis; costis simplicibus, rectis, supernè tuberculatis ; tuberculis 3-seriatis ; aperturâ subquadratâ.

T. Puzosianus d'Orbigny, Pal. franç. Terr. crét. t. 1, p. 587, pl. 143, fig. 1, 2.

DIMENSIONS.

Diamètre	18 à 45 millim.
Hauteur des tours par rapport au diamètre	0,55
Angle spiral	17 degrés.

Coquille turriculée, très-allongée, spire sénestre, enroulée sur un angle d'à peu près quinze degrés; les tours sont aplatis, anguleux à leur partie antérieure; chacun d'eux est orné de vingt-cinq à trente côtes droites dans le jeune âge, un peu sinueuses; plus tard elles forment au quart supérieur un fort tubercule et un autre double vers la suture supérieure; ces tubercules forment trois lignes, dont deux bien visibles et dont la supérieure est cachée par le tour suivant. Dans l'âge adulte, la partie supérieure de chaque tour s'augmente plus que la partie inférieure; la première rangée de tubercules se trouve alors aux deux cinquièmes supérieurs, et les tubercules supérieurs, se dédoublant d'une manière plus marquée, forment deux rangées très-distinctes dont la supérieure est seulement en contact avec le tour suivant.

OBSERVATIONS. La description précédente diffère de celle de M. d'Orbigny en ce qu'elle indique trois rangées de tubercules au lieu de deux; je crois que cette différence provient de ce que la rangée supérieure est souvent cachée par le retour de la spire.

RAPPORTS ET DIFFÉRENCES. Cette espèce se rapproche un peu de la *Turrilites costatus*, mais elle s'en distingue facilement par ses tours plus plats, par ses côtes plus minces, par ses tubercules arrondis, etc.; elle se distingue encore plus facilement de toutes les autres espèces.

LOCALITÉS. La *T. Puzosianus* se trouve dans les grès verts de Savoie, M. d'Orbigny l'indique d'après M. Puzos comme trouvée au Reposoir; M. le professeur Favre en possède un échantillon de la même localité, et un second du Criou, près Samoëns. Le Musée de Genève en a quelques exemplaires des grès verts de Tanneverges.

EXPLICATION DES FIGURES. Planche 15, fig. 9 *a*, *Turrilites Puzosianus* de Tanneverges, dans son jeune âge; — fig. 9 *b*, la même espèce, à l'époque où les trois séries de tubercules deviennent plus apparentes.

75. TURRILITES DESNOYERSI d'Orbigny.

A. testâ turritâ, spirâ sinistrorsâ; anfractibus subcomplanatis, transversim obliquè costatis; costis obtusis, in medio sub interruptis; umbilico angustato.

T. Desnoyersi d'Orbigny, Pal. fr. Terrains crétacés, t. 1, p. 601, pl. 146, fig. 1, 2.

DIMENSIONS.

Diamètre.. 40 millim.
Angle spiral d'après M. d'Orbigny .... 18 degrés.

Coquille turriculée, enroulée en une spire conique, composée de tours anguleux, un peu aplatis, se rencontrant par une large surface plate ; ils sont ornés en
travers d'environ vingt côtes obliques, flexueuses, mousses, interrompues ou très-
atténuées dans leur milieu, et effacées en approchant des sutures, principalement
de la supérieure. Ombilic très-étroit. Cloisons inconnues.

RAPPORTS ET DIFFÉRENCES. Cette espèce se caractérise facilement par ses côtes
interrompues au milieu ; ses principaux rapports sont avec les *T. Scheuzerianus
et costatus.*

LOCALITÉS. La *T. Desnoyersi* est encore une de celles qui caractérisent le terrain
turonien, M. d'Orbigny l'indique dans les craies chloritées inférieures. Elle n'a
été trouvée dans nos environs que dans les couches des grès verts de Tauneverges
(vallée de Sixt) qui renferment, comme je l'ai dit plus haut, la *T. tuberculatus*
(espèce turonienne) associée à des espèces qui sont ordinairement caractéristiques
des terrains albiens.

76. TURRILITES SENEQUIERIANUS d'Orbigny.

*T. testâ turritâ, anfractibus convexis, transversim obliquè costatis ; costis simplicibus
55 ornatis; umbilico magno.*

T. Senequierianus d'Orbigny, Pal. fr. Terr. crét. tome 1, p. 579, pl. 141, fig. 1, 2.

DIMENSIONS.

Diamètre.. 31 millim.

Je rapporte avec doute à cette espèce un fragment trouvé par M. Favre à la
perte du Rhône, qui correspond tout à fait à la diagnose de M. d'Orbigny telle que
je l'ai réduite ci-dessus, mais qui diffère de la description donnée par cet auteur :
1° par sa spire sénestre au lieu d'être dextre, caractère qui, il est vrai, paraît avoir
peu d'importance chez les Turrilites ; 2° par ses côtes au nombre de cinquante-
cinq au lieu de soixante-sept ; 5° par sa bouche ronde et non ovale. L'angle spiral
ne peut pas être mesuré.

20

Ces différences ne m'empêchent pas de regarder comme probable la détermination que j'ai donnée à ce fragment; il ne peut appartenir à aucune des autres espèces à côtes simples, car le nombre de ses côtes est plus considérable que dans aucune d'elles, et l'ombilic aussi large que le dernier tour ne trouve son analogue que dans la *T. Senequierianus*. Si donc, de meilleurs échantillons montrent que l'association que j'indique est erronée, cette espèce devra être considérée comme nouvelle.

77. Turrilites Escherianus Pictet.

(Pl. 15, fig. 11.)

T. testâ turritâ, anfractibus subangulatis, transversim costatis; costis obliquis 4o, tuberculis evanescentibus, biseriatis, umbilico mediocri; aperturâ rotundatâ.

Dimensions.

Diamètre. . . . . 28 millim.

Hauteur des tours par rapport à leur diamètre.   0,52

Hauteur de chaque tour par rapport au suivant.   0,77

Angle spiral . . . . 30 degrés.

Coquille turriculée, formant une spire dextre ou sénestre, enroulée sous un angle d'environ trente degrés, autant que j'en ai pu juger sur les exemplaires assez déformés que je possède; elle est composée de tours arrondis, convexes en dehors, dont chacun a à peu près les trois quarts du diamètre de celui qui le suit; chacun d'eux est orné en travers de trente-cinq à quarante côtes un peu obliques et flexueuses qui ne forment pas une courbe arrondie et régulière, mais bien deux angles peu marqués, de manière à ce que leur milieu soit à peu près plat; dans les individus très-bien conservés ces angles sont marqués par des petits tubercules, qui souvent cependant ne sont pas apparents. Ombilic médiocre. Bouche à peu près arrondie. Cloisons inconnues.

Rapports et différences. Cette espèce se distingue facilement de la *T. Senequieranus* par ses dimensions, son ombilic bien plus petit et ses côtes moins nombreuses. Quand elle est médiocrement conservée, et que, comme cela arrive souvent, les tubercules ne sont pas apparents, elle est plus facile à confondre avec la *T. Hugardianus*; on l'en distinguera toutefois à ses côtes plus nombreuses, à ses tours plus élevés, à son angle spiral moins aigu et à son ombilic plus large.

Elle se distingue facilement des *T. Asterianus* et *Emericianus* de M. d'Orbigny par son angle spiral beaucoup plus aigu.

LOCALITÉ. Le Musée de Genève possède trois échantillons de cette espèce qui proviennent des grès verts de Tanneverges.

Je l'ai dédiée à mon ami M. Escher, connu par ses beaux travaux géologiques sur les Alpes.

EXPLICATION DES FIGURES. Planche 15, fig. 11, *T. Escherianus* de grandeur naturelle.

78. TURRILITES HUGARDIANUS d'Orbigny.

(Pl. 15, fig. 12.)

T. testâ turritâ, spirâ dextrâ vel sinistrorsâ, anfractibus convexis, transversim costatis, costis obliquis 20-25; umbilico angustato; aperturâ ovali.

T. Hugardianus d'Orbigny, Pal. fr. Terr. crét. t. 1, p. 588, pl. 147, fig. 9—11.

DIMENSIONS.

Diamètre	10 à 50 millim.
Hauteur des tours par rapport à leur diamètre	0,45
Hauteur de chaque tour par rapport au suivant	0,80
Angle spiral	20 degrés.

Coquille turriculée, formant une spire allongée, dextre ou sénestre, enroulée sous un angle de vingt degrés, composée de tours arrondis, convexes en dehors, dont chacun a une hauteur de 0,80 par rapport à celui qui le suit; chaque tour est orné en travers de vingt à vingt-cinq côtes saillantes, obtuses, obliques et flexueuses. Ombilic très-étroit. La bouche quand elle est parfaite est plus haute que large et est entourée d'une côte plus élevée que les autres qui s'infléchit en avant par un petit capuchon, et rappelle par sa forme celle du *T. costatus* d'Orbigny. Pal. franç. pl. 145.

OBSERVATIONS. Lorsqu'on ne possède que des fragments de cette espèce, il est facile de croire comme l'a fait M. d'Orbigny que la bouche est arrondie. C'est en effet la forme de toutes les sections que présentent les tours cassés ; mais, lorsque cette espèce est complète, elle prend comme je l'ai dit plus haut une bouche sensiblement plus haute que large, infléchie en avant et bordée d'un léger bourrelet.

RAPPORTS ET DIFFÉRENCES. Cette espèce, parmi les Turrilites à côtes simples, ne peut être confondue ni avec la *T. Asterianus* qui a un angle de cinquante-trois degrés, quarante-une côtes, un ombilic large, etc.; ni avec la *T. Senequierianus* qui s'en rapprochant davantage par le mode d'enroulement, en diffère parce qu'elle a soixante-sept côtes; ni avec la *T. Emericianus* qui a à peu près le même nombre de côtes, mais qui a un ombilic large et qui croit sous un angle de soixante-cinq degrés. J'ai indiqué plus haut en traitant de la *T. Escherianus* la manière dont on peut distinguer ces deux espèces faciles à confondre lorsque l'on n'a que des fragments incomplets et usés.

LOCALITÉS. La *T. Hugardianus* a été trouvée à la montagne des Fiz par M. Hugard, au Criou près Samoëns, par M. le professeur Favre, à la perte du Rhône par M. le docteur Roux. Le Musée de Genève en possède des exemplaires des grès verts de Tanneverges, vallée de Sixt.

EXPLICATION DES FIGURES. Planche 15, fig. 12 *T. Hugardianus* de Tanneverges, exemplaire avec la bouche complète.

GASTÉROPODES.

L'ordre des pectinibranches est le seul parmi ceux qui composent la classe des gastéropodes qui ait des représentants dans nos grès verts. C'est presque le seul aussi que M. d'Orbigny indique dans les terrains crétacés de France. Les autres ordres, beaucoup moins riches en espèces, renferment peu de mollusques à coquilles et ont dû rarement laisser des traces de leur existence dans les époques antérieures à la nôtre. Celui des pulmonés fait une exception, mais, comme il ne contient que des espèces terrestres ou fluviatiles, il manque dans les terrains de l'époque crétacée qui sont tous d'origine marine.

ORDRE DES

PECTINIBRANCHES.

La plupart des gastéropodes pectinibranches ont, comme on sait, une coquille enroulée obliquement en spirale. Les noms des diverses parties de cette coquille varient suivant les différents auteurs; nous devons en conséquence, indiquer ici d'une manière précise, quelle nomenclature nous avons adoptée, et comment nous avons pris nos mesures.

M. d'Orbigny ([1]) a traité à fond ce sujet et montré les inconvénients des dénominations généralement adoptées. L'habitude d'employer de préférence les mots *supérieur*, *inférieur*, *droit*, *gauche*, etc., a introduit une véritable confusion, parce que la valeur de tous ces mots varie suivant la manière dont on place la coquille. Linné, Lamarck, Sowerby, etc., décrivent les coquilles en supposant la bouche en bas et la spire en haut. Lister et Adanson ont au contraire toujours placé leurs coquilles dans un sens inverse, la bouche en haut et la spire en bas. Ce qui est *inférieur* pour les uns, est donc *supérieur* pour les autres, etc.

M. d'Orbigny propose, pour rétablir l'unité de termes

([1]) Paléontologie française, Terrains crétacés, tome 2, p. 7.

indispensable : 1° de considérer les mollusques comme marchant devant l'observateur et de désigner par conséquent comme *antérieure*, la partie de la coquille d'où sort la tête de l'animal et comme *postérieur*, le côté de la spire où l'extrémité du pied se montre dans les coquilles allongées ; 2° d'éviter les mots de *droit* et *gauche*, en nommant toujours *labre*, le côté externe de la bouche, qui est le bord gauche en supposant la position ci-dessus indiquée et qui est nommé par Lamarck le bord droit, et en appelant, *columelle* ou *bord columellaire*, le bord opposé ou côté interne. Nous adoptons cette nomenclature qui nous paraît tout à fait logique et convenable. Mais il est un point sur lequel M. d'Orbigny ne nous a pas paru entièrement conséquent à ces principes et sur lequel nous croyons devoir introduire quelques modifications.

Cet illustre paléontologiste, dans les considérations générales qui servent d'introduction à l'histoire des Gastéropodes (¹), n'indique pas la manière dont on doit distinguer, dans chaque tour, le bord qui est du côté du sommet de la spire et celui qui est du côté de la bouche. Dans ses descriptions, il désigne le premier par le mot *inférieur* et le second par celui de *supérieur*. Dans les coquilles plus ou moins aplaties, il appelle, de même, face supérieure celle où est la bouche, et face inférieure celle où se trouve le sommet de la spire.

Cette nomenclature nous paraît avoir un double inconvénient. 1° L'emploi des mots supérieur et inférieur a le même désavantage que celui des termes droit et gauche, c'est-à-

---

(1) Paléontologie française, Terrains crétacés, tome 2, p. 5 à 16.

dire que chacun de ces mots exprime, suivant la position de la coquille, des idées diamétralement opposées, et qu'il en résulte la même confusion que nous avons signalée plus haut. 2° Ils sont en désaccord avec la position supposée par M. d'Orbigny, car quand un mollusque marche, sa coquille est presque toujours oblique; le sommet de la spire est plus ou moins dirigé en arrière et, dans la plupart des cas, il est un peu plus élevé que la bouche. Ce sommet ne mérite donc en aucune manière le nom d'*inférieur* et même, si on était dans l'obligation de se servir de ces mots, il conviendrait plutôt de les employer en sens inverse, car, dans la position indiquée, c'est en général la partie de la coquille où est la bouche qui est *inférieure*, et le sommet de la spire est *supérieur* par rapport à elle.

Il nous semble qu'il vaudrait mieux étendre à cette partie de la nomenclature, les principes que M. d'Orbigny lui-même a adoptés pour la bouche et pour les bords droit et gauche. Voici en particulier comment il nous paraît qu'on pourrait le faire.

Une coquille de gastéropode présente plus ou moins la forme d'un cône, la bouche étant placée sur la base; l'ensemble de la surface extérieure des tours de spire forme comme un ruban qui serait enroulé sur ce cône.

Nous nommons, dans chaque tour, *bord buccal* celui qui est situé du côté de la bouche, c'est-à-dire du côté de la base du cône; il correspond au *bord supérieur* de M. d'Orbigny; c'est le bord *inférieur et antérieur* dans la station normale. Nous donnons le nom de *bord apicial* au bord qui est situé du côté

du sommet de la spire; il est appelé *inférieur* par M. D'Orbigny. Nous désignons sous le nom de *face buccale* ou *ombilicale* la partie du dernier tour qui est visible lorsqu'on regarde
la coquille en plaçant son axe (ou sa columelle) dans le prolongement du rayon visuel. Cette face ombilicale correspond
exactement à la base du cône. M. d'Orbigny la nomme le
dessus du dernier tour; mais dans la position de la coquille
sur le mollusque, elle forme au contraire ordinairement le
dessous de ce dernier tour. Nous appelons enfin *surface
spirale*, celle qui correspond à l'ensemble du ruban enroulé
dont nous avons parlé, ou à la surface convexe du cône.

Dans les descriptions de M. d'Orbigny, on trouve aussi
quelques irrégularités quant à l'emploi des mots *longitudinal*
et *transversal* appliqués aux ornements des tours, côtes,
stries, séries de points, etc. Quelquefois (comme dans les
scalaires, turritelles, etc.) il applique le mot de longitudinal
aux ornements parallèles à l'axe de la coquille et perpendiculaires aux sutures. Souvent il désigne ces mêmes ornements
comme transversaux, et nomme longitudinaux ceux qui sont
parallèles aux sutures. Nous avons constamment employé cette
dernière méthode, car les ornements auxquels on donne ainsi
le nom de longitudinaux sont, sur le dernier tour, parallèles
au dos de l'animal; et, conformément aux principes de nomenclature exposés plus haut, les diverses dénominations doivent,
autant que possible, être établies par rapport à l'animal.

Quant aux mesures des coquilles nous avons profité de la
méthode simple et précise proposée par M. d'Orbigny. Au
moyen de l'hélicomètre, nous avons mesuré l'angle spiral et

l'angle sutural de chaque espèce, en général sur de nombreux échantillons ; et, au moyen d'une échelle de proportion, nous avons estimé la hauteur du dernier tour par rapport à l'ensemble. Ces mesures fournissent de bons caractères, le plus souvent très-constants et faciles à observer.

Il est toutefois quelques cas, dans lesquels ces mesures ne sont pas tout à fait suffisantes. Elles le seraient toujours, si on n'avait que des échantillons bien conservés et très-complets, mais il est loin d'en être ainsi ; dans nos grès verts nous trouvons beaucoup de moules et de fragments, et très-peu de tests entiers. Quand par exemple, les coquilles sont très-aplaties et ont un angle spiral de 100° à 120°, la moindre détérioration des premiers tours, si fréquente dans les moules, peut entacher d'erreur la mesure de cet angle. Nous y avons ajouté alors, comme mesure équivalente et susceptible de plus de précision, le rapport des diamètres de deux tours consécutifs, rapport qui dépend évidemment de l'angle spiral et du rapport de la hauteur des tours à l'ensemble ; mais qui a l'avantage de pouvoir, sur des moules incomplets, être pris avec beaucoup plus d'exactitude. Ces diamètres doivent être mesurés sur le bord buccal de chacun des deux derniers tours, leurs extrémités étaient prises sur la même génératrice. Nous avons quelquefois aussi tiré un bon parti de la mesure de l'ombilic et de celle de la largeur du dernier tour prise sur la face buccale, ces deux dimensions étant exprimées dans leurs rapports avec le diamètre de cette face buccale. Quelquefois enfin la mesure de la hauteur d'un tour, par rapport à l'ensemble, est difficile à prendre ; nous l'avons souvent remplacée par le rapport entre les hauteurs de deux tours consécutifs.

Les seules familles de pectinibranches qui soient représentées dans nos grès verts, sont celles des PALUDINIDES, ACTÉONIDES, NATICIDES, TROCHIDES, HALIOTIDES, STROMBIDES, MURICIDES, FUSIDES, BUCCINIDES, PATELLOIDES et DENTALIDES. On peut distinguer leurs coquilles par les caractères suivants:

Coquille enroulée — bouche non prolongée en canal et ne formant pas de sinus — labre entier — bouche arrondie ou oblongue — coquille ovoïde, à dernier tour très-grand, columelle ornée de gros plis . . . . . . ACTÉONIDES.

columelle simple ou faiblement dentée . . . . (1) PALUDINIDES. TROCHIDES.

coquille courte, bouche semilunaire, très-grande . . . . . . NATICIDES.

labre percé de trous ou échancré par une longue fente (2) . . . . HALIOTIDES.

bouche prolongée en canal ou formant un sinus — dernier tour formant une aile plus ou moins prononcée . . STROMBIDES.

dernier tour simple — canal droit — un bourrelet sur le labre laissant des traces en forme de varices . . . . MURICIDES.

pas de varices . . . . FUSIDES.

canal recourbé en dessus . . . . CÉRITHIDES.

Coquille non enroulée — en cône évasé . . . . PATELLOIDES.

tubuliforme, allongée . . . . DENTALIDES.

---

(1) Les paludinides et les trochides ne peuvent guère être distinguées par leur coquille. Les premières sont ordinairement plus allongées ; mais la principale différence existe dans les animaux : ceux des trochides étant revêtus de filets pairs souvent très-longs et ceux des paludinides étant lisses.

(2) Il faut excepter les *Stomatia* qui sont de véritables haliotides, quoique leur labre ne présente ni fente ni trous. On les reconnaîtra à la grandeur de leur bouche et à la petitesse de leur spire.

1re Famille : **PALUDINIDES.**

Caractères. Coquille enroulée, plus ou moins allongée.
Columelle simple. Bouche entière, presque toujours circulaire.

Mollusque pectinibranche, marin ou d'eau douce, à deux
tentacules portant les yeux vers leur base externe, à manteau
entier ou découpé sur ses bords, sans filaments, et dépourvu
de tube respiratoire.

Les genres qui ne renferment que des mollusques d'eau
douce, tels que les *Paludines*, les *Valvées*, etc., n'ont pas
été trouvés fossiles dans les terrains crétacés. Parmi les genres
marins, nous n'avons rencontré dans nos grès verts que ceux
des *Turritelles* et des *Scalaires ;* ceux des *Rissoa* et des *Ris-
soïna* indiqués par M. d'Orbigny dans le gault du département
de l'Aube, paraissent manquer dans les gisements analogues
de notre bassin.

Genre **TURRITELLA** Lamarck.

Caractères. Coquille allongée, turriculée. Bouche arrondie
ou quadrangulaire, à bords désunis en arrière, à labre souvent
sinueux en avant. Opercule corné, spiral, à tours nombreux.

Animal pourvu d'un pied subtriangulaire tronqué en avant,
de deux longs tentacules coniques à la base externe desquels

sont les yeux, et d'un manteau très-extensible qui se replie sur la partie antérieure de la coquille.

Ces coquilles sont caractérisées par leur allongement, leurs tours en contact, et leur bouche entière, à bords désunis en arrière.

Quelques auteurs nient l'existence des turritelles dans les terrains de la période primaire, et ne font apparaître ce genre qu'avec l'époque crétacée. De nombreux fossiles des terrains anciens, qui semblent en avoir tous les caractères et qui ont été décrits comme tels par plusieurs paléontologistes, peuvent faire croire au contraire que les turritelles ont vécu pendant toutes les époques géologiques.

M. d'Orbigny décrit trois turritelles du terrain albien. Nous n'en avons retrouvé qu'une dans nos grès verts, et nous en ajoutons une nouvelle.

79. Turritella Hugardiana d'Orbigny.

*T. testâ subulatâ ; spirâ angulo 8° ; anfractibus subconvexis , longitudinaliter cos-
tatis , costis inæqualibus ; aperturâ ovali.*

T. Hugardiana d'Orbigny, Pal. fr. Terr. crét. tome 2, p. 38, pl. 151, fig. 13—16.

DIMENSIONS.

Angle spiral	8°
Id. sutural	105°

Coquille très-allongée, subulée. Spire composée de tours peu convexes, assez hauts, ornés en long de sept grosses côtes et de petites intermédiaires. Bouche ovale, oblongue. Moule intérieur lisse.

OBSERVATIONS. De même que M. d'Orbigny, nous ne possédons que des échantillons très-incomplets, ce qui nous a empêché de les figurer; ils s'accordent mieux avec les figures qu'en a données cet illustre paléontologiste qu'avec sa description, car leurs tours sont assez plans, et non convexes, comme le porte le texte de la Paléontologie française.

LOCALITÉ. M. d'Orbigny indique cette turritelle comme trouvée par M. Hugard dans le grès vert de Cluse (Savoie); nos échantillons proviennent du Saxonet.

80. TURRITELLA FAUCIGNYANA Pictet et Roux.

(Pl. 16, fig. 1 a, b.)

T. testâ subulatâ; spirâ angulo 12°; anfractibus convexis, longitudinaliter 12—14 costatis; aperturâ ovali.

DIMENSIONS.

Angle spiral .... 12°
Id. sutural .... 105°
Hauteur du dernier tour, par rapport à l'ensemble...................... 0,14

Coquille mince, allongée, subulée. Spire formée d'une angle régulier, composée de tour convexes, très-séparés par la suture, ornés en long, sur toute leur hauteur, de petites côtes, au nombre de douze à quatorze, régulièrement espacées et sensiblement égales entre elles. Bouche ovale. Moule lisse.

RAPPORTS ET DIFFÉRENCES. Cette espèce se distingue facilement de la *T. Hugardiana*, par ses tours très-convexes, son angle spiral plus ouvert et ses côtes plus nombreuses et plus égales.

LOCALITÉ. Perte du Rhône et Alpes du Faucigny (Savoie). Collection du Musée académique. Espèce rare.

EXPLICATION DES FIGURES. Planche 16, fig. 1 a, *Turritella Faucignyana* du Saxonet, de grandeur naturelle; — fig. 1 b, moule de la même espèce.

Genre SCALARIA Lamarck.

Caractères. Coquille allongée, turriculée, formée de tours de spire convexes, à peine en contact, quelquefois écartés, ne se recouvrant pas, et ornée de côtes élevées transversales. Bouche arrondie ou ovale, à bords ordinairement entiers. Opercule corné, paucispiré.

Animal court, pourvu d'un pied oblong, tronqué carrément, obtus en arrière et pourvu d'une rainure en avant. Tentacules minces, yeux placés comme dans les turritelles. Manteau médiocre.

La coquille des scalaires se distingue de celle des turritelles par ses tours plus arrondis, plus écartés, par ses côtes transversales et par les bords de sa bouche entiers. Nous devons toutefois faire remarquer que, dans les fossiles, ce dernier caractère n'est pas constant, et que la bouche tend souvent à se rapprocher beaucoup de celle du genre précédent. C'est en particulier ce qui a lieu pour les trois espèces que nous décrivons ici, espèces d'ailleurs qui, par leurs côtes transversales, ont tout à fait l'apparence des scalaires vivantes.

Les scalaires ne sont abondantes que depuis la période crétacée. La détermination générique des espèces citées avant cette époque ne paraît pas très-certaine.

M. d'Orbigny est presque (¹) le seul auteur qui ait décrit

(¹) M. Sowerby décrit dans le Mémoire de Fitton sur les terrains crétacés (Trans. of the Geol. Soc. 2ᵉ sér. IV, pl. 18, fig. 11) une jolie scalaire (*S. pulchra*) des grès verts de Blackdown.

des scalaires du terrain albien. Il en fait connaître cinq espèces dans sa Paléontologie française. Nous n'en avons trouvé qu'une et nous en ajoutons deux nouvelles.

<table>
<tr><td rowspan="3">1</td><td>Côtes transversales interrompues sur le dernier tour par un bourrelet situé au bord de la face buccale... 2</td></tr>
<tr><td>Côtes transversales passant sans interruption et en s'atténuant sur la face buccale, pas de bourrelet sur le dernier tour....................... S. gurgitis</td></tr>
<tr><td rowspan="2">2</td><td>Angle spiral 22°, côtes transversales médiocres, marqués sur le moule S. Dupiniana.</td></tr>
<tr><td>Angle spiral 15°, côtes transversales larges, moule lisse............. S. rhodani.</td></tr>
</table>

81. Scalaria Dupiniana d'Orbigny.

(Pl. 16, fig. 2 a. b. c.

S. testâ turritâ, imperforatâ; spirâ angulo 22°; anfractibus convexis, longitudinaliter striatis, transversim costatis, costis obtusis; ultimo anfractu anticè carinato; aperturâ subrotundatâ.

S. Dupiniana d'Orbigny, Pal. fr. Terr. crét. tome 2, p. 54, pl. 154, fig. 10—13.

DIMENSIONS.

Angle spiral... 22°

Id. sutural .... 95°

Longueur totale...65 millim.

Diamètre du dernier tour.....................................20   »

Hauteur du dernier tour, par rapport à l'ensemble................... 0,23

Coquille conique, non ombiliquée. Spire formée d'un angle régulier composée de tours très-convexes, arrondis, séparés par une suture profonde; ces tours sont ornés en long de stries très-fines, et en travers de côtes obtuses droites, non arrêtées, très-saillantes dans le jeune âge et au nombre de huit à neuf par tour, devenant ensuite plus nombreuses, à mesure que la coquille s'accroît, et attei-

---

M. Reuss (Verst. der bœhm. Kreideform. ii. p. 114, pl. 44, fig. 14) indique dans le Quader de Kreiblitz *Scalaria Philippi* qui ne nous paraît pas appartenir à ce genre.

gnant (d'Orbigny) le nombre de dix-huit au moins ; elles s'atténuent, en augmentant de nombre. Le dernier tour porte antérieurement une carène longitudinale qui interrompt les côtes, et en avant de laquelle il n'existe plus sur la face buccale que des stries et des indices de sillons. Bouche arrondie.

Moule offrant constamment les empreintes en relief des côtes transversales.

LOCALITÉ. Perte du Rhône ; elle n'y est pas très-rare. Le Musée académique en possède un exemplaire provenant du Saxonet.

EXPLICATION DES FIGURES. Planche 16, fig. 2 *a*, *Sc. Dupiniana*, grandeur naturelle ; — fig. 2 *b*, moule de la même espèce ; — fig. 2 *c*, moule d'un individu plus jeune.

82. SCALARIA RHODANI Pictet et Roux.

Pl. 16, fig. 3 *a. b, c.*

S. testà elongatà, turrito-subulatà, imperforatà ; spirà angulo 15° ; anfractibus subconvexis, longitudinaliter tenuiter striatis, transversimque costatis : costis latis, obtusis ; ultimo anfractu anticè carinato ; aperturà ovali.

DIMENSIONS.

Angle spiral	15°
Id. sutural	104°
Hauteur totale . . . . 55 millim.
Diamètre du dernier tour 14
Hauteur du dernier tour, par rapport à l'ensemble. 0,15

Coquille allongée, subulée, non ombiliquée. Spire formée d'un angle assez régulier, composée de tours médiocrement arrondis, séparés par des sutures sans bourrelets, ornés en long de stries très-fines, et en travers de côtes grosses et larges, atténuées à leurs extrémités, saillantes au milieu de leur longueur, sans cesser d'être obtuses et sans être nettement séparées de leurs intervalles. Le dernier tour est marqué en avant d'une carène longitudinale à laquelle se terminent les côtes ; la face buccale n'a plus que des stries longitudinales, entrecroisées de quelques stries transversales peu apparentes.

Moule lisse, n'offrant jamais, au moins dans le jeune âge, de traces des côtes transversales.

Observation. Nous considérons comme devant probablement être rapporté à cette espèce le fragment figuré pl. 16, fig. 3 c, qui a exactement le même angle que les autres échantillons et qui porte aussi l'impression de la carène du dernier tour. Ce fragment provient du Saxonet, et si notre assimilation est exacte il montrerait, 1° que l'espèce acquiert une assez grande taille (il a dû appartenir à un individu de 95 millimètres de longueur), 2° qu'à cet âge, les côtes sont marquées sur le moule.

Rapports et différences. Cette espèce se distingue de la *Sc. Dupiniana*, 1° par son angle spiral beaucoup plus aigu , 2° par ses côtes transversales plus larges et obtuses , 3° parce que son moule est tout à fait lisse, au moins dans le jeune âge et l'âge moyen, tandis que le moule de la *Sc. Dupiniana* porte toujours des impressions de côtes très-marquées. Elle aurait peut-être plus de rapports avec la *Sc. Clementina* de M. d'Orbigny qui a un angle spiral de 12°; elle en diffère cependant par cet angle même, par ses côtes plus grosses, et par l'absence de bourrelet vers les sutures.

Localité. Elle se trouve à la perte du Rhône où elle n'est pas commune. L'échantillon représenté dans la fig. 3 c, provient, comme nous l'avons dit, du Saxonet; il appartient au Musée académique de Genève.

Explication des figures. Figure 3 a, *Sc. rhodani* de la perte du Rhône, grandeur naturelle ; — fig. 3 b, moule de la même ; — fig. 3 c, moule d'un échantillon du Saxonet, appartenant probablement à la même espèce ; grandeur naturelle.

83. Scalaria gurgitis Pictet et Roux.

(Pl. 16, fig. 4 a, b.)

S. testâ elongatâ, subulatâ, imperforatâ; spirâ angulo 20°; anfractibus subcomplanatis, longitudinaliter tenuiter striatis, transversim costatis; costis undulatis, obtusis; ultimo anfractu non carinato; aperturâ ovali.

Dimensions.

Angle spiral	20°
Id. sutural	90°
Hauteur totale	50 millim.
Diamètre du dernier tour	15 »
Hauteur du dernier tour, par rapport à l'ensemble	0,22

Coquille allongée, subulée, non ombiliquée. Spire formée d'un angle régulier, composée de tours assez larges, très-peu convexes, séparés par une suture peu marquée et ne présentant aucun bourrelet; ces tours sont ornés en long de stries extrêmement fines et en travers d'une douzaine de côtes onduleuses peu saillantes; le dernier est arrondi sur son bord buccal, totalement dépourvu de carène, et ses côtes transverses vont se terminer autour de la bouche qui est ovale. Moule lisse.

RAPPORTS ET DIFFÉRENCES. Cette espèce qui est voisine des deux précédentes, en diffère par sa forme générale, par ses côtes plus minces et moins saillantes et surtout par l'absence de carène sur le dernier tour.

LOCALITÉ. Perte du Rhône. Espèce rare. Collection du Musée académique.

EXPLICATION DES FIGURES. Planche 16, fig. 4 *a*, *Sc. gurgitis*, de la perte du Rhône, de grandeur naturelle; — fig. 4 *b*, moule de la même espèce.

2me FAMILLE : ACTÉONIDES.

CARACTÈRES. Coquille enroulée, ovale, à spire courte ou médiocre. Columelle ornée de gros plis. Bouche ovale, ordinairement entière, rarement échancrée en avant.

Mollusque marin, operculé, peu connu encore dans ses caractères essentiels.

Les fossiles appartenant à cette famille ont souvent été confondus avec les *Auricules*, genre terrestre et pulmoné dont les débris ne pourraient guère se trouver dans les dépôts marins. Leurs coquilles ont en effet de grands rapports de forme.

Nous n'avons trouvé dans nos grès verts que les deux genres RINGINELLA et AVELLANA. Celui des actéons, qui cepen-

dant a vécu pendant l'époque albienne, a jusqu'à présent
échappé à nos recherches.

GENRE RINGINELLA d'Orbigny.

CARACTÈRES. Coquille ovale, oblongue, à spire allongée, ornée en long de stries ou de sillons ponctués. Bouche oblongue, élargie en avant et sans échancrure. Labre très-épaissi,
ainsi que la columelle qui n'est pourvue de plis qu'à sa partie
antérieure.

Animal inconnu.

Ce genre a de très-grands rapports avec celui des actéons
et n'en diffère que par son labre plus épaissi.

M. d'Orbigny en décrit trois espèces du gault. Nous ne les
avons pas retrouvées, mais nous en décrivons une nouvelle.

84. RINGINELLA ALPINA Pictet et Roux.

(Pl. 16, fig. 5 a. b. c. d.)

Indiquée par erreur sous le nom de *R. lacryma.*

*R. testâ ovato-oblongâ, crassâ; spirâ angulo 73°; anfractibus convexiusculis,
longitudinaliter sulcatis, sulcis punctatis; aperturâ angustatâ : labro crasso, limbato,
intus plicato; columellâ 2-plicatâ, plicâ superiore bilobatâ.*

DIMENSIONS.

Angle spiral	73°
Hauteur totale	17 millim.
Diamètre du dernier tour	11 »
Hauteur du dernier tour, par rapport à l'ensemble	0,68

Coquille oblongue, conique, épaisse. Spire formée d'un angle régulier, composée de tours peu convexes, séparés par de légères sutures, marqués en long

de sillons également espacés et ornés de très-petites fossettes longitudinales.
Bouche comprimée ; labre fortement épaissi, marqué en dehors d'un large bourrelet, et en dedans de quinze à vingt plis allongés, longitudinaux ; columelle
épaisse, pourvues de deux gros plis, le supérieur lui-même divisé en deux.

Moule lisse, sauf l'empreinte des sillons longitudinaux qui correspondent aux
plis du labre ; cette partie est un peu déprimée.

RAPPORTS ET DIFFÉRENCES. Cette espèce a de grands rapports avec la *Ringinella lacryma* d'Orbigny. Nous l'avions même fait figurer sous ce nom, car elle a
les mêmes dents sur la columelle et les mêmes lignes ponctuées sur le test. Un
examen plus approfondi nous a convaincu qu'elle était une espèce nouvelle, car
elle est beaucoup plus courte et plus arrondie que la *R. lacryma*, sa spire est
moins longue, son angle spiral est de 73° au lieu de 41°, et les dents de sa columelle sont plus fortes et plus écartées.

LOCALITÉ. Perte du Rhône et Saxonet ; elle y est rare. Collections du Musée
académique et de M. le Dʳ Roux.

EXPLICATION DES FIGURES. Planche 16, fig. 5 *a* et *b*, *Ringinella alpina* grossie,
de la perte du Rhône ; — fig. 5 *c*, portion du test vue sous un fort grossissement : — fig. 5 *d*, moule de la même espèce.

GENRE AVELLANA d'Orbigny.

CARACTÈRES. Coquille globuleuse, ventrue, à spire très-
courte, ornée en long de stries ou de sillons ponctués. Bouche semi-lunaire, comprimée et arquée, sans échancrures ;
labre très-épaissi, presque toujours denté ; columelle pourvue
de trois à quatre grosses dents.

Animal inconnu.

Ce genre est très-voisin du précédent et les caractères qui
l'en distinguent sont d'une importance très-médiocre ; la
brièveté de la coquille des avellana et l'écartement de leurs
dents columellaires, sont les seules différences qui paraissent

constantes. Il a été établi par M. A. d'Orbigny (Pal. fr. terr. crét., t. II, p. 151), et ce savant paléontologiste hésite lui-même, sur la convenance de le séparer de celui des ringinelles. M. Alexandre Brongniart réunissait ces espèces aux casques, mais l'absence de canal les place évidemment dans la famille des actéonides.

Les avellana ne vivent plus aujourd'hui et leurs diverses espèces n'ont encore été indiquées que dans les terrains crétacés. On en connaît quatre du gault; nous n'en avons trouvé que deux, que nous pensons même devoir être réunies en une seule.

85. Avellana incrassata Mantell.

(Pl. 16, fig. 6 a. b. c. d. e. f, g.)

A. testá ventricoso-ovatá, vel ventricoso-rotundatá; anfractibus convexiusculis, brevibus, longitudinaliter costatis et transversim striatis, ultimo crasso ; aperturá magná ; labro incrassato, intùs plicato , plicis inæqualibus ; columellá 3-plicatá.

Auricula incrassata Mantell, 1822. Sussex, pl. 19, fig. 33.

Brongniart dans Cuv. Oss. foss. 4ᵉ éd. ɪv, 172, pl. *N*, fig. 10, l'a confondue sous le nom de *Cassis avellana* avec l'espèce des craies chloritées qui a été plus tard décrite par M. d'Orbigny sous le nom de *Avellana cassis*.

Auricula incrassata Sowerby, Min. conch. pl. 163, fig. 1—3.

Auricula incrassata Sowerby dans Fitton, Trans. of the Geol. Soc. 2ᵉ série, ɪv. p. 363.

Pedipes incrassatus Quenstedt, Wiegmanns Archiv. 1836, ɪɪɪ, p. 249.

Auricula incrassata Rœmer, Verst. norddeut. Kreidegeb. p. 77.

Avellana incrassata d'Orbigny, Pal. fr. Terr. crét. t. 2, p. 133, pl. 168, fig. 13—16.

Avellana Hugardiana, loc. cit. p. 135, pl. 168, fig. 17—19.

Avellana incrassata Reuss, Verst. bœhm. Kreidef. 1, 50.

Ringicula incrassata Geinitz, Grundriss der Versteinerungskunde, p. 337, pl. 16, fig. 3, 4.

DIMENSIONS.

Angle spiral . . . . 95° à 120°
Hauteur totale. . . . . 17 millim.
Diamètre du dernier tour. 14   »
Hauteur du dernier tour, par rapport à l'ensemble. . . . . 0,80 à 0,85

Coquille plus ou moins ronde ou ovale, ventrue, courte et épaisse. Spire, formée d'un angle convexe, composée de tours renflés, courts et convexes, ornés en long de petites côtes nombreuses, et en travers de stries fines et serrées, formant, dans les intervalles des précédentes, des petites fossettes transversales très-rapprochées. Les proportions du dernier tour varient beaucoup, car tantôt, il est plus haut que large, et tantôt, ce qui est le cas le plus fréquent, il est un peu plus large que haut. Bouche large, à bord épaissi en bourrelet; labre saillant, épais en dehors, orné en dedans de plis nombreux très-inégaux. Columelle encroûtée en dehors, pourvue de trois dents inégales, la dent médiane la plus longue.

Moule lisse, présentant quelquefois des impressions peu apparentes, qui forment des raies transversales obliques.

OBSERVATIONS. On a pu voir, par la description précédente, que nous réunissons en une même espèce les *A. incrassata* et *Hugardiana* de M. d'Orbigny, quoique ces dernières soient plus courtes et plus globuleuses que les premières. Mais ces deux formes sont liées par des transitions insensibles et leur test est identique. Les échantillons figurés dans la Paléontologie française, terr. crét. pl. 168, fig. 17—18, sont des *A. incrassata*, auxquels manque la couche superficielle du test, qui porte les stries en fossettes transversales.

Le grossissement du test que nous donnons, diffère un peu de celui qui est figuré par le même auteur, car les stries transversales existent sur toute la hauteur des tours et non pas seulement dans les intervalles des côtes longitudinales. Ce grossissement montre les deux couches du test; la couche profonde n'a que les sillons longitudinaux.

LOCALITÉ. L'*Avellana incrassata*, très-commune à la perte du Rhône, l'est un peu moins dans les grès verts de Savoie.

EXPLICATION DES FIGURES. Planche 16, fig. 6 *a b*, *Avellana incrassata* de la perte du Rhône, échantillon un peu plus globuleux que ceux figurés sous ce nom par M. d'Orbigny, et que nous n'avons pas figurés de nouveau; — fig. 6 *c*, échantillon qui a perdu la couche superficielle du test ; — fig. 6 *d*, moule sur lequel on remarque quelques sillons obliques transversaux, peu profonds; — fig. 6 *e*, grossissement du test montrant la couche profonde et la couche superficielle ; — fig. 6 *f* et *g*, moules de la même espèce dans leur apparence la plus fréquente.

3me Famille : NATICIDES.

Caractères. Coquille enroulée, globuleuse, à spire courte ou médiocre. Bouche sans canal ni sinus. Opercule corné ou pierreux.

Animal gastéropode, très-volumineux, pourvu d'un pied des plus grands, dilaté, plus ou moins disposé à former en arrière un lobe se relevant pour couvrir une partie du test. Tête séparée du pied par une rainure et pourvue de deux tentacules coniques, déprimés.

Les coquilles des naticides se distinguent en général assez bien par la grandeur de leur bouche. Elles forment toutefois par les espèces allongées des transitions insensibles aux trochides.

Nous n'avons trouvé dans nos grès verts que les genres *Natica* et *Narica*, et même nous avons des doutes sur la convenance de séparer entre ces deux genres les espèces que nous avons observées. M. d'Orbigny qui a établi le genre *Narica*, le caractérise par l'absence de callosités soit sur l'ombilic, soit sur le bord columellaire qui est très-mince. L'espèce que nous avons nommée *Narica Genevensis* présente ces caractères négatifs et porte de plus des côtes croisées semblables à celles qu'on observe sur la *N. cretacea*, d'Orbigny, des craies chloritées, la seule narica fossile connue; elle appartient donc évidemment au genre Narica de M. d'Orbigny. Mais l'absence de callosités sur l'ombilic est de règle générale chez la plupart des naticides des grès verts, et le bord simple et aminci de la bouche se retrouve dans quelques espèces de vraies natices. Nous ne voyons pas en particulier de motifs bien puissants pour séparer génériquement la *Natica excavata* et les *Narica;* il est bien probable que les animaux de ces deux genres avaient de grandes ressemblances et que, si nous pouvions les observer aujourd'hui, nous ne les séparerions pas. Ignorant toutefois les formes réelles de ces animaux, nous acceptons la distinction établie pour les espèces fossiles, par l'un de nos paléontologistes les plus illustres.

Genre NATICA Lamarck.

CARACTÈRES. Coquille lisse ou marquée seulement de lignes d'accroissement, globuleuse ou déprimée, rarement allongée, à spire presque toujours courte. Bouche ovale ou semilunaire, oblique à l'axe de la coquille, pourvue sur son bord columellaire d'un bourrelet ou de callosités qui s'unissent quelquefois à celles qui existent souvent sur une partie de l'ombilic. Opercule corné, rarement pierreux.

Animal pouvant rentrer entièrement dans la coquille et s'y renfermer, pied n'enveloppant pas la coquille. Les natices habitent sur les plages sablonneuses au niveau des plus basses marées et au-dessous.

Ce genre qui a vécu pendant toutes les époques géologiques, est représenté dans nos grès verts par de nombreuses espèces, dont la détermination est entourée de quelques difficultés. Les natices de ces terrains sont, en général, moins variées que celles des mers actuelles; elles s'écartent peu de la forme globuleuse et la plupart d'entre elles sont à peu près aussi larges que hautes. Leur ombilic ne présente jamais d'encroûtements remarquables; il est ordinairement médiocre, tout à fait simple, et seulement marqué sur son bord par des lignes d'accroissement.

M. d'Orbigny divise les natices en quatre groupes.

Ier Groupe : les *Mamillæ*, dont la coquille est en mamelle, dont le bord postérieur de la bouche est encroûté, et dont l'ombilic est ouvert ou calleux. Ex. *N. mamilla*, *uberina*, *Hugardiana*, etc.

IIe Groupe : les Canrenæ, moins déprimées, plus globuleuses, dont l'ombilic est marqué d'un fort funicule qui pénètre dans l'intérieur. Ex. *N. canrena*, *sulcata*, etc.

IIIe Groupe : les Excavatæ, à coquille plus large que haute pourvue d'un large ombilic, simple, sans funicule. Ex. *N. Coquandiana*, *excavata*, *gaullina*, *Dupinii*, *Rauliniana*, *perspicua*, etc.

IVe Groupe : les Prælongæ, à coquille plus haute que large, pourvue d'un ombilic très-étroit. Ex. *N. prœlonga*, *Clementina*, *Ervyna*, *lyrata*, etc.

Nos espèces appartiennent toutes aux deux derniers groupes, savoir, les *N. Clementina, Ervyna* et *Favrina* à celui des Prælongæ et les autres à celui des Excavatæ. Parmi ces dernières on peut encore distinguer les *N. rhodani, Rauliniana, gaultina* et *truncata* qui ont un méplat ou un cordonnet sur chaque tour au bord de la suture du côté spiral, et les *N. excavata* et *perspicua* dans lesquelles ce même bord des tours n'est ni aplati, ni déprimé, mais semblable au reste.

1	Ombilic très-grand, bouche très-grande par rapport à la spire	2
	Ombilic et bouche médiocres	3
2	Une carène longitudinale sur le milieu de l'extrémité du dernier tour. *N. perspicua.*	
	Dernier tour arrondi, sans carène	*N. excavata.*
3	Tours marqués près de la suture, du côté de la spire, d'un méplat ou d'un cordonnet	4
	Bord des tours, près de la suture, tout à fait semblable au reste	7
4	Un méplat sur le bord des tours, perpendiculaire à l'axe	5
	Un cordonnet oblique à l'axe	*N. rhodani.*
5	Ombilic assez grand	*N. gaultina.*
	Ombilic petit	6
6	Coquille plus haute que large	*N. Rauliniana.*
	Coquille plus large que haute	*N. truncata.*
7	Coquille à peu près aussi haute que large	*N. Favrina.*
	Coquille beaucoup plus haute que large	8
8	Spire longue ; angle spiral 73°	*N. Clementina.*
	Spire médiocre ; angle spiral 93°	*N. Ervyna.*

86. Natica Clementina d'Orbigny.

(Pl. 17, fig. 1 *a. b.*)

N. testâ elongato-oblongâ ; spirâ angulo 73° ; anfractibus convexis ; suturis canaliculatis ; aperturâ ovali ; umbilico fissurato.

Littorina pungens Leymerie, 1843. Mém. de la Soc. géol. t. 5, p. 31.
N. Clementina d'Orbigny, Pal. fr. Terr. crét. t. 2, p. 154, pl. 172, fig. 4.
N. exaltata ? Goldfuss, Petref. Germ. III, p. 119, pl. 199, fig. 13.
N. vulgaris ? Reuss, Verst. bœhm. Kreideform. I, p. 50, II, p. 113, pl. X, fig. 22.
N. lamellosa ? Rœmer, Verst. norddeut. Kreidegeb. p. 83, pl. XII, fig. 13.

DIMENSIONS.

Angle spiral . . . .   73°
Hauteur totale . . . . 24 millim.
Diamètre du dernier tour. 16   »
Hauteur du dernier tour, par rapport à l'ensemble.   0,62

Nous mentionnons cette espèce dans la faune de nos grès verts, plutôt d'après M. d'Orbigny qui la cite comme trouvée à Cluse, que d'après nos propres observations, car nous n'en possédons pas d'échantillons assez bien conservés, pour permettre d'y reconnaître, avec une parfaite certitude, la *N. Clementina* commune dans le gault des départements de l'Aube et des Ardennes. Nous croyons cependant pouvoir lui rapporter quelques moules des Fiz, du Saxonet et de la perte du Rhône dont l'angle spiral de 73° coïncide tout à fait avec celui des figures de MM. Leymerie et d'Orbigny. Ces moules se distinguent de ceux de toutes les espèces que nous décrirons plus loin, par l'allongement de leur spire, par leur ombilic étroit, profond et circonscrit par un bord légèrement caréné.

OBSERVATIONS. Ces moules nous paraissent tout à fait identiques à ceux des *Natica exaltata* Goldfuss, *lamellosa* Roëmer et *vulgaris* Reuss, espèces qui sont probablement identiques entre elles.

EXPLICATION DES FIGURES. Planche 17, fig. 1 *a* et *b*, moule de la *Natica Clementina*, dessiné sur un échantillon du Saxonet.

87. NATICA ERVYNA d'Orbigny.
(Pl. 17, fig. 2 a. b. c. d. e.)

N. testà ovatà, crassâ ; spirâ angulo 93° ; anfractibus convexiusculis, rotundatis , transversim obliquè striatis ; aperturâ semi-lunari ; umbilico fissurato.

N. Ervyna d'Orbigny, Pal. fr. Terr. crét. t. 2, p. 159, pl. 173, fig. 7.
Turbo conicus ? Sowerby, pl. 433, fig. 3 et 4.
Euspira conica ? Agassiz, traduction française de Sowerby, p. 449.

DIMENSIONS.

Angle spiral . . . .   93°
Hauteur totale . . . . 23 millim.
Diamètre du dernier tour. 19   »
Hauteur du dernier tour, par rapport à l'ensemble   0,72

Coquille plus haute que large, épaisse, marquée de lignes d'accroissement. Spire formée d'un angle régulier, composée de tours convexes, légèrement saillants en gradins, sans dépression. Bouche semi-lunaire. Ombilic présentant seulement une légère fente.

RAPPORTS ET DIFFÉRENCES. Cette espèce se rapproche de la *N. Clementina* par son ombilic étroit, mais elle s'en distingue par sa spire moins allongée et son angle spiral plus ouvert.

LOCALITÉ. Perte du Rhône; elle n'y est pas commune.

EXPLICATION DES FIGURES. Planche 17, fig. 2 *a*, *b* et *c*, *Natica Eryna*, de la perte du Rhône; — fig. 2 *d* et *e*, moule de la même espèce.

88. NATICA FAVRINA Pictet et Roux.

(Pl. 17, fig. 4 *a. b. c. d.*)

N. testâ conico-globulosâ, inflatâ; spirâ angulo 110°; anfractibus convexis, transversim obliquè striatis; aperturâ semi-lunari, intùs incrassatâ; umbilico angustato.

DIMENSIONS.

Angle spiral.	110°
Hauteur totale.	33 millim.
Diamètre du dernier tour.	33 "
Hauteur du dernier tour, par rapport à l'ensemble.	0,75

Coquille sub-conique, aussi large que haute, renflée, marquée de lignes d'accroissement obliques. Spire composée de tours convexes, non canaliculés sur les sutures, qui sont très-peu déprimées. Bouche semi-lunaire, un peu encroûtée vers son angle supérieur, au retour de la spire. Ombilic étroit, formé par une dépression peu profonde.

RAPPORTS ET DIFFÉRENCES. Cette espèce ne saurait se confondre, ni avec les précédentes, dont l'angle spiral est notablement plus aigu, ni avec les suivantes, dont les tours sont canaliculés sur les sutures ou dont le dernier porte une impression marquée, caractère qui la distingue également de la *N. Dupinii* Leymerie. Elle a aussi des rapports dans sa forme avec la *Natica dichotoma* Geinitz, Charact. Sächs. p. 48, pl. 13, fig. 5 et pl. 18, fig. 14 et 16, mais elle en diffère par ses lignes d'accroissement qui ne sont pas bifurquées.

Localités. Elle est commune au Saxonet et à la perte du Rhône. Nous la dédions à notre ami M. le professeur Favre.

Explication des figures. Planche 17, fig. *4 a, b, Natica Favrina* de la perte du Rhône ; — fig. *4 c* et *d,* moule de la même espèce.

89. Natica rhodani Pictet et Roux.

(Pl. 17, fig. 3 *a, b, c.*)

N. testâ globulosâ, crassâ ; spirâ angulo 120°; anfractibus convexiusculis, transversim striatis, ad suturas impressis ; aperturâ semi-lunari ; umbilico augustato.

Dimensions.

Angle spiral	120°
Hauteur totale	19 millim.
Diamètre du dernier tour.	17 "
Hauteur du dernier tour, par rapport à l'ensemble	0,75

Coquille globuleuse, un peu plus haute que large, marquée de lignes obliques d'accroissement. Spire très-courte, composée de tours peu convexes, dont le dernier est marqué près de la suture d'une dépression oblique à l'axe, qui forme comme un petit cordon. Bouche semi-lunaire, presqu'ovale, un peu épaissie à son bord interne. Ombilic étroit.

Rapports et différences. Cette espèce, par la dépression qu'on remarque sur son dernier tour, rappelle la *N. Dupinii* de M. Leymerie, mais elle en diffère par sa spire beaucoup moins aiguë. Cette dépression n'a point la même forme que celle des *N. Rauliniana, albensis* et *gaultina,* dans lesquelles la suture est bordée par un espace plat, perpendiculaire à l'axe, tandis que dans notre espèce la partie déprimée conserve, comme dans la *N. Dupinii,* la courbure générale du tour.

Localité. La *N. rhodani* est rare ; le Musée Académique la possède de la perte du Rhône.

Explication des figures. Planche 17, fig. 3 *a, b* et *c, Natica rhodani,* de la perte du Rhône.

90. Natica Rauliniana d'Orbigny.

(Pl. 17, fig. 5 *a. b* et fig. 6 *a. b. c.*)

N. testâ globulosâ, inflatâ; spirâ angulo 112°; anfractibus convexis, transversim striatis, ad suturas complanatis; aperturâ semi-lunari, intùs incrassatâ; umbilico angustato.

N. Rauliniana d'Orbigny, Pal. fr. Terr. crét. t. 2, p. 160, pl. 174, fig. 1.

DIMENSIONS.

Angle spiral	112°
Hauteur totale	46 millim.
Diamètre du dernier tour	40
Hauteur du dernier tour, par rapport à l'ensemble............	0,86

Coquille globuleuse, un peu plus haute que large, renflée, marquée de lignes d'accroissement très-prononcées. Spire formée d'un angle presque régulier, composée de tours également convexes, disposés en gradins, présentant du côté spiral. le long de la suture, un méplat assez prononcé. Bouche semi-lunaire, encroûtée vers son bord columellaire. Ombilic à peine ouvert, formé par une dépression peu profonde.

Moule lisse; tours n'ayant pas d'aplatissement vers le bord.

OBSERVATIONS. Nous avons rapporté cette espèce à la *N. Rauliniana* de M. d'Orbigny indiquée par lui comme trouvée à Cluse, et dont la figure (Pal. fr. pl. 174, fig. 1) est identique à la nôtre pl. 17, fig. 6 *a*. Nous devons toutefois faire remarquer que M. d'Orbigny ne parle pas du méplat qui borde les sutures.

RAPPORTS ET DIFFÉRENCES. Cette espèce est caractérisée par sa forme globuleuse, par l'épaisseur de son dernier tour, par le méplat qui en borde la suture, et par la direction transversale des stries d'accroissement.

VARIÉTÉS. Nous lui rapportons un échantillon (pl. 17, fig. 5 *a* et *b*), qui a quatre grosses côtes saillantes sur le dernier tour, lesquelles nous paraissent devoir être attribuées à une déformation accidentelle et périodique de la bouche, tous ses autres caractères étant ceux de la *N. Rauliniana*; notre échantillon n'en est sans doute qu'une monstruosité. Il a été recueilli à la perte du Rhône, par M. le professeur Necker et appartient au Musée Académique.

LOCALITÉS. Cette espèce est assez commune au Saxonet et à la perte du Rhône.

EXPLICATION DES FIGURES. Pl. 17, fig. 6 *a* et *b*, *Natica Rauliniana* du Saxonet; — fig. 6 *c*, moule de la même espèce; — fig. 5 *a* et *b*, variété caractérisée par de grosses côtes (de la perte du Rhône).

91. NATICA GAULTINA d'Orbigny.

(Pl. 18, fig. 1 *a. b. c. d.*)

N. testâ depressâ, inflatâ, spirâ angulo 115°; anfractibus convexis, transversim obliquè striatis, ad suturas complanatis et canaliculatis; aperturâ ovali; umbilico magno.

Helix Gentii? Sow. pl 145.
Ampullaria canaliculata Mantell, 1822. Geol. of Sussex, pl. 19, fig. 13, p. 87.
N. canaliculata Fitton, 1836. Trans. of the Geol. Soc. t. 4, pl. 11, fig. 12.
N. gaultina d'Orbigny, Pal. fr. Terr. crét. t. 2, p. 156, pl. 173, fig. 3, 4.
N. acutimargo Rœmer, Verst. norddeut. Kreidegeb. p. 83, pl. XII, fig. 14.
N. canaliculata Geinitz, Grundrisse, p. 339, pl. 15, fig. 17.
N. canaliculata Reuss, Verst. bœhm. Kreideform. I, p. 49, pl. XI, fig. 1.

DIMENSIONS.

Angle spiral	115°
Hauteur totale	30 millim.
Diamètre du dernier tour	29 »
Hauteur du dernier tour, par rapport à l'ensemble	0,75

Coquille un peu plus large que haute, renflée, marquée de lignes d'accroissement obliques très-prononcées. Spire courte, formée d'un angle régulier, composée de tours très-convexes, fortement canaliculés sur la suture qui est bordée extérieurement d'un méplat. Bouche semi-lunaire. Ombilic assez grand, simple.

Moule lisse, ombilic large.

RAPPORTS ET DIFFÉRENCES. Cette espèce, voisine de la *N. Rauliniana*, a une forme moins globuleuse et plus large, une spire plus courte, des tours canaliculés, et un ombilic beaucoup plus ouvert. Elle diffère de la *N. Favrina* par le méplat qui borde ses sutures, par ses tours canaliculés et par son ombilic beaucoup plus large.

Localités. Nous la possédons de la perte du Rhône, du Saxonet, du Reposoir, du Mont-Criou, des Fiz, etc.

Explication des figures. Planche 18, fig. 1 *a*, *b*, *c*, *Natica gaultina* de la perte du Rhône ; — fig. 1 *d*, moule de la même espèce.

92. Natica truncata Pictet et Roux.

(Pl. 18, fig. 2 *a*. *b*. *c*. *d*.)

N. testâ globulosâ, sub-depressâ; spirâ angulo 148°; anfractibus convexis, transversim obliquè striatis; aperturâ ovali, latâ ; umbilico mediocri.

Dimensions.

Angle spiral	148°
Hauteur totale	26 millim.
Diamètre du dernier tour	30
Hauteur du dernier tour, par rapport à l'ensemble...................	0,80

Coquille déprimée, épaisse, plus large que haute, marquée de lignes d'accroissement obliques. Spire très-courte, composée de tours très-peu convexes, à sutures bordées extérieurement par un méplat. Bouche ovale, grande. Ombilic simple, médiocre.

Rapports et différences. Cette espèce est intermédiaire entre les *N. Rauliniana* et *gaultina ;* elle diffère de toutes deux, par sa forme plus déprimée, par l'extrême brièveté de sa spire et par ses tours plus comprimés relativement à leur hauteur ; elle se distingue en outre de la première, par son ombilic plus large et de la seconde par le caractère inverse.

Ses moules sont particulièrement remarquables par la compression du dernier tour, qui vu du côté de la spire paraît plus étroit que dans les deux espèces auxquelles nous l'avons comparée.

Localités. La *N. truncata* a été trouvée au Saxonet et à la perte du Rhône ; elle y est rare. Collections du Musée académique et de M. le professeur Favre.

Explication des figures. Planche 18, fig. 2 *a*, *b*, *N. truncata*, de la perte du Rhône ; — fig. 2 *c*, *d*, moule de la même espèce.

93. Natica excavata Michelin.

(Pl. 18, fig. 3 *a, b, c.*)

N. testâ depressâ, latâ; spirâ angulo 140°; anfractibus convexiusculis, transversim obliquè striatis; aperturâ obliquatâ, angustatâ, internè truncatâ; umbilico magno, excavato, externè sub-carinato.

N. excavata Michelin, 1836. Mém. de la Soc. géol. t. 3, pl. 12, fig. 4.
Id.   d'Orbigny, Pal. fr. Terr. crét. t. 2, p. 155, pl. 173, fig. 1 et 2.

Dimensions.

Angle spiral	140°
Hauteur totale.	28 millim.
Diamètre du dernier tour.	29 »
Hauteur du dernier tour, par rapport à l'ensemble.	0,85

Coquille aussi haute que large, non renflée, marquée de lignes d'accroissement obliques et très-prononcées. Spire très-courte, formée d'un angle concave, composée de tours étroits, le dernier énorme, élargi et caréné du côté de l'ombilic. Bouche oblique de dedans en dehors, oblongue, coupée obliquement en dedans. Ombilic très-large, en entonnoir, simple et sans callosités, les bords marqués extérieurement par la légère carène des tours.

Rapports et différences. La *N. excavata* se rapproche un peu de la *N. Favrina;* elle en diffère par son ombilic plus grand et par son dernier tour beaucoup plus développé par rapport au reste de la spire.

Observations. Nous n'avons pas observé sur nos échantillons la dépression dont parle M. d'Orbigny et qu'il indique très-faiblement dans sa figure ; l'ensemble des caractères de notre espèce ne nous permet cependant pas de douter de son identité avec la *N. excavata.* Nous devons faire remarquer aussi que la figure et la description données par M. Michelin ne s'accordent pas tout à fait avec celle de M. d'Orbigny. L'ombilic de la première est coupé par une callosité, la spire est plus grande, etc. Nos échantillons ressemblent davantage à ceux qui ont été figurés par M. d'Orbigny.

Localité. Perte du Rhône.

Explication des figures. Planche 18, fig. 3 *a*, *Natica excavata* de la perte du Rhône ; — fig. 3 *b*, *c*, moule de la même espèce.

94. Natica perspicua Pictet et Roux.

(Pl. 18, fig. 4 *a*, *b*.)

N. testà depressà ; spirà angulo 100° ; anfractibus convexis, canaliculatis, ultimo externè carinato ; aperturà obliquatà, ovali ; umbilico magno, excavato.

Dimensions.
(*Moules.*)

Angle spiral	100°
Hauteur totale	20 millim.
Diamètre du dernier tour	19 "
Hauteur du dernier tour, par rapport à l'ensemble	0,62

Coquille aussi haute que large. Spire composée de tours convexes, fortement canaliculés sur les sutures et disposés en gradins, le dernier muni d'une carène extérieure et médiane, saillante surtout près de la bouche, qui est ovale. Ombilic très-large et fortement excavé.

Rapports et différences. Cette espèce, qui est voisine de la *N. excavata* par sa forme déprimée et par la grandeur de son ombilic, en diffère essentiellement par sa spire plus élevée et par la carène de son dernier tour.

Localité. Cette natice nous a été communiquée par M. Tollot, qui en possède deux échantillons provenant de la perte du Rhône.

Explication des figures. Planche 18, fig. 4 *a*, *b*, moule de la *Natica perspicua* de la perte du Rhône.

Genre NARICA d'Orbigny.

Caractères. Coquille globuleuse, généralement ornée de lignes longitudinales croisées par des lignes d'accroissement. Spire courte. Bouche semi-lunaire, toujours coupée carrément du côté de l'ombilic, à bords minces. Ombilic large, simple, sans encroûtement.

Animal manquant de pied relevé sur les côtés.

Ce genre, établi par M. d'Orbigny (Faune des Antilles, t. ii, p. 39) sur de petites espèces vivantes des mers chaudes, a été retrouvé fossile dans le terrain turonien. Nous en signalons pour la première fois l'existence dans le terrain albien.

Les narica diffèrent des natices par leurs ornements, leur faciès, et surtout par les bords minces de leur bouche et par l'absence d'encroûtement. Nous avons déjà dit plus haut que ces caractères, très-apparents dans les espèces vivantes, le sont peu dans les natices des grès verts, qui n'ont jamais l'ombilic encroûté, et dont quelques espèces (telles que la *N. excavata*) ont le bord de la bouche presque aussi mince que celui des narica et tout aussi dépourvu d'encroûtement.

95. Narica genevensis Pictet et Roux.

(Pl. 18, fig. 5 a. b. c. d. e. f.)

N. testâ globulosâ, inflatâ; spirâ angulo 125°; anfractibus convexis, canaliculatis, longitudinaliter transversimquè striatis; aperturâ semi-lunari; umbilico mediocri.

Dimensions.

Angle spiral	125° à 130°
Hauteur totale	25 millim.
Diamètre du dernier tour	24 »
Hauteur du dernier tour, par rapport à l'ensemble	0,85

Coquille globuleuse, un peu déprimée, aussi haute que large, marquée de stries longitudinales coupées obliquement par des stries transversales inégalement distantes entre elles. Spire formée d'un angle un peu convexe, composée de tours également arrondis, à suture canaliculée. Bouche semi-lunaire, bord interne mince, coupé carrément. Ombilic peu ouvert.

RAPPORTS ET DIFFÉRENCES. Cette espèce ressemble à la *Narica cretacea* d'Orbigny, des craies chloritées de Cassis ; mais elle s'en distingue facilement par sa forme plus globuleuse, son angle spiral plus obtus, et ses ornements plus fins. Son moule pourrait être confondu avec ceux des natices ; on le distinguera de ceux des espèces que nous avons décrites dans ce genre, par ses tours régulièrement arrondis et formant, du côté de la spire vers la suture, une carène assez prononcée. Sous ces deux points de vue, il se rapproche de celui de la *N. Favrina*, mais on ne saurait le confondre avec lui, car sa spire est beaucoup plus courte.

LOCALITÉS. Cette espèce se trouve assez fréquemment, soit au Saxonet, soit surtout à la perte du Rhône.

EXPLICATION DES FIGURES. Planche 18, fig. 5 *a*, *b*, *c*, *Narica genevensis*, du Saxonet ; — fig. 5 *d*, *e*, *f*, moule de la même espèce.

4me FAMILLE : TROCHIDES.

CARACTÈRES. Coquille enroulée, très-variable dans sa forme, ayant une spire médiocre ou courte, toujours nacrée en dedans. Bouche sans canal ni sinus, plus ou moins arrondie. Opercule corné ou calcaire, spiral ou à éléments latéraux.

Animal gastéropode, peu volumineux, à pied simple, muni en dessus de filets pairs souvent très-longs. Tête large, pourvue de deux tentacules qui portent les yeux à leur base externe sur un pédoncule distinct. Branchies doubles, allongées. Sexes tantôt réunis, tantôt séparés.

Les trochides sont tous des animaux côtiers.

Ces mollusques diffèrent surtout des paludinides par les caractères de l'animal.

Cette famille est si naturelle que beaucoup d'auteurs doutent de la convenance de séparer les genres principaux qui la composent. Les turbo, les trochus et les solarium en particulier, se ressemblent tellement par leurs caractères essentiels qu'on ne devrait peut-être les envisager que comme des sous-genres. C'est en particulier l'opinion de deux zoologistes éminents, MM. Deshayes et de Koninck.

Les caractères qui peuvent servir à distinguer ces gastéropodes sont les suivants. On nomme *Turbo* ceux qui ont un appendice charnu en dedans de la base des tentacules, et un opercule pierreux; *Trochus* ceux qui manquent de cet appendice, dont l'opercule est corné, multispiré, et la coquille non ombiliquée ou pas assez pour laisser apercevoir les tours de spire; et *Solarium*, ceux qui, avec un animal semblable, ont un opercule corné, paucispiré, et dont la coquille a un ombilic très-ouvert, permettant d'apercevoir tous les tours de la spire.

Ces caractères sont d'une importance très-médiocre. Il est, en effet, peu probable que l'appendice charnu de la base des tentacules joue aucun rôle physiologique important. La consistance de l'opercule varie dans d'autres genres très-naturels; ainsi dans les natices il y en a aussi des cornés et des pierreux. La grandeur de l'ombilic n'est pas non plus ordinairement considérée comme un caractère générique, sinon il faudrait diviser les pleurotomaires aussi bien que les trochides en deux genres au moins. Il est d'ailleurs à remarquer que dans

l'étude des coquilles fossiles, les deux caractères principaux
ci-dessus indiqués, les appendices tentaculaires et l'opercule,
ne peuvent être d'aucun secours. Ce n'est donc que par une
comparaison assez vague avec les espèces vivantes que l'on
peut les répartir dans les trois genres cités, et les résultats
auxquels on arrive ainsi, sont loin d'être à l'abri de toute
critique.

Notre but toutefois n'étant point dans ce mémoire de discuter les méthodes malacologiques, nous avons suivi l'exemple général, et même celui de MM. Deshayes et de Koninck,
en admettant ces trois genres, tout en faisant nos réserves
sur leur valeur.

Genre TURBO Linné.

Caractères. Coquille épaisse, plus ou moins allongée, généralement ovale, à spire saillante, à tours arrondis. Bouche
sans sinus ni canal, arrondie, à bords tantôt désunis, tantôt
continus. Opercule pierreux.

Animal muni en dedans de la base des tentacules d'un
appendice charnu.

La coquille des turbo se distingue en général parce
qu'elle est moins régulièrement conique que dans les genres
suivants, parce que sa bouche est moins déprimée et parce
que ses tours sont plus arrondis.

Ces mollusques ont apparu dans les âges les plus anciens
du globe, augmentant de nombre et changeant de formes à

mesure qu'ils se sont rapprochés de l'époque moderne où ils sont au maximum de leur développement numérique. Les turbo actuels vivent collés aux rochers, au niveau des basses marées ou un peu au-dessous et sont tous herbivores. Ceux des mers chaudes sont remarquables par leur nombre et par la belle coloration de plusieurs espèces.

M. d'Orbigny cite neuf espèces dans les grès verts de France. Nous n'avons trouvé qu'une seule des siennes dans notre bassin, mais nous en ajoutons six nouvelles. Nous possédons en outre quelques moules trop peu caractérisés pour être décrits et figurés, mais qui nous font penser que de nouvelles découvertes augmenteront probablement un jour le nombre des espèces de nos grès verts.

1	Coquille ornée transversalement de tubercules costiformes	*T. Pictetianus.*
	Coquille ornée principalement de côtes longitudinales	2
2	Des côtes transversales obliques entre la carène et le bord apicial des tours.	*T. golezianus.*
	Pas de côtes transversales obliques	3
3	Tours ornés d'une carène médiane très-prononcée ou au moins d'une côte médiane beaucoup plus prononcée que les autres	4
	Pas de carène médiane, côtes égales.	6
4	Deux côtes beaucoup plus grosses que les autres, dont une formant la carène et une vers la suture.	*T. faucignyanus.*
	Pas de grosses côtes, carène mince unique et médiane	5
5	Angle spiral 48°, des stries transversales beaucoup plus fines et plus rapprochées que les côtes longitudinales.	*T. Chassyanus.*
	Angle spiral 36°, test orné de stries longitudinales et transversales, également saillantes et également espacées	*T. Saxoneti.*
6	Cinq grosses côtes longitudinales tuberculeuses	*T. Greslyanus.*
	Côtes longitudinales fines et nombreuses	7
7	Intervalle des côtes marqué de stries transversales profondes	*T. Montmollini.*
	Intervalle des côtes marqué seulement de lignes d'accroissement peu apparentes	*T. problematicus.*

96. Turbo Pictetianus d'Orbigny.

(Pl. 19, fig. 1 a, b, c, d, e, f, g.)

T. testâ crassâ, umbilicatâ; spirâ angulo 85-95o; anfractibus convexiusculis, in utrâque facie longitudinaliter striatis, tuberculis elevatis et bilobatis ornatis; aperturâ rotundatâ.

Turbo Pictetianus, d'Orbigny, Pal. fr. Terr. crét. t. 2, p. 219, pl. 184, f. 8 à 10.

DIMENSIONS.

Angle spiral . . . . 85° à 95°
Id. sutural. . . . . 50°
Hauteur totale . . . . 20 millim.
Diamètre mesuré vers la bouche. . . . . 22 «
Hauteur du dernier tour, par rapport à l'ensemble. 0,43

Coquille un peu plus large que haute, épaisse. Spire formée d'un angle régulier, composée de tours convexes, pourvus sur leur milieu de sept gros tubercules divisés en deux lobes saillants. Ces tours sont ornés de lignes longitudinales, sinueuses et irrégulières, coupées par des stries d'accroissement; les points d'intersection des lignes et des stries forment sur la face spirale des tours de très-petits tubercules coniques. Ombilic assez grand, caréné à son pourtour et orné de stries rayonnantes. Bouche arrondie, un peu ovale, non encroûtée.

Moule complétement lisse, à tours arrondis, un peu déprimés; ombilic évasé, laissant voir l'intérieur de la spire. Angle spiral un peu moins ouvert que sur la coquille.

OBSERVATIONS. Les ornements, résultant des intersections des lignes longitudinales et transversales, ne sont visibles que sur les échantillons très-bien conservés.

RAPPORTS ET DIFFÉRENCES. Cette espèce n'a aucun rapport avec celles que nous décrirons plus loin, mais elle en a de très-grands avec le *T. Martinianus*, d'Orbigny, du même étage, qui se trouve dans le département de la Drôme à Clansayes, Gaspardone, etc. Elle s'en distingue par son ombilic ouvert, par sa bouche ronde, non encroûtée, par ses stries longitudinales, et par l'ouverture de son angle spiral.

26

Localités. Elle est assez commune à la perte du Rhône ; elle est au contraire très-rare dans les grès verts de la Savoie.

Explication des figures. Planche 19, fig. 1 *a*, *Turbo Pictetianus*, vu en dessus, grossi ; — fig. 1 *b*, le même vu en dessous ; — fig. 1 *c*, le même vu de face ; — fig. 1 *d*, variété à angle spiral plus obtus, vue de face ; — fig. 1 *e*, *f*, *g*, moules de la même espèce.

97. Turbo Gresslyanus Pictet et Roux.

(Pl. 19, fig. 2 *a*, *b*.)

T. testâ conicâ, depressâ, imperforatâ ; spirâ angulo 80° ; anfractibus convexiusculis, longitudinaliter costatis, costis tuberculatis ; facie umbilicali longitudinaliter striatâ ; aperturâ rotundatâ, intùs incrassatâ.

DIMENSIONS.

Angle spiral	80°
Id. sutural.	55°
Hauteur totale.	10 millim.
Diamètre mesuré vers la bouche.	9 »
Hauteur du dernier tour, par rapport à l'ensemble.	0,40

Coquille conique, courte, imperforée. Spire formée d'un angle un peu convexe, composée de tours presque plans, ornés de cinq côtes longitudinales recouvertes de petits tubercules serrés ; les trois côtes antérieures de chaque tour sont séparées des deux postérieures, par un espace plus large ; l'intervalle des côtes est uniformément marqué de stries obliques visibles seulement à la loupe ; le dernier tour est orné sur la face ombilicale de stries longitudinales simples. Bouche arrondie, un peu ovale, encroûtée en dedans.

Moule lisse, ombiliqué, composé de tours arrondis, un peu déprimés.

Observations. Parmi les espèces de turbo qui attendent de nouveaux renseignements pour être figurées, M. d'Orbigny en indique une de la perte du Rhône, le *T. alpinus*, dont l'angle spiral est de 64°, et qui paraît être ornée de côtes tuberculeuses qui lui donnent probablement quelques rapports avec la nôtre ; mais la différence très-grande dans les mesures de l'angle spiral des deux espèces, ne nous a pas permis de les réunir.

RAPPORTS ET DIFFÉRENCES. Le moule de cette petite espèce nous paraît impossible à distinguer des jeunes individus du *T. Pictetianus*, lorsqu'il ne conserve aucun fragment de test.

LOCALITÉ. Le *T. Gresslyanus* n'est pas rare à la perte du Rhône ; l'original de notre figure appartient au Musée académique.

EXPLICATION DES FIGURES. Planche 19, fig. 2 *a*, *Turbo Gresslyanus*, grossi trois fois ; — fig. 2 *b*. Le moule de la même espèce, au même grossissement.

98. TURBO FAUCIGNYANUS Pictet et Roux.

(Pl. 19, fig. 3 *a. b. c.*)

T. testâ conicâ, imperforatâ ; spirâ angulo 73° ; anfractibus bicarinatis, longitudinaliter costatis ; aperturâ rotundâ, intùs incrassatâ.

DIMENSIONS.

Angle spiral..	73°
Id. sutural...	62°
Hauteur totale..	32 millim.
Diamètre mesuré vers la bouche.................................	27 »
Hauteur du dernier tour, par rapport à l'ensemble...................	0,48

Coquille conique, non ombiliquée. Spire formée d'un angle régulier, composée de tours anguleux, ornés de côtes longitudinales inégales, dont une principale, pourvue de tubercules émoussés et très-rapprochés, forme une carène médiane, et dont l'autre, un peu moins forte et non tuberculée, figure une seconde carène au point de contact de chaque tour avec le suivant. Les côtes et les sillons qui occupent leurs intervalles sont finement striés en long, et d'autres stries transversales et obliques se voient sur la portion des tours qui est entre le bord apicial et la carène médiane. Le dernier tour est orné, sur sa face ombilicale, de côtes et de stries longitudinales régulières. Bouche ronde, encroûtée en dedans.

Moule lisse, à tours arrondis, n'offrant aucune trace des carènes ; il est pourvu d'un ombilic très-étroit.

RAPPORTS ET DIFFÉRENCES. La forme générale, et les carènes de cette espèce ne permettent pas de la confondre avec les précédentes.

LOCALITÉ. Elle a été trouvée au Saxonet, où elle est très-rare.

EXPLICATION DES FIGURES. Planche 19 , fig. 3 *a* et *b*, *Turbo Faucignyanus*, de grandeur naturelle ; — fig. 3 *c* , moule de la même espèce.

99. TURBO GOLEZIANUS Pictet et Roux.

(Pl. 19, fig. 4 *a, b.*)

T. testà conicâ, imperforatâ ; spirâ angulo 40° ; anfractibus convexis, longitudinaliter transversimque costatis ; aperturâ rotundatâ.

DIMENSIONS.

Angle spiral .... 40°
Id. sutural.. 90°
Hauteur totale... 28 millim.
Diamètre mesuré vers la bouche................................. 18   »

Moule conique, non ombiliqué. Spire formée d'un angle régulier, composée de tours arrondis et à peine carénés, à sutures profondes, ornés en long sur leur partie médiane de deux côtes principales, et du côté buccal de côtes très-atténuées ; d'autres côtes transversales et obliques se voient entre les côtes principales et le bord apicial. Bouche arrondie. Des traces de bouches provisoires, sous la forme de dépressions transversales, embrassent les tours sur toute leur hauteur.

OBSERVATIONS. Cette espèce ne nous est connue qu'imparfaitement, car nous n'en possédons qu'un échantillon dépourvu de test ; il présente toutefois des caractères assez tranchés pour qu'il nous ait paru utile de le décrire et de le figurer.

LOCALITÉ. M. Tollot l'a rapportée du col de la Golèze (Faucigny).

EXPLICATION DES FIGURES. Planche 19, fig. 4 *a*, *b*, *Turbo golezianus*, de grandeur naturelle.

100. TURBO CHASSYANUS D'ORBIGNY.

T. testà elongato-conicà ; spirâ angulo 48° ; anfractibus rotundatis, subcarinatis, longitudinaliter costatis, transversim tenuiter striatis ; aperturâ rotundato-angulatâ.

Turbo Chassyanus, d'Orbigny, Pal. fr. Terr. crét. t. 2, p. 220, pl. 185, f. 1 à 3.

DIMENSIONS.

Angle spiral.	18°
Id. sutural.	75°
Hauteur totale.	23 millim.
Diamètre pris vers la bouche.	17 »

Coquille allongée, conique. Spire formée d'un angle régulier, composée de tours très-séparés, convexes, légèrement carénés, ornés en long de côtes, dont trois sur la convexité sont plus grosses que les autres; entre ces côtes se remarquent de petites stries transversales. Bouche ovale, un peu anguleuse en dehors.

OBSERVATIONS. Nous ne citons cette espèce que sur l'autorité de M. d'Orbigny. Nous la possédons du midi de la France; mais nous n'avons pas encore été assez heureux pour la trouver dans notre bassin.

LOCALITÉ. M. d'Orbigny dit que M. Requien l'a trouvée à la perte du Rhône.

101. TURBO SAXONETI Pictet et Roux.

(Pl. 19, fig. 5 a. b. c.)

T. testà elongato-conicà, imperforatà; spirà angulo 36°; anfractibus angulatis, carinatis, longitudinaliter transversimque decussatim costatis; aperturà rotundatà, externè angulosà.

DIMENSIONS.

Angle spiral (¹).	36°
Id. sutural.	78°
Hauteur totale	38 millim.
Diamètre mesuré vers la bouche.	28 »
Hauteur du dernier tour, par rapport à l'ensemble.	0,35

Coquille allongée, conique, imperforée. Spire formée d'un angle régulier,

---

(1) La figure de la planche 19 a été faite d'après un exemplaire comprimé et son angle n'est pas assez aigu.

composée de tours très-séparés, anguleux et carénés, ornés de côtes longitudinales, coupées en travers par des côtes obliques formant par leur ensemble un
treillis régulier. La carène des derniers tours, porte de petites pointes triangulaires, ayant jusqu'à quatre millimètres de longueur (¹) près de la bouche.
Bouche un peu triangulaire.

Le moule conserve en relief les empreintes des côtes longitudinales; la carène est très-marquée, et porte sur les derniers tours des vestiges des pointes;
on remarque constamment près de la bouche, un ou deux sillons demi-circulaires,
traces des bouches provisoires. Ombilic très-étroit.

Rapports et différences. Cette espèce plus allongée que les précédentes,
s'en différencie au premier coup d'œil. Elle a des rapports de forme avec le
T. Chassyanus d'Orbigny, du gault également, mais elle en diffère par ses proportions et ses ornements. Sous le rapport des proportions, elle a un angle
spiral de 12 degrés plus aigu ; sous celui des ornements, ses côtes transversales,
sont à peu près aussi espacées que ses côtes longitudinales, tandis que dans le
T. Chassyanus, les premières ne sont que des stries fines et rapprochées; ses
tours sont moins arrondis, plus fortement carénés, munis de pointes épineuses
sur la carène et de traces de bouches provisoires. La bouche est également moins
ronde.

Localité. Le *T. Saxoneti* se trouve au Saxonet où il n'est pas rare.

Explication des figures. Planche 19, fig. 5 *a* et *b*. Moule du *T. Saxoneti*, du
Saxonet, de grandeur naturelle ; — fig. 5 *c*, fragment du test.

102. Turbo Montmollini Pictet et Roux.

(Pl. 19, fig. 6 *a. b, c.*)

*T. testâ ventricoso-globulosâ ; spirâ angulo 100°; anfractibus convexis, longitudi-
naliter costatis, transversim striatis, ultimo magno ; aperturâ ovali.*

Dimensions.

Angle spiral	110°
Id. sutural	55°
Hauteur totale	21 millim.
Diamètre mesuré vers la bouche	17 »
Hauteur du dernier tour, par rapport à l'ensemble	0,65

---

(1). Nous n'avons pas eu de fragments de test assez considérables pour figurer ces pointes.

Coquille globuleuse, ventrue, non ombiliquée. Spire courte, formée d'un angle convexe, composée de tours arrondis, ornés de petites côtes longitudinales nombreuses, dont les intervalles sont marqués en travers de stries fines et bien prononcées. Bouche assez grande, ovale.

RAPPORTS ET DIFFÉRENCES. La forme générale de cette espèce, empêche toute confusion avec ses congénères.

LOCALITÉ. Le Musée académique la possède de la perte du Rhône, où elle paraît très-rare.

EXPLICATION DES FIGURES. Planche 19, fig. 6 *a* et *b*, *T. Montmollini*, de grandeur naturelle ; — fig. 6 *c*, grossissement d'un fragment de test.

103. TURBO PROBLEMATICUS Pictet et Roux.

(Pl. 19, fig. 7.)

T. testâ ovato-globulosâ, imperforatâ; spirâ angulo 110°; anfractibus convexiusculis, longitudinaliter transversimque striatis, ultimo maximo : aperturâ ovali.

DIMENSIONS.

Angle spiral	110°
Hauteur totale	24 millim.
Diamètre mesuré vers la bouche	18 »
Hauteur du dernier tour, par rapport à l'ensemble	0,78

Nous ne connaissons qu'un échantillon de cette espèce ; il est à l'état de moule, mais pourvu d'une partie de son test.

Coquille ovale, globuleuse, non ombiliquée. Spire courte, formée d'un angle convexe, composée de tours convexes, le dernier très-grand, ornés de stries longitudinales très-fines, inégalement distantes les unes des autres, et de stries transverses d'accroissement moins apparentes. Bouche allongée, ovale.

OBSERVATIONS. Ce n'est pas avec une certitude absolue que nous rapportons ce fossile au genre *Turbo* ; nous lui avons assigné cette place en attendant que des renseignements ultérieurs nous mettent à même de trancher la question ; le test est plus mince qu'il n'est d'habitude dans les turbo.

LOCALITÉ. Cette espèce a été trouvée au Saxonet ; l'échantillon appartient au Musée académique.

Explication des figures. Planche 19, fig. 7, *Turbo problematicus* du Saxonet, de grandeur naturelle.

Genre TROCHUS Linné.

Caractères. Coquille plus ou moins allongée, souvent aplatie sur la face ombilicale, ordinairement carénée au pourtour. Ombilic nul ou trop petit pour laisser apercevoir les tours de spire. Bouche déprimée, inclinée par rapport à la direction du dernier tour; columelle lisse ou présentant des plis médiocres. Opercule corné, spiral, ayant beaucoup plus de tours que la coquille.

Animal dépourvu d'appendices charnus à la base des tentacules.

Les trochus se distinguent en général par leur bouche plus déprimée, oblique par rapport à la direction des tours qui sont eux-mêmes moins arrondis que dans les turbo. L'ensemble de leur coquille est plus régulièrement conique.

Ce genre a existé dans toutes les périodes géologiques et comme celui des turbo, il paraît avoir augmenté de nombre en se rapprochant de l'époque moderne. M. d'Orbigny n'en cite aucune espèce du gault, quoiqu'on en trouve quelques-unes dans les terrains néocomien et turonien. Les deux espèces indiquées par Goldfuss comme trouvées dans les grès verts de Quedlimbourg et d'Aix-la-Chapelle sont plutôt des turbo que des trochus. Ceux cités par MM. Reuss, Rœmer et Geinitz, n'appartiennent pas au gault proprement dit. On peut

donc croire que jusqu'à présent aucune espèce de ce genre
n'a été signalée dans le terrain albien ou étage du gault.

Nous en indiquons ici trois espèces. Les deux premières ont
tout à fait les formes extérieures de ce genre et ressemblent
beaucoup aux espèces tertiaires et vivantes par leur forme régulièrement conique, ainsi que par leur face ombilicale aplatie
et séparée de la surface spirale par une carène assez marquée. Ces deux espèces présentent le même caractère que
M. d'Orbigny signale dans son *Trochus dentigerus* du terrain néocomien, c'est-à-dire deux dents très-saillantes sur
la columelle.

Ces dents de la columelle se retrouvent aussi dans quelques
espèces vivantes. Nos deux premières peuvent tout à fait être
comparées par exemple au *Trochus flammulatus* des mers d'A-
mérique, sauf que l'ombilic ouvert dans cette espèce vivante
est tout à fait fermé dans nos fossiles. Le moule interne artificiel de ce *Trochus flammulatus* présente dans son ombilic
les mêmes impressions, provenant des dents, que celles
qui caractérisent les moules de nos *Trochus Guyotianus* et
Tollotianus, et l'analogie entr'eux est trop évidente pour être
méconnue.

La troisième espèce le *Trochus Nicoletianus*, avec des impressions tout à fait semblables, s'écarte des formes générales
des trochus par ses tours plus arrondis et par sa face ombilicale
plus bombée. Il ressemble davantage aux *Turbo* et au *Trochus
dentigerus* d'Orbigny. Il a les plus grandes analogies avec les
Monodotes, genre de Lamarck, que les naturalistes modernes
sont généralement d'accord pour considérer comme artificiel

et pour réunir aux trochus ou aux turbo. Nous suivons ici
l'exemple de M. d'Orbigny en l'associant au premier de ces
genres.

104. Trochus Guyotianus Pictet et Roux.

(Pl. 19, fig. 8 *a. b. c.*)

*T. testâ conicâ, imperforatâ; spirâ angulo 6o°; anfractibus subrotundatis, longi-
tudinaliter costatis tuberculatisque, transversim tenuiter striatis; aperturâ rotundâ;
columellâ bi-dentatâ.*

Dimensions.

Angle spiral	60°
Id. sutural	65°
Hauteur totale	20 millim.
Diamètre mesuré vers la bouche	18 "
Hauteur du dernier tour, par rapport à l'ensemble	0,45

Coquille coniqne, peu allongée, non ombiliquée. Spire formée d'un angle régulier, composée de tours disposés en gradins, très-peu convexes, le dernier ayant
un bord arrondi formant une carène très-peu prononcée. Ces tours sont ornés
en long de côtes très-rapprochées, portant de petits tubercules, et en travers
dans les sillons intermédiaires, de stries fines et obliques, plus nombreuses que
les tubercules. La face ombilicale du dernier tour présente des côtes simples, non
tuberculeuses, et des stries obliques transverses semblables à celle de la face
spirale. Bouche ronde; columelle armée de deux dents.

Moule lisse, à tours presque plans, le dernier arrondi sur son bord, au point
qui correspond à la carène; ombilic étroit; bord columellaire, portant les empreintes des dents sous forme de deux lignes profondes, spirales.

Rapports et différences. Cette espèce avec les deux suivantes et le *T. dentigerus*, d'Orbigny, forme comme nous l'avons dit un groupe spécial aux terrains
crétacés.

Localité. Elle n'appartient jusqu'à présent qu'à la perte du Rhône, où elle
est assez commune à l'état de moule, mais très-rare avec son test. Nous l'avons
dédiée à notre ami M. Guyot, professeur à Neuchâtel, dont tous les géologues
connaissent les utiles travaux.

EXPLICATION DES FIGURES. Planche 19, fig. 8 *a, Trochus Guyotianus,* un peu grossi ; — fig. 8 *b,* moule de la même espèce ; — fig. 8 *c,* grossissement d'une portion du test, prise sur la face spirale.

105. TROCHUS TOLLOTIANUS Pictet et Roux.

(Pl. 19, fig. 9 *a, b, c.*

T. testâ elongato-conicâ, imperforatâ; spirâ angulo 48°; anfractibus angulatis, longitudinaliter tenuiter costatis tuberculatisque, transversim obliquè striatis ; aperturâ rotundatâ, externè angulosâ ; columellâ bi-dentatâ.

DIMENSIONS.

Angle spiral..	50°
Id. sutural...	70°
Hauteur totale..	25 millim.
Diamètre mesuré vers la bouche................................	18 »
Hauteur du dernier tour, par rapport à l'ensemble................	0,41

Coquille allongée, conique, non ombiliquée. Spire formée d'un angle régulier, composée de tours anguleux, carénés au milieu, ornés de côtes longitudinales fines, croisées en travers par des stries régulières aussi nombreuses et de même grosseur que les côtes, formant de très-légers tubercules aux points d'entrecroisement. Bouche ronde, anguleuse en dehors ; columelle armée de deux dents.

Moule lisse, à tours presque plans, le dernier conservant une légère trace de la carène et arrondi vers la face ombilicale.

RAPPORTS ET DIFFÉRENCES. Voisine de la précédente, par les dents dont sa columelle est pourvue, cette espèce en diffère par sa forme plus allongée, son angle spiral moins ouvert, ses tours anguleux, carénés, ainsi que par les détails de son test.

LOCALITÉ. Le *T. Tollotianus* est commun à la perte du Rhône ; nous ne l'avons jamais rencontré dans les grès verts de la Savoie. Nous l'avons dédié à M. Tollot dont la collection nous a été très-utile pour notre travail.

EXPLICATION DES FIGURES. Planche 19, fig. 9 *a, Trochus Tollotianus* un peu grossi ; — fig. 9 *b,* moule de la même espèce ; — fig. 9 *c,* fragment du test grossi, et pris sur la face spirale.

106. Trochus Nicoletianus Pictet et Roux.

(Pl. 19, fig. 10 a, b.)

T. testâ elongato-conicâ ; spirâ angulo 45°; anfractibus rotundatis ; aperturâ ovali ; columellâ 4-dentatâ.

DIMENSIONS.

Angle spiral	45°
Id. sutural	75°
Hauteur totale	36 millim.
Diamètre mesuré vers la bouche	17 »

Moule conique, allongé. Spire formant un angle régulier, composée de tours arrondis, marqués de lignes longitudinales coupées par quelques stries obliques ; deux des premières, situées au tiers antérieur des tours, sont particulièrement apparentes. Bouche ovale, le bord columellaire marqué de quatre impressions correspondant à quatre dents de la columelle dont les deux antérieures sont séparées par un fort bourrelet, indiquant que les dents elles-mêmes avaient entre elles un canal profond. Ombilic médiocre.

OBSERVATIONS. Nous ne connaissons pas le test ; nous avons cependant des fragments de la columelle qui montrent que la coquille n'était pas ombiliquée.

RAPPORTS ET DIFFÉRENCES. Ce moule a des rapports avec ceux des espèces précédentes, mais s'en distingue facilement, par ses tours beaucoup plus arrondis, et surtout par les quatre dents de sa columelle.

LOCALITÉ. Cette espèce a été trouvée au Saxonet. Collection du Musée académique.

EXPLICATION DES FIGURES. Planche 19, fig. 10 a et b, *Trochus Nicoletianus*, de grandeur naturelle (moule).

Genre SOLARIUM Lamarck.

CARACTÈRES. Coquille conique ou orbiculaire, déprimée à

ombilic très-ouvert permettant d'apercevoir tous les tours de la spire. Spire très-régulière. Bouche quadrangulaire, triangulaire, ovale ou arrondie. Ombilic souvent crénelé à son pourtour. Opercule corné, pauci-spiré, muni en dedans d'un tubercule élevé.

Animal identique à celui des trochus.

La coquille des solarium se distingue par sa forme régulièrement conique et par la largeur de son ombilic.

En admettant l'opinion de M. A. d'Orbigny, qui réunit les euomphalus aux solarium, ces coquilles sont des premières qui se soient montrées à la surface du globe; on les trouve dans les terrains siluriens, dévoniens et carbonifères; elles paraissent ensuite en petit nombre dans les terrains jurassiques, se multiplient dans les terrains crétacés, et tout en changeant de forme, se continuent dans les terrains tertiaires. M. d'Orbigny leur réunit encore le genre bifrontia de M. Deshayes. Aujourd'hui les solarium vivent au sein des régions chaudes de toutes les mers.

M. d'Orbigny décrit dix solarium des grès verts de France, parmi lesquels se trouvent quelques espèces déjà signalées par Alexandre Brongniart, Fitton, M. Michelin, etc. Nous en avons retrouvé sept et nous y ajoutons un nombre égal d'espèces nouvelles. Leur détermination est très-facile quand on possède des tests; elle demande plus d'attention quand on n'a que des moules, ce qui est le cas de beaucoup le plus fréquent.

On peut les diviser en quatre groupes.

Ier *Groupe.* Espèces aplaties, discoïdales, à spire, très-courte, à dernier tour très-grand par rapport à l'ensemble de la coquille, à angle spiral de 130° à 145°.

<table>
<tr><td rowspan="2">1</td><td>Des tubercules sur le milieu de la face spirale de chaque tour............ 2</td></tr>
<tr><td>Des tubercules marginaux placés seulement sur la carène........ S. Deshayesi</td></tr>
<tr><td rowspan="2">2</td><td>Test orné de tubercules miliaires, pointes de la carène nulles ou très-petites.. 3</td></tr>
<tr><td>Test marqué seulement de rides irrégulières, carène armée de pointes grosses et saillantes....... .... S. dentatum</td></tr>
<tr><td rowspan="2">3</td><td>Des tubercules miliaires sur le bord externe de la face ombicale, tours présentant sur les deux faces une carène assez marquée, ornée de tubercules médiocres.. S. ornatum</td></tr>
<tr><td>Pas de tubercules miliaires sur la face ombilicale, qui est ornée seulement de lignes d'accroissement et d'une série de gros tubercules............. 4</td></tr>
<tr><td rowspan="2">4</td><td>Tours arrondis, pas de carène sur le bord externe................. S. cirroïde</td></tr>
<tr><td>Tours anguleux, une carène saillante sur le bord externe........ S. Rochatianum</td></tr>
</table>

IIe *Groupe*. Espèces subdiscoïdales, à spire courte ou médiocre, à test orné, comme dans la plupart des espèces du groupe précédent, de tubercules miliaires et souvent d'une rangée de gros tubercules sur la face spirale, à angle spiral de 80° à 120°.

<table>
<tr><td rowspan="2">1</td><td>Une rangée de gros tubercules sur la face spirale...................... 2</td></tr>
<tr><td>Pas de gros tubercules sur la face spirale ; des tubercules miliaires sur toute la surface.. S. granosum.</td></tr>
<tr><td rowspan="2">2</td><td>Tubercules de la rangée spirale simples, A. S. 110°............ S. Tingryanum.</td></tr>
<tr><td>Tubercules trifides. A. S. 80°. .... S. triplex.</td></tr>
</table>

IIIe *Groupe*. Espèces à tours arrondis, au moins dans le moule, à spire courte ou nulle, à ombilic très-évasé et plus large que le dernier tour.

<table>
<tr><td rowspan="2">1</td><td>Coquille tout à fait plate, spire nullement saillante............ S. Martinianum.</td></tr>
<tr><td>Angle spiral de 105°..................................... S Tollotianum.</td></tr>
</table>

IVe *Groupe*. Espèces plus ou moins coniques, à spire médiocre ou aiguë, à ombilic petit, à test orné principalement de côtes saillantes longitudinales, coupées par des lignes d'accroissement transversales. Angle spiral de 60° à 90°.

1 { Côtes très-inégales, les unes fortes et tuberculeuses, les autres très-petites. coquille irrégulièrement conique...................... *S. moniliferum.*
{ Côtes sensiblement égales ; coquille régulièrement conique.............. 2

2 { Côtes très-saillantes et aiguës........................... *S. alpinum.*
{ Côtes nulles ou très-petites........................... 3

3 { Angle spiral de 90°........................... *S. Hagianum.*
{ »   60°........................... *S. conoideum.*

107. SOLARIUM CIRROIDE d'Orbigny.

(Pl. 20. fig. 1 a. b. c)

S. testà orbiculato-depressà ; spirà angulo 140° ; anfractibus convexis, in utràque facie tuberculorum serie ornatis ; facie spirali granulatà ; umbilico magno ; aperturà ovali, depressà.

Trochus cirroïdes, Brongniart, 1822. Environs de Paris. Pl. 4, fig. 9 (Cuv. Oss foss. 4ᵉ édition, t. 5, p. 172 et 646, même planche).

Solarium cirroïde, d'Orbigny, Pal. fr. Terr. crét. t. 2, p. 202, pl. 180, fig. 9 à 12.

DIMENSIONS.

(Moules.

Diamètre maximum........................... 43 millim.
Épaisseur du dernier tour sur le même........................... 12   »
Angle spiral........................... 140°
Rapport du diamètre de l'avant dernier tour à celui du dernier tour, du côté
de la spire, moyenne........................... 0,41
Id.   extrêmes........................... 0,40 à 0,45
Largeur du dernier tour, du côté de l'ombilic, par rapport au diamètre to-
tal, moyenne........................... 0,40

Coquille suborbiculaire, déprimée. Spire formée d'un angle concave, composée de tours un peu déprimés, arrondis extérieurement et très-faiblement carénés, portant du côté de la spire et à peu près sur leur milieu, seize à dix-huit tubercules un peu allongés dans le sens transversal et presque costiformes.

et du côté de l'ombilic, un nombre égal de tubercules obtus, obliques et très-rapprochés du bord externe. Entre les tubercules qui ornent les tours du côté de la spire, et le bord externe de ces mêmes tours, on voit de fortes granulations, éparses ou disposées en lignes quinconciales, formant environ six rangées irrégulières. Tout le reste du test, sur les deux faces de la coquille, tant en dessus qu'en dessous, est lisse ou marqué seulement de stries d'accroissement un peu inégales. Ombilic très-large. Bouche ovale, déprimée, arrondie extérieurement.

Cette description a été faite sur des individus munis de leur test, circonstance très-rare, car sur plusieurs centaines d'échantillons, nous n'en avons vu que deux ou trois qui fussent recouverts des ornements décrits ci-dessus et les naturalistes qui avaient décrit cette espèce ne les avaient pas connus.

Les moules sont entièrement lisses, sauf qu'ils présentent en dessus et en dessous des saillies correspondant aux tubercules, et que l'on distingue sur la plupart d'entre eux de faibles indices de la carène.

Variations suivant l'age. Les jeunes individus diffèrent en quelques points des vieux, comme il est facile de s'en convaincre par la comparaison d'un grand nombre d'échantillons, et surtout en cassant des coquilles adultes, de manière à pouvoir comparer la forme des premiers tours avec celle des derniers.

La carène est beaucoup plus prononcée dans le jeune âge et elle porte, jusqu'au diamètre de douze à quinze millimètres et très-rarement de dix-huit à vingt, des épines anguleuses, espacées, qui donnent à la coquille une forme polygonale rappelant beaucoup celle du *S. dentatum*. A cet âge encore, les tubercules de la face ombilicale sont disposés sur une ligne carénée, très-rapprochée du pourtour de la spire.

Rapports et différences. Cette espèce se rapproche beaucoup des *S. Rochatianum, ornatum* et *dentatum* ; elle s'en distingue par son dernier tour arrondi extérieurement, même sur les individus où la carène est bien marquée, par les tubercules de sa face ombilicale très-rapprochés du bord externe, et par d'autres caractères que nous indiquerons en décrivant ces espèces.

Histoire. Le *S. cirroïde* a été décrit pour la première fois par M. Brongniart qui l'avait rapporté au genre *Trochus*, en indiquant en même temps que sa forme aplatie le rapprochait des solarium, genre dans lequel M. d'Orbigny l'a avec raison placé. Ces deux paléontologistes n'avaient connu que le moule de l'adulte.

Localités. Cette espèce qui est une des plus communes à la perte du Rhône et dans les localités voisines, paraît au contraire très-rare dans les grès verts de la

Savoie ; nous n'en connaissons qu'un échantillon provenant du Saxonet; il appartient à M. le professeur Favre.

EXPLICATION DES FIGURES. Planche 20, fig. 1 *a*, *Solarium cirroïde*, adulte, muni de son test ; — fig. 1 *b*, *c*, *d*. moule de la même espèce ; dans l'ombilic de la fig. *c* on voit une portion du test ; — fig. 1 *e*, moule d'un jeune , à l'époque où l'on voit encore les épines de la carène.

108. SOLARIUM ROCHATIANUM Pictet et Roux.

(Pl. 20. fig. 2 a. b, c, d, e.)

S. testâ orbiculato-depressâ ; spirâ angulo 140° ; anfractibus angulatis, carinatis, in utrâque facie tuberculorum serie ornatis, facie spirali granulatâ ; umbilico magno ; aperturâ depressâ, externè angulatâ.

DIMENSIONS.
(Moules.)

Diamètre maximum..	37 millim.
Épaisseur du dernier tour sur le même...........................	9 »
Angle spiral..	140°
Rapport du diamètre de l'avant-dernier tour à celui du dernier tour, du côté de la spire, moyenne...	0,45
Id. extrèmes...	0,47 à 0,50
Largeur du dernier tour du côté de l'ombilic, par rapport au diamètre total.	0,40

Coquille suborbiculaire, déprimée. Spire formée d'un angle concave, composée de tours déprimés, anguleux, pourvus d'une carène externe très-prononcée et rapprochée de la face ombilicale, ornés du côté de la spire et à peu près sur leur milieu de seize à dix-huit tubercules costiformes, allongés dans le sens transversal, disposés sur une ligne élevée en forme de carène, et du côté de l'ombilic d'un nombre égal de tubercules obtus, obliques et plus rapprochés de la circonférence externe sans toutefois l'atteindre. Entre la carène externe et les tubercules qui ornent les tours du côté de la spire, on voit de nombreuses granulations disposées comme dans l'espèce précédente, mais plus petites. Le reste du test, sur les deux faces de la coquille présente des stries d'accroissement bien marquées, nombreuses et inégales. Ombilic très-large. Bouche ovale, déprimée, anguleuse extérieurement.

28

Les moules sont lisses, carénés, et présentent des traces des tubercules.

OBSERVATION. Les jeunes individus portent comme chez le *S. cirroïde* des épines anguleuses, espacées.

RAPPORTS ET DIFFÉRENCES. Cette espèce est facile à confondre avec le *S. cirroïde*, mais avec un peu d'attention on les distinguera clairement par les caractères suivants : 1° le dernier tour n'est jamais arrondi, mais au contraire anguleux à son pourtour ; il porte une carène aiguë , plus rapprochée de la face ombilicale que dans l'espèce précédente ; la comparaison des figures 1 *d* et 2 *e*, peut faire juger de l'importance de ce caractère. 2° La granulation de la face spirale du test est plus fine et plus serrée, et ses tubercules sont proportionnellement plus petits. 3° Cette face spirale n'est pas uniformément arrondie comme dans le *S. cirroïde*, mais elle est un peu anguleuse et relevée en carène sous la série des tubercules. 4° Les tubercules de la face ombilicale ne sont pas situés tout à fait vers la circonférence extérieure, mais il y a toujours un espace libre entre eux et le bord externe.

LOCALITÉ. A l'état de moule le *S. Rochatianum* est commun à la perte du Rhône; muni de son test il est extrêmement rare. Il a toujours été confondu avec le *S. cirroïde*. Nous l'avons dédié à M. Rochat, jeune géologue dont la collection nous a été souvent utile dans ce travail.

EXPLICATION DES FIGURES. Planche 20 fig. 2 *a*, *b*, *S. Rochatianum*, muni de son test; — fig. 2 *c*, *d*, *e*, moule de la même espèce.

109. SOLARIUM ORNATUM Fitton.

(Pl. 20, fig. 3 *a. b. c.*)

S. testâ orbiculato-depressâ ; spirâ angulo 128° ; anfractibus depressis, externè carinatis in utrâque facie angulatis, granulatis et transversim costatis, umbilico magno : aperturâ depressâ, subquadratâ.

Solarium ornatum Fitton, 1836. Trans. géol. Soc. t. 4; pl. 11, fig. 13.
S. ornatum d'Orbigny, 1842. Pal. fr. Terr. crét. t. 2, p. 199, pl. 180, fig. 1—4.

DIMENSIONS.

(*Moules.*)

Diamètre maximum. . . . . 39 millim.
Épaisseur du dernier tour sur le même. 10   »

Angle spiral d'après M. d'Orbigny............................... 128°
Angle spiral de nos moules, moyenne.............................. 143°
Rapport du diamètre de l'avant-dernier tour, à celui du dernier tour, du côté
   de la spire, moyenne....................................... 0,45
Id.   extrêmes .... 0,13 à 0,47
Largeur du dernier tour du côté de l'ombilic, par rapport au diamètre total.. 0,44

Coquille orbiculaire, déprimée. Spire formée d'un angle concave, composée de tours déprimés, fortement carénés au pourtour, pourvus sur la face ombilicale d'une forte carène tuberculeuse, et du côté de la spire d'une carène à peu près pareille, coupée par de petites côtes courtes et rapprochées. Toute la partie de la coquille comprise entre les carènes des deux faces et la carène externe est couverte de granulations éparses ou en lignes quinconciales.

Moule semblable par sa forme à la coquille, fortement caréné au pourtour. Du côté de la spire, les tours portent, sous formes de tubercules très-rapprochés, les empreintes des petites côtes du test ; ces tubercules sont situés sur une carène bien marquée et au nombre de trente-cinq à quarante par tour. Du côté de l'ombilic, on voit un peu en dehors du milieu du dernier tour une carène semblable, striée en travers de petites rides très-rapprochées. Ombilic très-large. Bouche anguleuse, trapézoïde.

Variations suivant l'âge. Dans l'âge adulte , les tubercules et les carènes des deux faces laissent moins de traces sur les moules , et la terminaison du dernier tour est alors complétement lisse.

Rapports et différences. Le *S. ornatum* se rapproche beaucoup des *S. cirroïde* et *Rochatianum*, par son angle spiral et par les proportions de ses tours. Il ressemble surtout à ce dernier par sa carène externe et par celle de sa face spirale, qui est, il est vrai, plus prononcée. Il se distingue de tous deux, 1° par son test qui est granulé aussi bien sur la face ombilicale que sur la face spirale ; 2° par son aplatissement plus grand ; 3° par ses tubercules qui sont beaucoup plus petits et beaucoup plus nombreux ; 4° par la carène très-prononcée de sa face ombilicale. Le premier de ces caractères ne peut laisser aucun doute lorsqu'on possède des tests ; les trois autres peuvent suffire dans tous les cas pour distinguer les moules.

Observation. M Rœmer, Verst. norddeut. Kreidegeb. p. 82, pl. xii, fig. 10, a décrit sous le nom de *Pleurotomaria Fittoni* un moule qu'il considère comme identique au *S. ornatum* de Fitton. Ce rapprochement nous paraît plus que douteux ; d'ailleurs l'espèce qui nous occupe ici est un vrai solarium.

LOCALITÉS. Cette espèce est commune à la perte du Rhône ; nous n'en possédons qu'un exemplaire des grès verts de la Savoie.

EXPLICATION DES FIGURES. Planche 20, fig. 3 *a, b, c,* moule du *Solarium ornatum,* de grandeur naturelle.

110. SOLARIUM DENTATUM d'Orbigny.

(Pl. 20, fig. 4. *a, b, c. d. e. f.*)

S. testá orbiculato depressá ; spirá angulo 135° ; anfractibus depressis, carinatis, echinatis, in utráque facie transversim costatis : umbilico magno ; aperturá rhomboidali.

Solarium dentatum d'Orbigny, 1842, Pal. fr. Terr. crét. t. 2, p. 201, pl. 180, fig. 5—8.

DIMENSIONS.

(*Moules.*)

Diamètre maximum. . . . . 25 millim.

Épaisseur du dernier tour sur le même. 7   »

Angle spiral. . . . . 135°

Rapport du diamètre de l'avant-dernier tour à celui du dernier tour du côté
  de la spire. 0,42

Largeur du dernier tour, du côté de l'ombilic, par rapport au diamètre total. 0,45

Nous ne possédons que des moules de cette espèce. Le principal caractère du test, d'après M. d'Orbigny, consiste dans l'absence complète des granulations qui distinguent les espèces précédentes, dans les fortes rides irrégulières qui les remplacent et dans la carène ornée de très-grosses pointes saillantes.

Moule orbiculaire, très-déprimé. Spire composée de tours déprimés ; face ombilicale arrondie, sans carène, ornée de rides nombreuses et peu saillantes ; face spirale munie sur le milieu de chaque tour de vingt-cinq à trente petites côtes ; bord externe formé par une carène vive, armée de pointes triangulaires, moins aiguës que sur le test. Ombilic très-ouvert. Bouche rhomboïdale.

RAPPORTS ET DIFFÉRENCES. Cette espèce est voisine des trois précédentes. Quand on en possède le test elle est très-facile à distinguer par l'absence de granulations et par les dents de la carène. Les moules exigent une plus grande attention, car les traces des épines sont souvent peu marquées, principalement comme nous l'avons dit dans l'âge adulte. On les reconnaîtra surtout par la comparaison des faces ombilicales.

Dans le *S. ornatum* le moule présente sur cette face une carène bien marquée, munie de petits tubercules costiformes courts ; dans le *S. dentatum* la face ombilicale est arrondie et ornée de rides allongées et irrégulières. D'ailleurs il est rare que l'on ne retrouve pas des traces des épines, surtout avant la seconde moitié du dernier tour.

Le moule du *S. Rochatianum* s'en distingue plus facilement, par ses tubercules plus forts et plus espacés sur la face spirale et par la disposition de ceux de la face ombilicale (Voyez fig. 2 *d*, et 4 *b*).

Le moule du *S. cirroïde* adulte ne peut pas être confondu avec celui du *S. dentatum* à cause de son épaisseur, de son dernier tour arrondi en dehors, etc. On pourrait plus facilement confondre les jeunes individus de ces deux espèces (voy. fig. 4 *d* et 1 *e*) ; il suffira pour éviter l'erreur de se rappeler que la seconde a du côté de l'ombilic, des rides sur le milieu des tours, tandis que la même face de la première présente une rangée de tubercules près du bord externe, et que du côté de la spire les tubercules costiformes du *S. dentatum* sont beaucoup plus nombreux que ceux du *S. cirroïde*.

Variations suivant l'age. Comme dans les espèces précédentes les épines et les ornements tendent avec l'âge à laisser sur le moule des traces de moins en moins visibles ; les rides de la face ombilicale, les côtes de la face spirale et surtout les épines du pourtour externe disparaissent peu à peu, et dans les moules de grande taille la terminaison du dernier tour est presque complétement lisse.

Observations. Nous croyons que c'est à tort que M. d'Orbigny rapporte son espèce à la *Delphinula dentata*, Deshayes (Mém. de la Soc. géol., t. 5, p. 15, pl. 16, fig. 14), espèce qui a des dents beaucoup plus nombreuses et disposées comme dans le solarium que nous avons nommé *S. Deshayesi*, avec lequel elle a de très-grands rapports.

Localités. Nous avons trouvé cette espèce à la perte du Rhône, au Saxonet, au Reposoir et au Criou près Samoëns ; elle n'est commune nulle part.

Explication des figures. Planche 20, fig. 4 *a*, *b*, *c*. moule du *S. dentatum* adulte ; les ornements ont disparu sur la fin du dernier tour ; — fig. 4 *d*, *e*, *f*, moule d'un individu plus jeune où ces ornements sont très-apparents. (Il arrive souvent qu'à cet âge, ils le sont déjà beaucoup moins.)

111. Solarium Desiiayesi Pictet et Roux.

(Pl. 20, fig. 5, a. b, c.)

S. testâ orbiculato-depressâ; spirâ angulo 135°; anfractibus subdepressis, angulatis, externè transversim obliquè costatis; umbilico magno; aperturâ ovali, depressâ.

DIMENSIONS.

(Moules.)

Diamètre	30 millim.
Épaisseur du dernier tour sur le même	8 »
Angle spiral	135°
Rapport du diamètre de l'avant-dernier tour, a celui du dernier tour, du côté de la spire	0,45

Moule orbiculaire, déprimé. Spire formée d'un angle concave, composée de tours lisses, régulièrement convexes du côté spiral et plus aplatis du côté ombilical. Bord externe des tours muni d'une carène peu saillante, coupée par des petites côtes obliques très-courtes, qui le font paraître denté. Ombilic assez grand. Bouche ovale, déprimée.

Nous ne connaissons pas le test ; quelques fragments conservés sur la face ombilicale montrent seulement que sur cette partie il ne présente que des lignes d'accroissement inégales.

RAPPORTS ET DIFFÉRENCES. Cette espèce ne peut être confondue avec aucune de celles que nous décrivons ici. L'absence complète de tubercules et de côtes sur le milieu des tours, et la disposition singulière de la carène qui est dentée par l'intersection de côtes obliques, lui donne une apparence tout à fait spéciale. Elle ressemble davantage à l'espèce qui a été nommée *Delphinula dentata* par M. Deshayes, dans le mémoire de M. Leymerie (Mém. de la Soc. géol., t. 5, p. 15, pl. 16, fig. 14), et que M. d'Orbigny a, à tort suivant nous, et comme nous l'avons déjà dit, rapportée à son *Solarium dentatum.* Nous ne croyons toutefois pas que notre espèce puisse lui être réunie. La description très-brève donnée par M. Deshayes ne signale pas de différence, mais la figure qui l'accompagne montre que la *D. dentata* a les tours plus anguleux, les épines de la circonférence extérieure plus relevées et la face ombilicale beaucoup moins plate et presque carénée.

LOCALITÉ. Cette espèce a été trouvée à la perte de Rhône et paraît y être très-rare. Collection du Musée académique. Nous l'avons dédiée au savant paléontologiste dont nous venons de parler.

EXPLICATION DES FIGURES. Planche 20, fig. 5 *a*, *b*, *c*, *Solarium Deshayesi*, de grandeur naturelle.

112. SOLARIUM TINGRYANUM Pictet et Roux.

(Pl. 21, fig. 1 *a. b. c*, et fig. 2 *a. b. c.*)

S. testâ carinatâ, orbiculato-depressâ ; spirâ angulo 110° ; anfractibus subdepressis, angulatis, in utrâque facie granulatis, tuberculorum simplicium serie spirali ornatis : umbilico angustato : aperturâ depressâ, subquadratâ.

DIMENSIONS.
(Moules.)

Diamètre maximum	22 millim.
Épaisseur du dernier tour sur le même	7 "
Angle spiral	110°
Rapport du diamètre de l'avant-dernier tour, à celui du dernier tour, du côté de la spire, moyenne	0,55
Id. extrêmes	0,52 à 0,56
Largeur du dernier tour du côté de l'ombilic, par rapport au diamètre total	0,42

Moule orbiculaire, médiocrement déprimé, composé de tours convexes du côté de la spire et déprimés du côté ombilical, anguleux et carénés à leur pourtour externe, portant sur leur face spirale, près de leur bord interne, vingt-cinq à trente petits tubercules obtus et un peu allongés transversalement, et du côté de l'ombilic, mais seulement dans le jeune âge, une carène ridée en travers, par des stries très-rapprochées les unes des autres. Les fragments de test que nous possédons sur quelques échantillons, indiquent que la coquille est ornée du côté de la spire, de granulations en lignes quinconciales plus ou moins régulières, formant environ dix rangées longitudinales situées entre les tubercules et le bord externe des tours, dont une bande étroite et lisse de test recouvre circulairement les sutures. Du côté ombilical, le test présente des granules nombreux, au moins dans la partie médiane que nous connaissons seule. Nous pensons d'après quelques vestiges, que la carène externe, dans le jeune âge, était armée de pointes épineuses, comme dans une partie des espèces précédentes. Ombilic étroit. Bouche oblique, à peu près quadrangulaire, déprimée sur la face ombilicale, anguleuse en dehors.

OBSERVATIONS. Nous possédons quelques moules des grès verts de la Savoie, très-voisins de ceux du *S. Tingryanum* par leur angle spiral et par les tubercules qui ornent le bord interne de la surface spirale des tours ; mais chez eux, cette surface spirale est presque plane, les tours sont peu séparés par les sutures et pourvus d'une carène plus tranchante ; on serait tenté de les rapporter au *S. triplex* si leur angle spiral n'était trop ouvert pour permettre l'assimilation. Nous devons attendre de plus amples renseignements sur cette espèce.

RAPPORTS ET DIFFÉRENCES. L'angle spiral du *S. Tingryanum* et les proportions de ses tours, empêchent de le confondre avec les espèces précédentes. Très-rapproché par ses dimensions du *S. granosum*, il s'en distingue par des tours moins déprimés et ornés du côté de la spire, d'une série de tubercules analogues à ceux des espèces décrites ci-dessus.

LOCALITÉS. Cette jolie espèce n'est pas rare à la perte du Rhône ; elle se rencontre moins fréquemment au Saxonet. Nous l'avons dédiée à la mémoire du chimiste Tingry, fondateur de la chaire de chimie à l'Académie de Genève et dont la collection paléontologique a été réunie à celle du musée.

EXPLICATION DES FIGURES. Planche 21, fig. 1 *a, b, Solarium Tingryanum,* de grandeur naturelle ; — fig. 1 *c,* fragment du test grossi ; — fig. 2 *a, b, c,* moule de la même espèce.

113. SOLARIUM TRIPLEX Pictet et Roux.

(Pl. 21, fig. 3 a. b, c.)

S. testâ conicâ, carinatâ ; spirâ angulo 88° ; anfractibus sub-complanatis, tuberculorum trifidorum serie spirali ornatis ; umbilico angustato ; aperturâ rhomboideâ.

DIMENSIONS.
(Moules.)

Diamètre.	20 millim.
Hauteur.	14 »
Angle spiral.	88° à 90°

Coquille orbiculaire, peu déprimée, composée de tours anguleux et carénés, légèrement convexes du côté de la spire et fortement déprimés du côté ombilical, ornés sur leur face spirale et près de leur bord interne de petits tubercules au nombre de vingt-cinq environ, allongés dans le sens transversal et rendu trifides par leur entrecroisement avec trois petites côtes longitudinales qui sont surtout saillantes à leur passage sur les tubercules ; un petit bourrelet longitudinal finement strié en travers, règne le long de leur circonférence externe. L'espace compris entre ce bourrelet et les tubercules est couvert de petites granulations assez régulièrement disposées en lignes quinconciales. La face ombilicale est fortement déprimée, nous n'en connaissons pas le test. Ombilic étroit. Bouche oblique, anguleuse en dehors, déprimée.

Moule lisse, orné seulement de tubercules obtus et simples, peu apparents.

RAPPORTS ET DIFFÉRENCES. Cette espèce se distingue facilement du *S. Tingryanum* par sa forme plus conique, par ses tours plus anguleux et par la disposition remarquable de ses tubercules.

LOCALITÉS. L'échantillon qui a servi à notre description provient du Saxonet et nous possédons de cette localité quelques moules de la même espèce ; nous en avons trouvé aussi à la perte du Rhône qui paraissent s'y rapporter, mais nous n'oserions l'affirmer.

EXPLICATION DES FIGURES. Planche 21, fig. 5 *a*, *Solarium triplex*, de grandeur naturelle ; — 5 *b*, moule de la même espèce.

114. SOLARIUM GRANOSUM d'Orbigny.

(Pl. 21, fig. 4 *a. b. c.*)

S. testà orbiculato-depressà ; spirà angulo 120° ; anfractibus depressis, carinatis, rarè echinatis, in utrâque facie granulatis ; umbilico lævigato, angustato ; aperturà depressà, obliquatà.

Solarium granosum, d'Orbigny, Pal. fr. Terr. crét. tome 2, p. 203, pl. 181, fig. 1—8.

DIMENSIONS.
(Moules.)

Diamètre maximum	23 millim.
Épaisseur du dernier tour, sur le même	5 »
Angle spiral	120°

Rapport du diamètre de l'avant-dernier tour à celui du dernier tour du côté
de la spire, moyenne.. 0,55

Largeur du dernier tour du côté de l'ombilic, par rapport au diamètre total.. 0,47

Coquille orbiculaire, déprimée. Spire formée d'un angle régulier, composée de tours anguleux, carénés au pourtour, ornés de très-fortes granulations en lignes quinconciales; les jeunes individus portent sur la carène des pointes anguleuses espacées qui disparaissent dans l'âge avancé. Ombilic étroit, lisse à son pourtour. Bouche déprimée, oblique, anguleuse en dehors.

RAPPORTS ET DIFFÉRENCES. Le *S. granosum* se distingue de la plupart des espèces que nous venons de décrire par l'absence totale de la série de tubercules costiformes qui ornent chez elles le côté spiral des tours; il faut toutefois remarquer que les pointes qu'on observe sur le pourtour dans le jeune âge, laissent quelquefois sur le moule des tours suivants des impressions en creux, dont les intervalles pourraient être confondus avec des tubercules ; mais il suffira d'en être prévenu pour ne pas s'y tromper, d'ailleurs ces saillies sont toujours beaucoup plus espacées que dans les espèces précédentes. Le *S. granosum* se distinguera aussi toujours des *S. Tingryanum* et *triplex*, par sa forme plus aplatie, sa face ombilicale plus déprimée, sa carène plus vive etc.

LOCALITÉ. Cette espèce est rare dans nos environs, et nous ne la connaissons qu'à la perte du Rhône. Collections du Musée académique et de M. Roux.

EXPLICATION DES FIGURES. Planche 21, fig. 4 *a*, *b*, *c*, moule du *S. granosum* de grandeur naturelle. Nous renvoyons pour le test aux excellentes figures de M. d'Orbigny.

115. SOLARIUM TOLLOTIANUM Pictet et Roux.

(Pl. 21, fig. 6 *a*, *b*, *c*.)

S. testâ orbiculato-depressâ ; spirâ angulo 105° ; anfractibus cylindricis ; umbilico maximo ; aperturâ sub-rotundatâ.

DIMENSIONS.

(*Moules*.)

Diamètre maximum... 11 millim.

Angle spiral... 105°

Rapport du diamètre de l'avant-dernier tour à celui du dernier tour, du côté
de la spire.. 0,75

Largeur du dernier tour, du côté de l'ombilic, par rapport au diamètre total. 0,30

Nous ne connaissons pas le test.

Moule orbiculaire, un peu déprimé. Spire composée de tours arrondis, étroits, enroulés de manière à laisser voir un très-grand ombilic. Bouche presqu'arrondie, un peu plus large que haute.

RAPPORTS ET DIFFÉRENCES. Cette espèce par ses tours étroits et arrondis, et par son grand ombilic, se distingue facilement de toutes ses congénères. Par ces deux caractères elle a quelques rapports avec le *S. Martinianum*, mais son enroulement conique empêche de la confondre avec lui.

Les véritables caractères de cette espèce, et même sa place dans le genre solarium, ne pourront être définitivement fixés que lorsqu'un heureux hazard aura fait découvrir son test.

LOCALITÉ. Nous ne connaissons que deux échantillons de cette espèce ; l'un appartient à la collection du Musée académique, et l'autre à celle de M. Tollot auquel nous nous faisons un plaisir de la dédier. Tous deux ont été trouvés à la perte du Rhône.

EXPLICATION DES FIGURES. Planche 21, fig. 6 *a*, *b*, *c*, moule du *Solarium Tollotianum*, de grandeur double.

116. SOLARIUM MARTINIANUM d'Orbigny.

(Pl. 21. fig. 7 *a*, *b*, *c*.)

S. testà circulari, depressâ ; spirâ complanatà, horizontali ; anfractibus sub-cylindricis, longitudinaliter costatis ; costis elevatis, granulosis ; umbilico magno, externè dentato ; aperturâ ovali.

Solarium Martinianum, d'Orbigny, 1842, Pal. fr. Terr. crét. t 2, p. 204, pl. 181, fig. 9—13.

DIMENSIONS.

Diamètre maximum	29 millim.
Épaisseur du dernier tour sur le même	9 »
Rapport du diamètre de l'avant-dernier tour à celui du dernier tour du côté de la spire	0,51
Largeur du dernier tour du côté de l'ombilic, par rapport au diamètre total.	0,29

Coquille orbiculaire, déprimée. Spire un peu concave, enroulée sur le même plan, composée de tours légèrement quadrangulaires, ornés en long de côtes granuleuses, parmi lesquelles on en remarque trois principales, dont une au pourtour de l'ombilic, et deux composées de tubercules très-saillans placées sur les faces spirale et ombilicale des tours, dans le voisinage du bord externe.

Moule lisse et composé de tours presque cylindriques.

Ombilic très-large (0,50 du diamètre) excavé sous un angle de 120°. Bouche presque arrondie un peu plus haute que large.

RAPPORTS ET DIFFÉRENCES. Cette espèce par sa coquille enroulée sur un même plan, se distingue facilement de toutes ses congénères.

LOCALITÉ. Elle se trouve à la perte du Rhône où elle a déjà été indiquée par M. Itier; elle y est rare. Collections du Musée académique et de M. Tollot.

EXPLICATION DES FIGURES. Planche 24, fig. 7 *a*, *b*, *c*, moule du *Solarium Martinianum*, de grandeur naturelle. — Le test est figuré dans la Paléontologie française.

117. SOLARIUM MONILIFERUM Michelin.

(Pl. 21, fig. 5.)

S. testâ elevato-conicâ; spirâ angulo 87°; anfractibus clathratis, bicarinatis, tuberculatis, propè suturam granulatis; umbilico angustato, crenis parvulis ornato; aperturâ angulosâ.

S. moniliferum, Michelin, 1834. Mag. de Zoologie, pl. 34.
    Id.   Leymerie, 1842. Mém. de la Soc. géol. t. 5, pl. 16, fig. 11.
    Id.   d'Orbigny, 1842. Pal. fr. Terr. crét. t. 2, p. 197, pl. 179, fig. 8—11.
    Id.   Deshayes, 1843, dans Lamarck 2ᵉ édit. t. 9, p. 113, n° 17.

DIMENSIONS.

Diamètre maximum..	11 millim.
Angle spiral...	87°
Id. sutural..	50°
Hauteur du dernier tour, par rapport à l'ensemble.................	0,48

Coquille conique. Spire formée d'un angle régulier, composée de tours peu saillants, marqués en long de petites côtes crénelées, longitudinales, avec lesquelles se croisent des stries fines d'accroissement; chaque tour porte sur sa convexité, deux côtes saillantes crénelées; on en remarque une troisième près de la suture.

Moule lisse ; tours ornés seulement de carènes longitudinales unies, qui correspondent aux deux côtes principales de la coquille ; la plus saillante qui longe le le bord externe du côté de la spire, est séparée de la suture par un méplat très-marqué.

RAPPORTS ET DIFFÉRENCES. Cette espèce par la position de ses carènes, ne saurait se confondre avec celles que nous décrivons dans ce mémoire.

LOCALITÉS. Nous n'en avons observé que six exemplaires, dont deux du Saxonet, un du Reposoir, un de Samoëns, et deux de la perte du Rhône. Collections de MM. Favre, Tollot, Roux et du Musée académique.

OBSERVATIONS. Le nom donné à cette espèce, pourrait occasionner une erreur, car Sowerby, pl. 595, fig. 1 et 2, a décrit sous le nom de *Turbo moniliferus*, du grès vert de Blackdown, un solarium qui n'est pas le *S. moniliferum* de M. Michelin.

EXPLICATION DES FIGURES. Planche 21, fig. 5, moule du *Solarium moniliferum* ; grossi (Voyez pour le test la Paléontologie française).

118. SOLARIUM HUGIANUM Pictet et Roux.

(Pl. 21. fig. 8 *a*, *b*, *c*.)

S. testâ conicâ ; spirâ angulo 90°; anfractibus complanatis, apud suturas carinatis ; facie umbilicali rotundatâ ; aperturâ sub-quadratâ.

DIMENSIONS.

(*Moules.*)

Diamètre maximum	17 millim.
Angle spiral	90°
Id. sutural	50°
Hauteur du dernier tour par rapport à l'ensemble	0,55
Hauteur de chaque tour par rapport au suivant	0,75

Nous ne connaissons pas le test.

Moule conique. Spire formée d'un angle régulier, composée de tours plans et relevés vers les sutures en carènes prononcées ; le dernier, caréné extérieurement et fortement bombé sur sa face ombilicale. Bouche presque quadrangulaire. Ombilic médiocrement ouvert, non caréné à son pourtour.

RAPPORTS ET DIFFÉRENCES. Cette espèce qui appartient au même groupe que les *S. conoideum* et *alpinum*, s'en distingue par son angle plus ouvert, par sa face ombilicale beaucoup plus bombée et par les petites carènes qui bordent les sutures des tours.

LOCALITÉS. Elle se trouve à la fois au Saxonet, au Reposoir et à la perte du Rhône, sans y être commune. Collections du Musée académique, de M. Favre et de M. Roux. Nous l'avons dédiée au savant professeur Hugi, de Soleure.

EXPLICATION DES FIGURES. Planche 21, fig. 8 *a*, *b*, *c*, moule du *Solarium Hugianum*, de grandeur double.

119. SOLARIUM ALPINUM Pictet et Roux.

(Pl, 21, fig. 9.)

S. testâ elevato-conicâ ; spirâ angulo 7o° ; anfractibus complanatis, longitudinaliter 8-costatis ; ultimo anfractu carinato ; facie umbilicali complanatâ et decussatim striatâ ; aperturâ subquadratâ.

DIMENSIONS.

(*Moules.*)

Diamètre maximum	18 millim.
Angle spiral	70°
Id. sutural	55°
Hauteur du dernier tour par rapport à l'ensemble	0,35
Hauteur de chaque tour par rapport au suivant	0,75

Coquille élevée, conique. Spire formée d'un angle régulier, composée de tours plans, marqués en long de huit côtes, dont les deux plus rapprochées du bord apicial sont tuberculeuses, et dont les autres sont d'autant plus lisses et plus élevées qu'elles se rapprochent davantage du bord buccal ; le dernier tour est caréné extérieurement et aplati sur sa face ombilicale, laquelle est ornée d'un bourrelet et de stries entrecroisées comme celle du *S. conoideum* ; nos échantillons ne nous ont pas permis d'observer bien complétement cette face de la coquille. Ombilic assez ouvert. Bouche quadrangulaire.

Le moule est lisse, mais présente encore, lorsqu'il est bien conservé, de faibles traces des côtes longitudinales.

RAPPORTS ET DIFFÉRENCES. Le *S. alpinum* a beaucoup de rapports par ses dimensions avec le *S. conoideum* ; il en diffère principalement par la nature de ses ornements.

LOCALITÉS. Nous avons trouvé cette espèce dans les grès verts du Saxonet et des environs de Cluse ; M. Tollot l'a rencontrée à Lessex au-dessus du lac de Flaine (Faucigny).

EXPLICATION DES FIGURES. Planche 21, fig. 9, *Solarium alpinum*, grossi.

120. SOLARIUM CONOIDEUM Sowerby.

(Pl. 21, fig. 10 *a. b. c. d. e.*)

S. testá elevato-conicâ ; spirâ angulo 60° ; anfractibus complanatis, longitudinaliter transversimque striatis ; ultimo anfractu carinato ; facie umbilicali complanatâ decussatimque striatâ ; aperturâ trapezoideâ.

Solarium conoideum? Sowerby, 1812, Min. Conch. pl. 11, fig. 5,

Trochus gurgitis, Alex. Brongniart, 1822. Environs de Paris, pl. *Q*, fig. 7 et dans Cuvier Oss. foss. t. IV (même planche).

Solarium conoideum Fitton, 1836. Trans. géol. Soc. t. 4, pl. 11, fig. 14.

  Id.   d'Orbigny, 1842, Pal. fr. Terr. crét. t. 2, p. 198, pl. 179, fig. 12—14.

DIMENSIONS.

Diamètre maximum	28 millim.
Angle spiral	60°
Id. des moules, moyenne	70°
Id. *Id.* extrêmes	65° à 75°
Angle sutural, moyenne	55°
Hauteur du dernier tour par rapport à l'ensemble, moyenne	0,35
Id. extrêmes	0,32 à 0,37
Hauteur de chaque tour par rapport au suivant	0,75

Coquille élevée, conique. Spire formée d'un angle régulier, composée de tours plans, sans saillie aucune, marqués en long de stries fines avec lesquelles se croisent des stries d'accroissement obliques. Ces deux ordres de stries, sont plus marquées près des sutures des tours, où leurs intervalles forment même de petits tubercules. Le dernier tour est caréné extérieurement, aplati et orné du côté de l'ombilic de stries entrecroisées comme celles des côtés. Ombilic assez ouvert, muni à son pourtour d'un bourrelet dont les doubles stries sont plus apparentes que celles du reste de la face ombilicale. Bouche trapézoide.

OBSERVATIONS. Cette description ne s'accorde pas tout à fait avec celle de M. d'Orbigny, et la raison en est qu'il y a de grandes différences entre les échantillons, suivant leur état de conservation. Le test de cette espèce est en effet composé de trois couches qui se séparent facilement : l'externe qui présente les stries les plus marquées, et dont la conservation est nécessaire pour que leurs intervalles forment de petits tubercules sur le bord des sutures et au pourtour de l'ombilic ; la couche moyenne, qui montre encore évidemment les deux ordres de stries, mais plus égales et moins marquées, et la troisième la plus profonde, qui n'a presque que des stries longitudinales, simples et régulières sur les côtés, et formant sur la face ombilicale de petits rubans, rapprochés et très-finement striés en travers.

Les moules sont toujours lisses.

VARIATIONS. On remarque sur ces derniers, des différences assez marquées quant à la carène du dernier tour ; dans la plupart des échantillons, et surtout chez les vieux, elle est très-effacée ; sur d'autres au contraire, elle se conserve très-vive. On peut faire la même observation sur la carène qui borde l'ombilic. Ces variations tiennent peut-être à des différences spécifiques, que nous n'avons pu reconnaître, n'ayant eu à notre disposition qu'un nombre restreint d'échantillons munis de leur test.

HISTOIRE. Cette espèce est évidemment celle que Brongniart a décrite sous le nom de *Trochus gurgitis*, nous ne comprenons pas pourquoi M. d'Orbigny, rapporte cette description à la Pleurotomaire que par ce motif il a nommé *P. gurgitis* et qui en diffère tout à fait par ses proportions. Nous ne citons le *S. conoideum* de Sowerby, Min. Conch. pl. 11 que sur l'autorité de Fitton. La figure est trop imparfaite et la description est trop incomplète pour déterminer l'espèce que l'auteur a eue sous les yeux.

RAPPORTS ET DIFFÉRENCES. Par sa forme très-conique et par la nature de ses ornements, cette espèce est en général facile à reconnaître.

LOCALITÉS. Elle est extrêmement commune à la perte du Rhône et dans les gisements voisins ; elle l'est beaucoup moins dans les grès verts de la Savoie.

EXPLICATION DES FIGURES. Planche 21, fig. 10 *a*, *b*, *Solarium conoideum*, de grandeur naturelle avec son test intact ; — fig. 10 *c*, *d*, la même espèce dont la couche superficielle du test a été détruite ; — fig. 10 *e*, moule de la même espèce.

5me Famille : HALIOTIDES.

Caractères. Coquille de forme variable, tantôt en cône élevé et régulier, tantôt auriculiforme, très-évasée, à spire presque nulle. Labre fortement échancré par un sinus très-prolongé, ou percé d'un ou de plusieurs trous.

Animal ayant un manteau échancré ou percé vis-à-vis des trous ou de la fente de la coquille, de manière à permettre à l'eau d'entrer dans la cavité respiratoire, lors même qu'il est retiré dans l'intérieur de la coquille.

Ces coquilles se reconnaissent facilement par les ouvertures dont nous avons parlé. Il faut toutefois remarquer que les moules n'en conservent souvent pas de traces, et qu'ils peuvent en conséquence être facilement confondus avec ceux des trochides. Les stomatia forment aussi une exception à ces caractères, car leur labre est entier, sans trous ni fentes; mais la forme de l'animal force de les rapprocher des haliotis auxquelles leur coquille ressemble d'ailleurs par son évasement et par sa forme générale.

Parmi les genres qui composent cette famille nous n'en avons trouvé que deux, les *Pleurotomaria* et les *Stomatia*. Les *Haliotis*, n'ont pas laissé de traces de leur existence avant la période tertiaire; les *Murchisonia*, les *Ditremaria* et les *Cirrus* n'ont au contraire vécu que dans des époques plus anciennes et ne se trouvent pas au-dessus du terrain jurassique.

30

Genre PLEUROTOMARIA Defrance.

Caractères. Coquille turbiniforme, rappelant dans sa forme générale celle des trochides; ombilic tantôt ouvert, tantôt fermé. Bouche de forme variable, modifiée par le tour de spire précédent. Labre tranchant, échancré par un sinus en forme de fente plus ou moins prolongée.

Animal inconnu, ayant probablement eu son manteau ouvert par une fente destinée à laisser entrer l'eau vers les branchies.

Le caractère principal de ce genre est le sinus du labre. Ce sinus à mesure qu'il se ferme en arrière, laisse toujours apparente à l'extérieur de la coquille, une bande que M. d'Orbigny nomme la *bande du sinus*, qu'on aperçoit assez généralement à tous les tours, et dont les lignes d'accroissement sont arquées et imbriquées, tandis que celles du labre s'infléchissent de chaque côté vers le sinus. Cette bande présente de grandes différences suivant les espèces, et constitue tantôt un sillon, tantôt une côte ou un ruban plus ou moins large et plus ou moins élevé; elle est quelquefois aussi représentée par une ou plusieurs carènes.

Les coquilles de ce genre sont en général couvertes de dessins très-élégants qui rappelent ceux des trochus. D'après M. d'Orbigny, l'âge apporte trois modifications dans la forme de ces dessins. Très-jeune, la coquille est presque lisse et manque de tous les ornements extérieurs dont elle est couverte plus tard; c'est l'état *embryonnaire*. Elle se charge ensuite peu à peu des côtes, des tubercules, ou des stries qui caractérisent l'espèce et qui persistent pendant la plus grande partie de l'accroissement, en se marquant davantage; l'espèce est au grand complet, elle est *parfaite*. Dans la vieillesse, ces côtes, ces tubercules, ces stries s'effacent plus ou moins, suivant les individus; ils perdent peu à peu de leurs caractères, et plusieurs espèces, de striées qu'elles étaient, redeviennent entièrement lisses; c'est un état de *dégénérescence*, analogue à celui que M. d'Orbigny a signalé pour les ammonites, et que M. de Koninck a indiqué pour les bellérophons. Ce dernier auteur ne pense pas que ces observations puissent s'appliquer entièrement aux pleurotomaires des terrains carbonifères, sur les très-jeunes coquilles desquelles, les ornements sont seulement moins prononcés et ne sont visibles qu'à un fort grossissement. Il ne nous a pas été donné de pouvoir étudier ces modifications du test sur les pleurotomaires de nos grès verts, parce qu'il n'est conservé que sur un trop petit nombre d'échantillons.

Avant 1821, époque à laquelle M. Defrance a établi ce genre, on n'en connaissait que quelques espèces, que l'on rangeait soit parmi les *Trochus*, soit parmi les *Helix*, genre dont elles rappellent assez bien les formes, mais dont elles se distinguent facilement par la bande du sinus, qui ne manque jamais, quoiqu'elle ne soit pas toujours très-apparente.

Les pleurotomaires sont des coquilles dont les premières traces se trouvent dans les couches siluriennes; elles sont déjà nombreuses dans les terrains carbonifères, et atteignent le maximum de leur développement numérique dans les terrains secondaires. Elles n'offrent plus qu'une ou deux espèces dans les couches tertiaires les plus anciennes, et sont aujourd'hui une forme éteinte. Les pleurotomaires ont dû être des animaux côtiers, vivant principalement sur les rochers.

M. d'Orbigny les divise en deux groupes suivant qu'elles sont ou non ombiliquées : les *perspectivæ*, à ombilic ouvert, permettant d'apercevoir les tours, et les *falcatæ* (*Ptycomphalus* Agass.), à ombilic fermé ou simplement perforé, sans montrer les tours dans l'intérieur. M. de Koninck d'après leur forme et leurs ornements les distingue en *ornatæ* et *globosæ*. Il faudrait probablement augmenter le nombre de ces groupes pour rendre compte de leurs véritables affinités. Nous ne l'avons pas essayé parce que nous ne connaissons quelques espèces que par leurs moules et que nous n'avons par conséquent pas pu décider de leur place d'une manière certaine.

Les pleurotomaires, sont un des genres où nous avons eu le plus d'espèces nouvelles et remarquables. Nous attirons en particulier l'attention sur les *P. Thurmanni* et *faucignyana* qui ont des ornements tout à fait différents de ceux des autres espèces connues dans les terrains crétacés et qui rappellent plutôt les belles pleurotomaires des terrains jurassiques, et sur la *Pl. regina* qui forme un type nouveau et remarquable.

M. d'Orbigny en décrit six espèces du gault, auxquelles on peut ajouter quelques autres décrites par les auteurs allemands et principalement par MM. Goldfuss et Roëmer. Nous avons retrouvé cinq de ces espèces, et nous en ajoutons neuf nouvelles.

Leur distinction est très-facile quand on a des échantillons bien conservés et munis de leur test. Les moules se confondent plus facilement, et il faut de grandes précautions dans leur détermination. Aux mesures de l'angle spiral et de l'angle sutural, et aux dimensions proportionnelles employées par M. d'Orbigny, nous avons ajouté le nombre de tours dont la hauteur est comprise dans un demi-diamètre. Cette mesure est facile à obtenir en prenant avec un compas la moitié du diamètre de la face ombilicale, et en portant cette mesure sur la face spirale à partir du bord du tour où le demi-diamètre a été mesuré. Elle a l'avantage de pouvoir toujours s'appliquer, même aux moules incomplets, et de fournir des résultats très-constants et sensiblement différents d'une espèce à l'autre.

Dans le tableau dichotomique suivant, nous avons négligé deux espèces (*Pl. Itieriana* et *allobrogensis*) que nous ne connaissons qu'à l'état de moule, et dont nous ne pourrions par conséquent comparer les caractères que d'une manière incomplète.

<pre>
1 ⎰ Coquille en cône allongé, angle spiral de 90° au plus.................... 2
   ⎱ Coquille déprimée plus ou moins discoïdale, angle spiral de 110° au moins.. 9

     Des tubercules espacés, près du bord apicial de chaque tour, persistant sur
       le moule.. P. coronata.
2
     Ornements disposés d'une manière à peu près uniforme, pas de tubercules
       sur le moule... 3

     Des côtes longitudinales ornées de tubercules rapprochés, ombilic tout à
       fait fermé... 4
3
     Des côtes longitudinales fines, coupées par des stries d'accroissement, for-
       mant un treillis régulier... 5
</pre>

1 { Six côtes tuberculeuses, tours très-aplatis, angle spiral de 60°.... *P. Thurmanni.*
Plus de six côtes tuberculeuses, inégales, tours médiocres, angle spiral de 70°... *P. faucignayana.*

5 { Tours très-anguleux, composés de deux faces qui se réunissent vers la bande du sinus, en formant un angle très-prononcé....................... 6
Tours arrondis, ou très-peu anguleux............................... 7

6 { Tours très-élevés. Angle spiral 70°......................... *P. alpina.*
Tours peu élevés. Angle spiral 90°...... .... *P. carthusiæ.*

7 { Un bourrelet sur le bord buccal des tours, le bord externe du dernier tour orné d'un bourrelet semblable......................... *P. Saxoneti.*
Pas de bourrelet sur le bord buccal des tours ; bord externe du dernier tour simplement caréné..................................... 8

8 { Face ombilicale aplatie ; angle spiral 97°. .... *P. lima.*
Face ombilicale bombée ; angle spiral 90°.................... *P. gurgitis.*

9 { Tours enroulés sur le même plan, coquille discoïdale.............. *P. Fittoni.*
Tours non enroulés sur le même plan, coquille conique.............. 10

10 { Tours très-anguleux..................................... *P. Saussureana.*
Tours aplatis ou arrondis.................................... 11

11 { Des côtes ornées de tubercules saillants et inégaux................ *P. regina.*
Côtes simples, coupées par des stries d'accroissement............. *P. Rhodani.*

121. PLEUROTOMARIA THURMANNI Pictet et Roux.

(Pl. 22, fig. 1. *a, b. c. d. e. f.*)

P. testâ conicâ, carinatâ ; spirâ angulo 60° ; anfractibus depressis, longitudinaliter transversimque costatis ; costis 6, inæqualiter obtusè tuberculatis ; umbilico clauso ; aperturâ depressâ, rhomboidali.

DIMENSIONS.

Hauteur totale, maximum....................................... 31 millim.
Diamètre sur le même... 30   »
Angle spiral...   60°
Id. sutural...   53°
Hauteur du dernier tour par rapport à l'ensemble.................   0,23
Nombre de tours par demi-diamètre...........................   2 ¹⁄₃

Coquille conique, presque aussi haute que large, carénée au pourtour de la face ombilicale. Spire formée d'un angle régulier, composée de tours déprimés, légèrement évidés au milieu, saillants sur leur bord apicial, ornés en long de neuf côtés inégales entre elles, dont six tuberculeuses, beaucoup plus apparentes vers les sutures où elles sont croisées par des sillons légèrement obliques en arrière. Ces côtes présentent la disposition suivante : en partant du bord apicial, on trouve : 1° trois côtes formant un bourrelet et portant de gros tubercules ; 2° trois petites côtes lisses, recouvrant le sinus ; 3° trois dernières côtes médiocres, ornées de tubercules réguliers. La face ombilicale du dernier tour est un peu convexe, et pourvue de côtes concentriques, inégalement distantes les unes des autres , dont les plus externes sont croisées par des stries d'accroissement qui les rendent quelquefois tuberculeuses. Ombilic fermé, marqué par une dépression. Bouche déprimée, rhomboïdale, anguleuse en dehors. Bande du sinus placée vers le milieu des tours.

Moule lisse, remarquable par ses tours très-aplatis et très-nombreux, dont le dernier est à peine caréné ; ombilic entouré d'un bourrelet qui est séparé du reste de la face ombilicale par une dépression circulaire très-prononcée.

RAPPORTS ET DIFFÉRENCES. La *P. Thurmanni* est caractérisée par la dépression de ses tours, par sa hauteur égale à son diamètre, et enfin par les ornements de son test. Elle appartient comme nous l'avons dit plus haut, ainsi que la suivante, à un type jusqu'à présent inconnu dans les terrains crétacés et qui rappelle par sa forme et ses ornements quelques pleurotomaires des terrains jurassiques.

LOCALITÉ. Saxonet ; collections du Musée académique, de M. Tollot, de M. le professeur Favre, de M. Roux. Nous dédions cette charmante espèce, au savant auteur de l'essai sur les soulèvements jurassiques du Porrentruy.

EXPLICATION DES FIGURES. Planche, 22 fig. 1 *a. Pl. Thurmanni*, de grandeur naturelle ; — fig. 1 *b*, grossissement du test; — fig. 1 *c* et *d*. face ombilicale à tubercules visibles sur la première et effacés sur la seconde ; — fig. 1 *e* et *f*, moule de la même espèce.

122. PLEUROTOMARIA FAUCIGNYANA ([1]) Pictet et Roux.

(Pl. 22, fig. 2 *a, b, c.*)

(Sous le nom de Pl. Orbignyana.)

P. testá conicá, carinatá ; spirá angulo 65°; anfractibus longitudinaliter transver-
simque costatis, costis 10, inæqualiter acutè tuberculatis ; umbilico clauso; aperturá
subtriangulari.

DIMENSIONS.

Hauteur totale.	38 millim.
Diamètre.	37 »
Angle spiral	65°
Id. sutural.	60°
Hauteur du dernier tour par rapport à l'ensemble.	0,30
Nombre de tours par demi-diamètre.	2

Coquille conique, à peu près aussi large que haute, carénée au pourtour de la face
ombilicale. Spire formée d'un angle régulier, composée de tours plus élevés que
dans l'espèce précédente, ornés de côtes longitudinales, dont dix tuberculeuses,
très-marquées vers les sutures, fines sur le milieu et coupées par des stries d'accroissement. Ces côtes sont ainsi disposées : à partir du bord apicial de chaque
tour, on trouve d'abord deux côtes ornées de tubercules arrondis, puis une troisième qui en porte de très-petits ; vient ensuite la bande du sinus, qui est
large, lisse et comprise entre deux côtes saillantes, dépourvues de tubercules ; le
reste du tour, présente environ sept petites côtes, coupées par des lignes transversalement obliques ; sur les points d'intersection, on voit des tubercules aigus
qui augmentent en grosseur en approchant du bord buccal ou antérieur. Face ombi-
cale marquée de côtes longitudinales, coupées par de petites lignes d'accroissement. Bouche déprimée, presque triangulaire. Bande du sinus placée sur le milieu
des tours.

---

(1) Nous avions d'abord dédié cette belle espèce à l'illustre savant dont les travaux font faire
de si grands pas à la paléontologie, et la planche porte encore le nom de *Pleurotomaria Orbi-*
gnyana. Au moment de donner le bon à tirer de cette feuille, nous recevons le 1er cahier de 1848,
des Mémoires de la Société impériale des naturalistes de Moscou, où nous trouvons une *Pl. Or-*
bignyana (Études progressives sur la géologie de Moscou par MM. Roullier et A. Vossinsky). Nous
avons donc été obligés de changer le nom de notre espèce.

Moule lisse, pourtour de la face ombilicale caréné.

RAPPORTS ET DIFFÉRENCES. Cette pleurotomaire se rapproche beaucoup de la *P. Thurmanni*; elle en diffère par son angle un peu plus ouvert, par ses tours plus épais, par ses côtes plus nombreuses, ornées de tubercules plus pointus, par la bande du sinus plus large et plus apparente, etc.

LOCALITÉ. Cette belle espèce a été trouvée au Saxonet où elle paraît très-rare.

EXPLICATION DES FIGURES. Planche 22, fig. 2 *a*, *Pl. Faucignyana* de grandeur naturelle; — fig. 2 *b*, grossissement du test; — fig. 2 *c*, moule de la même espèce.

123. PLEUROTOMARIA ITIERIANA Pictet et Roux.

(Pl. 22, fig. 3 *a, b.*)

P. testâ conicâ, carinatâ; spirâ angulo 78°; anfractibus longitudinaliter sub-3-costatis; facie umbilicali depressâ; umbilico angusto; aperturâ subtriangulari.

DIMENSIONS.

(*Moules.*)

Hauteur totale,..	32 millim.
Diamètre..	36 "
Angle spiral	78°
Id. sutural...	65°
Hauteur du dernier tour par rapport à l'ensemble..............	0,27
Nombre de tour par demi-diamètre.............................	2 ¹/₄

Nous ne connaissons pas le test.

Moule lisse, conique, un peu plus large que haut, à carène émoussée au pourtour de la face ombilicale. Spire formée d'un angle régulier, composée de tours presque plans, ornés de trois côtes très-atténuées, dont deux sont situées entre la bande du sinus et le bord buccal, et la troisième près du bord apicial. Face ombilicale très-déprimée et aplatie. Ombilic étroit. Bouche très-déprimée, de forme triangulaire. Bande du sinus, sous forme d'une dépression, plus rapprochée du bord apicial que du bord buccal.

RAPPORTS ET DIFFÉRENCES. Ce moule ressemble un peu à celui de la *Pl.*

Faucignyana, mais il ne saurait être confondu avec lui à cause de son angle spiral plus ouvert et de ses côtes longitudinales. Il s'éloigne davantage de ceux de toutes les autres espèces.

LOCALITÉ. Perte du Rhône ; il n'y est pas commun. Nous avons dédié cette espèce à M. Itier bien connu par ses travaux géologiques sur le département de l'Ain.

EXPLICATION DES FIGURES. Planche 22, fig. 5 *a*, *b*, moule de la *Pleurotomaria Itieriana*, de grandeur naturelle.

124. PLEUROTOMARIA ALPINA d'Orbigny.

(Pl. 22, fig. 4 *a. b. c. d. e*)

P. testâ conicâ , spirâ angulo 70°; anfractibus altis, angulatis, marginatis, decussatim striatis ; umbilico angusto ; aperturâ subpentagonali.

Pleurotomaria alpina, d'Orbigny, 1842, Pal. fr. Terr. crét. t. 2, p. 273. Espèce non figurée et seulement indiquée.

DIMENSIONS.

Hauteur totale. . . . . 60 millim.
Diamètre. 55   »
Angle spiral. . . . .   70°
Id. sutural. . . . .   58°
Hauteur du dernier tour par rapport à l'ensemble.   0,35
Nombre de tours par demi-diamètre. . . . .   1 $^2/_3$

Coquille conique, un peu plus haute que large. Spire formée d'un angle régulier ; tours très-épais, quadrangulaires, composés de deux faces planes, se réunissant sous un angle d'environ 150° ; sur cet angle qui correspond à la bande du sinus, règne un petit bourrelet ; ces tours sont ornés de stries longitudinales, un peu inégales entre elles, fines et nombreuses, coupées par des stries d'accroissement moins apparentes, obliques entre le bord apicial des tours et la bande du sinus, directement transversales entre cette bande et le bord buccal ; on remarque sur les sutures un petit bourrelet semblable à celui du sinus. Ombilic étroit, mais laissant apercevoir les tours dans son intérieur. Face ombilicale ornée de stries circulaires, coupées, mais seulement au pourtour de l'ombilic, par de fortes

lignes d'accroissement obliques. Bouche élevée, et subpentagonale. Sinus placé
sur l'angle des tours.

Moule lisse ; la carène médiane de chaque tour s'efface presque complètement,
sauf sur le dernier qui reste anguleux, alors que les autres sont convexes.

RAPPORTS ET DIFFÉRENCES. Cette espèce a des caractères trop tranchés, pour
être confondue avec les précédentes.

HISTOIRE. Elle a été citée par M. d'Orbigny, parmi celles qui sont imparfaitement caractérisées ; il n'en connaissait que des moules provenant entre autres
des environs de Cluse, et en a décrit les tours comme « plans, élevés et carénés. »
Cette courte indication nous laisse quelques doutes sur l'identité de notre espèce
avec la sienne, mais leur même provenance, et notre désir de ne pas compli-
quer la synonimie, nous ont engagé à rapporter la pleurotomaire que nous venons de décrire à celle du savant paléontologiste.

LOCALITÉS. Elle est abondante dans les grès verts du Saxonet, où il est malheureusement très-rare d'en trouver des exemplaires un peu complets. Nous en possédons aussi quelques échantillons du Reposoir.

EXPLICATION DES FIGURES. Planche 22, fig. 4 a, Pl. alpina du Saxonet, de
grandeur naturelle, avec son test restauré ; — fig. 4 b, grossissement du test ;
—fig. 4 c, face ombilicale ; — fig. 4 d, moule intérieur de l'ombilic qui montre la
manière dont les stries sont disposées dans son intérieur ; — fig. 4 e, moule de
la même espèce, dessiné d'après un échantillon très-adulte et sur lequel, par conséquent, les carènes des tours sont plus effacées que chez les jeunes sujets.

125. PLEUROTOMARIA CARTHUSIÆ Pictet et Roux.

*P. testâ conicâ ; spirâ angulo 90° ; anfractibus angulatis, marginatis, decussatim
tenuiter striatis ; facie umbilicali convexiusculâ ; umbilico mediocri ; aperturâ depressâ.*

DIMENSIONS.

Hauteur totale	21 millim.
Diamètre	27 »
Angle spiral	90°
Id. sutural	50°
Hauteur du dernier tour par rapport à l'ensemble	0,41
Nombre de tours par demi-diamètre	1 2/3

Coquille conique, un peu plus large que haute. Spire formée d'un angle régulier; tours anguleux sur leur partie médiane, composés de deux faces à peu près planes, se réunissant sous un angle d'environ 140°; la réunion de ces deux faces qui correspond à la bande du sinus, est recouverte d'une petite côte ou léger bourrelet; un autre bourrelet orne le bord buccal des tours; il est déprimé et très-saillant sur le bord externe de la face ombilicale. Tout le test de la face spirale est finement et régulièrement strié en long et en travers, les stries longitudinales étant plus marquées que les transversales. Le dernier tour est convexe sur sa face ombilicale.

Moule lisse, à tours anguleux sur leur partie médiane.

Rapports et différences. Cette espèce est très-voisine de la *P. alpina*, par la forme de ses tours, et par les ornements de son test; elle en diffère par son angle spiral beaucoup plus ouvert, par sa forme moins élevée, et par ses tours moins anguleux.

Localité. Elle a été trouvée près de la Chartreuse du Reposoir, d'où nous avons tiré son nom. Le Musée académique en possède un joli échantillon.

Observations. Elle nous est parvenue trop tard pour trouver place dans nos planches; elle sera figurée dans un supplément.

126. Pleurotomaria Saxoneti Pictet et Roux.

P. testâ conicâ; spirâ angulo 85°; anfractibus subrotundatis, marginatis, longitudinaliter transversimque striatis; facie umbilicali depressâ; umbilico mediocri; aperturâ depressâ.

Dimensions.
(Moules.)

Hauteur totale	32 millim.
Diamètre	37 »
Angle spiral	85°
Id. sutural	54°
Hauteur du dernier tour par rapport à l'ensemble	0,27
Nombre de tours par demi-diamètre	2

Coquille conique, un peu moins haute que large. Spire formée d'un angle régulier; tours légèrement convexes, point anguleux, ornés en long et en travers de stries fines, et sur leur partie médiane d'une petite côte qui correspond à la bande du sinus ; leur bord buccal porte un bourrelet peu apparent ; le dernier est très-déprimé sur sa face ombilicale , laquelle est ornée de petites côtes circulaires, croisées par des stries obliques d'accroissement. Ombilic peu ouvert. Bouche déprimée, triangulaire.

Moule lisse ; tours un peu convexes ; le dernier porte à son pourtour externe, une carène émoussée, et sur sa partie médiane, une côte peu apparente , correspondant à la bande du sinus.

RAPPORTS ET DIFFÉRENCES. Cette espèce est voisine des *P. alpina* et *Carthusiæ* par les ornements de son test, mais elle n'en a pas les tours anguleux ; sa face ombilicale est aplatie et son angle spiral est différent. Elle a des rapports aussi avec la *Pl. gurgitis*, mais elle en diffère par son angle spiral un peu moins aigu, et par ses tours moins élevés, bordés par un bourrelet.

LOCALITÉ. Elle a été trouvée au Saxonet; collection du Musée académique. Elle sera figurée dans un supplément.

127. PLEUROTOMARIA GURGITIS d'Orbigny.

(Pl. 23, fig. 2 a, b.)

P. testâ conicâ, sub-carinatâ; spirâ angulo 90°; anfractibus convexiusculis : facie umbilicali convexâ; umbilico angusto ; aperturâ rhomboidali.

Pleurotomaria gurgitis, d'Orb. 1842, Pal. fr. Terr. crét. t. 2, p. 249, pl. 192. fig. 4—6.
    Id.   Reuss .Verst. Bœhm. Kreidef. 1, p. 47.

DIMENSIONS.
(*Moules.*)

Hauteur totale	30 millim.
Diamètre	39 »
Angle spiral	90°
Id. sutural	50°
Hauteur du dernier tour, par rapport à l'ensemble	0.37

Nous ne connaissons pas la coquille.

Moule plus large que haut, conique. Spire formée d'un angle régulier, composée de tours à peine convexes, le dernier portant une carène émoussée à son pourtour externe et bombé sur sa face ombilicale. Ombilic très-étroit. Bouche rhomboidale, déprimée, assez haute. Sinus placé vers le milieu des tours.

D'après M. d'Orbigny, le test est orné de côtes inégales, sur lesquelles viennent se croiser des rides d'accroissement.

RAPPORTS ET DIFFÉRENCES. Cette espèce se rapproche un peu par les ornements de son test des trois précédentes, mais elle s'en distingue par l'absence complète de bourrelets (au moins à en juger par la figure et la description de M. d'Orbigny) ainsi que par la forme et les proportions de ses tours. Elle ne saurait surtout être confondue avec les *Pl. alpina* et *Carthusiæ* dont les tours sont notablement anguleux ; nous avons dit plus haut que l'absence de bourrelet la distinguait de la *Pl. Saxoneti*, dont les moules ont les tours moins épais et décroissant bien moins rapidement.

OBSERVATION. M. d'Orbigny rapporte à cette espèce le *Trochus gurgitis* de Brongniart ; mais il suffit de jeter les yeux sur la planche Q, fig. 7, des ossem. foss. de Cuvier, 4ᵉ édit. pour se convaincre de l'impossibilité de cette réunion, car l'échantillon figuré a un angle spiral de 65°, et présente, comme nous l'avons déjà indiqué, les caractères du *Solarium conoideum*.

LOCALITÉ. La perte du Rhône ; elle y est rare.

EXPLICATION DES FIGURES. Planche 25, fig. 2 *a, b,* moule de la *Pl. gurgitis,* de grandeur naturelle.

128. PLEUROTOMARIA LIMA d'Orbigny.

P. testâ conico-depressâ, carinatâ ; spirâ angulo 97°; anfractibus sub-complanatis, transversim longitudinaliterque striatis ; facie umbilicali convexiusculâ : umbilico lato ; aperturâ depressâ, rhomboidali.

P. lima, d'Orbigny, 1842. Pal. fr. Terr. crét. t. 2, p. 248, pl. 192, fig. 1—3.

DIMENSIONS.

Hauteur totale	21 millim.
Angle spiral	97°
Hauteur du dernier tour par rapport à l'ensemble	0,40

Nous ne possédons qu'un petit nombre de moules de cette espèce bien caractérisée, pour la description de laquelle nous renvoyons à l'ouvrage de M. d'Orbigny. Ces moules se distinguent facilement par leur angle spiral, leur forme régulièrement conique, et leur brièveté.

LOCALITÉ. Ils proviennent de la perte du Rhône. Nous avons vérifié leur identité avec ceux du gault d'Escragnolle (Var).

129. PLEUROTOMARIA SAUSSUREANA Pictet et Roux.

Pl. 23. fig. 1 a, b, c, d, e, f.

P. testâ conico-depressâ; spirâ angulo 130°; anfractibus gradatis, angulatis, decussatim striatis; umbilico lato; aperturâ angulosâ.

DIMENSIONS.

Hauteur totale... 48 millim.
Diamètre... 65   »
Angle spiral... 130°

Coquille conique, beaucoup plus large que haute. Spire formée d'un angle régulier, composée de tours anguleux, assez épais, disposés en gradins, formés de deux faces dont la réunion s'opère sous un angle de 115° et figure une carène qui correspond à la bande du sinus. Ces tours sont ornés de stries longitudinales, un peu inégales entre elles, fines et nombreuses, coupées par des stries d'accroissement aussi apparentes, obliques entre le bord apicial des tours et la bande du sinus, directement transversales entre cette bande et le bord buccal. Ombilic assez grand; le test de la face ombilicale ne nous est par connu. Bouche peu déprimée, de forme à peu près ovale. Bande du sinus anguleuse, placée sur la partie médiane et proéminente des tours.

Moule lisse, ne rappelant point la forme de la coquille dont le test est remarquablement épais; tours non carénés, déprimés, un peu arrondis, le dernier bombé du côté de l'ombilic, qui est très-large et porte de faibles empreintes de côtes concentriques rapprochées entre elles; sinus très-long, visible seulement sur le dernier tour, qui forme un angle droit à son pourtour externe dans sa partie la plus voisine de la bouche.

RAPPORTS ET DIFFÉRENCES. Cette espèce, par les ornements de son test, est très-voisine des *P. alpina* et *Carthusiæ;* les côtes longitudinales et transversales qui les constituent sont cependant plus marquées et plus régulières dans la

P. Saussureana, et leur entrecroisement forme de petits tubercules bien dessinés ; en outre, cette dernière ne porte pas de bourrelet sur les sutures. La forme de ces espèces les distingue beaucoup mieux, car la *Pl. Saussureana* est clairement caractérisée par sa spire déprimée, beaucoup plus large que haute, par son angle spiral de 130°, et par la forme remarquable de ses tours disposés en gradins.

Cette espèce est beaucoup plus voisine de la *Pl. seriatogranulata* Goldf. pl. CLXXXVI, fig. 10, des grès verts de Bohème. Elle en diffère par ses tours plus étroits, par l'angle de sa carène moins obtus et par ses ornements plus fins.

LOCALITÉ. Le Saxonet, où elle est rare avec son test. Nous avons dédié cette belle espèce à l'illustre historien des Alpes.

EXPLICATION DES FIGURES. Planche 23, fig. 1 *a*, *Pl. Saussureana*, vue en dessus, de grandeur naturelle ; — fig. 1 *b*, grossissement du test ; — fig. 1 *c*, la même, vue de profil ; nous avons dû la représenter par derrière, parce que le test manquait sur la face ombilicale ; cette figure destinée surtout à montrer la manière dont les tours sont disposés en gradins, est, à cause de cette absence du test ombilical, informe dans son contour supérieur ; — fig. 1 *d*, *e*, *f*, moule de la même espèce.

130. PLEUROTOMARIA ALLOBROGENSIS Pictet et Roux.

(Pl. 23, fig. 3 a. b.)

P. testà conicà ; spirà angulo 105° ; anfractibus convexis, rotundatis, longitudinaliter costatis ; facie umbilicali convexà, umbilico angusto ; aperturà sub-triangulari.

DIMENSIONS.

Hauteur totale	25 millim.
Diamètre	43 »
Angle spiral	105°
Id. sutural	40°
Hauteur du dernier tour, par rapport à l'ensemble	0,44
Nombre de tours par demi-diamètre	2

Nous ne connaissons que des moules.

Moule conique, plus large que haut. Spire formée d'un angle convexe, composée de tours convexes, non carénés, ornés de trois côtes longitudinales, émousséees, dont celle du milieu correspond à la bande du sinus; le dernier tour est arrondi, quoique peu bombé du côté de l'ombilic qui est très-étroit. Bouche déprimée.

Rapports et différences. Ce moule diffère de celui de la *P. gurgitis*, par ses tours plus convexes et plus séparés, par son angle spiral plus obtus et par les trois côtes dont il est orné. Ces mêmes côtes lui donnent quelque ressemblance avec celui de la *P. Itieriana*, mais il s'en distingue facilement par son angle spiral beaucoup plus ouvert, par ses tours plus convexes et plus épais, et par sa face ombilicale beaucoup moins déprimée.

Localités. Nous avons trouvé cette pleurotomaire à la perte du Rhône et dans le Val Chézery; elle n'y est pas très-rare.

Explication des figures. Planche 22, fig, 5 *a*, *b*, moule de la *Pl. allobrogensis*, de grandeur naturelle.

131. Pleurotomaria coronata Pictet et Roux.

(Pl. 23, fig. 1 *a*, *b*, *c*.)

P. testâ conicâ, carinatâ; spirâ angulo 88°; anfractibus subcomplanatis, tuberculorum serie spirali ornatis, facie umbilicali convexiusculâ; umbilico mediocri; aperturâ depressâ, rhomboïdali.

Dimensions.
(Moules.)

Hauteur totale, maximum	26 millim.
Diamètre	30 »
Angle spiral	88°
Id. sutural	38°
Hauteur du dernier tour par rapport à l'ensemble	0,38
Nombre de tours par demi-diamètre	1 $\frac{3}{4}$

Nous ne connaissons que le moule de cette espèce, dont le test offrait probablement des caractères très-tranchés.

Moule conique, plus large que haut, caréné au pourtour de la face ombilicale. Spire formée d'un angle régulier, composée de tours presque plans, marqués en long et sur leur partie médiane d'une côte peu sensible correspondant à la bande du sinus et bordée en dessus et en dessous d'une légère dépression; ces tours sont en outre ornés, sur leur bord apicial, d'une rangée de tubercules obtus très-rapprochés. Le dernier est un peu convexe sur sa face ombilicale qui paraît avoir été striée en long de la même manière que chez la *P. Rhodani*. Ombilic médiocre, mesurant environ la sixième partie du diamètre. Bande du sinus placée sur le milieu des tours.

RAPPORTS ET DIFFÉRENCES. Les tubercules dont cette espèce est ornée, la distinguent de toutes les autres, et rappellent par leur disposition les ornements de quelques uns des solarium que nous avons décrits.

LOCALITÉS. Nos échantillons proviennent du Saxonet, de la perte du Rhône et du Reposoir ; cette espèce est rare. Collections du Musée académique et de M. le professeur Favre.

EXPLICATION DES FIGURES. Planche 25, fig. 4 *a*, *b*, *c*, moule de la *Pl. coronata*, de grandeur naturelle.

132. PLEUROTOMARIA RHODANI d'Orbigny.

(Pl. 24, fig. 1 *a, b, c, d, e f, g*.)

P. testà depressà ; spirà angulo 113° ; anfractibus convexis, depressis, angustatis, longitudinaliter striatis, ultimo sub-carinato, latè umbilicato ; aperturà depressà, oblongà.

Trochus Rhodani, Brongniart, 1822, Oss. foss. de Cuv. 4ᵉ éd. et Environs de Paris, pl. Q, fig. 8.

Pleurotomaria Rhodani, d'Orbigny, 1842, Pal. fr. Terr. crét. t. 2, p. 250, pl. 192, fig. 7—8.

DIMENSIONS.

Diamètre maximum . . . . 35 millim.

Angle spiral . . . . 113°

Id. sutural . . . . 45°

Hauteur du dernier tour par rapport à l'ensemble 0,50

Nombre de tours par demi-diamètre . . . . 2 $^{1}/_{4}$

Coquille déprimée, plus large que haute. Spire formée d'un angle un peu convexe, composée de tours étroits, convexes, striés longitudinalement en dessus et en dessous, les stries coupées par des lignes fines et obliques d'accroissement; le dernier est très-légèrement anguleux à son pourtour externe, et convexe sur sa face ombilicale. Ombilic mesurant un peu moins du tiers du diamètre de la coquille. Bouche déprimée, transversale, oblongue. Sinus placé sur le tiers interne des tours.

Moule lisse ; la bande du sinus y est peu visible et n'apparaît en relief que sur quelques rares échantillons.

Rapports et différences. Cette espèce se distingue des autres par son aplatissement, par l'étroitesse de ses tours et par les ornements de son test.

Localités. Elle n'est pas commune à la perte du Rhône ; nous n'en possédons qu'un exemplaire des grès verts de la Savoie.

Explication des figures. Planche 24, fig. 1 *a*, *b*, *c*. *Pl. Rhodani*, de grandeur naturelle ; — fig. 1 *d*, grossissement du test. Cette figure a été dessinée sur un échantillon un peu usé, les stries transversales ne doivent pas être interrompues sur les longitudinales ; — fig. 1 *e*, *f*, *g*, moule de la même espèce.

133. Pleurotomaria regina Pictet et Roux.

(Pl. 24, fig. 2 *a. b. c, d. e, f. g.*)

P. testâ conico-depressâ, carinatâ ; spirâ angulo 110° ; anfractibus planis, transversim costatis, longitudinaliter costatis tuberculatisque ; facie umbilicali complanatâ, longitudinaliter costatâ, transversim striatâ et latè umbilicatâ ; aperturâ angulatâ, depressâ.

Dimensions.

Hauteur totale, maximum	20 millim.
Diamètre *Id.*	12 »
Angle spiral	110°
Id. sutural	33°
Hauteur du dernier tour par rapport à l'ensemble	0,35
Nombre de tours par demi-diamètre	3 1/2

Coquille déprimée, plus large que haute. Spire formée d'un angle régulier, composée de tours plans dont les ornements sont ainsi distribués : entre le sinus et le bord apicial des tours, il y a quatre côtes ; savoir, deux simples ou du moins à peine tuberculeuses, et deux ornées ou plutôt formées de tubercules allongés et alignés en long; ces deux dernières sont les plus rapprochées de la suture. De l'autre côté, du sinus on compte huit côtes dont les cinq premières sont finement tuberculeuses; des trois autres qui se trouvent les plus rapprochées du bord buccal des tours, celle du milieu est simple et les deux autres ont des tubercules allongés et sont plus marquées. Tout le test est coupé transversalement par des côtes fines, obliques, arquées et très-serrées, qui se rencontrent vers la bande du sinus, en formant des angles dirigés en arrière. Dernier tour fortement caréné; sa face ombilicale, presque plane, est ornée de côtes longitudinales espacées et de stries d'accroissement sinueuses. Ombilic assez large. Bouche très-déprimée. Sinus placé un peu plus près du bord apicial que du bord buccal des tours.

Moule lisse, à tours étroits et déprimés, le dernier un peu anguleux à sa circonférence.

Rapports et différences. Le test de cette espèce la différencie complètement de toutes les autres; son moule a été probablement confondu jusqu'à présent, avec celui de la *P. Rhodani;* il s'en distingue toutefois par l'aplatissement de sa face ombilicale et par ses tours proportionellement plus étroits et plus nombreux.

Localités. Le Saxonet, le val Chézery et la perte du Rhône; elle n'y est pas très-rare.

Explication des figures. Planche 24, fig. 2 *a*, *b*, *c*, *Pl. regina*, de grandeur naturelle, restaurée; — fig. 2 *d*, grossissement du test; — fig. 2 *e*, *f*, *g*, moule de la même espèce; l'angle spiral de la fig. 2 *g*, est un peu trop ouvert.

134. Pleurotomaria Fittoni Rœmer.

P. testâ circulari, depressâ; spirâ complanatâ, horizontali; anfractibus sub-carinatis; facie umbilicali convexâ; aperturâ sub-triangulari.

P. Fittoni, Rœmer, Verst. norddeut.. Kreidegeb. p. 82, pl. xii, fig. 10.
   Id.   Geinitz, Charact. p. 73.

DIMENSIONS.

Hauteur totale.. 7 millim.
Diamètre... 20   »

Nous ne connaissons pas le test.

Moule circulaire, tout à fait déprimé. Tours enroulés sur le même plan ou à peu près ; ces tours sont un peu déprimés, légèrement carénés en dehors. Face ombilicale convexe. Bouche subtriangulaire, déprimée.

Rapports et différences. Les moules de cette espèce ressemblent beaucoup par leur face ombilicale à ceux de la *Pl. Rhodani*, mais leur aplatissement et l'absence de saillie spirale les font facilement distinguer.

Histoire. M. Rœmer a décrit et figuré le premier cette espèce. Il lui donne comme synonime le *Solarium ornatum* de Fitton. Nous ne pouvons en aucune manière comprendre le motif de ce rapprochement.

Localité. Nous possédons quelques moules de la *Pl. Fittoni* qui proviennent de la perte du Rhône. Nous les figurerons dans un supplément.

Genre STOMATIA Lamarck.

Caractères. Coquille oblongue ou ovale, auriforme, imperforée. Spire à peine formée de quelques tours très-déprimés. Bouche entière, plus longue que large; labre dilaté, tranchant.

Animal intermédiaire entre les trochides et les vraies haliotides; semblable à ces dernières, mais sans fente sur le manteau.

On n'en connaît que deux espèces fossiles dont une des terrains crétacés, décrite par M. d'Orbigny, s'éloigne beaucoup des espèces vivantes par sa forme. Nous en avons trouvé une seule qui leur ressemble beaucoup plus.

155. Stomatia gaultina Pictet et Roux.

(Pl. 24, fig. 3 a. b.

S. testà auriculari, depressâ, elongatâ; spirâ angulo 128°; anfractibus convexis; aperturâ sub-rotundatâ.

Dimensions.

Hauteur mesurée dans la plus grande longueur de la coquille............ 20 millim.
Diamètre mesuré dans la plus petite largeur, vers le bord columellaire..... 10   »

Nous ne connaissons que le moule de cette espèce. Il est plus large que haut, lisse. Spire très-courte, le dernier tour forme à lui seul presque toute la coquille. Bouche arrondie, ou presque ovale; son bord columellaire est un peu irrégulier et présente une petite cavité, située à l'extrémité antérieure d'une dépression étroite et semi-circulaire, qui est due sans doute à l'empreinte laissée par la columelle. L'ombilic n'est qu'indiqué.

Observations. Ce moule a les plus grands rapports avec celui de la *Stomatia phymotis*, espèce vivante, que nous avons préparé et comparé pour justifier le classement de notre espèce dans ce genre et dans la famille des haliotides.

Localités. Cette espèce a été trouvée au Saxonet et à la perte du Rhône; collections de MM. Favre, Tollot, Roux, et du Musée académique.

Explication des figures. Planche 24, fig. 5 *a, b,* moule de la *Stomatia gaultina,* de grandeur naturelle.

6ᵐᵉ Famille : STROMBIDES.

Caractères. Coquille plus ou moins allongée, régulière dans son jeune âge, et caractérisée dans l'âge adulte par la dilatation, l'épaisissement et l'élargissement de son dernier tour qui s'arme quelquefois de longues pointes. Bouche terminée antérieurement par un canal, accompagné d'un sinus plus ou moins distinct. Opercule en forme de couteau.

Animal composé d'un manteau médiocre, à pied allongé, divisé en deux parties dont l'antérieure est en fer à cheval et dont la postérieure allongée soutient l'opercule. Tête allongée, divisée en trois parties, l'une médiane formant une trompe extensible, les autres latérales ou tentaculaires terminées par un œil volumineux et par un tentacule rudimentaire.

Cette famille, qui correspond à celle des Ailés de Lamarck, est clairement caractérisée par l'arrêt d'accroissement de la coquille, par son labre dilaté et par son dernier tour d'une forme différente de celle des autres. C'est la seule aussi où l'on remarque à la fois un sinus et un canal.

Nous avons trouvé dans nos grès verts les quatre genres dont elle se compose savoir : les *Rostellaria*, *Pterocera*, *Strombus* et *Pterodonta*. Ce dernier genre n'avait encore été observé que dans les craies chloritées.

Les strombides ont apparu pour la première fois dans les terrains jurassiques. Leurs espèces augmentent de nombre dans l'époque crétacée et cette famille paraît être arrivée aujourd'hui à son maximum de développement numérique. Les nombreuses espèces actuelles vivent surtout dans les mers chaudes, autour des îles ou des bancs de coraux, à une assez grande profondeur. Quelques-unes atteignent une très-grande taille.

Genre ROSTELLARIA Lamarck.

Caractères. Coquille plus ou moins turriculée. Bouche terminée en avant par un canal presque toujours long et étroit; labre dilaté, souvent recourbé en arrière, tantôt entier, tantôt digité, échancré par un sinus contigu au canal. Opercule moins allongé que dans les strombes.

Ces coquilles se distinguent surtout des ptérocères par la position de leur sinus et par leur labre moins divisé, et des strombes par la longueur de leur canal.

La plupart des auteurs ont confondu dans ce genre les véritables rostellaires (telles que la *R. curvirostris*) qui ont les yeux terminaux, le canal fortement creusé et le labre peu découpé, et les *Chenopus* (telles que la *R. pes-pelicani*) chez qui les yeux sont placés sur les côtés des tentacules, et dont la coquille a un canal déprimé, à peine creusé, et le labre fortement digité. De nouvelles études seront nécessaires pour répartir définitivement les espèces vivantes entre ces deux genres; la difficulté est plus grande pour les espèces fossiles parce qu'on ne peut pas lier les différences des coquilles aux formes de l'animal. La presque totalité de nos espèces des grès verts paraissent du reste se rapprocher principalement des vraies rostellaires.

Ces mollusques ont apparu dès l'époque jurassique et sont assez nombreux dans les terrains crétacés. M. d'Orbigny en a décrit neuf espèces du terrain albien, MM. Goldfuss, Rœmer, Geinitz, Reuss, etc., ont fait connaître plusieurs espèces remarquables du même terrain ou des étages immédiatement supérieurs, et les auteurs anglais en ont décrit quelques-unes du gault, des grès verts de Blackdown, etc. Nous n'avons trouvé dans les grès verts de nos environs que cinq espèces déjà connues, mais nous en ajoutons sept nouvelles. La plupart ne peuvent être décrites que d'une manière incomplète, car les dilatations du labre se conservent rarement dans nos terrains.

1 { Coquille allongée, angle spiral de 40° au plus......................... 2
  { Coquille courte, angle spiral de 57°............................. *R. Deluci.*

2 { Quatre côtes longitudinales laissant leurs traces sur le moule....... *R. cingulata.*
  { Pas de côtes longitudinales...................................... 3

3 { Pas de carènes sur le dernier tour................................. 4
  { Une ou deux carènes sur le dernier tour........................... 6

4 { Deux bourrelets transversaux sur chaque tour ; angle spiral de 40°.. *R. Grasiana.*
  { Pas de bourrelets transversaux ; angle spiral de 27° à 28°.............. 5

5 { Dernier tour du moule médiocre, irrégulièrement arrondi.......... *R. Itieriana.*
  { Dernier tour du moule grand, régulièrement arrondi........... *R. Parkinsoni.*

6 { Deux carènes sur le dernier tour, la plus antérieure étant quelquefois très-
  {   peu saillante.. 7
  { Une seule carène sur le dernier tour.............................. 8

7 { Carènes tuberculeuses.. *R. Orbignyana.*
  { Carènes non tuberculeuses, la plus rapprochée de la suture étant très-vive et
  {   tranchante... *R. carinella.*

8 { Dernier tour très-long, indépendamment du canal..... .... *R. fusiformis.*
  { Dernier tour médiocre.. 9

9 { Test orné de côtes transversales................................. 10
  { Pas de côtes transversales................................... *R. Timotheana.*

10 { Tours très-arrondis, sutures déprimées....... 11
   { Tours presque plans, coquille régulièrement conique............. *R. subulata.*

11 { Carène très-courte, angle spiral de 35°................... *R. Neckeriana.*
   { Carène occupant presque tout le dernier tour ; angle spiral de 18°. *R. marginata.*

156. ROSTELLARIA ORBIGNYANA Pictet et Roux.

(Pl. 24, fig. 4 *a. b. c.*)

R. testâ elongatâ ; spirâ angulo 33° ; anfractibus convexis, longitudinaliter tenuiter striatis, transversim obliquè tuberculato-costatis, lateraliter varicosis ; ultimo anfractu bicarinato, tuberculato ; labro dilatato, aliformi, lato, (posticè curvato, acuminato d'Orb.); aperturâ obliquè compressâ, mediocri.

Rostellaria costata, Michelin, 1836. Mém. de la Soc. géol. t. 3, p. 100.
Rostellaria Parkinsoni, d'Orb. 1842. Pal. fr. Terr. crét. t. 2, p. 288, pl. 208, fig. 1 — 2.

R. Parkinsoni, Geinitz, Grundriss der Versteinerungskunde, p. 363.

Les autres citations de la *R. Parkinsoni* ne se rapportent pas à cette espèce.

DIMENSIONS.

Angle spiral (sur les moules) .... 30°

Id. sutural.. 84°

Hauteur totale... .... 50 millim.

Coquille allongée. Spire formée d'un angle régulier, composée de tours convexes, marqués longitudinalement par des stries fines et égales, et ornés en travers de côtes tuberculeuses, obliques, plus saillantes au milieu ; nous en avons compté onze sur l'avant-dernier tour (M. d'Orbigny en indique dix-sept) ; l'une de ces côtes est plus élevée de chaque côté, et représente une suite de varices. Le dernier tour perd ses côtes en dessous et présente en dessus deux carènes ; la plus rapprochée de la suture est la plus forte ; elle porte des tubercules allongés, costiformes ; l'autre est plus mousse et n'a que de petits tubercules arrondis ; ces carènes divergent en s'étendant sur le labre. Ce dernier, que nous n'avons jamais trouvé complet sur nos échantillons, est large, prolongé en aile élargie à son extrémité, et brusquement retourné en arrière en une pointe aiguë. Bouche peu étroite, comprimée, oblique à l'axe de la spire.

Moule lisse, conservant les traces des carènes, des côtes et des tubercules.

RAPPORTS ET DIFFÉRENCES. La *R. Orbignyana* est clairement caractérisée par les deux carènes tuberculeuses de son dernier tour ainsi que par son labre qui ne se dilate point à sa base pour accompagner la spire, et qui se termine par une pointe aiguë, brusquement retournée en arrière.

HISTOIRE. Cette espèce, comme nous le démontrerons plus bas, n'est point la *R. Parkinsoni* des auteurs anglais. Nous n'avons en conséquence pas pu conserver le nom qui lui avait été donné par M. d'Orbigny ; nous l'avons dédiée à cet illustre paléontologiste qui, le premier, l'a fait connaître d'une manière exacte. Elle avait auparavant été décrite sous le nom de *R. costata*, par M. Michelin ; mais elle ne peut pas non plus conserver ce nom qui lui avait été donné par une fausse assimilation avec une espèce trouvée à Gosau.

LOCALITÉ. La *R. Orbignyana* est assez commune à la perte du Rhône.

EXPLICATION DES FIGURES. Planche 24, fig. 4, *a. R. Orbignyana*, un peu grossie ; — fig. 4, *b* et *c*, moule de la même espèce.

137. ROSTELLARIA PARKINSONI Sowerby.

(Pl. 21, fig. 5, *a. b.*)

*R. testá elongatá; spirá angulo 28°; anfractibus convexis, longitudinaliter te-
nuiter et inæqualiter striatis, transversim obliquè tuberculato-costatis, lateraliter varicosis; ultimo anfractu non carinato; labro dilatato, latissimo, 3-inciso, parte porterior
suprà spiram decurrente; aperturá obliquè compressá, mediocri.*

Rostellarite, Parkinson, 1811. Org. Remains, t. 3, p. 63, pl. v, fig. 11.

R. Parkinsoni, Sow. Min. Conch. pl. 558, fig. 5 (exceptis aliis).

R. Parkinsoni, Phillips, 1829. Geol. of. Yorkshire, t. 2, fig. 33 et 34.

R. Parkinsoni, Fitton, 1836. Trans. geol. nouv. série, t. 4, pl. xviii, fig. 24.

R. Sowerbyi, Agassiz, trad. de Sowerby, p. 379.

R. Reussii, Geinitz, 1840. Character. p. 71, pl. xviii, fig. 1.

Id. Reuss, 1845. Verst. Bœhm. Kreidef. p. 45, pl. ix, fig. 9 *a, b.*

A. Parkinsoni, Morris, 1843. Catal. of British fossils, 162.

DIMENSIONS.

Angle spiral . . . . 28°

Id. sutural . . . . 80°

Hauteur totale . . . . 40 millim.

Coquille allongée. Spire formée d'un angle régulier, composée de tours convexes, ornés en long de stries, dont quatre ou cinq situées près du bord apicial
des tours sont plus marquées et plus distantes, et en travers, de côtes tuberculeuses obliques, minces, plus élevées au milieu, au nombre de seize à dix-huit
sur l'avant-dernier tour; ces côtes sont plus saillantes de chaque côté de la coquille, et y figurent une suite de varices. Le dernier tour, porte des côtes transversales comme les autres, mais très-allongées et atténuées; il est orné en outre
de stries d'accroissement, peu apparentes d'abord, puis très-marquées sur le
labre; ce tour est très-convexe; les stries longitudinales sont très-visibles vers la
suture et sur le canal. Labre très-large, peu prolongé; la partie libre se recourbe
en arrière et s'accole à la spire; elle présente deux échancrures qui donnent naissance à deux pointes peu saillantes; une troisième échancrure se trouve à côté du
canal. Bouche comprimée, assez grande, oblique à l'axe de la spire, encroûtée
sur la columelle.

Moule lisse, ne conservant que rarement les traces des côtes ; les empreintes des varices, subsistent souvent sous forme de dépressions longitudinales.

RAPPORTS ET DIFFÉRENCES. Très-voisine de l'espèce précédente par les ornements de sa spire, elle s'en distingue par l'absence de carènes sur le dernier tour, par ses stries longitudinales inégales et moins nombreuses, et surtout par la forme de son labre.

HISTOIRE. L'histoire de la *R. Parkinsoni*, est très-embrouillée, car les auteurs anglais, français et allemands, ont désigné sous ce nom des coquilles très-différentes.

La *R. Parkinsoni*, telle qu'elle est généralement admise par les auteurs anglais, est celle que nous décrivons ici sous ce nom. Elle a été figurée en 1811 par Parkinson, en 1822 par Sowerby, dans la pl. 558, fig. 5, du mineral Conchology, et en 1855, dans le mémoire de Fitton, pl. 24, fig. 11. Cette dernière figure, en particulier, la caractérise avec une parfaite clarté ; elle a son dernier tour sans carène, orné de côtes longitudinales minces, non interrompues ; son labre présente trois échancrures et s'étend le long de la spire. Mais dans ces ouvrages même il y a quelque confusion, et en particulier, Sowerby figure sous ce nom au moins trois espèces : savoir, celles de la planche 549, qui sont de l'argile de Londres, celle de la planche 558, n° 5, qui est la vraie *R. Parkinsoni* des anglais, et celle de la planche 558, n° 6, qui est probablement encore différente. M. Agassiz, dans sa traduction de Sowerby, a proposé de distinguer sous le nom de *R. Parkinsoni*, l'espèce de la planche 549, et sous le nom de *R. Sowerbyi*, celles de la planche 558, confondant ainsi encore, suivant nous, deux espèces en une. On a préféré, en Angleterre, faire l'inverse ; et M. Morris, dans son catalogue, rapporte la *R. Parkinsoni* seulement à figure 5 de la planche 558 (c'est probablement par erreur qu'il indique la fig. 5), et la *R. Sowerbyi* à la planche 549.

M. d'Orbigny n'a pas connu la véritable *R. Parkinsoni* des Anglais [1] et a décrit

---

(1) La *R. Parkinsoni* de M. d'Orbigny ne peut en effet être assimilée ni à celles figurées par Sowerby. pl. 349, de l'argile de Londres. dont le labre revient contre la spire, ni à celle de la pl. 558, n° 5, dont le dernier tour n'a pas de carènes et présente au contraire des côtes minces qui le traversent entièrement sans s'effacer au milieu, ni avec le n° 6 de la même planche où la carène très-vive n'est pas tuberculeuse.

On chercherait en vain aussi à la rapprocher de la Rostellaire figurée par Parkinson qui a les les mêmes caractères que celle de Sowerby pl. 558, n° 5, et dont le labre revient contre la spire.

sous ce nom une espèce parfaitement caractérisée, mais qui n'est ni celle de Parkinson, ni aucune de celles de Sowerby. (Il cite à la fois les planches 549 et 558.) Il va même plus loin en réunissant à cette espèce la *R. marginata* de Fitton, qui est tout à fait distincte et que nous décrivons plus loin sous ce nom. La *R. Parkinsoni* de M. d'Orbigny, a deux carènes tuberculeuses sur le dernier tour, et un labre long, mince, recourbé et ne s'étendant pas vers la spire : c'est celle que nous avons nommée ci-dessus, *R. Orbignyana*.

Les auteurs allemands ont introduit une troisième manière de voir. M. Geinitz (Characteristik) a nommé *R. Parkinsoni*, une espèce caractérisée par un canal très-long et mince, par une aile allongée et par une grande pointe qui accompagne la spire. Elle ne ressemble ni à celle de M. d'Orbigny, ni à celle des Anglais. Cette erreur s'est propagée dans les ouvrages de MM. Rœmer et Reuss. En revanche M. Geinitz a donné le nom de *R. Reussii*, à la véritable *R. Parkinsoni* des Anglais, nom qui a été adopté également par les deux auteurs allemands que nous venons de citer. Plus tard dans son *Grundriss der Versteinerungskunde*, il a reconnu son erreur pour la première de ces espèces, et l'a désignée sous le nouveau nom de *R. Burmeisteri;* il a conservé à la seconde le nom de *R. Reussii*, et il a transporté celui de *R. Parkinsoni*, à l'espèce de M. d'Orbigny en citant à tort suivant nous, comme synonymes, Parkinson, planches 5, fig. 11, et Sowerby, pl. 549, fig. 5 et 6, et 558, fig. 5 et 6.

Dans cet état de choses, nous nous sommes trouvés embarrassés. Nous aurions désiré innover le moins possible et nous conformer à la nomenclature admise par M. d'Orbigny, dont les ouvrages sont entre les mains de tous les géologues. Mais les principes stricts qui règlent le droit de priorité, et la nécessité logique de conserver le nom de *R. Parkinsoni*, à l'espèce figurée par Parkinson, qui est connue sous ce nom par les géologues anglais, nous ont forcés à changer celui de la *R. Parkinsoni* de M. d'Orbigny, que nous avons dédiée à ce savant paléontologiste.

Localités. La *R. Parkinsoni* n'est pas rare au mont Saxonet. Collections du musée académique, de M. le prof. Favre, de M. Roux, etc. On la trouve aussi à la perte du Rhône.

Explication des figures. Planche 24, fig. 5 a. *R. Parkinsoni*, du Saxonet, un peu grossi ; — fig. 5 b, moule de la même espèce.

158. Rostellaria subulata Reuss.

(Pl. 25, fig. 1 *a*, *b*, *c*.)

R. testâ elongatâ, carinatâ; spirâ angulo 30°; anfractibus planiusculis, longitudinaliter tenuiter striatis, transversim obliquè costato-tuberculatis, lateraliter varicosis; canali elongato; aperturâ ovali; labro....

R. subulata, Reuss? Verst. bœhm. Kreideform., p. 46, pl. ix, fig. 8 *a*, *b*.

Dimensions.
(Moules.)

Angle spiral	30°
Id. sutural	82°
Hauteur maximum, sans le canal	40 millim.
Hauteur moyenne, *Id.*	20 »

Coquille allongée, conique. Spire formée d'un angle régulier, composée de tours presque plans, peu infléchis vers les sutures, ornés en long de stries fines, visibles surtout près du bord apicial, et en travers de côtes tuberculeuses obliques et ondulées, plus élevées et plus grosses de chaque côté de la coquille où elles forment une suite de varices; la face buccale est séparée de la surface spirale par une légère carène qui rappelle celle des trochus. Canal long et mince. Bouche ovale, peu oblique à l'axe de la spire. Labre inconnu.

Moule lisse; tours très-légèrement costulés en travers; les empreintes des varices se voient en creux de chaque côté de la spire.

Rapports et différences. Par les ornements de ses tours, cette espèce a de grands rapports avec les *R. Parkinsoni* et *Orbignyana*; elle diffère de la première par ses stries plus inégales et par ses tours peu convexes, dont le dernier qui n'est proportionnellement pas plus développé que les autres, porte sur son bord antérieur une carène lisse et est orné de côtes qui conservent la forme de celles des autres tours; elle se distingue de la seconde par les mêmes caractères de son dernier tour et par ses stries, qui tout en étant inégales, le sont d'une manière moins tranchée; elle diffère enfin de toutes deux par sa bouche, qui est ovale et courte, au lieu d'être comprimée et allongée.

Histoire. Ce n'est qu'avec doute que nous rapportons cette espèce à la *R. su-

bulata de M. Reuss. Elle a tout à fait la même forme; mais dans la nôtre, les côtes transversales paraissent moins nombreuses et plus renflées dans leur milieu.

LOCALITÉS. Elle n'est pas rare à la perte du Rhône; nous l'avons aussi du Saxonet.

EXPLICATION DES FIGURES. Planche 25, fig. 1 *a. b.*, moule de la *R. subulata*, de grandeur naturelle; — fig. 1 *c*, échantillon où le test de la face spirale est conservé.

139. ROSTELLARIA GRASIANA Pictet et Roux.

Pl. 27. fig. 1 *a. b.*

R. testâ conicâ; spirâ angulo 40°; anfractibus convexis, longitudinaliter tenuiter striatis, transversim obliquè costatis. costis undulatis, lateraliter varicosis; aperturâ ovali; labro....

DIMENSIONS.

Angle spiral. . . . . 40°
Id. sutural. . . . . 90°
Hauteur sans le canal. . . . . 20 millim.
Largeur près de la bouche. 13   "

Coquille peu allongée. Spire formée d'un angle régulier, composée de tours convexes, arrondis, ornés en long de stries fines et régulières, et en travers sur toute leur hauteur de côtes obliques, ondulées, atténuées à leurs extrémités ; deux bourrelets latéraux, légèrement obliques par rapport à l'axe de la coquille, partent du sommet de la spire et se terminent à la naissance du canal. Bouche ovale.

Moule lisse, traces des côtes transversales à peine marquées ; les bourrelets latéraux laissent sur chaque tour leur impression en creux.

RAPPORTS ET DIFFÉRENCES. Cette espèce diffère de la *R. Orbignyana,* par l'absence de carènes sur son dernier tour, par ses côtes plus minces et plus onduleuses, et par ses varices plus marquées. Elle se distingue de la *R. Parkinsoni,* par ces deux derniers caractères et par son angle spiral de 40° au lieu de 28°. Elle ne saurait non plus être confondue avec la *R. subulata,* à cause de ses tours convexes et de l'absence complète de carène sur le dernier.

LOCALITÉ. La *R. Grasiana*, se trouve à la perte du Rhône, où elle est rare. Nous l'avons dédiée à M. Gras, connu par ses travaux sur les fossiles des terrains crétacés du bassin du Rhône.

EXPLICATION DES FIGURES. Planche 27, fig. 1 *a*, *b*. *R. Grasiana*, grossie.

140. ROSTELLARIA NECKERIANA Pictet et Roux.

(Pl. 25. fig. 3 *a*, *b*.)

R. testâ subelongatâ, conico-turritâ; spirâ angulo 35°; anfractibus convexis, costato-tuberculatis, ultimo subangulato; aperturâ ovali; labro unicarinato et lineis impresso.

DIMENSIONS.

Angle spiral . . . . 35°

Id sutural . . . . 94°

Hauteur sans le canal. . . . . 26 millim.

Test inconnu.

Espèce peu allongée. Spire formée d'un angle un peu convexe, composée de tours très-convexes et très-séparés les uns des autres, ornés de traces de tubercules costiformes, transverses, apparentes surtout sur leur convexité; le dernier est un peu anguleux sur les moules bien conservés, et porte une légère carène près de la bouche qui est anguleuse en dehors et courte; il est en outre marqué de quelques impressions longitudinales situées entre la carène et le canal; celui-ci est mince. Nous ne connaissons pas le labre; mais les détails précédens observés sur le moule semblent indiquer qu'il était arrondi, terminé par deux pointes aiguës; correspondant l'une au canal, l'autre à la carène, et qu'entre ces deux pointes on voyait de petites digitations.

RAPPORTS ET DIFFÉRENCES. Le moule de cette rostellaire diffère de celui de la *R. subulata* par ses tours très-convexes, séparés par une suture profonde, et par son angle spiral plus ouvert; ces mêmes caractères serviront à la distinguer de ceux des *R. Parkinsoni* et *Orbignyana*, dont le dernier tour a d'ailleurs chez chacune d'elles une forme très-différente.

Elle a plus de rapports avec la *R. Grasiana*, mais elle s'en distingue par ses tubercules costiformes beaucoup plus gros et plus rares, par sa bouche plus anguleuse et par son angle spiral plus aigu.

Localités. Cette petite espèce a été trouvée au Saxonet et à la perte du Rhône ; elle n'est pas rare dans ce dernier gisement.

Explication des figures. Planche 25, fig. 3, *a*, *b*, moule de la *R. Neckeriana*.

141. Rostellaria marginata Fitton.

(Pl. 25, fig. 5 *a, b.*)

R. testâ elongatâ ; spirâ angulo 18° ; anfractibus altis, convexis, longitudinaliter striatis, transversim costato-tuberculatis, ultimo acutè unicarinato ; aperturâ trian gulari.

R. marginata, Fitton, 1836, Geol. trans. 2ᵉ série. t. 4, pl. xi, fig. 18.

Dimensions.
(*Moules.*)

Angle spiral..	18°
Id. sutural...	106°
Hauteur moyenne sans le canal.....................................	50 millim.
Id. maximum *Id.*	90 »

Coquille très-allongée. Spire formée d'un angle régulier, composée de tours convexes, à suture très-déprimée, ornés en long de stries fines et nombreuses, et en travers de tubercules costiformes assez élevés sur le milieu des tours ; le dernier est fortement caréné. Labre et canal inconnus. Bouche triangulaire, le sommet externe du triangle formé par la carène.

Moule lisse ; dernier tour très-caréné.

Rapports et différences. Cette espèce est caractérisée par son angle spiral, par la carène unique de son dernier tour et par la forme triangulaire de sa bouche.

Histoire. La *R. marginata* a été décrite et figurée par Fitton. M. d'Orbigny a cru devoir la réunir à la *R. Parkinsoni*, mais la forme de son dernier tour, déjà représenté d'une manière suffisante par Fitton, ne permet pas ce rapprochement.

Localités. Nos échantillons proviennent de la perte du Rhône, où cette espèce ne se rencontre que rarement ; l'un de nous possède les deux derniers tours d'un individu dont la longueur devait atteindre 90 millimètres ; ce fragment a été trouvé dans le Val Romey (Ain).

EXPLICATION DES FIGURES. Planche 25, fig. 5, *a*. *R. marginata*, moule de grandeur naturelle, — fig. 5, *b*, la même espèce avec un fragment de test.

142. ROSTELLARIA TIMOTHEANA Pictet et Roux.

(Pl. 25, fig. 6 *a*, *b*.)

R. testà elongatà, subulatà; spirâ angulo 20°; anfractibus altis, subcomplanatis, longitudinaliter transversimque striatis, ultimo unicarinato; aperturâ triangulari.

DIMENSIONS.

(*Moules.*)

Angle spiral	20°
Id. sutural	105°
Hauteur sans le canal	80 millim.

Coquille très-allongée, subulée. Spire formée d'un angle régulier ou à peine concave, composée de tours élevés, presque plans, ornés en travers de très-faibles stries d'accroissement, et en long, près de leur bord apicial, vers la suture, de quelques stries fines dont l'ensemble forme une bande étroite ; suture à peine déprimée ; dernier tour fortement caréné. Labre et canal inconnus. Bouche triangulaire, le sommet externe du triangle formé par la carène.

Moule lisse ; carène du dernier tour très-marquée.

RAPPORTS ET DIFFÉRENCES. Elle se distingue de la *R. marginata*, par ses tours presque plans et beaucoup plus élevés, et par un test tout différent.

LOCALITÉ. Cette charmante espèce a été rapportée du Mont Saxonet; collection du Musée académique.

EXPLICATION DES FIGURES. Planche 25, fig. 6, *b*. *R. Timotheana*, de grandeur naturelle, — fig. 6, *a*, la même avec un fragment de test.

143. ROSTELLARIA CARINELLA d'Orbigny.

(Pl. 25, fig. 4 *a*. *b*.)

R. testà subelongatà, conicà; spirâ angulo 32°; anfractibus lævigatis, acutè carinatis, ultimo bicarinato; labro elongato, angustato.

Rostellaria carinella. d'Orbigny, 1842. Pal. fr. Terr. crét. t. 2, p. 287, pl. 207, fig. 7—8.

DIMENSIONS.
(Moules.)

Angle spiral. . . . . 32°
Id. sutural . . . . 83°
Hauteur sans le canal. . . . . 40 millim.

Espèce peu allongée. Spire formée d'un angle régulier, composée de tours lisses, anguleux, fortement carénés au milieu ; le dernier porte en avant une seconde carène moins marquée, séparée de la première par un espace concave. L'aile devait être très-étroite. Bouche comprimée, oblongue.

Moule lisse ; tours arrondis, ne conservant presque pas de traces des carènes, sauf le dernier où la principale laisse une empreinte saillante et aiguë.

OBSERVATIONS. Ne possédant que des lambeaux du test, nous n'avons figuré que le moule.

RAPPORTS ET DIFFÉRENCES. Cette espèce se distingue clairement des autres, par son test lisse et par ses tours anguleux et carénés. Son moule se différencie par les carènes simples du dernier tour, carènes dont la postérieure est très-aiguë ; il diffère en particulier de celui de la *R. Orbignyana*, par la brièveté de ce dernier tour, par l'absence de tubercules sur les carènes, et par la dépression profonde de la suture.

LOCALITÉS. On trouve cette espèce au Saxonet et à la perte du Rhône ; elle n'y est pas commune.

EXPLICATION DES FIGURES. Planche 25, fig. 4, *a*, *b*, moule de la *R. carinella*, de grandeur naturelle.

144. ROSTELLARIA FUSIFORMIS Pictet et Roux.

(Pl. 25, fig. 8 *a*, *b*.)

R. testá elongatá ; spirá angulo 3o° ; anfractibus convexis, ultimo magno, subcarinato ; aperturá elongatá, triangulari ; labro. . . .

DIMENSIONS.
(Moules.)

Angle spiral. . . . . 30°
Id. sutural. . . . . 97°
Hauteur sans le canal. . . . . 55 millim.

Espèce allongée, composée de tours convexes, à suture déprimée, le dernier très-grand, présentant vers son tiers postérieur une carène peu marquée. Des fragments de test, très-imparfaits, montrent que la coquille était ornée de côtes transversales et de stries longitudinales, coupées par des lignes d'accroissement très-obliques.

RAPPORTS ET DIFFÉRENCES. La *R. fusiformis* se distingue facilement par la grandeur de son dernier tour comparée à la hauteur de sa spire, par sa carène peu marquée et par la longueur de sa bouche.

LOCALITÉ. Perte du Rhône.

EXPLICATION DES FIGURES. Planche 25, fig. 8, *a*, *b*, moule de la *R. fusiformis*, de grandeur naturelle.

145. ROSTELLARIA ITIERIANA d'Orbigny.

(Pl. 25, fig. 9 *a*, *b*.)

R. testâ elongatâ; spirâ angulo 27°; anfractibus convexis, rotundatis, lævigatis, ultimo non carinato; aperturâ ovali; labro....

R. Itieriana, d'Orbigny, 1842, Pal. fr. Terr. crét. t. 2, p. 298.

DIMENSIONS.

Angle spiral	27°
Id. sutural	95°
Hauteur sans le canal	45 millim.

Nous ne connaissons que le moule.

Espèce allongée, à tours arrondis, à sutures assez déprimées; le dernier tour est médiocre, lisse, arrondi, mais un peu aplati vers son milieu et montre vers le bord de la bouche des traces de dépression correspondant probablement à des caractères du labre que nous ne connaissons pas; il ne porte pas de carènes.

OBSERVATION. Cette espèce est encore très-mal caractérisée et nous aurions attendu pour en parler de la connaître d'une manière plus complète, si elle n'avait pas déjà été indiquée par M. d'Orbigny, sous le nom de *R. Itieriana*, parmi celles qui demandent de nouveaux renseignemens. Comme lui nous n'en connaissons que le moule.

RAPPORTS ET DIFFÉRENCES. Le moule de la *R. Itieriana*, est caractérisé par ses tours arrondis, lisses, sans aucune trace de carènes ni de côtes, tours dont le dernier est peu développé. Ce moule ressemble beaucoup à ceux de la *R. Parkinsoni*, mais ceux-ci paraissent avoir le dernier tour plus grand et plus régulièrement arrondi, et ils conservent souvent sur les autres tours des traces des côtes transversales. La valeur de ces différences ne pourra être appréciée exactement que quand on connaîtra le test de la *R. Itieriana*.

Localité. Perte du Rhône.

Explication des figures. Planche 25, fig. 9, *a*, *b*, moule de la *R. Itieriana*, de grandeur naturelle.

146. Rostellaria cingulata Pictet et Roux.

(Pl. 25, fig. 7 *a*, *b*.

R. testâ elongatâ ; spirâ angulo 23" ; anfractibus convexis , longitudinaliter 4-costatis ; aperturâ semi-circulari.

Dimensions.

Angle spiral	23°
Id. sutural	82°
Hauteur sans le canal	25 millim.

Nous ne connaissons que le moule.

Espèce allongée, conique. Spire formée d'un angle un peu convexe, composée de tours convexes, nettement séparés par des sutures un peu déprimées, ornés en long de quatre côtes simples, régulièrement espacées entr'elles. Bouche ovale, presque semi-circulaire.

Rapports et différences. Cette espèce ne saurait être confondue avec aucune de celles que nous avons décrites.

Localité. Nous ne la connaissons que de la perte du Rhône. Collections du Musée académique et de M. Roux ; elle est très-rare.

Explication des figures. Planche 25, fig. 7, *a*, *b*, moule de la *R. cingulata*, de grandeur double.

147. ROSTELLARIA DELUCI Pictet et Roux.

(Pl. 25, fig. 2 a. b. c.)

R. testâ brevi ; spirâ angulo 57° ; anfractibus convexis, carinatis, longitudinaliter costatis, lateraliter varicosis ; columellâ incrassatâ ; aperturâ compressâ.

DIMENSIONS.

Angle spiral... ....   57°
Id. sutural...   80°
Hauteur sans le canal... 20 millim.

Coquille courte, épaisse. Spire composée de tours convexes, légèrement carénés, ornés en long de côtes égales et régulièrement espacées, le dernier tour très-grand, formant au moins les trois quarts de la coquille. Canal et labre inconnus. Tout le côté columellaire est encroûté jusqu'au sommet de la spire, et cet encroûtement se termine du côté opposé à la bouche par un bourrelet ou par une gibbosité qui s'étend sur toute la hauteur de la coquille. Bouche comprimée, oblongue.

Moule lisse ; le dernier tour est très-légèrement caréné, les autres sont simplement convexes.

RAPPORTS ET DIFFÉRENCES. Cette espèce s'écarte trop des précédentes, pour qu'un diagnostic différenciel soit nécessaire.

LOCALITÉ. Elle a été trouvée à la perte du Rhône où elle paraît rare. Collection du Musée académique.

EXPLICATION DES FIGURES. Planche 25, fig. 2, *a*, *b*, *R. Deluci*, de grandeur double, — fig. 2, *c*, moule de la même espèce.

GENRE PTEROCERA Lam.

CARACTÈRES. Coquille ovale, oblongue, peu allongée. Bouche longue et étroite, terminée en avant par un canal respiratoire ordinairement recourbé ; labre très-dilaté, entouré de grandes digitations, dépassant en arrière le sommet de la spire; sinus le plus souvent séparé du canal par un intervalle.

Les ptérocères se distinguent des rostellaires par leur sinus qui n'est pas tout à fait contigu au canal, et par leur labre qui embrasse davantage la spire; celle-ci est plus courte par rapport au dernier tour.

Ces mollusques vivent aujourd'hui dans les mers chaudes où ils acquièrent une grande taille. Les espèces fossiles se trouvent depuis l'époque jurassique; celles de quelques-uns des étages de cette époque, et celles du terrain néocomien, ont aussi atteint quelquefois des dimensions assez grandes.

Dans le gault on n'en connaît qu'un nombre restreint d'espèces qui sont ordinairement de petite taille. M. d'Orbigny en indique une seule, que nous n'avons pas retrouvée et qui est voisine de celle de nos grès verts; cette dernière a été décrite pour la première fois par Fitton. Nous n'en connaissons point de nouvelles.

148. PTEROCERA RETUSA Fitton.

(Pl. 25, fig. 11.)

P. testà brevi, crassà; spirà angulo 65°; anfractibus convexis, carinatis, longitudinaliter costatis, costis inæqualibus; ultimo anfractu magno, bicarinato; labro dilatato, tridigitato, digitis elongatis.

Rostellaria retusa, Fitton, 1836. Trans. géol. 2ᵉ série, t. 4, p. 242 et 364, pl. xvɪɪɪ, fig. 22

Angle spiral.. 65°
Id. sutural... 68°
Hauteur sans le canal....................................... 20 millim.

Coquille courte, renflée. Spire formée d'un angle convexe, composée de tours convexes, légèrement carénés, ornés en long de côtes fines et inégales. Le dernier tour, très-grand par rapport aux autres, est orné de deux carènes assez rapprochées l'une de l'autre; la postérieure est plus apparente; l'intervalle entre ces carènes est marqué de stries transversales fines. Labre très-dilaté, divisé en trois digitations, dont deux antérieures et principales correspondent aux carènes, et dont la troisième remonte vers le sommet de la spire et se dirige en arrière. Canal.... Bouche étroite, comprimée.

Moule conservant plus ou moins l'empreinte des petites côtes longitudinales; le dernier tour est bicaréné, les autres sont lisses et convexes.

RAPPORTS ET DIFFÉRENCES. Ce ptérocère est très-voisin du *P. bicarinata,* d'Orb., du gault également, mais les digitations de son labre, la plus antérieure surtout, sont plus larges, sa columelle n'est pas encroûtée, son dernier tour ne porte pas de gibbosité, son angle spiral est plus ouvert, sa taille plus petite. Son moule a beaucoup de rapports avec celui de la *R. Deluci;* il en diffère par un angle spiral plus ouvert, par une forme plus courte et par la présence de deux carènes sur le dernier tour.

LOCALITÉS. Cette espèce n'est pas très-rare au Saxonet et à la perte du Rhône; nous l'avons trouvée aussi au Reposoir et à Samoëns.

EXPLICATION DES FIGURES. Planche 25, fig. 11, *Pterocera retusa,* de grandeur double, dessiné sur un échantillon appartenant à M. Rochat.

GENRE STROMBUS.

CARACTÈRES. Coquille ovale ou oblongue, souvent déprimée. Bouche étroite, pourvue en avant d'un canal court, tronqué ou échancré à son extrémité, et en avant et en arrière d'un sinus. Labre sans digitations.

Les strombes se distinguent des deux genres précédents par leur canal court et tronqué, et par leur labre toujours dépourvu de digitations.

Ces mollusques vivent aujourd'hui comme les ptérocères. Ils ne paraissent pas communs à l'état fossile. On n'en connaît, du terrain albien que deux espèces, dont nous n'avons trouvé qu'une seule.

149. Strombus Dupinianus d'Orbigny.

(Pl. 25, fig. 10.)

S. testâ oblongâ; spirâ angulo 4o°; anfractibus carinatis, tuberculatis, ultimo bicarinato, tuberculato; labro dilatato; aperturâ oblongâ, compressâ.

Strombus Dupinianus, d'Orbigny, Pal. fr. Terr. crét. t. 2., p. 313, pl. 217, fig. 3.

Dimensions.

Angle spiral..	40°
Id. sutural..	77°
Hauteur totale...	40 millim.

Nous ne possédons qu'un moule de cette espèce. Il est peu allongé ; sa spire est formée d'un angle régulier, composée de tours larges, convexes, fortement carénés et ornés sur la carène de tubercules peu nombreux ; le dernier tour est bicaréné ; la carène antérieure ne montre pas de vestiges de tubercules. Le labre est dilaté.

Cette description, que l'absence de test ne nous a pas permis de rendre plus complète, nous paraît cependant suffisante, avec la figure qui l'accompagne, pour justifier le rapprochement que nous avons admis entre cette espèce et celle qui a été décrite et figurée par M. A. d'Orbigny sous le nom de *S. Dupinianus*. Nous devons toutefois faire remarquer, que cet auteur donne à son espèce un angle spiral de cinquante-deux degrés, tandis que la nôtre ne mesure que quarante degrés ; cette différence tient peut-être à ce que nous n'avons pu étudier qu'un moule.

Localité. M. Hugard a trouvé le *S. Dupinianus* près de Cluse ; notre échantillon provient du Saxonet.

Explication des figures. Planche 25, fig. 10, moule du *S. Dupinianus* de grandeur naturelle.

Genre PTERODONTA d'Orbigny.

Caractères. Coquille oblongue, ovale, à spire conique, allongée, régulière. Bouche ovale, peu rétrécie, pourvue en avant d'un canal court, oblique, ou d'une simple échancrure, sans sinus latéral. Labre dilaté, entier, quelquefois bordé et prolongé en arrière, muni en dedans, sur le bord interne de la bouche, d'une protubérance oblongue, remplacée dans le moule par une dépression. Cette protubérance se renouvelle souvent à divers âges de la coquille et laisse ainsi des traces sur plusieurs tours des moules.

Les Ptérodontes se distinguent facilement des genres précédents par ce dernier caractère et par l'absence de sinus.

M. d'Orbigny, qui a établi ce genre, en a décrit ou indiqué sept espèces des craies chloritées, et jusqu'à présent on n'en connaissait aucune trace dans d'autres terrains. Les deux espèces que nous indiquons ici sont en conséquence les premières que l'on ait trouvées dans le terrain albien.

150. Pterodonta gaultina Pictet et Roux.

(Pl. 26, fig. 1 *a. b.*)

P. testâ elongatâ; spirâ angulo 24°; anfractibus convexiusculis, ultimo convexo; aperturâ ovali, elongatâ; labro internè tri-tuberculato.

Dimensions.

Angle spiral	24°
Id. sutural	90°
Hauteur, sans le canal	90 millim.
Diamètre près de la bouche	31　»

Nous ne connaissons pas le test.

Moule allongé. Spire formée d'un angle régulier, composée de tours lisses, peu convexes, sauf le dernier qui l'est passablement ; ce dernier tour porte en arrière du canal de la bouche l'empreinte d'un tubercule terminé par trois dents, dont la médiane est très-forte et donne lieu à une impression profonde, tandis que les dents antérieure et postérieure sont petites et ne laissent que des impressions peu marquées (1). On retrouve les mêmes traces sur les tours précédents, mais l'enroulement cache l'empreinte de la dent antérieure, et celle de la dent médiane se trouve contre la suture. Bouche allongée, ovale; canal antérieur incomplet sur tous nos échantillons.

LOCALITÉS. Cette espèce se trouve à la perte du Rhône, au Saxonet et au Reposoir ; elle parait moins rare dans la première de ces localités que dans les deux autres.

EXPLICATION DES FIGURES. Planche 26, fig. 1 *a*, *b*, moule du *Pt. gaultina*, de grandeur naturelle ; individu d'une taille au-dessus de la moyenne.

151. PTERODONTA CARINELLA Pictet et Roux.

(Pl. 26, fig. 2 *a*, *b*.)

P. testâ oblongâ ; spirâ angulo 32°; anfractibus concexis, subangulatis, ultimo carinato ; aperturâ triangulari, tuberculo interno rotundo, tri-striato.

DIMENSIONS.

Angle spiral.	32°
Id. sutural	95°
Hauteur totale.	22 millim.

Nous ne possédons que des moules.

Espèce peu allongée. Spire formée d'un angle convexe, composée de tours lisses, convexes, un peu anguleux sur leur partie médiane qui est la plus élevée ; le dernier caréné. Impression tuberculeuse du dernier tour unique, arrondie, ornée de trois stries longitudinales, antérieures à la carène ; cette impression se retrouve sur l'avant-dernier tour, mais sans stries. Labre inconnu. Bouche triangulaire.

RAPPORTS ET DIFFÉRENCES. Cette espèce diffère de la précédente par sa forme

---

(1) Dans notre figure, les traces des petites dents ne sont indiquées que par une légère teinte ; depuis que nous avons fait figurer cet échantillon remarquable par sa taille, nous en avons reçu d'autres plus petits, mais sur lesquels les traces des dents sont plus évidentes. Nous en figurerons un dans le supplément.

moins allongée, par ses tours anguleux et par son impression tuberculeuse arrondie et unique.

LOCALITÉ. Perte du Rhône ; elle y est rare. Collections du Musée académique et de M. Roux.

EXPLICATION DES FIGURES. Planche 26, fig. 2 *a*, *b*. Moule du *Pterodonta carinella*, de grandeur double.

7ᵐᵉ FAMILLE MURICIDES.

CARACTÈRES. Coquille enroulée, pourvue d'un canal allongé ; spire plus ou moins élevée, caractérisée par des bourrelets saillants, parallèles à son axe, produits par le renouvellement périodique de celui qui entoure le labre.

Animal pourvu de branchies inégales, d'un long tube respiratoire, de deux tentacules qui portent les yeux à leur tiers inférieur et d'un pied médiocre. Opercule corné, à éléments concentriques, inégaux.

Les muricides ne peuvent presque pas être distingués des fusides, car les animaux n'ont aucune différence appréciable et les bourrelets sont si variables dans leur nombre et dans leur développement qu'ils sont peu propres à fixer des limites précises. Ces deux familles devront probablement être réunies. En attendant, les auteurs sont peu d'accord sur l'histoire paléontologique des muricides, car quelques espèces anciennes ont été décrites par les uns comme des murex, et sont considérées par d'autres comme des fusus. M. d'Orbigny n'admet pas leur existence dans les terrains antérieurs à l'époque tertiaire.

La seule espèce que nous rapportions à cette famille appartient au genre *Murex*. Nous n'avons trouvé aucun représentant des deux genres *Ranella* et *Triton*.

Genre MUREX Linné.

Caractères. Coquille oblongue, canaliculée, ornée sur le côté externe des tours de bourrelets rudes, épineux ou tuberculeux, au nombre de trois au moins par tour, formant par leur réunion des rangées longitudinales, qui s'étendent plus ou moins obliquement sur toute la longueur de la coquille.

Les murex sont très-abondants dans les mers actuelles et dans les terrains tertiaires; quelques espèces ont été citées aussi dans les terrains jurassiques et crétacés; mais, comme nous l'avons dit plus haut, leur classement dans ce genre laisse quelques doutes quant à son exactitude. Nous avons trouvé dans nos grès verts une espèce qui, par le bourrelet écailleux entourant sa bouche et recouvrant en partie le canal, a une grande ressemblance avec quelques murex des terrains tertiaires. Elle a, comme quelques-unes de ces espèces, des bourrelets nombreux sur chaque tour, peu détachés et peu saillants, ce qui la rapproche des fusides.

152. Murex Genevensis Pictet et Roux.

(Pl. 26. fig. 3 a, b.)

M. testâ brevi, conicâ, crassâ; spirâ angulo 60°; anfractibus convexis, angulatis, longitudinaliter inæqualiter costatis, transversim 9-10 varicosis, striatisque; aperturâ ovali, columellâ incrassatâ; canali brevi, obtuso.

Dimensions.

Angle spiral	60°
Id. sutural	102°
Hauteur totale	25 millim.

Coquille oblongue, conique, épaisse. Spire formée d'un angle convexe, composée de tours convexes, anguleux, carénés, ornés en long de petites côtes inégales, et en travers de neuf à dix varices peu saillantes, tuberculeuses sur les carènes, s'atténuant le dernier tour au voisinage du canal ; des stries fines et serrées parallèles aux varices coupent à angle droit les côtes longitudinales. Bouche ovale. Canal court, obtus, recouvert en partie par le bourrelet externe du labre.

Moule lisse, tours convexes, non carénés, conservant en relief de très-légers vestiges des varices tuberculeuses qui ornaient leur partie médiane.

Localité. Perte du Rhône. Collections de M. Tollot et du Musée académique ; espèce très-rare.

Explication des figures. Planche 26, fig. 5 *a*, *b*. *Murex Genevensis*, grossi.

8ᵐᵉ Famille FUSIDES.

Coquille enroulée, pourvue en avant d'un canal allongé, à labre simple, sans bourrelet ni épaisissement. Opercule corné, virguliforme, large, à éléments latéraux.

Animal analogue à celui des muricides.

Parmi les genres qui composent cette famille dont les espèces sont nombreuses, soit dans les mers actuelles, soit dans les terrains tertiaires, nous n'en avons trouvé qu'un seul dans nos grès verts, celui des *Fusus*.

Genre FUSUS Bruguière.

Caractéres. Coquille allongée, souvent fusiforme, pourvue en avant d'un long canal, renflée au milieu et terminée par une spire plus ou moins longue et sans varices régulières. Bouche allongée, élargie en arrière, pourvue d'un labre simple, entier, sans bourrelet, et d'une columelle unie. Ce genre dont quelques espèces ont été indiquées dans les terrains anciens et jurassiques, se montre assez nombreux dans les terrains crétacés; il le devient davantage au sein des couches tertiaires, et atteint son maximum de développement numérique sur les côtes actuelles. M. d'Orbigny en décrit huit espèces du gault, dont une, le *F. Itierianus*, provenant de la perte du Rhône. Nous ne connaissons aucune de ses espèces, mais nous en décrivons cinq nouvelles toutes rares et la plupart malheureusement à l'état de moule, circonstance qui nous a engagés à ne les envisager que sous ce dernier état dans le tableau dichotomique suivant:

1 { Moule présentant deux ou trois carènes ou côtes longitudinales très-évidentes.   2
   { Moule lisse ou à peine caréné..... ....,........ *F. sabaudianus.*

2 { Trois côtes longitudinales coupées par des côtes transversales formant avec
     elles un treillis régulier............................... *F. decussatus.*
   { Deux carènes simples ou tuberculeuses, pas de treillis régulier..........   3

3 { Carènes lisses... *F. bilineatus.*
   { Une des carènes tuberculeuse..................................... 4

4 { Angle spiral de 80°, tubercules petits....................... .. *F. trunculus.*
   { Angle spiral de 40°, tubercules gros....................... .. *F. fisianus.*

155. Fusus trunculus Pictet et Roux.

(Pl. 26, fig. 4.)

F. testâ oblongâ, scalatâ; spirâ brevi, angulo 80°; anfractibus posticè angulatis, transversim costatis, ultimo biangulato; aperturâ posticè dilatatâ; canali....

Dimensions.

Angle spiral .... 80°
Id. sutural... 60°
Hauteur approximative.. 25 millim.

Nous ne connaissons que le moule.

Espèce oblongue, amincie à son extrémité antérieure, élargie dans son milieu. Spire courte, régulière, composée de tours anguleux, disposés en gradins, ornés d'environ dix-huit côtes transversales, obtuses ; le dernier présentant deux côtes anguleuses ou carènes, sur la plus antérieure desquelles viennent se terminer en s'atténuant les côtes transversales. Bouche allongée, élargie en arrière, prolongée en avant en un canal...

Rapports et différences. Cette espèce est caractérisée spécialement par la brièveté de sa spire.

Localité. Elle a été trouvée à la perte du Rhône, où elle paraît très-rare. Collection du Musée académique.

Explication des figures. Planche 26, fig. 4, *Fusus trunculus*, de grandeur double. Le dessinateur a exagéré sur la partie gauche de la figure l'angle que forme la carène du dernier tour, ce qui rend cette figure trop large et son angle spiral trop ouvert.

154. Fusus bilineatus Pictet et Roux.

(Pl. 26, fig. 6 *a, b*)

F. testâ oblongâ, scalatâ ; spirâ angulo 70°; anfractibus posticè angulatis, lævigatis; ultimo biangulato ; aperturâ elongatâ, compressâ.

Dimensions.

Angle spiral . . . .   70°

Id. sutural. . . . .   63°

Hauteur totale approximative. . . . . 40 millim.

Nous ne connaissons que le moule.

Espèce oblongue. Spire formée d'un angle régulier, composée de tours anguleux, saillants, en gradins, le dernier présentant deux côtes anguleuses ou carènes que sépare une dépression concave. Bouche comprimée, allongée. Canal...

Rapports et différences. Cette espèce se distingue facilement de la précédente par sa forme plus allongée et par l'absence de côtes transversales.

Localité. Perte du Rhône ; collection du Musée académique.

Explication des figures. Planche 26, fig. 6 *a, b.* Moule du *F. bilineatus*, de grandeur naturelle.

155. Fusus fisianus Pictet et Roux.
(Pl. 26. fig. 5 *a. b.*)

F. testâ elongatâ; spirâ angulo 40°; anfractibus convexis, angulatis, tuberculis obtusis transversim ornatis; ultimo anfractu bicarinato; aperturâ elongatâ, posticè dilatatâ; canali elongato.

DIMENSIONS.

Angle spiral.. 40°
Id. sutural... '.. 88°
Hauteur approximative................................... 90 à 92 millim.

Nous ne connaissons que le moule.

Espèce allongée, acuminée à ses extrémités. Spire formée d'un angle régulier, composée de tours saillants, très-convexes, anguleux, ornés par révolution spirale d'une dixaine de gros tubercules obtus, transversalement oblongs, placés sur la partie anguleuse ou carénée des tours; sur le dernier tour, ces tubercules se prolongent et se terminent sur une seconde carène atténuée, antérieure à la principale. Bouche allongée, élargie en arrière ; canal prolongé.

Rapports et différences. Cette espèce se rapproche par ses deux carènes des *F. trunculus* et *bilineatus ;* mais elle s'en distingue facilement par ses gros tubercules et par sa forme allongée ; elle ressemble encore moins à tous les autres Fusus du gault. Par contre, elle est très-voisine des *F. turritellatus* et *Fleuriausus* de la craie chloritée de Royan, avec lesquels cependant on ne peut pas la confondre.

Localités. Elle a été rapportée de la montagne des Fis par M. Tollot. Elle a aussi été trouvée au Saxonet ; collection du Musée académique.

Explication des figures. Planche 26, fig. 5 *a, b.* Moule du *Fusus fisianus* de grandeur naturelle.

156. Fusus sabaudianus Pictet et Roux.
(Pl. 26, fig. 7 *b, c,* et pl. 27, fig. 2.)

F. testâ oblongâ ; spirâ angulo 53°; anfractibus convexis, biangulatis , longitudinaliter striatis et costatis, costis illis tuberculatis, transversim striatis et costatis; aperturâ elongatâ, posticè dilatatâ, intùs incrassatâ; canali...

DIMENSIONS.

Angle spiral.. 53°

Id. sutural... 88°

Hauteur totale sans le canal.................................. 50 millim.

Coquille oblongue. Spire formée d'un angle régulier, composée de tours très-convexes, ornés en long de stries fines et inégales et de deux petites côtes dessinant deux angles médiocrement marqués; et en travers de côtes et de stries, les premières saillantes, espacées et également distantes les unes des autres, donnant naissance à des tubercules à leurs points d'intersection avec les deux côtes anguleuses longitudinales, les secondes fines et serrées occupant les enfoncements qui séparent les premières; le dernier tour présente en long des stries fines et serrées, un peu sinueuses, et des côtes inégales, tuberculeuses, dont deux principales forment deux angles correspondant à ceux des autres tours, ces côtes sont coupées par des stries d'accroissement. Bouche allongée, élargie à sa partie postérieure et prolongée en un canal..... Bord columellaire encroûté.

Moule lisse; tours convexes, non anguleux; le dernier seul montre ordinairement quelques traces des côtes longitudinales, surtout de celles qui occupent les deux angles de la coquille et qui sont les principales; il présente sur la partie qui correspond au labre, une forte dépression, marquée de trois côtes longitudinales; cette empreinte provient probablement d'un épaississement interne du labre.

RAPPORTS ET DIFFÉRENCES. Cette espèce ne peut se confondre avec aucune de celles que nous avons décrites dans ce mémoire; mais elle a des rapports assez grands avec le *Fusus gaultinus* de M. d'Orbigny, (Pal. fr. Terr. crét., tome 2, p. 555, pl. 225, fig. 1.) Il ne nous a pas été possible de faire une comparaison complète entre ces deux espèces, car M. d'Orbigny a figuré la coquille du côté opposé à la bouche et nos échantillons n'ont au contraire conservé du test que sur le côté buccal. Il nous semble que les ornements du dernier tour peuvent servir à les distinguer d'une manière suffisante, car les côtes longitudinales de notre espèce portent des tubercules beaucoup plus petits, plus rapprochés et ne formant jamais d'épines comme dans le *F. gaultinus*; elles sont en outre séparées par des stries longitudinales plus régulières et plus apparentes.

EXPLICATION DES FIGURES. La fig. 7 *a*, de la pl. 26, est le résultat d'une erreur du dessinateur, et nous prions le lecteur de n'en pas tenir compte. Pl. 27, fig. 2, test restauré du *F. sabaudianus*; — pl. 26, fig. 7 *b*, *c*, moule de la même espèce, de grandeur naturelle.

157. Fusus Itierianus d'Orbigny.

F. testâ brevi, spirâ angulo 55°; anfractibus convexis, longitudinaliter costatis, costis inæqualibus, transversim undato-costatis ; canali brevi.

Fusus Itierianus, d'Orbigny, Pal. fr. Terr. crét. tome 2, p. 336, pl. 223, fig. 2—3.

Nous citons cette espèce d'après M. d'Orbigny ; nous ne l'avons pas rencontrée encore, et nous renvoyons pour sa description et sa figure à la Paléontologie française.

158. Fusus decussatus Pictet et Roux.

(Pl. 27, fig. 3.)

F. testâ oblongo-elongatâ ; spirâ angulo 40°; anfractibus convexis, longitudinaliter transversimque costatis, cancellatis.

Dimensions.

Angle spiral...	40°
Id. sutural...	80°
Hauteur totale, sans le canal...	20 millim.

Nous ne connaissons que le moule.

Espèce oblongue, allongée. Spire formée d'un angle régulier, composée de tours convexes et anguleux, ornés de trois côtes longitudinales, coupées par des côtes transversales formant avec elles un treillis régulier ; sur la côte la plus voisine de l'angle des tours, les entrecroisements forment de légers turbercules.

Rapports et différences. Cette espèce se distingue facilement de celles que nous avons décrites. Elle a plus de rapports avec le *F. elegans* de M. d'Orbigny, (Pal. fr. Terr. crét. tome 2, p. 337. Pl. 225, fig. 4 et 5); mais elle nous a paru s'en distinguer par ses côtes longitudinales moins nombreuses sur le dernier tour et par son angle spiral plus aigu.

Localité. Perte du Rhône ; collection du Musée académique.

Explication des figures. Planche 27, fig. 3, moule du *F. decussatus,* de grandeur double.

9ᵐᵉ Famille BUCCINIDES.

Caractères. Coquille enroulée, très-variable dans sa forme,
à canal court, tronqué et infléchi en avant; le labre s'épaissit
souvent, soit aux diverses périodes de l'accroissement, soit
à l'âge adulte seulement.

Animal pourvu de branchies inégales, d'un tube respiratoire souvent très-long, de deux tentacules variables, d'un
pied quelquefois bifurqué en arrière, et d'un opercule corné
non spiral, à éléments latéraux ou concentriques.

Cette famille a paru dès les époques les plus anciennes
du globe, et présente son maximum de développement dans
l'époque tertiaire et dans l'époque actuelle.

Des divers genres qui la composent, il n'existe dans nos
grès verts que celui des *Cerithium*.

Genre CERITHIUM Adanson.

Caractères. Coquille turriculée, plus ou moins allongée.
Bouche oblongue, oblique, terminée en avant par un canal
court, tronqué ou recourbé, et en arrière par une gouttière
plus ou moins marquée. Labre souvent épaissi, sinueux et
très-projeté en avant à sa partie antérieure.

Animal peu volumineux, à pied médiocre, court, à manteau

festonné sur ses bords et formant un tube respiratoire, à tentacules très-longs, aciculés, portant les yeux au tiers inférieur de leur partie externe, à opercule corné, circulaire et formé de tours très-rapprochés, ou ovale à tours lâches.

Nous avons trouvé dans nos grès verts, six espèces de ce genre, dont quatre inédites jusqu'à ce jour.

1 { Tours plans ou légèrement excavés, coquille régulièrement conique.   1
  { Tours anguleux ou arrondis en dehors, à sutures enfoncées.   5

2 { Coquille conique, ornée de tubercules disposés en séries ou sur des côtes
  {   longitudinales.   3
  { Coquille lisse, sans tubercules. . . . .   *C. excavatum.*

3 { Deux séries de tubercules sur chaque tour, angle spiral de 20 à 25°.   4
  { Trois séries de tubercules sur chaque tour, angle spiral de 30°.. *C. Derignyanum*

4 { Les deux côtes tuberculeuses situées vers le bord buccal des tours et ornées
  {   de tuberbules presque égaux ; des stries longitudinales passant par les
  {   tubercules . . . . *C. sabaudianum.*
  { Les deux côtes tuberculeuses situées l'une vers le bord apicial, l'autre au
  {   milieu des tours ; la première ayant des tubercules beaucoup plus gros ;
  {   pas de stries longitudinales passant sur les tubercules. . . . . *C. Rhodani.*

5 { Tours anguleux. . . . . *C. gurgitis.*
  { Tours arrondis. . . . .*C. Lallierianum.*

159. CERITHIUM DERIGNYANUM Pictet et Roux.

Pl. 27, fig. 4 a, b, c.

C. testâ conicâ, elongatâ; spirâ angulo 30°; anfractibus angustatis, complanatis, longitudinaliter striatis et 3-costatis, costis tuberculiferis ; aperturâ depressâ.

DIMENSIONS.

Angle spiral. . . . .   30°
Id. sutural. . . . .   85°
Hauteur . . . . 22 millim.
Largueur près de la bouche. 10   »
Hauteur du dernier tour, par rapport à l'ensemble. 0,22

Coquille conique, allongée. Spire formée d'un angle régulier, composée de tours plans, peu élevés, à sutures peu marquées, ornés en long, sur leur moitié antérieure, de trois côtes inégales tuberculeuses; les tubercules situés sur la côte médiane sont à l'état de granules, et ceux qui ornent la côte antérieure sont les plus gros ; la moitié postérieure des tours est simplement striée en long ; dernier tour convexe sur sa face buccale. Labre inconnu.

Moule lisse, à tours plans en dehors et peu élevés, à bouche quadrangulaire déprimée.

Localité. Cette espèce se trouve à la perte du Rhône, où elle n'est pas commune.

Explication des figures. Planche 27, fig. 4 *a*, *Cerithium Derignyanum*, de grandeur double. — fig. 4 *b*, moule de la même espèce au même grossissement ; — fig. 4 *c*, le même de grandeur naturelle.

160. Cerithium sabaudianum Pictet et Roux.

(Pl. 27, fig. 5.)

C. testâ conicâ, elongatâ ; spirâ angulo 21°; anfractibus convexiusculis, angustatis, longitudinaliter striatis et 2-costatis , costis tuberculiferis ; aperturâ sub-quadratâ.

DIMENSIONS.

Angle spiral (sur les moules)	21°
Id. sutural	90°
Hauteur	21 millim.
Largeur près de la bouche	8 »
Hauteur du dernier tour, par rapport à l'ensemble	0,17

Coquille conique. Spire formée d'un angle régulier, composée de tours presque plans, ornés en long à leur partie antérieure de deux côtes portant des tubercules nombreux, presque égaux sur chacune d'elles, un peu plus gros toutefois sur l'antérieure que sur la postérieure ; des stries fines mais bien dessinées ornent les tours dans toute leur hauteur et passent par dessus les tubercules. Bouche déprimée, un peu carrée ; nous ne l'avons pas complète.

Rapports et différences. Cette espèce diffère du *C. Derignyanum* par son angle spiral moins ouvert, par une côte tuberculeuse de moins et par quelques autres détails du test.

Localité. Elle a été trouvée au Saxonet; collection du Musée académique.

Explication des figures. Planche 27, fig. 5, *C. sabaudianum*, de grandeur double.

161. Cerithium Rhodani Pictet et Roux.

Pl. 27, fig. 6.

C. testâ conicâ, elongatâ; spirâ angulo 25°; anfractibus complanatis, angustatis, longitudinaliter striatis et 3-costatis, duobus costis tuberculiferis ; aperturâ depressâ.

Dimensions.

Angle spiral	25°
Id. sutural	85°
Hauteur totale	22 millim.

Coquille allongée. Spire formée d'un angle régulier, composée de tours plans, à sutures très-peu marquées, faiblement striés en long et ornés de trois côtes inégales, dont la première est simple et située près du bord buccal de chaque tour, et dont les deux autres portant des tubercules, sont situées, la seconde au milieu, et la troisième à la partie apiciale des tours ; cette dernière a les tubercules beaucoup plus gros que ceux de la seconde. Le dernier tour est déprimé sur sa face buccale et très-légèrement strié en long et en travers ; quelques stries d'accroissement se voient de même sur les autres tours. Bouche déprimée.

Moule lisse.

Rapports et différences. Par la nature et la disposition de ses ornements, cette espèce ne saurait se confondre avec les précédentes.

Localité. Elle a été trouvée à la perte du Rhône ; collection du Dr Roux.

Explication des figures. Planche 27, fig. 6, *Cerithium Rhodani*, grossi deux fois.

162. Cerithium excavatum Brongniart.

Pl. 27, fig. 7 a, b, c.

C. testâ elongatâ, turritâ; spirâ angulo 17°; anfractibus excavatis, longitudinaliter striatis et marginatis ; aperturâ depressâ.

Cerithium excavatum, Brongniart 1822. Environs de Paris, pl. Q, f. 10.
     Id.   d'Orbigny, Pal. fr. Terr. crét. t. 2, p. 371, pl. 230, f. 12.

DIMENSIONS.

Angle spiral. . . . .   17°
Id. sutural. . . . .   90°
Hauteur totale. . . . . 45 millim.
Largeur près de la bouche. 12   »
Hauteur du dernier tour, par rapport à l'ensemble. 0.22

Coquille très-allongée, turriculée. Spire formée d'un angle un peu convexe, composée de tours excavés, légèrement striés en long et marqués en travers de faibles stries d'accroissement; sutures bordées, tantôt de deux bourrelets, tantôt d'un seul bourrelet plus fort et appartenant alors au bord apicial ou postérieur des tours; la face buccale du dernier est lisse. Bouche déprimée, prolongée en avant par un léger canal.

Moule lisse, à tours un peu convexes, à sutures très-marquées.

OBSERVATIONS. M. d'Orbigny a figuré le *C. excavatum* muni d'un seul bourrelet. M. Alex. Brongniart l'avait figuré pourvu de deux bourrelets; nous l'avons représenté dans ces deux états que nous ne considérons que comme des variétés.

LOCALITÉS. Cette espèce assez commune à la perte du Rhône, a été trouvée aussi au Saxonet, à Samoens et à Lessaix.

EXPLICATION DES FIGURES. Planche 27, fig. 7 *a*, *C. excavatum* de grandeur naturelle, variété à deux bourrelets; — fig. 7 *b*, le même, variété à un seul bourrelet; — fig. 7, *c*, moule de la même espèce.

163. CERITHIUM GURGITIS Pictet et Roux.

(Pl. 27, fig. 8.)

C. testâ turritâ, conicâ; spirâ angulo 27°; anfractibus convexis, angulatis; aperturâ sub-quadratâ.

DIMENSIONS.

Angle spiral. . . . .   27°
Id. sutural. . . . .   86°
Hauteur totale. . . . . 24 millim.
Largeur près de la bouche. 11   »

Nous ne possédons que des moules.

Espèce allongée, conique, turriculée. Spire formée d'un angle un peu convexe, composée de tours lisses, très-séparés, convexes, anguleux sur leur partie médiane. Bouche un peu déprimée, anguleuse en dehors, de forme quadrangulaire.

RAPPORTS ET DIFFÉRENCES. Ce moule est caractérisé par ses tours anguleux et très-séparés.

LOCALITÉS. Cette espèce est rare soit au Saxonet, soit à la perte du Rhône.

EXPLICATION DES FIGURES. Planche 27, fig. 8, moule du *C. gurgitis*, de grandeur naturelle.

164. CERITHIUM LALLIERIANUM d'Orbigny.

(Pl. 27, fig. 9 *a, b*.)

C. testâ conicâ; spirâ angulo 40°; anfractibus convexis, transversim costatis, longitudinaliter striatis, striis inæqualibus; aperturâ....

C. Lallierianum, d'Orbigny, 1842, Pal. fr. Terr. crét. t. 2, p. 365, pl. 229, fig. 7—9.

DIMENSIONS.

Angle spiral...	40°
Id. sutural..	82°
Hauteur totale..	17 millim.
Largeur près de la bouche......................................	9 »
Hauteur du dernier tour par rapport à l'ensemble.................	0,40

Coquille conique, assez épaisse. Spire formée d'un angle un peu convexe, composée de tours très-convexes, arrondis, ornés en long de stries nombreuses de deux grosseurs différentes, les plus petites régulièrement intercalées entre les plus grosses, et en travers de côtes transversales obliques, larges et saillantes, au nombre d'environ vingt-deux par tour; les stries passent sur les côtes sans former de tubercules aux points d'entrecroisement, et les côtes sont très-atténuées sur la partie antérieure du dernier tour. Labre épaissi par la dernière côte transversale.

OBSERVATIONS. La description de M. d'Orbigny indique sur chaque tour quatre côtes, entre chacune desquelles sont trois stries inégales. Sur nos échantillons la strie du milieu est à peu près aussi forte que la côte, de sorte que l'on peut dire plutôt qu'il y a huit côtes alternant chacune régulièrement avec une strie fine. La figure donnée par M. d'Orbigny s'accorde tout à fait avec notre espèce, et nous paraît justifier le rapprochement que nous avons fait.

Localité. Perte du Rhône. Collection du Musée académique.

Explication des figures. Planche 27, fig. 9 *a*, *Cerithium Lallierianum* de grandeur double ; — fig. 9 *b*, grossissement d'un fragment de test.

10me Famille PATELLOIDES.

Caractères. Coquille tout à fait semblable à celle des patelles, scutiforme, conique, régulière, à sommet non percé et subcentral.

Animal analogue à celui des fissurelles, pourvu en avant, au-dessus de la tête, d'une large cavité où flotte un lobe branchial oblique, saillant en dehors.

Cette famille, dont les limites n'ont pas été encore complétement fixées, diffère de celle des patelles par la forme des organes respiratoires, car dans cette dernière les branchies forment un collier autour du pied. Elle se distingue de celle des fissurellides par l'absence de fente ou d'ouverture à la coquille, et de celle des calyptréides par sa régularité et sa symétrie. Ce même caractère l'éloigne des siphonaires.

La grande ressemblance de ces coquilles avec les patelles a fait mélanger l'histoire paléontologique de ces deux familles. M. d'Orbigny, se fondant sur ce que les coquilles des patelloïdes sont en général plus minces et plus simples que celles des patelles, attribue à la famille dont nous nous occupons ici tous les fossiles patelliformes des terrains antérieurs à l'époque tertiaire.

Genre ACMEA Escholtz.

(*Patelloïdea* Quoy et Gaymard, *Lottia* Gray.)

Ce genre est le seul qui soit placé maintenant dans cette famille. Ses caractères sont donc ceux que nous avons indiqués plus haut.

M. d'Orbigny décrit une acmée du terrain albien; nous ne l'avons pas trouvée, mais nous avons découvert deux espèces nouvelles.

165. Acmea inflexa Pictet et Roux.

(Pl. 27, fig. 10 a. b.)

A. testá oblongá, convexo-conicá, longitudinaliter transversimque costatá ; margine integro ; vertice excentrico, curvo.

Dimensions.

Ouverture de l'angle apicial	100°
Longueur	20 millim.
Largeur	14 »
Hauteur	12 »

Nous ne connaissons de cette espèce que le moule intérieur; il est oblong, conique, convexe, et porte des empreintes très-peu marquées de côtes, les unes petites et circulaires, les autres plus larges et rayonnant du sommet. Celui-ci se trouve au tiers antérieur; il est un peu recourbé en arrière.

Rapports et différences. Cette espèce se distingue de l'*Acmea tenuicosta* de M. d'Orbigny, par sa forme plus oblongue, par sa hauteur plus grande et par son sommet infléchi.

LOCALITÉ. Elle a été trouvée à la perte du Rhône où elle paraît très-rare ; collection du Musée académique.

EXPLICATION DES FIGURES. Pl. 27, fig. 10 *a* et *b*, *A. inflexa*, de grandeur naturelle.

166. ACMEA GAULTINA Pictet et Roux.

(Pl. 27, fig. 11 *a*, *b*.)

A. testâ ovatâ, scutiformi, longitudinaliter transversimque striis cancellatâ ; vertice brevi, excentrico ; margine integro.

DIMENSIONS.

Ouverture de l'angle apicial . . . . 120°

Longueur . . . . 16 $^{1}/_{2}$ mil.

Largeur . . . . 14 »

Hauteur . . . . 4 $^{1}/_{2}$ »

Coquille très-déprimée, mince , scutiforme , ornée de côtes fines ou stries inégales, parfaitement visibles à l'œil nu, rayonnant du sommet à la circonférence, et de stries fines et circulaires croisant les précédentes ; bords entiers et lisses. Le sommet est au quart antérieur.

RAPPORTS ET DIFFÉRENCES. Cette espèce est très-voisine par ses ornements de l'*Acmea tenuicosta* d'Orbigny, du gault également, mais elle en diffère par son angle apicial plus ouvert, et par la position plus antérieure de son sommet. Elle est beaucoup plus déprimée que l'*A. inflexa*.

LOCALITÉ. Perte du Rhône ; espèce très-rare ; collection du Musée académique.

EXPLICATION DES FIGURES. Pl. 27, fig. 11 *a* et *b*, *A. gaultina*, de grandeur naturelle.

11ᵐᵉ Famille DENTALIDES.

Caractères. Animal caractérisé par un corps allongé, conique, tronqué en avant, un pied proboscidiforme, une tête distincte et pédiculée, des lèvres pourvues de tentacules, et des branchies disposées en deux paquets cervicaux symétriques. Anus terminal, médian, logé dans un pavillon infundibuliforme postérieur, pouvant sortir de la coquille.

Cette famille ne renferme que le genre *Dentalium*.

Genre DENTALIUM Linné.

Coquille régulière, le plus souvent arquée en forme de petite corne, atténuée à son extrémité postérieure où elle est percée d'une ouverture; partie antérieure également ouverte.

Les dentales ont apparu dès les époques les plus anciennes du globe et se retrouvent dans tous les terrains; ils ont augmenté de nombre en se rapprochant de l'époque actuelle où ils atteignent le maximum de leur développement numérique et habitent sur les côtes sablonneuses et rocailleuses.

Sowerby a décrit un dentale du gault de Folkstone, le *D. decussatum*, espèce que M. d'Orbigny a retrouvée en France dans diverses localités; elle n'existe pas dans les grès verts de nos environs, mais nous y avons découvert deux espèces nouvelles.

167. Dentalium serratum Pictet et Roux.

(Pl. 27, fig. 12 *a*, *b*.)

D. testâ arcuatâ, longitudinaliter 6-costatâ; costis transversim crenulatis ; aperturâ sub-circulari.

Dimensions.

Angle apicial..   4°
Longueur.. 19 millim.
Diamètre..   4 ¹/₂ »
Diamètre de l'ouverture...   2   »

Nous ne connaissons qu'un échantillon de cette espèce.

Coquille arquée, ornée en long de six côtes anguleuses, saillantes, légèrement crénelées en travers, donnant à la coquille une forme hexagonale. Test épais, lisse dans les intervalles qui séparent les côtes.

Localité. Elle provient de la perte du Rhône, et fait partie de la collection du Musée académique.

Explication des figures. Planche 27, fig. 12 *a*, *D. serratum* un peu grossi; — fig. 12 *b*, bouche vue de face.

168. Dentalium Rhodani Pictet et Roux.

(Pl. 27, fig. 13 *a*, *b*, *c*, *d*, *e*.)

D. testâ tereti, subulatâ, longitudinaliter costatâ, transversim striatâ; angulo apiciali 6°; aperturâ ovali.

Dimensions.

Angle apicial..   6°
Longueur de notre échantillon le plus complet.................................... 45 millim.
Diamètre..   9   »

Coquille très-allongée, conique, peu ou pas arquée, composée d'un angle régulier, ornée sur sa longueur de nombreuses petites côtes moins marquées près de la bouche que près du sommet, et en travers de stries fines et serrées. Bouche un peu ovale. Sommet acuminé.

Moule lisse, sauf deux sillons parallèles et très-rapprochés, partant d'une petite côte circulaire qui se trouve près du sommet où elle forme une espèce de collet ; ces deux sillons se dirigent en ligne droite vers la bouche jusqu'aux deux tiers de la longueur de la coquille où ils s'effacent.

Rapports et différences. Cette espèce se rapproche du *D. decussatum* Sowerby, du gault également ; elle en diffère par sa forme droite et non arquée, par ses côtes longitudinales plus nombreuses, moins saillantes, et non intercalées de stries inégales et fines.

Localités. Elle est assez commune à la perte du Rhône à l'état de moule ; on la trouve plus rarement au Saxonet.

Explication des figures. Planche 27, fig. 13 *a*, fragment du *D. Rhodani*, de grandeur naturelle ; — fig. 13 *b*, grossissement du test ; — fig. 13 *c*, bouche vue de face ; — fig. 13 *d* et *e*, moule de la même espèce.

Errata.

Première livraison, p. 54, n° 20 et pl. 5, fig. 3 ;

Au lieu de *Ammonites Brongniartianus*, lisez : *Ammonites Alexandrinus*.

Deuxième livraison, p. 269 ;

L'angle spiral du *Murex Genevensis* a été indiqué par erreur de 60° ; il n'est de 40°. La figure 3 de la planche 26 a aussi été dessinée sous un angle trop ouvert.

LAMELLIBRANCHES ou ACÉPHALES

Les lamellibranches sont clairement caractérisés par l'absence de tête, par la simplicité de leur organisation et par leur locomotion nulle ou imparfaite. Lorsque l'animal n'est pas connu, leur coquille bivalve suffit pour les distinguer facilement des gastéropodes et des céphalopodes. Leurs rapports sont plus grands avec les brachiopodes, qui ont aussi une coquille à deux valves; mais chez ces derniers, la bouche étant située au milieu du corps, sur la ligne médiane, toutes les autres parties, et spécialement chaque valve de la coquille, sont symétriques par rapport à cette ligne médiane. Dans les lamellibranches la bouche est à l'extrémité du corps, et chaque valve de la coquille présente, en conséquence, un côté anal et un côté buccal, qui ne sont pas en général identiques.

Nous adoptons pour la description des lamellibranches la méthode proposée par M. d'Orbigny, c'est-à-dire que nous plaçons le mollusque dans sa position naturelle et que nous évitons autant que possible les qualifications de *haut* et de *bas*, d'*antérieur* et de *postérieur*, de *droite* et de *gauche*. Nous désignons de préférence les différentes parties de la coquille par les expressions de *région buccale*, *région anale*, *région palléale* et *région cardinale*, qui ne peuvent entraîner aucune confusion.

Nous rappellerons brièvement que la *charnière* qui unit les deux valves présente ordinairement des dents; les *cardinales* sont vis-à-vis du sommet des valves, et les *latérales* en sont plus ou moins écartées. On nomme *fossettes* les cavités d'une valve qui reçoivent les dents de la valve opposée. Les valves sont réunies par un *ligament* qui est *simple* ou *multiple*, *interne* ou *externe*.

Chaque valve présente au-dessus de la charnière ou de la région cardinale le *sommet* ou *apex*, qui est la partie la première formée; si ce sommet fait saillie, il prend le nom de *crochet*. Au dessous de lui dans la station normale, c'est-à-dire du côté buccal, on remarque souvent au côté extérieur une impression circonscrite, qui est la *lunule* ou *anus*. Au dessus de lui, du côté palléal, est une dépression plus allongée, souvent recouverte par le ligament, et que l'on nomme *écusson*, *suture*, *vulva*, et *pubes* ou *corselet* si on y comprend l'ensemble de la dépression qui l'entoure.

En dedans, on distingue les *impressions musculaires*, ordinairement uniques (*monomyaires*) sur chaque valve dans les

pleuroconques, et au moins doubles (*dimyaires*) dans les orthoconques, où il y en a toujours deux principales, dont l'une
est *anale* et l'autre *buccale*. La ligne qui joint les deux principales impressions, et qui est l'empreinte du bord du manteau, porte le nom de *ligne palléale;* elle est tantôt entière,
(*intégropalléales*), tantôt échancrée du côté anal par le *sinus palléal* pour le passage des tubes (*sinupalléales*).

Les coquilles prises dans leur ensemble peuvent être
désignées sous le nom de *équivalves* ou d'*inéquivalves*, si l'on
compare les deux valves; ou sous ceux d'*équilatérales* ou
d'*inéquilatérales*, lorsqu'on compare le côté anal et le côté
buccal.

Nous devons aussi dire quelques mots de la manière dont
nous avons mesuré les coquilles.

Nous donnons, en général, la mesure de l'*angle apicial*, prise
en faisant, autant que possible, concorder son sommet avec
celui de la coquille et ses côtés avec les bords externes;
mais cette mesure est très-loin d'avoir la même régularité
que l'angle spiral des gastéropodes, car il y a pour la plupart des coquilles assez d'arbitraire relativement à la position de l'instrument. Dans les mollusques réguliers et orthoconques nous mesurons la *longueur* (Pl. 28, fig. 1 *a*, *A*, *B*)
dans la direction de la ligne qui joint la bouche et l'anus, c'est-
à-dire dans le sens vertical pour l'animal placé dans sa station
normale; nous prenons ainsi la plus grande distance entre l'extrémité anale et l'extrémité buccale, suivant la ligne précitée,
ou parallèlement à sa direction. Pour les mollusques non réguliers et pleuroconques, nous indiquerons les cas dans lesquels

le mode de station nous a forcés à adopter une autre mesure.

Nous mesurons la *largeur* (Pl. 28, fig. 1 *a*, C, D) perpendiculairement à cette direction, en prenant ainsi la ligne la plus longue parmi celles qui expriment la distance entre le bord palléal et le bord cardinal. Quelques auteurs prennent, dans certains cas, cette plus grande distance, obliquement ; il nous a semblé qu'il y avait plus de régularité et moins de chances d'arbitraire à la prendre toujours perpendiculairement à la longueur.

Nous mesurons le *rapport du côté anal au côté buccal* en menant depuis le sommet des valves une perpendiculaire sur la longueur, de manière à couper cette ligne en deux parties qui fournissent les deux termes du rapport. Il nous a paru plus indispensable encore, dans cette mesure, d'éviter les directions obliques.

Nous mesurons enfin l'*épaisseur* (Pl. 28. fig. 1 *b*, A, B) par la plus longue ligne menée de la surface externe d'une des valves à celle de l'autre, perpendiculairement au plan qui les sépare. La plus grande épaisseur se trouve ordinairement vis-à-vis des crochets.

PREMIER ORDRE.

ORTHOCONQUES d'Orbigny.

———

Cet ordre comprend les mollusques lamellibranches dont la station normale est verticale, dont l'animal est en général symétrique à droite et à gauche du plan vertical, et dont la coquille est en conséquence composée de deux valves symétriques ou presque symétriques.

———

1er Sous-Ordre : SINUPALLÉALES d'Orbigny.

Nous plaçons dans ce sous-ordre, avec M. d'Orbigny, tous les lamellibranches orthoconques chez lesquels la ligne palléale est échancrée par un sinus.

Les seules familles de ce sous-ordre que nous ayons trouvées dans nos grès verts, sont celles des MYACIDES, ANATINIDES, MACTRIDES, PÉTRICOLIDES et CYTHÉRIDES.

Les coquilles seules ne sont pas toujours suffisantes pour distinguer ces familles. Elles fournissent toutefois souvent des caractères assez précis, dont nous rappellerons seulement les principaux.

Les familles des MYACIDES et des MACTRIDES ont toutes deux des coquilles variables sous le point de vue du bâillement; celles des Mactrides sont cependant, en général, plus fermées. Le ligament de ces dernières est toujours interne et repose sur

de forts cuillerons. Le ligament et la charnière des Myacides
sont moins constants. Le seul caractère fixe consiste dans les
siphons respiratoires de l'animal, qui sont réunis et soudés en
un long tube dans les Myacides, et séparés dans les Mactrides.

La famille des Anatinides est plus clairement caractérisée
par une coquille mince, fragile, plus ou moins bâillante, ayant
toujours le ligament inséré sur un osselet, et presque toujours
une côte interne vers le sommet des valves.

La famille des Pétricolides renferme des coquilles perfo-
rantes, irrégulières dans leur accroissement, faiblement bâillantes, à charnière faible, à ligament externe.

Les Cythérides ont une charnière solide et sont en général
épaisses, régulières et bien fermées.

—— —— —— ——

1re Famille : MYACIDES.

(*Glycimérides et Myaires* Deshayes.)

Caractères. Coquille allongée, oblongue ou ovale, inéquilatérale, bâillante aux deux extrémités. Charnière variable, toujours dépourvue d'osselets accessoires; ligament tantôt externe, tantôt interne, ne portant point d'osselet. Impression
palléale très-marquée, échancrée par un profond sinus anal.
Deux impressions musculaires.

Animal à manteau fermé, sauf pour le passage du pied, qui
est petit ou même rudimentaire. Deux siphons, ouverts seulement à l'extrémité, et réunis dans un long tube extensible.

Les limites de cette famille ont été envisagées de diverses

manières par les conchyliologistes. Cuvier, sous le nom d'*Enfermés*, lui donna une très-grande extension; Lamarck y plaça les Myes, les Panopées et les Anatines, auxquelles M. de Férussac ajouta les Lutraires et les Solémyes. M. d'Orbigny la compose des genres Solen, Leguminaria, Panopæa, Pholadomya, Glycimeris, Mya et Lutraria. M. Deshayes, dans son traité élémentaire de Conchyliologie, la réduit et la modifie considérablement en n'y admettant que les genres Mya, Corbula et Neæra, et en formant avec les autres genres des familles distinctes sous les noms de Solénacés et Glycimérides (Glycimères, Panopées et Pholadomyes).

N'ayant à nous occuper ici que des genres que nous avons trouvés dans les grès verts des environs de Genève, savoir les Panopées et les Pholadomyes, nous n'avons pas à discuter cette question dans son ensemble, d'autant plus que tous les auteurs sont d'accord pour placer ces deux genres dans la même famille, et que leurs rapports avec leurs congénères vivants ne rentrent pas directement dans notre sujet. La divergence entre MM. d'Orbigny et Deshayes provient principalement de la différence d'importance que ces deux savants attachent à la position du ligament. M. d'Orbigny considère le mode d'insertion de ce corps comme trop secondaire pour fournir des caractères de famille, et M. Deshayes est d'une opinion contraire.

Les Myacides vivent enfoncées profondément dans la vase; elles ne changent point de place et ne peuvent faire que des mouvements peu étendus, provenant de l'allongement du tube et de l'action très-limitée du pied.

Genre PANOPÆA Ménard de la Groye.

(*Panopœa*, *Myopsis*, *Homomya* ex parte, *Pleuromya*, **Agass.**)

CARACTÈRES. Coquille très-bâillante, oblongue ou allongée, équivalve ou subéquivalve, inéquilatérale, recouverte d'un épiderme épais ; charnière formée de chaque côté d'une dent cardinale qui est reçue dans une fossette du côté opposé. Ligament situé à l'extérieur, court, saillant, inséré sur une forte callosité.

Animal très-allongé, formé d'une masse abdominale considérable. Branchies en feuillets doubles, placées de chaque côté de cette masse. Bouche munie de palpes. Le tube extensible, caractéristique de la famille, est très-grand.

Les Panopées ont paru pour la première fois dans les terrains permiens. On n'en connaît aujourd'hui qu'un petit nombre d'espèces, dont la plupart acquièrent une taille considérable et vivent sur les côtes des mers froides et tempérées, en s'enfonçant verticalement dans le sable.

Nous suivons l'exemple de MM. d'Orbigny, Forbes et Deshayes, en réunissant aux Panopées les Myopsis de M. Agassiz et une partie de ses Pleuromyes et Homomyes. Quoique le test soit plus mince dans ces genres et diffère par quelques détails de celui des Panopées proprement dites, nous considérons les caractères sur lesquels ils ont été établis comme insuffisants pour justifier une séparation générique. M. Deshayes réunit les Myopsis aux Pholadomyes, mais depuis que M. d'Orbigny a montré que leur charnière présente des dents analogues à celles des Panopées, il devient évident que c'est à ce dernier genre qu'elles doivent être associées.

Nous avons trouvé quatre espèces de Panopées, non compris quelques échantillons trop incomplets pour pouvoir être décrits. Deux d'entre elles sont nouvelles.

1   { Coquille très-bâillante et inéquilatérale 2
     { Coquille très-peu bâillante, presque équilatérale . . . . *P. Sabaudiana.*

2   { Côté buccal court, formant environ le $^1/_5$ de la longueur totale de la coquille . . . . *P. Rhodani.*
     { Côté buccal égal au $^1/_3$ de la longueur de la coquille 3

3   { Côté anal tronqué . . . . *P. plicata.*
     { Côté anal arrond . . . . *P. acutisulcata.*

169. Panopæa acutisulcata d'Orbigny.

(Pl. 28, fig. 1 a, b.)

P. testà oblongà, compressà, concentricè sulcatà ; latere buccali brevi, angustato, rotundato ; latere anali, dilatato, elongato, sublævigato, rotundato.

Lutraria gurgitis? Al. Brongniart, 1822, dans Cuv. oss. foss., 4ᵉ édit., IV, pag, 175 et 648. Pl. Q, fig. 15, A, B, C.

Pholadomya acutisulcata, Deshayes, 1842, dans Leymerie, Mém. Soc. Géol., t. V, pl. 5, fig. 2.

Myopsis acutisulcata, Agassiz, 1842, Etudes critiques, Myes., p. 253.

Panopæa acutisulcata, d'Orbigny, 1844, Pal. fr. Terr. crét., t. 3, p. 356, pl. 357, fig. 1 — 5.

Panopæa plicata (Sow.), Bronn, 1848, Index palæontologicus, p. 906.

P. acutisulcata d'Orb., 1850, Prod., t. 2, p. 155.

39

DIMENSIONS.

(*Moules.*)

Longueur totale . . . . 63 millim.
Par rapport à la longueur : Largeur   0,61
    —   —   —   Épaisseur. . . . . ·   0,47
    —   ·   —   Longueur du côté anal, ...   0,64
Angle apicial. . . . . 138°

Coquille oblongue, à peu près égale sur sa longueur, comprimée, ornée de plis d'accroissement concentriques, profonds, inégaux, s'atténuant sur l'extrémité anale. Côté buccal rétréci et arrondi ; côté anal deux fois plus long et saillant à son extrémité.

Moule marqué des mêmes plis que le test, mais atténués.

OBSERVATIONS. L'échantillon dessiné, sur lequel ont été prises les dimensions, est plus renflé que celui qui a été figuré dans la Paléontologie française.

HISTOIRE. Cette espèce est très-probablement celle que M. Alex. Brongniart a décrite sous le nom de *Lutraria gurgitis*. Nous ne comprenons pas les motifs qui ont engagé M. d'Orbigny à transporter ce nom à une espèce plus courte, plus large et plus relevée sur l'extrémité anale du bord cardinal, espèce qui caractérise les terrains turoniens, tandis que celle qui a été décrite par M. Brongniart appartient au gault de la perte du Rhône. Il est vrai que la figure donnée par cet illustre géologue est trop imparfaite pour ne laisser aucun doute, et, en particulier, il n'est pas impossible qu'elle représente un échantillon de la *Panopæa plicata*. Cette absence de certitude nous a engagés à abandonner le nom spécifique donné par M. Brongniart, et nous avons cru devoir, afin d'éviter une confusion possible, préférer celui qui lui a été donné par M. Deshayes, et conservé par les auteurs subséquents.

M. Bronn, dans son Index palæontologicus, la réunit à la *Panopæa plicata* de Sowerby, dont elle diffère cependant par sa région anale tronquée et bien plus comprimée, ainsi que par son bâillement plus faible. Il est en effet possible, qu'il n'y ait là que des différences individuelles ou sexuelles. Le même auteur pense comme nous que c'est cette espèce qui a été décrite par M. Brongniart, mais il lui conserve le nom de *P. plicata*, comme plus ancien.

LOCALITÉ. La *P. acutisulcata* est rare à la perte du Rhône ; nous ne la connaissons qu'à l'état de moule. Collections de M. le Dr Roux et du Musée Académique. Elle est citée par M. d'Orbigny comme ayant été trouvée à Cluses par M. Hugard.

EXPLICATION DES FIGURES. Pl. 28, fig. 1 *a, b*, moule de la *P. acutisulcata*, échantillon appartenant à M. le Dr Roux.

170. PANOPÆA PLICATA d'Orbigny.

(Pl. 28, fig. 2 *a, b.*)

P. testâ oblongâ, compressâ, concentricè plicatâ ; latere buccali brevi, dilatato, rotundato ; latere anali elongato, truncato.

Lutraria gurgitis?? Al. Brongniart, 1822, dans Cuvier, oss. foss., 4e édit., IV, p. 173 et 648, pl. Q, fig. 15, A, B, C.

Mya plicata, Sowerby, 1823, Min. Conch., pl. 419, fig. 3.

Panopæa gurgitis, Goldfuss, 1842, p. 274, pl. 153, fig. 7.

Panopæa plicata, D'Orbigny, 1844, Pal. franç., Terr. crét., tome 3, p. 337, pl. 357, fig. 4 et 5.

Ead.   d'Orbigny, Prod., 1850, t. 2, p. 135

DIMENSIONS.

(*Moules.*)

Longueur totale..	74 millim.
Par rapport à longueur : Largeur....................................	0, 61
— — — Epaisseur	0, 43
— — — Longueur du côté anal.................	0, 64
Angle apical	141°

Espèce oblongue, égale sur sa longueur, assez épaisse, pourvue de plis concentriques d'autant plus marqués qu'ils sont plus rapprochés des crochets. Côté buccal large, arrondi ; côté anal deux fois plus long, élargi et tronqué assez carrément à son extrémité, qui est fortement bâillante.

RAPPORTS ET DIFFÉRENCES. Cette Panopée est réunie à la précédente par M. Bronn ; le trop petit nombre de nos échantillons ne nous permettant pas une étude suffisante de cette question, nous continuerons à la considérer comme une espèce distincte, qui diffère de la *P. acutisulcata* par son côté buccal plus large, et par son extrémité anale plus tronquée et plus bâillante.

OBSERVATION. On ne peut pas réunir à cette espèce la *Panopœa plicata* de Rœmer et de quelques autres auteurs allemands, quoique ils la rapportent eux-mêmes à la *Mya plicata* de Sowerby. Ils ont décrit sous ce nom une petite espèce à côtes concentriques, coupées par des lignes rayonnantes qui déterminent des granulations; elle appartient au terrain néocomien. (Rœmer, Verst. nord. kreideg., p. 75, pl. 9, fig. 25; Geinitz, Characteristich, p. 75, pl. 20, fig. 2.) Ce même nom a été donné plus tard à une espèce plus voisine de la vraie *P. plicata*, mais qui en diffère par un pli fortement prononcé séparant la région anale de celle des flancs. C'est la *P. plicata* de Geinitz, Nachtrag, pl. 2, fig. 2, et de Reuss., Verst. Bohm. Kreid., p. 17. Enfin M. Geinitz, dans son Grundriss, p. 402, pl. 17, fig. 7. paraît décrire et figurer, sous le nom de *P. plicata*, une troisième espèce, qui n'a ni les lignes rayonnantes de la première, ni le pli de la seconde.

LOCALITÉ. M. Tollot en a rapporté un échantillon de la perte du Rhône; le Musée Académique en possède quelques moules.

EXPLICATION DES FIGURES. Pl. 28, fig. 2 *a*, *b*, *Panopœa plicata* de la perte du Rhône, de grandeur naturelle.

171 PANOPÆA RHODANI Pictet et Roux.

(Pl. 28, fig. 3 a, b.)

P. testâ oblongo-ovatâ, inæquilaterâ, concentricè plicatâ; latere buccali brevissimo, lato, rotundato; latere anali angustato, elongato.

DIMENSIONS

(Moules.)

Longueur totale	65 millim.
Par rapport à la longueur : Largeur	0,58
— — — Epaisseur	0,47
— — — Longueur du côté anal	0,80
Angle apicial	125°

Espèce oblongue, médiocrement renflée, marquée de plis concentriques, également prononcés sur toute la largeur de la coquille. Côté buccal très-court, élargi, arrondi; côté anal bien plus long, devenant moins épais vers son extrémité, qui est tronquée d'une manière arrondie.

RAPPORTS ET DIFFÉRENCES. Elle se distingue clairement des autres espèces des grès verts, par la longueur de son côté anal, comparée à la brièveté de son côté buccal.

LOCALITÉ. Le Musée Académique la possède de la perte du Rhône.

EXPLICATION DES FIGURES. Pl. 28, fig. 3, *a, b, Panopœa Rhodani* de grandeur naturelle.

172. PANOPÆA SABAUDIANA Pictet et Roux.

(Pl. 28, fig. 4 *a, b, c, d.*)

P. testâ tenui, ovato-cuneatâ, inflatâ, longitudinaliter concentricè sulcatâ et tenuiter striatâ, subæquilaterâ; latere buccali rotundato; latere anali angustato et longiori.

DIMENSIONS.

Longueur totale	34 millim.
Par rapport à la longueur : Largeur.	0,65
— — — Epaisseur.	0,63
— — — Longueur du côté anal	0,60
Angle apicial	110°

(Dans les jeunes, il est de 120°.)

Coquille ovale, à peu près équilatérale, très-renflée, beaucoup moins bâillante à son extrémité anale que les précédentes, et presque fermée à l'extrémité buccale, ornée de plis concentriques saillants, nombreux, assez également espacés. marqués, dans les intervalles, de stries fines. Côté buccal arrondi; côté anal un peu plus long, pourvu d'une impression transverse; on en observe une semblable sur le milieu de la coquille; l'une et l'autre sont peu profondes et quelquefois à peine marquées.

RAPPORTS ET DIFFÉRENCES. Cette espèce n'a point le même facies que les trois précédentes; elle en diffère par ses crochets placés presque au milieu de la coquille, et par ses extrémités beaucoup moins bâillantes. Elle se rapproche davantage des *Panopœa Arduennensis* et *Constantii*, décrites par M. d'Orbigny, tout en s'en distinguant facilement par la profondeur de ses plis concentriques, par son ex-trémité anale bien plus acuminée, par ses dépressions transversales, etc. Nos moules montrent clairement l'impression des dents de la charnière, caractère important du genre auquel nous l'avons rapportée. Cette même circonstance, join-te à sa forme presque équilatérale, et à une légère inégalité des valves dans quelques échantillons, pourrait engager à l'associer aux Corbules. Pour résoudre complète-ment cette question, il faudrait deux éléments qui nous manquent, savoir, la posi-tion du ligament et la forme du sinus palléal, qui est beaucoup plus profond dans les Panopées. Il nous a semblé que la place de cette espèce est, provisoirement au moins, marquée dans ce dernier genre, à cause de son bâillement anal ré-gulier, quoique faible ; l'inégalité des valves (nulle ou presque nulle dans la plu-part des échantillons) ne peut pas avoir une grande importance, puisqu'on la re-trouve plus grande encore dans la *Panopœa inœquivalvis* de M. d'Orbigny.

LOCALITÉ. La *P. Sabaudiana* n'est pas très-rare au Saxonet. Nous en connais-sons aussi quelques échantillons de Bossetang, d'Anzeindaz (Diablerets) et de la perte du Rhône.

EXPLICATION DES FIGURES. Pl. 28, fig. 4 *a*, *b*, un exemplaire adulte, de grandeur naturelle, choisi parmi ceux où les impressions transversales sont les plus marquées. — Fig. 4 *c*, *d*, individu plus jeune, à impressions transverses indis-tinctes, de grandeur naturelle.

A la suite de ces espèces nous devons mentionner un moule incomplet, faisant partie de la collection de M. le professeur Favre, et qui indique l'existence d'une espèce courte très-bâillante, à ligne palléale bien marquée. Des traces rares et in-complètes de plis d'accroissement s'observent principalement sur la région buc-cale. Ce moule a été trouvé au Saxonet, il appartient probablement à une espèce voisine de la *Panopœa plicata* Sow., mais il nous paraît plus court et moins régu-lièrement plissé que les moules de cette espèce.

Nous possédons encore quelques moules de la perte du Rhône, apparte-nant probablement à d'autres espèces, mais trop imparfaits pour être décrits et figurés.

Genre PHOLADOMYA Sowerby.

(*Pholadomya*, *Goniomya*, *Homomya* et *Arcomya* ex parte,
Agassiz ; *Lysianassa*, v. Munster.)

Caractères. Coquille mince, renflée, oblongue et bâillante.
Charnière sans dents, pourvue seulement d'un léger épaississement cardinal. Ligament extérieur court, situé sur une
nymphe peu épaisse.

Animal inconnu.

Les Pholadomyes se distinguent des Panopées par leur coquille plus mince et par leur charnière sans dents. Ces mollusques ont été principalement abondants dans les mers de
la période jurassique ; ils ont diminué de nombre pendant l'é-
poque crétacée ; on n'en connaît qu'un très-petit nombre d'espèces dans les terrains tertiaires et dans les mers actuelles.

Parmi les espèces décrites par les divers auteurs, nous
n'en avons trouvé qu'une dans nos grès verts, et nous en
ajoutons une nouvelle.

173. Pholadomya Favrina Agassiz.

(Pl. 29, fig. 1 a. b.)

*P. testâ oblongâ, subarcuatâ, inflatâ, longitudinaliter plicis distantibus ornatâ;
transversim costatâ , costis approximatis subundulatis ; latere buccali brevi, rotundato, dilatato ; latere anali elongato.*

Pholadomya Favrina, Agassiz, 1842, Etudes critiques, Myes, p. 59, pl. 2', fig. 1—2.
Pholadomya Fabrina? d'Orbigny, 1844, Pal. fr., Terr. crét., 3, p. 354, pl. 363, fig. 6-7
Pholadomya Fabrina? d'Orb., Prod., 1850, t. 2, p. 135.

DIMENSIONS.

(*Moules.*)

Longueur.. 71 millim.

Par rapport à la longueur : Largeur............................... 0,63

   —   —   —   Epaisseur.............................. 0,65

   —   —   —   Longueur du côté anal.................. 0,75

Angle apicial .... 125°

Nous ne connaissons qu'un moule de cette Pholadomye.

Espèce oblongue, renflée, arquée, très-bâillante, ornée de côtes rapprochées et un peu sinueuses, avec lesquelles se croisent des plis d'accroissement moins marqués, beaucoup moins nombreux et irrégulièrement espacés entre eux. Côté buccal court, arrondi et élargi; côté anal large et long.

Histoire. La *Pholadomya Favrina* a été décrite par M. Agassiz sur un échantillon très-imparfait et unique, faisant partie de la collection de M. le professeur Favre ; ses contours sont incertains et ses crochets n'ont pu être qu'incomplétement dégagés. M. le professeur Favre ayant bien voulu nous communiquer ce même individu, nous l'avons figuré de nouveau, parce que la planche de M. Agassiz représente les côtes d'une manière très-différente de la nature. M. d'Orbigny a rapporté à la même espèce une petite Pholadomye des terrains albiens d'Ervy (Aube) qui nous paraît beaucoup moins épaisse en avant, et ornée de côtes plus régulières, plus droites et moins nombreuses. N'ayant vu que la figure, nous ne pouvons pas prononcer définitivement sur la valeur de ce rapprochement, que nous considérons comme très-douteux. Goldfuss a confondu, sous le nom de *Ph. Esmarkii*, quelques espèces des grès verts de Quedlimburg; l'échantillon qui est figuré pl. 157, sous le n° 10 *a*, a quelques rapports avec la *Ph. Favrina,* mais la fig. 10 *b*, montre que cette coquille est peu ou point bâillante.

Localité. Le seul exemplaire que nous connaissions, a été trouvé à la perte du Rhône.

Explication des figures. Pl. 29, fig. 1 *a*, *b*, *Pholadomya Favrina*, de grandeur naturelle.

174. Pholadomya Genevensis Pictet et Roux.

(Pl. 29. fig. 2 *a, b.*)

*P. testâ triangulari, compressâ, longitudinaliter plicatâ, transversim costatâ; costis
acutis, numerosis; latere buccali brevi, obliquè truncato, subexcavato, externè subcarinato; latere anali elongato.*

Dimensions.

Longueur totale...	30 millim.
Par rapport à la longueur : Largeur...............................	0,85
— — — Épaisseur...............................	0,65
— — — Longueur du côté anal....................	0,80
Angle apicial..	90°

Coquille triangulaire, comprimée, ornée en long de plis d'accroissement rapprochés, concentriques, s'atténuant sur la région palléale, et en travers de côtes
rayonnantes, divergentes, formant par leur entrecroisement avec les plis longitudinaux de légères élévations tuberculeuses. Côté buccal court, non bâillant, coupé obliquement, excavé et présentant une légère carène : il manque de côtes
transverses. Côté anal allongé, dépourvu également de côtes transverses, bâillant
vers son angle supérieur.

Rapports et différences. Cette espèce diffère beaucoup, par sa forme, de
celles du terrain albien. Elle se rapproche des pholadomyes jurassiques et surtout de la *P. clathrata* Münster, du terrain kimméridgien. La région buccale est
toutefois moins aplatie et moins courte dans notre espèce; les ornements sont
à peu près les mêmes. La *Pholadomya decussata* Agass., rapportée par cet auteur
et par M. Deshayes aux grès verts supérieurs, et qui appartient en réalité au terrain oxfordien inférieur (kellowien), pourrait aussi lui être comparée, mais les
côtes rayonnantes sont beaucoup plus larges dans cette dernière espèce, et la région buccale est séparée du reste de la coquille par une carène bien moins prononcée.

Localités. Nous connaissons cinq exemplaires de cette charmante espèce.
L'un d'entre eux a été trouvé au Saxonet et appartient à M. le professeur Favre.
Deux proviennent de Bossetang et nous ont été communiqués, l'un par M. le

prof. Lardy, l'autre par **M. Rod. Blanchet.** Deux autres ont été recueillis à la perte du Rhône et font partie de la collection du Musée Académique.

EXPLICATION DES FIGURES. Pl. 29, fig. 2 *a*, *b*, *Pholadomya Genevensis* (moule), de grandeur naturelle.

2me FAMILLE : MACTRIDES.

CARACTÈRES. Coquille ovale, transverse ou subtrigone, presque toujours bâillante des deux côtés. Charnière offrant au milieu un cuilleron, ou fossette destinée à recevoir un fort ligament interne. Au côté buccal de la fossette sont des dents divergentes. Une dent latérale de chaque côté (quelquefois rudimentaire).

Animal ayant un manteau en grande partie fermé et muni, comme celui des Myacides, de deux siphons réunis en un long tube. Pied comprimé et triangulaire, pouvant servir à la locomotion; siphons souvent un peu divergens à leur extrémité et terminés par des tentacules simples ou branchus.

Les Mactrides, qui comprennent, dans la méthode de M. Deshayes, les genres *Lutraria*, *Mactra*, *Analinella* et *Gnathodon*, ne se distinguent des Myacides que par leur pied moins rudimentaire et par leurs tentacules plus nombreux. Les coquilles, comparées à celles des autres familles, sont caractérisées par leur fossette ligamentaire, par les dents de leur charnière et par le bâillement plus ou moins apparent de presque toutes les espèces.

Le genre *Mactra* est le seul que nous ayons trouvé dans les grès verts des environs de Genève.

Genre MACTRA Linné.

Caractères. Coquille ovale, arrondie, subtrigone, comprimée, équivalve, subéquilatérale, légèrement bâillante de chaque côté, surtout à la région anale. Impression palléale très-superficielle, à sinus anal court. Impressions musculaires peu marquées, obliques et prolongées sous les dents latérales. Charnière composée d'une dent cardinale comprimée et pliée en forme de V, et de deux dents latérales comprimées et intrantes. Ligament interne reçu dans une fossette triangulaire de la charnière.

Animal ayant les lobes du manteau garnis d'une double série de tentacules simples et coniques. Ouverture des siphons ornée de tentacules simples. Pied grand et triangulaire.

Les Mactres ont paru avec les terrains jurassiques, se continuent à travers les époques crétacées et tertiaires, et habitent encore les mers actuelles, où leurs espèces sont nombreuses et vivent sur les plages sablonneuses.

Nous en décrivons une espèce qui est nouvelle.

175. Mactra gaultina Pictet et Roux.

(Pl. 29, fig. 3 a, b.)

M. testâ ovato-compressâ, inæquilaterâ; latere buccali rotundato; latere anali subcarinato, obtusè truncato.

Dimensions.

(Moule.)

Longueur totale	35 millim.
Par rapport à la longueur : Largeur	0, 75
— — — Epaisseur	0, 53
— — — Longueur du côté anal	0, 62
Angle apicial	122°

Espèce lisse, comprimée, ovale, plus longue que large, rétrécie à son extrémité buccale, élargie, amincie et tronquée carrément à son extrémité opposée, qui est un peu bâillante. Le côté anal porte une dépression transverse, qui s'étend depuis les crochets jusqu'à l'extrémité du même bord, et qui est séparée du reste de la valve par une élévation formant une légère carène. Le test dont nous ne ne possédons que des fragments, était peu épais et orné de sillons concentriques peu profonds, inégaux, sublamelleux, parallèles aux stries d'accroissement. Ces sillons laissent des impressions peu marquées sur le moule. Les impressions musculaires et palléales sont peu ou point visibles. Quelques moules montrent sous les crochets l'empreinte bien conservée de la dent cardinale en forme de V.

RAPPORTS ET DIFFÉRENCES. Cette espèce rappelle en partie la forme de la *M. matronensis* d'Orbigny, de l'étage néocomien; elle en diffère, toutefois, par son côté anal proportionnellement plus long, et tronqué carrément, au lieu de l'être obliquement.

LOCALITÉ. La perte du Rhône, où elle est très-rare. Collection du Musée Académique. M. Tollot en a rapporté un exemplaire des Fis.

EXPLICATION DES FIGURES. Pl. 29, fig. 5 *a*, *b*, *Mactra gaultina* de la perte du Rhône, grandeur naturelle.

3me FAMILLE : ANATINIDES.

(*Ostéodesmes* Deshayes.)

CARACTÈRES. Coquille plus ou moins allongée, mince, inéquilatérale, souvent un peu inéquivalve, ordinairement bâillante à ses deux extrémités; charnière ayant sur chaque valve un cuilleron auquel aboutit fréquemment une côte interne; ligament interne, renforcé par un osselet.

Animal à manteau fermé, laissant en avant une petite ouverture pour le passage d'un pied étroit, quelquefois byssifère. Siphons plus ou moins allongés et réunis en tout ou en partie.

Le principal caractère de cette famille consiste dans l'osselet de la charnière; les animaux qui la composent, ont d'ailleurs, de grands rapports avec les Myacides. La présence de l'osselet est ordinairement difficile à constater dans les fossiles, et l'on est souvent forcé de recourir à des caractères accessoires pour décider de leurs affinités. C'est, en particulier, ce qui nous est arrivé pour nos fossiles des grès verts.

Nous avons trouvé trois genres d'Anatinides, les ANATINA, les PERIPLOMA et les THRACIA.

GENRE ANATINA Lamarck.

(Comprenant les *Ceromya* et une partie des *Platymya* d'Agassiz.)

CARACTÈRES. Coquille oblongue ou allongée, mince, fragile, inéquivalve, fortement bâillante à la région anale, à peine à la région buccale. Impression palléale très - marquée; sinus anal arrondi, peu profond. Charnière composée de chaque côté d'un cuilleron saillant, soutenu par une lame intérieure, oblique du côté anal. Ligament interne, muni d'un osselet calcaire, transverse. Sommet des crochets fendu transversalement.

Animal muni de deux siphons très-extensibles, distincts, accolés jusqu'à leur extrémité.

Les moules des Anatines se reconnaissent principalement aux impressions que forment la fente des crochets et la côte saillante. Tantôt toutes deux sont bien visibles, comme dans l'*Anatina Agassizii*, tantôt la fente des crochets présente seule sa trace. Ces moules sont encore caractérisés par leur forme générale aplatie, par leur extrémité anale bâillante et par leurs ornements, composés ordinairement de côtes parallèles aux lignes d'accroissement; l'extrême minceur de la coquille fait que le moule traduit presque tous les détails du test.

Nous n'avons trouvé qu'une seule espèce de ce genre; aucune n'avait été signalée dans le gault.

176. ANATINA RHODANI Pictet et Roux.

(Pl. 29, fig. 4 a. b.)

A. testâ elongatâ, compressâ, subæquilaterâ, transversim unisulcatâ; latere buccali obliquè costato; latere anali longitudinaliter concentricè plicato.

DIMENSIONS.

(*Moules.*)

Longueur	58 millim.
Par rapport à la longueur : Largeur	0,52
— — — Epaisseur	0,37
— — — Longueur du côté anal	0,55
Angle apicial	153°

Nous ne connaissons que le moule.

Espèce allongée, comprimée, à peu près équilatérale, la valve gauche plus renflée que la valve droite, marquée d'un sillon transverse, légèrement oblique vers la région buccale. Côté buccal arrondi, orné de côtes obliques, larges et séparées pa r des sillons; côté anal moins large et pourvu de côtes plus nombreuses et moins saillantes que le côté buccal. Brisure des crochets bien marquée; impression de la côte interne oblique en haut et en avant vers le bord anal.

RAPPORTS ET DIFFÉRENCES. Cette espèce a de grands rapports avec l'*Anatina Marullensis* d'Orbigny du terrain néocomien inférieur. Elle nous a paru en différer par ses valves plus équilatérales, par ses crochets moins saillants, plus larges et plus médians, et par son épaisseur proportionnellement plus grande dans le milieu de son côté anal.

Localité. L'*A. Rhodani* a été trouvée pour la première fois, à la perte du Rhône, par M. Bertolus. Le Musée de Genève en possède aussi quelques échantillons.

Explication des figures. Pl. 29, fig. 4 *a*, *b*, moule de l'*Anatina Rhodani*, de grandeur naturelle.

Genre **PERIPLOMA** Schumacher.

Caractères. Coquille ovale oblongue, mince, très-légèrement bâillante à l'extrémité anale, inéquivalve, inéquilatérale, le côté anal étant plus court que le côté buccal. Impression palléale échancrée par un sinus médiocre. Impressions musculaires au nombre de deux : l'anale petite et presque triangulaire, la buccale étroite et oblique. Charnière composée de chaque côté d'une dent cardinale saillante en demi cuilleron. Ligament interne, inséré à un osselet tricuspide. Une callosité de chaque côté de la charnière, s'étendant obliquement du côté anal dans l'intérieur de chaque valve, et laissant sur le moule des espèces fossiles une forte impression oblique. Sommet des valves presque toujours fendu.

L'espèce que nous décrivons ici n'est conservée qu'à l'état de moule, et nous n'avons pu y reconnaître les caractères tirés de l'osselet et des impressions palléales et musculaires ; le sommet des valves ne présente non plus aucune trace de fente. Mais les autres caractères semblent suffisants pour la rapporter à ce genre. En particulier, la brièveté du côté anal, la trace des deux dents cardinales, l'impression laissée par la callosité oblique, le léger bâillement anal et le rapprochement des crochets qui montre que la coquille a été très-mince,

nous paraissent ne pas laisser de doutes sur la convenance
d'associer cette espèce aux fossiles que M. d'Orbigny nomme
Periploma dans sa Paléontologie française.

Il est vrai que M. Deshayes conteste cette détermination
par des motifs sur lesquels notre espèce ne fournit aucune lu-
mière nouvelle, tels que la forme probable de l'osselet, l'inégalité des valves, etc. Ne pouvant point, avec les matériaux
que nous avons, décider entre ces deux autorités, il nous a
paru plus prudent de réunir provisoirement notre espèce à
celles de M. d'Orbigny, dont elle devra évidemment suivre le
sort, restant comme elles dans le genre Periploma, si l'opinion
de ce célèbre paléontologue prévaut, ou en sortant avec elles,
si de nouveaux faits démontrent qu'elles n'ont pas tous les caractères des Périplomes vivants.

177. Periploma Sabaudiana Pictet et Roux.

(Pl. 20, fig. 5 *a*, *b*.)

P. testâ ovato-oblôngâ, inflatâ, concentricè tenuiter subplicatâ, subæqualiterâ, la-
teribus rotundatis.

DIMENSIONS.

Longueur	20 millim.
Par rapport à la longueur : Largeur.	0, 72
— — — Epaisseur.	0, 65
— — — Longueur du côté anal.	0, 48
Angle apicial.	110°

Nous ne connaissons que le moule.

Espèce ovale allongée, renflée, ornée probablement de lignes concentriques,
à en juger du moins par les impressions qui subsistent sur le moule. Le seul
exemplaire dont nous ayons les deux valves réunies, ayant été un peu modifié par

la compression, on ne peut pas juger très-bien de l'inégalité de ces valves. Côté buccal large, arrondi; côté anal à peu près égal au précédent, arrondi de même. Crochets très-saillants. Un sillon oblique bien marqué sur chaque valve, du côté anal, correspondant aux callosités internes de la coquille.

RAPPORTS ET DIFFÉRENCES. Cette espèce se distingue facilement de tous les Périplomes fossiles par ses valves beaucoup plus bombées, et par sa forme presque équilatérale. Son côté anal arrondi la caractérise aussi très-bien.

LOCALITÉ. La *P. Sabaudiana* qui paraît très-rare, a été trouvée à la montagne des Fis, au Reposoir et à Anzeindas (Diablerets). Musée Académique de Genève et Musée de Berne.

EXPLICATION DES FIGURES. Pl. 29, fig. 5 *a*, *b*, *Periploma Sabaudiana*, de grandeur naturelle.

GENRE THRACIA Leach.

(Corimya Agassiz.)

CARACTÈRES. Coquille mince, oblongue ou arrondie, presque équilatérale, un peu inéquivalve, légèrement bâillante à ses extrémités. Charnière ayant un cuilleron interne, oblique et saillant. Ligament double : l'interne puissant, l'externe petit. Un osselet demi-annulaire, attaché par le ligament à la partie antérieure du cuilleron (il manque dans quelques espèces). Impressions musculaires superficielles; impression palléale échancrée par un sinus anal peu profond, large et triangulaire.

M. Deshayes a démontré que l'on devait rapporter à ce genre un grand nombre de coquilles fossiles, et en particulier, le genre *Corimya* de M. Agassiz, qui n'en diffère par aucun caractère appréciable. Les deux espèces que nous décrivons ici ne sont pas conservées de manière à laisser voir

41

tous les caractères du genre; mais leur forme, la légère différence qui existe entre les deux valves, leur bâillement anal faible et la minceur de leur coquille, nous paraissent suffisants pour justifier le rapprochement que nous avons fait. La côte saillante qui borde la région anale et qui circonscrit une sorte de corselet oblique, leur donne, en outre, une analogie de facies incontestable avec les Corimya.

Nous avons eu toutefois quelque hésitation entre les genres *Thracia* et *Lyonsia*, car M. d'Orbigny rapporte à ce dernier genre la *Lutraria carinifera* de Sowerby, qui a des rapports certains avec nos espèces, quoiqu'elle soit plus transverse. Mais nos fossiles sont trop peu bâillants pour être associés aux Lyonsia vivants, et sont d'ailleurs tout-à-fait dépourvus de la côte interne qui est très-caractéristique de ce genre, et qui, si elle avait existé, aurait laissé une trace sur le moule. Dans les Thracies au contraire, cette côte est très-variable et disparaît quelquefois presque complétement, ce qui est le cas de nos espèces. M. Deshayes confirme en outre notre détermination, en associant aux Thracies la *Lutraria carinifera*, aussi bien que les Corimya. Il y réunirait certainement aussi nos espèces, qui sont intermédiaires entre ces deux types.

178. Thracia rotunda Pictet et Roux.

(Pl. 29, fig. 6 a, b.)

L. testâ subrotundâ, compressâ, concentricè plicatâ, transversim striatâ; latere buccali rotundo; latere anali transversim truncato, externè carinato.

DIMENSIONS.

(Moules)

Longueur totale	21 millim.
Par rapport à la longueur : Largeur	0, 85
— — — Epaisseur	0, 58
— — — Longueur du côté anal	0, 47
Angle apicial	125°

Espèce presque ronde, comprimée, ornée de lignes d'accroissements concentriques et rapprochées, et de stries rayonnantes nombreuses et très-fines. Elle est inéquivaive et inéquilatérale, la valve gauche est la plus bombée ; le côté buccal est arrondi, plus court et moins large que le côté anal, qui est tronqué carrément sur sa partie bâillante et qui porte extérieurement une carène très-prononcée : entre la carène et le bord tronqué existe une dépression très-sensible. Le sillon de la côte interne n'est visible sur aucune valve.

Moule lisse, conservant l'impression des côtes concentriques, mais pas celle des stries transverses.

LOCALITÉS. Nos échantillons proviennent presque tous de la perte du Rhône : un seul a été rapporté de la vallée de Sixt. Ils appartiennent à la collection du Musée Académique.

EXPLICATION DES FIGURES. Pl. 29, fig. 6 a, b, *Thracia rotunda*, de grandeur naturelle.

179. THRACIA ALPINA Pictet et Roux.

(Pl. 29, fig. 7 a, b, c.)

T. testà ovatà, compressâ, subæquilaterâ, concentricè tenuiter plicatà ; latere buccali rotundo, latere anali rotundo et carinato.

DIMENSIONS.

(Moules.)

Longueur totale	15 millim.
Par rapport à la longueur : Largeur	0, 75
— — — Epaisseur	0, 45
— — — Longueur du côté anal	0, 60
Angle apicial	125°

Espèce à peu près équilatérale, un peu ovale, comprimée, ornée de lignes d'accroissement concentriques peu prononcées, et de stries fines, transverses et obliques. La valve gauche paraît un peu plus renflée que la valve droite; la petitesse de l'espèce ne permet pas d'apprécier exactement la différence. Le côté buccal est arrondi et moins large que le côté anal, qui est tronqué et orné extérieurement d'une carène, au-dessus et en arrière de laquelle se voit une dépression; ce dernier côté bâille un peu sur sa partie tronquée.

Rapports et différences. Cette espèce est très-voisine de la précédente, dont elle ne diffère que par sa forme plus ovale et en même temps plus comprimée.

Localités. La perte du Rhône et les grès verts de Bossetang; collection du Musée Académique.

Explication des figures. Pl. 29, fig. 7 *a*, *b*, *Thracia alpina*, de grandeur naturelle, échantillon trouvé à Sainte-Croix, plus grand que ceux de nos environs. — Fig. 7 *c*, fragment de test, grossi.

4ᵐᵉ Famille : PÉTRICOLIDES.

(*Lithophages* Lamarck.)

Caractères. Coquille transverse, inéquilatérale, souvent irrégulière et bâillante du côté anal, presque toujours perforante. Ligament externe. Charnière sans pièces accessoires.

La plupart des espèces qui appartiennent à cette famille vivent en perçant l'argile durcie, les roches et les coraux. L'animal a un pied très-petit, quelquefois byssifère, et les deux siphons postérieurs réunis dans une partie de leur longueur.

Les Pétricolides sont en général faciles à distinguer par l'irrégularité de leurs coquilles, dont les lignes d'accroissement ne sont point astreintes à cette uniformité qui caractérise la plupart des Orthoconques.

Genre **PETRICOLA** Lamarck.

Caractères. Coquille ovale ou transverse, inéquilatérale, bâillante du côté anal. Charnière étroite, présentant deux dents sur chaque valve ou sur une seule. Impressions musculaires grandes et écartées. Impression palléale très-largement ouverte, et se rapprochant par conséquent de la région apiciale.

La seule espèce de cette famille que nous ayons trouvée, nous paraît appartenir au genre Pétricole. Nous n'avons pu observer sa charnière, car nos échantillons sont à l'état de moule, mais la grandeur et la forme du sinus de l'impression palléale nous semble lui assigner une place dans ce genre, plutôt que dans celui des Venerupis.

180. Petricola Rhodani Pictet et Roux.

(Pl. 29, fig. 8 *a*, *b*, *c*.)

P. testâ rotundatâ, globulosâ, subaequilaterâ ; latere buccali et latere anali rotundatis.

Dimensions.

(*Moules.*)

Longueur totale . . . . 20 millim.	
Par rapport à la longueur : Largeur.	0,87
— — — Epaisseur.	0,77
— — — Longueur du côté anal.	0,63
Angle apicial. . . . . 130°	

Nous ne connaissons que le moule ; la coquille était très-mince.

Espèce très-renflée, globuleuse, à bords arrondis, équivalve, à peu près équilatérale ; le côté buccal un peu plus court que le côté anal. Crochets larges et recourbés, à peine saillants ; impressions musculaires et palléale très-prononcées.

Observation. Cette espèce se trouve ordinairement sous la forme d'un corps en forme de massue (fig. 8 *c*), atténué et fracturé à son extrémité supérieure, régulièrement arrondi à l'autre ; ce corps est un moule formé dans le trou que le mollusque avait percé dans la roche. Si on casse ce moule avec précaution, on trouve quelquefois à l'intérieur la coquille elle-même divisée en petits fragments méconnaissables, puis son propre moule (fig. 8 *a* et *b*). Cette espèce est le seul mollusque perforant que nous ayons rencontré dans le gault du bassin de Genève.

Localités. Elle se trouve à la perte du Rhône où elle n'est pas commune; on la rencontre plus rarement encore dans les grès verts de la Savoie.

Explication des figures. Pl. 29 fig. 8 *a*, *b*, moule de la *Petricola Rhodani*, de grandeur naturelle. Fig. 8 *c*, moule de la cavité perforée.

4me Famille : CYTHÉRIDES.

Caractères. Coquille régulière, inéquilatérale, équivalve, fermée, en général solide. Charnière composée d'au moins trois dents cardinales sur chaque valve et manquant toujours de dents latérales. Ligament externe.

Ces coquilles se distinguent facilement au milieu de toutes les sinupalléales par leur régularité, leur charnière forte et à dents cardinales nombreuses, leurs valves égales et bien closes.

Nous avons trouvé des représentants de deux genres, une *Venus* et une *Thetis*.

Genre VENUS Linné.

Caractères. Coquille ovale, arrondie ou subtrigone, parfaitement close, épaisse. Charnière à trois dents cardinales, divergentes. Impressions musculaires grandes, ovalaires. Impression palléale terminée du côté anal par une sinuosité petite, triangulaire, oblique de haut en bas et d'avant en arrière.

On voit que nous réduisons le genre Vénus aux espèces à coquille solide, à trois dents à la charnière et à sinus palléal petit et oblique.

La seule espèce que nous ayons trouvée, a tout-à-fait les caractères de ce genre.

181. Venus Vibrayeana d'Orbigny.

(Pl. 30, fig. 1 *a, b, c.*

V. testâ ovatâ, subinflatâ, rugoso striatâ ; latere buccali brevi, rotundato ; latere anali elongato, rotundato ; lunulâ cordiformi.

Venus Vibrayeana, d'Orbigny, 1844, Pal. fr., terr. crét., t. 3, p. 442, pl 384, fig. 16 — 20.

     Ead.   d'Orbigny, Prod. 1850, t. 2, p. 136.

DIMENSIONS.

(*Moules.*)

Longueur totale	17 millim.
Par rapport à la longueur : Largeur	0,86
— — — Epaisseur	0,60
— — — Longueur du côté anal	0,70
Angle apicial	119°

Coquille ovale, renflée, ornée de stries concentriques légèrement rugueuses, et de quelques sillons d'accroissement ; côté buccal court, arrondi ; côté anal plus long, également arrondi ; lunule plus longue que large, très-circonscrite ; corselet peu profond ; crochets peu saillants.

Moule lisse, montrant quelques sillons concentriques fort atténués, ainsi que les empreintes musculaires et le sinus palléal triangulaire.

LOCALITÉS. Cette espèce se trouve également à la perte du Rhône et dans les Alpes de la Savoie ; elle est rare et ordinairement à l'état de moule.

EXPLICATION DES FIGURES. Pl. 30, fig. 1 *a, Venus Vibrayeana* grossie. Fig. 1 *b, c,* moule de la même espèce.

Genre **THETIS** Sowerby.

Caractères. Coquille subcordiforme, mince, parfaitement close ; crochets grands ; charnière munie de trois dents cardinales inégales. Impression musculaire buccale très-petite ; impression palléale se dilatant en une profonde sinuosité triangulaire, large à sa base, occupant la moitié de la coquille, s'avançant en pointe dans la direction des crochets jusqu'à la partie profonde de cette région.

Ce genre remarquable est principalement caractérisé par sa singulière impression palléale. Sa forme bombée et ses grands crochets lui donnent quelque analogie de facies avec les Cardium.

182. Thetis Genevensis Pictet et Roux.

(Pl. 30, fig. 2 a, b, c.)

T. testâ rotundatâ, inflatâ, subcordiformi, concentricè plicatâ, inæquilaterâ ; latere buccali brevi, rotundato ; latere anali elongato, rotundato.

DIMENSIONS.

Longueur totale..	26 millim.
Par rapport à la longueur : Largeur..	0, 100
— — — Epaisseur	0, 77
— — — Longueur du côté anal......................	0, 57
Angle apicial...	100°

Nous ne connaissons pas le test.

Espèce arrondie, très-renflée, aussi large que longue, lisse ou marquée de lignes d'accroissement peu sensibles et rapprochées. Elle est inéquilatérale, le côté buccal est un peu plus court et plus large que le côté anal ; tous deux sont arrondis. Pas de lunule circonscrite ; crochets très-saillants, pointus, très-contournés. Impression palléale circulaire, très-rapprochée du pourtour ; sinus anal triangulaire étroit, prolongé sur les crochets ; son bord inférieur forme un demi-cercle en se rapprochant de la région buccale, puis se contourne de nouveau en s'avançant vers le labre qu'il n'atteint pas. Impressions musculaires peu marquées, visibles seulement sur la région anale.

RAPPORTS ET DIFFÉRENCES. Quoique voisine de la *Thetis minor* Sowerby, du gault, notre espèce ne saurait lui être assimilée, car, tandis que l'espèce de Sowerby est plus longue que large et a le côté anal le plus court, la nôtre est aussi large que longue et a le côté anal le plus long ; ses crochets sont plus saillants. Ces différences sont également appréciables dans les ouvrages de MM. Sowerby et d'Orbigny. Elle se rapprocherait davantage de la *Thetis major* Sow., de l'étage turonien, laquelle a les mêmes dimensions proportionnelles en longueur et en largeur et la même forme de sinus ; mais cette dernière est plus comprimée et n'a pas d'impression palléale circulaire. Les figures de l'ouvrage de Sowerby, faites sur des exemplaires de Blackdown, représentent la *Thetis major* avec des formes très-différentes de celles de notre espèce. La *Thetis lævigata* d'Orb, de l'étage aptien est encore plus comprimée que la *Thetis major* et manque également d'impression palléale circulaire.

LOCALITÉS. La *Thetis Genevensis* est assez répandue dans nos grès verts, mais n'est commune dans aucune localité ; nous l'avons trouvée à la perte du Rhône, au Saxonet, aux Fis, au Mont Criou.

EXPLICATION DES FIGURES. Pl. 50, fig. 2 *a, b, c, Thetis Genevensis*, de grandeur naturelle.

2me Sous-Ordre.

INTÉGROPALLÉALES d'Orbigny.

Dans ces mollusques l'impression du manteau n'est point échancrée par un sinus. Les siphons sont toujours moins développés et moins extensibles que dans les sinupalléales.

Les familles que nous avons trouvées représentées dans nos

42

grès verts, sont celles des Cardides, Astartides, (*Astartides* et *Carditides* d'Orbigny), Lucinides, Trigonides, Arcacides, Mytilides et Limides. Quelques-unes d'entre elles se caractérisent très-facilement par la seule inspection de la coquille; dans d'autres les différences sont moins précises et les caractères tirés de l'animal restent le seul guide certain.

Les familles le plus clairement caractérisées sont les suivantes :

Les Trigonides sont faciles à distinguer par leur charnière très-solide, composée de dents cardinales striées, et par leurs impressions musculaires accessoires multiples.

Les Arcacides ont un caractère parfaitement clair dans les dents nombreuses qui garnissent la région cardinale.

Les Mytilides diffèrent de toutes les autres par leur forme transverse et par leur crochet formant l'extrémité anale, ou du moins s'en rapprochant beaucoup.

Les Limides ne peuvent être confondues avec aucune autre famille d'Orthoconques à cause de leur charnière semblable à celle des Peignes, de leurs oreillettes, de leur forme transverse, et surtout parce qu'elles font une exception en étant les seules coquilles orthoconques où l'impression musculaire est unique.

Pour les autres familles, les différences sont moins tranchées et surtout moins constantes.

Les Lucinides ont une charnière plus faible que les familles suivantes, composée de dents cardinales et de dents latérales variables, une coquille mince, fréquemment ponctuée ou rayée en dedans et des impressions musculaires souvent prolongées.

Les Cardides sont en général bombées et souvent presque équilatérales. Leur charnière est pourvue de dents cardinales irrégulières et de dents latérales écartées.

Les Astartides et les Carditides de M. d'Orbigny ont une coquille épaisse, ordinairement inéquilatérale, une charnière solide, des dents cardinales prononcées, tantôt des dents latérales, tantôt point, un ligament externe ou interne. M. d'Orbigny caractérise les premières par leurs impressions musculaires buccales doubles, ce qui est vrai ; mais, comme nous le dirons plus bas, ce caractère se retrouve dans plusieurs Carditides et nous réunissons provisoirement ces deux familles sous le nom d'Astartides.

1re Famille : CARDIDES.

Caractères. Coquille régulière, équivalve, en général ventrue et peu inéquilatérale. Deux impressions musculaires variables de forme. Charnière composée de dents cardinales irrégulières et de dents latérales écartées. Ligament externe.

Les moules se distinguent par leur forme en général renflée, par leur impression palléale simple, par la grandeur de leurs crochets et par leurs empreintes musculaires buccales très-apparentes et situées près du bord.

Genre CARDIUM Bruguière.

Caractères. Crochets proéminents, mais non enroulés. Charnière composée de deux dents cardinales sur chaque valve, rapprochées et obliques, s'articulant en croix avec leurs correspondantes, d'une dent latérale buccale et d'une dent latérale anale. Coquille souvent marquée de côtes rayonnantes. Les dents disparaissent en partie chez quelques espèces.

Les Cardium se trouvent dans tous les terrains, augmentant de nombre en se rapprochant de l'époque actuelle. Ces mollusques habitent le sable ou la vase des parties tranquilles du littoral de la plupart de nos mers.

Nous en avons trouvé quatre espèces, dont deux ont déjà été décrites par M. d'Orbigny.

183. Cardium Neckerianum Pictet et Roux.

(Pl. 30, fig. a, b.)

C. testâ crassâ, rotundato-subangulatâ, concentricè regulariter sulcatâ ; latere anali truncato, subcomplanato, sulco angusto marginato ; latere buccali rotumdato.

Dimensions.

Longueur.	82 millim.
Par rapport à la longueur : Largeur.	0, 105
— — — Épaisseur	0, 80
— — — Longueur du côté anal.	0, 54
Angle apicial.	98°

Coquille épaisse, un peu plus large que longue, presque équilatérale, renflée, globuleuse, à côté anal légèrement aplati et séparé des flancs par un sillon étroit. Elle est ornée sur toute sa surface de sillons concentriques très-étroits, laissant entre eux des côtes régulières aplaties. Le bord buccal est arrondi.

Nous rapportons à cette espèce des moules entièrement lisses qui montrent que la coquille a été très-épaisse, caractère que l'observation directe nous avait déjà indiqué.

RAPPORTS ET DIFFÉRENCES. Les sillons concentriques réguliers et l'absence complète de côtes transverses distinguent facilement cette espèce de toutes les autres.

LOCALITÉS. Nous n'avons trouvé ce Cardium qu'à la perte du Rhône, où il ne paraît pas fréquent. Un des exemplaires faisait partie de la collection donnée au Musée de Genève par M. le professeur Necker. Nous lui avons dédié cette espèce.

EXPLICATION DES FIGURES. Pl. 30, fig. 3 *a*, *b*, *Cardium Neckerianum*, de grandeur naturelle.

184. CARDIUM DUPINIANUM d'Orbigny.

(Pl. 30, fig 4 *a*, *b*.

C. testâ subcompressâ, inæquilaterâ, sublævigatâ; latere buccali brevi; latere anali elongato, convexo ; labro lævigato.

Cardium Dupinianum, d'Orbigny, 1843, Pal. fr., terr. crét., t. 3, p. 26, pl. 242 bis, fig. 1 — 3.

Id.   d'Orbigny, 1850, Prod., t. 2, p. 137.

DIMENSIONS.

Longueur.. 77 millim.
Par rapport à la longueur : Largeur............................... 0,88
—   —   — Epaisseur..................................... 0,65
Angle apicial... 105°

Coquille plus longue que large, comprimée, courte du côté buccal, allongée du côté anal, anguleuse à la terminaison du même bord, lisse, sauf quelques rides d'accroissement. Labre uni. Crochets peu saillants.

Le moule est lisse.

RAPPORTS ET DIFFÉRENCES. Cette espèce est caractérisée par sa forme comprimée, par son labre lisse et par l'absence d'ornements sur le test.

LOCALITÉS. M. Roux en a trouvé un exemplaire à la perte du Rhône, muni de son test. Le Musée Académique en possède quelques moules du même gisement et un du Saxonet.

EXPLICATION DES FIGURES. Pl. 30, fig. 4 *a*, *b Cardium Dupinianum*, de grandeur naturelle.

185. Cardium Raulinianum d'Orbigny.

(Pl. 31, fig. 1 a, b, c. d, e, é et f.)

C. testâ transversâ, inflatâ, costis angustatis intermediisque spinis acutis ornatâ, latere anali plano; natibus proeminentibus; labro crenulato.

Cardium Raulinianum, d'Orbigny, 1843, Pal. fr., terr. crét., t. 3, p. 25, pl. 242, fig. 7 à 10.

    Id.   d'Orbigny, 1850, Prod., tome 2, p. 137.

DIMENSIONS.

(*Moules.*)

Largeur	19 millim.
Par rapport à la largeur : Longueur des jeunes	0, 100
— — — Longueur des adultes	0, 85
— — — Epaisseur des jeunes	0, 80
— — — Epaisseur des adultes	0, 100
Angle apicial (moins obtus sur le moule)	92°

Coquille renflée, plus large que longue, aussi épaisse que large, à côté buccal arrondi, à côté anal un peu tronqué, ornée de côtes très-fines, égales, peu élevées, séparées par des sillons dans lesquels on distingue à la loupe des pointes droites et régulières, espacées entre elles. Labre finement crenelé.

Moule lisse ; impressions musculaires bien marquées, surtout les impressions anales.

OBSERVATIONS. Dans le jeune âge la coquille est aussi longue que large ; elle est moins renflée et son angle apicial est plus obtus.

RAPPORTS ET DIFFÉRENCES. Nous n'avons pas hésité à rapporter cette espèce au *Cardium Raulinianum* de M. d'Orbigny, car les fragments de test que nous avons pu observer sont très-caractéristiques. Nos mesures diffèrent un peu des siennes, mais nous avons reconnu sur une série d'échantillons qu'elles varient avec l'âge. Les mesures données par M. d'Orbigny sont celles d'un jeune individu, et en effet, il indique comme mesure de la largeur 8 millimètres. A l'état adulte notre espèce se rapproche des formes et des dimensions du *Cardium Constantii*, mais elle en diffère toujours par des côtes beaucoup plus fines et par les petites épines qui ornent leurs intervalles.

LOCALITÉS. Elle n'est pas rare à la perte du Rhône. Nous en connaissons quelques échantillons provenant du Saxonet et du Reposoir. Collections de M. Roux et des Musées de Berne et de Genève.

EXPLICATION DES FIGURES. Pl. 31, fig., 1 *a*, *b*, *c*, *d*, échantillon adulte, grossi de moitié en sus de ses dimensions. Fig. 1 *é*, grandeur naturelle. Fig. 1 *e* et *f*, échantillon jeune, de grandeur naturelle.

186. CARDIUM ALPINUM Pictet et Roux.

(Pl. 31, fig. 2 *a*, *b*, *c*, *d*, *e*, *é*.)

C. testâ transversâ, inflatâ, concentricè costis inæqualibus, rugosulis ornatâ; internè utroque latere unicostatâ ; natibus proeminentibus; labro crenulato.

DIMENSIONS.

Largeur..	14 millim.
Par rapport à la largeur : Longueur...............................	0,88
— — — Épaisseur................................	0,90
Angle apicial...	85°

. Coquille plus large et presque aussi épaisse que longue, renflée, convexe sur les bords anal et buccal, à crochets saillants et contournés, ornée de petites côtes concentriques, un peu rugueuses et inégales entre elles. Labre crénelé.

Moule intérieur marqué de sillons concentriques; il porte sur le côté anal l'empreinte profonde, arquée et étroite, d'une côte interne de la coquille, ayant son origine sur les crochets et se terminant à la naissance du bord palléal, après avoir contourné l'impression musculaire à son côté interne. Cette empreinte est analogue à celle qu'on trouve sur les moules des Cucullées ; le *Cardium Junoniæ* des mers d'Asie porte aussi une côte interne très-prononcée.

RAPPORTS ET DIFFÉRENCES. Cette espèce est clairement caractérisée par ses dimensions et par les ornements de son test. Son moule se distingue de celui du *C. Raulinianum* par les empreintes de côtes internes sur les régions buccale et anale et par son épaisseur proportionnellement moindre.

LOCALITÉS. Le Saxonet, le Reposoir, Lessex, Bossetang, la perte du Rhône. Collections de MM. Roux, Tollot, du Musée de Berne et du Musée Académique de Genève.

428 MOLLUSQUES FOSSILES

428

EXPLICATION DES FIGURES. Pl. 31, fig. 2 *a*, *Cardium alpinum*, de grandeur double. Fig. 2 *b*, *c*, *d*, *e*, moule de la même espèce, au même grossissement. Fig. *é*, grandeur naturelle.

GENRE ISOCARDIA Lamarck.

CARACTÈRES. Crochets proéminents, divergents, le plus souvent roulés en spirale. Charnière composée de deux dents cardinales aplaties dont une s'enfonce sous le crochet, et d'une petite dent latérale du côté anal. Impressions musculaires grandes, mais superficielles. Coquille bombée et ventrue.

Nous ne connaissons qu'une seule espèce de ce genre dans nos grès verts.

187. ISOCARDIA CRASSICORNIS d'Orbigny.

(Pl. 31, fig. 3 *a*, *b*, *c*, *d*. *e*, *f*, *g*, *h*.)

I. testâ subrotundatâ, inflatâ, inæquilaterâ, concentricè irregulariter rugoso-striatâ; latere buccali brevi; latere anali truncato ; umbonibus brevibus, approximatis.

(*In senioribus : umbonibus crassis, irregularibus, inæqualiter proeminentibus.*)

Ceromya crassicornis, Agassiz, 1842, Études critiques, Myes., p. 36, pl. 8 f, fig. 5 à 10.

Isocardia crassicornis, d'Orbigny, 1850, Prod., t. 2, p. 137, n° 249 partim.

DIMENSIONS.

Longueur.. 43 millim.
Par rapport à la longueur : Largeur.................. .... 0,100 à 0,110
    —   —   —   Épaisseur.............................. 0,85
Angle apicial... 85°

Coquille arrondie, aussi large que longue, inéquilatérale, renflée sur sa partie médiane en suivant le diamètre de sa plus grande largeur, ornée de lignes d'accroissement peu régulières et inégales entre elles, plus large du côté anal que du côté buccal qui est beaucoup plus court que l'autre ; crochets épais devenant irréguliers avec l'âge. Dépression transverse de chaque côté des valves, plus marquée du côté buccal, figurant un méplat un peu excavé du côté anal.

Moule lisse, marqué de rides concentriques plus ou moins apparentes, reproduisant les dépressions transverses de la coquille, surtout du côté buccal où la dépression forme un véritable sillon partant du crochet et circonscrivant l'impression musculaire qui est très-marquée et bien plus apparente que l'impression anale. On voit du côté anal de faibles traces de trois ou quatre côtes transverses intérieures. Impression palléale marquée.

Observations. Cette espèce varie de forme suivant l'âge ; lorsqu'elle est jeune les crochets sont médiocres, puis ils se développent, se contournent, deviennent plus forts, plus épais, plus saillants ; enfin dans un âge plus avancé, le diamètre transverse dépasse le diamètre longitudinal, et les crochets se font remarquer par leur grosseur, par un aplatissement irrégulier sur leur sommet et surtout par leur développement inégal, celui de la valve droite étant ordinairement le plus proéminent. Ce changement de forme de la coquille ne paraît pas s'opérer également et en même temps sur les deux valves ; nous possédons du moins quelques échantillons sur lesquels l'inégalité de développement est très-curieuse à observer. Les seules parties de cette espèce qui conservent le même aspect à tous les âges sont la charnière et les impressions musculaires ; nous avons étudié plusieurs exemplaires de cette Isocarde et n'avons jamais observé la moindre variation dans ces parties essentielles de la coquille.

Cette espèce a été classée par M. Agassiz dans le genre Ceromya, mais son impression palléale entière et ses valves non bâillantes prouvent qu'elle ne peut pas être associée à ce genre.

M. d'Orbigny, dans son Prodrome, l'a rapportée au genre Isocardia ; nous avons suivi son exemple, mais nous devons faire remarquer qu'elle se rapproche des Cyprines par quelques-uns de ses caractères ; ainsi le faciès des individus non déformés par l'âge rappelle beaucoup celui de la *Cyprina regularis* dont il sera question plus loin, quoiqu'ils soient plus tronqués et plus courts sur la région anale : l'impression musculaire buccale très-marquée est d'ailleurs un caractère appartenant plutôt aux Cyprines qu'aux Isocardes. Ce qui nous a décidé à placer cette espèce dans le genre Isocarde, c'est l'étude de la charnière, ou du moins des impressions laissées sur le moule par cette partie de la coquille. On voit en effet entre les crochets des moules une double dent ou lame saillante, oblique, horizontale, correspondant très-bien aux cavités qui reçoivent les dents cardinales obliques des Isocardes, et par contre, on ne découvre aucune impression des dents cardinales directes, qui sont ordinairement si bien marquées sur les moules des Cyprines. L'irrégularité des crochets ne pouvait être d'aucun secours dans cette discussion, car nous n'en connaissons d'exemple ni dans l'un ni dans l'autre de ces genres.

M. Agassiz, sous le nom de *Ceromya crassicornis,* a confondu deux espèces très-différentes. L'une d'elles représentée par les fig. 5, 6, 7, 8, 9 et 10 de la planche 8 *f* de la monographie des Myes, est une véritable Isocarde, et c'est à elle que nous conservons le nom de *crassicornis*; l'autre représentée par les figures 1, 2, 3 et 4 de la même planche, est une *Isocrea,* comme nous le démontrerons plus loin. Nous faisons cette séparation avec d'autant plus de sécurité que M. le professeur Favre a mis à notre disposition les exemplaires originaux figurés et décrits par notre savant ami.

Localités. Nous possédons plusieurs exemplaires de cette espèce provenant du Saxonet et du Reposoir.

Explication des figures. Pl. 51, fig. 5 *a, Isocardia crassicornis* non déformée. Fig. 5 *b, c,* moule d'un individu plus jeune, déjà inéquivalve, mais à crochets encore courts. Fig. 5 *d, e,* moule d'un individu adulte, inéquivalve et à crochets déformés Fig. 5 *f, g, h,* moule d'un individu équivalve régulier,

---

2me Famille : ASTARTIDES.

(*Astartides* et *Carditides* d'Orbigny.)

Caractères. Coquille entièrement fermée, ordinairement épaisse, inéquilatérale, équivalve. Charnière forte, munie de grosses dents cardinales. Impressions musculaires plus ou moins arrondies, la buccale étant souvent double. On en observe quelquefois une petite au fond de la valve sous le crochet.

Ces coquilles diffèrent de celles de la famille des Cardides
par l'absence des dents latérales, par leur forme plus inéquilatérale, et souvent par la duplicité de l'impression musculaire
buccale. Elles ont ordinairement la même forme générale que
les Cythérides et ont été fréquemment confondues avec elles ;
mais elles s'en distinguent par leur impression palléale entière.

Quoique nous ayons en général tâché dans ce mémoire de
changer le moins possible la classification admise, parce qu'il
nous semble que des remaniements de ce genre doivent être
réservés aux ouvrages généraux, nous n'avons pas pu conserver les deux familles indiquées par M. d'Orbigny sous le nom
de Carditides et d'Astartides, ainsi que nous l'avons déjà annoncé. Ce savant paléontologiste base en effet presque entièrement leur distinction sur l'impression musculaire buccale
qui est double, suivant lui, dans les Astartides, et simple dans
les Carditides. Il place dans cette dernière famille les Cyprina
et les Cardita. Or, la plupart de ces dernières ont une impression buccale très-évidemment double, et dès-lors il ne reste
aucun motif appréciable pour les éloigner des Astartides
Nous avons donc préféré les réunir en une seule famille qui
nous paraît tout-à-fait naturelle et qui comprend parmi les
genres que nous avons trouvés dans nos grès verts les Opis,
Astarte, Cardita et Cyprina.

Genre OPIS Defrance.

Caractères. Coquille très-épaisse, cordiforme. Crochets très-grands, droits et saillants. Charnière forte, composée sur chaque valve d'une cavité et d'une dent. Ligament extérieur.

Ces coquilles qui ne sont connues qu'à l'état fossile paraissent spéciales aux terrains jurassiques et crétacés.

Nous en avons trouvé deux espèces, dont une était déjà décrite.

188. Opis Hugardiana d'Orbigny.

(Pl. 32, fig. 1 a. b. c, d, e.

O. testâ crassâ, transversim elongatâ, cuneatâ, subquadrilaterâ, longitudinaliter rugoso-striatâ ; umbonibus elongatis, angustatis.

Opis Hugardiana, d'Orbigny, 1843, Pal. fr., Terr. crét., t, 3, p. 52, pl. 253, fig. 6 à 8.
     Ead.   d'Orbigny, 1850, Prodr., t. 2, p. 136.

Dimensions.

(*Moules.*)

Largeur . . . . 36 millim.
Par rapport à la largeur : Longueur 0, 65
     —   —   —   Épaisseur 0, 80
Angle apicial . . . . 47°

Coquille transversale, cunéiforme, subquadrilatérale, à test épais, à crochets prolongés et très-recourbés, ornée en long de stries serrées et un peu rugueuses. Face anale présentant au centre une excavation cordiforme bordée par une carène élevée, et une dépression transverse s'étendant sur toute la largeur de la coquille entre la carène sus-mentionnée et l'angle externe émoussé qui circonscrit cette face. Face buccale offrant à son centre une excavation cordiforme semblable à celle de l'autre face, mais plus grande et moins déprimée, circonscrite au dehors par un angle arrondi. Face médiane pourvue d'un sillon transverse linéaire du côté de la région buccale.

Moule marqué d'impressions musculaires prononcées; une dépression transverse linéaire part de l'impression anale, et deux autres partent de l'impression buccale; toutes trois se prolongent sur les crochets. Labre crénelé.

Rapports et différences. Nous avons été embarrassés pour rapporter cette espèce à l'une de celles que M. d'Orbigny a décrites. Les formes du moule de chacune des deux valves et les détails de leurs impressions s'accordent tout-à-fait avec les planches de l'*O. Hugardiana*; mais M. d'Orbigny représente cette espèce comme très-courte et à crochets très-écartés. Les formes de ces mêmes moules empêchent toute comparaison avec celui de l'*O. Sabaudiana* figurée pl. 254, fig. 1 à 5, et par contre le test de la face buccale s'accorde assez bien avec celui qui est représenté sous le même nom, pl. 257, fig. 5 et 6, sauf que ce dernier est un peu plus large et a les crochets plus gros. Le profil, fig. 4, est le même pour la forme, mais les sillons du nôtre sont plus réguliers.

Dans cet état de choses, devions-nous considérer notre espèce comme nouvelle? Nous ne l'avons pas pensé. Nous en possédons plus de vingt échantillons qui tous s'accordent ensemble, et parmi eux, ceux qui sont incomplets se rapprochent tellement de l'*Opis Hugardiana*, que, malgré la confiance que nous inspirent en général les travaux de M. d'Orbigny, nous croyons qu'il a fait dessiner les figures 7 et 8 de la planche 255, en réunissant des valves isolées ou incomplètes, ou en se servant d'individus déformés. En rapprochant les crochets dans ces figures, on a une excellente représentation de l'*O. Hugardiana*. La fig. 6 a été dessinée sur un individu dont le bord palléal était incomplet (ce qui arrive très-fréquemment).

Quant à l'*O. Sabaudiana*, les formes du moule ne s'accordent en aucune manière avec notre espèce.

Localités. Cette *Opis* est assez commune dans les grès verts du Saxonet, du Reposoir et des Fis; les valves sont le plus souvent isolées, et les échantillons complets sont rares. Le Musée de Berne en possède une valve provenant de la perte du Rhône.

Explication des figures. Pl. 52, fig. 1 *a*, *Opis Hugardiana*, de grandeur naturelle. — Fig. 1 *b*, la même vue par sa face buccale. — Fig. 1 *c*, moule de la même espèce vu de côté. — Fig. 1 *d*, le même vu par sa face buccale. — Fig. 1 *e*, le même vu par sa face anale.

189. Opis Sabaudiana d'Orbigny.

Pal. fr., 1843, Terr. crét., p. 254, fig. 1 — 3, et pl. 257, fig. 4 — 6; et Prodr., 1850, t. 2, p. 136.

Cette Opis a été indiquée par M. d'Orbigny comme trouvée à Cluse; ne la connaissant pas par nous-mêmes, nous renvoyons à la Paléontologie française, pour sa description et ses figures. Nous possédons, il est vrai, quelques valves détachées qui rappellent en partie celles qui sont figurées pl. 254, fig. 1 — 3, mais leurs caractères ne nous paraissent pas suffisants pour établir avec, une espèce distincte de l'*O. Hugardiana*. Nous devons d'ailleurs faire remarquer que l'exemplaire figuré pl. 254, ne peut pas être le moule de celui des fig. 4 — 6 de la planche 257; le premier est plus épais que large, le second, par contre, est beaucoup plus large qu'épais.

190. Opis lineata Pictet et Roux.

Pl. 32, fig. 2 a. b.

O. testâ transversâ, transversim lineatâ, longitudinaliter tenuiter striatâ; umbonibus elongatis.

Coquille beaucoup plus large que longue, ornée en travers de lignes ou côtes déprimées, divergentes, et en long de stries fines plus rapprochées entre elles sur la région palléale que sur les crochets.

Le moule porte une dépression transverse prolongée sur toute l'étendue du bord buccal.

Le seul exemplaire que nous possédions, est trop incomplet pour nous permettre une description plus détaillée. Les ornements du test suffisent cependant pour caractériser cette espèce, qui est bien distincte des autres.

Localité. Le Saxonet; collection du Musée Académique.

Explication des figures. Pl. 32, fig. 2 a, *Opis lineata*, vue de côté. — Fig. 2 b, la même vue par la face buccale.

GENRE **ASTARTE** Sowerby.

(*Crassina* Lamarck.)

CARACTÈRES. Coquille ovale ou oblongue, épaisse, à crochets médiocres. Charnière très-solide, munie sur la valve droite de deux fortes dents égales et divergentes, et sur la gauche de deux dents inégales. Ligament extérieur court.

Ce genre paraît se rencontrer dans la plupart des terrains, mais ses espèces ont été souvent confondues avec les **Vénus**, les **Cythérées** et les **Cyprines**.

191. ASTARTE BRUNNERI Pictet et Roux.

(Pl. 32, fig. 3, *a, b, c.*)

A. testâ ovato-oblongâ, subcompressâ, inæquilaterâ, costis concentricis, distantibus, rotundatis, ornatâ ; latere buccali brevi ; latere anali elongato.

DIMENSIONS.

Longueur			80 millim.
Par rapport à la longueur : Largeur			0, 74
—	—	— Épaisseur	0, 45
—	—	— Longueur du côté anal	0, 90
Angle apicial			100°

Coquille ovale, oblongue, assez comprimée, très-inéquilatérale, à côté buccal très-court, large et arrondi, à côté anal long, également arrondi ; elle est ornée de grosses côtes rondes, disposées concentriquement, qui augmentent de grosseur en s'éloignant des crochets. Ces côtes sont séparées par des intervalles inégaux, quelquefois plus grands qu'elles ; quelques-unes sont comme bosselées et presque tuberculeuses. Les crochets sont obliques, médiocres, peu saillants.

Le moule est lisse avec les impressions musculaires et palléales très-marquées.

RAPPORTS ET DIFFÉRENCES. Cette espèce est très-clairement caractérisée par sa forme très-inéquilatérale et par ses grosses côtes.

LOCALITÉS. On la trouve à la perte du Rhône. Collections du Musée Académique, du Musée de Berne, de MM. Tollot, Roux, etc. Nous l'avons dédiée à M. le professeur Brunner, qui nous en a communiqué un très-bel échantillon appartenant au Musée de Berne.

EXPLICATION DES FIGURES. Pl. 32, fig. 3 *a*, *Astarte Brunneri*, de grandeur naturelle. Fig. 3 *b*, *c*, moule de la même espèce.

192. ASTARTE GURGITIS Pictet et Roux.

(Pl. 33, fig. 1 *a*, *b*.)

A. testâ ovato-trigonâ, subcompressâ, inæquilaterâ, costis confertis concentricè ornatâ; lateribus rotundatis, buccali brevi.

DIMENSIONS.

Longueur	75 millim.
Par rapport à la longueur : Largeur	0, 85
— — — Epaisseur	0, 48
— — — Longueur du côté anal	0, 90
Angle apicial	

Coquille arrondie, triangulaire, presque aussi large que longue, peu renflée, très-inéquilatérale, à côté buccal très-court, arrondi, ainsi que l'anal. Elle est ornée de côtes serrées, concentriques, arrondies, presque sans intervalles. La lunule est très-excavée.

RAPPORTS ET DIFFÉRENCES. Cette espèce diffère de l'*A. Brunneri*, par sa forme plus triangulaire et moins allongée, d'où il résulte que le bord cardinal dans la région qui porte le ligament (corselet), est très-oblique par rapport à la ligne de longueur de l'animal, tandis que dans l'*A. Brunneri*, il lui est presque parallèle ; elle en diffère aussi par ses côtes beaucoup plus nombreuses, plus serrées, plus égales, et séparées par des intervalles presque nuls.

LOCALITÉS. Elle se trouve avec la précédente. Collection du Musée Académique.

EXPLICATION DES FIGURES. Pl. 54, fig. 1 *a*, *b*, *Astarte gurgitis*, de grandeur naturelle.

193. Astarte Dupiniana d'Orbigny.

(Pl. 32, fig. 5 a, b, c, d.)

A. testâ crassâ, rotundato-quadratâ, compressiusculâ, inæquilaterâ, striis concentricis ornatâ ; latere anali lato ; latere buccali brevi ; labro crenulato.

Astarte Dupiniana, d'Orb., 1843, Pal. fr., Terr. crét., t. 3, p. 70, pl. 264, fig. 4 — 6.
    Ead.   d'Orb., Prodr., t. 2, p. 136.

Dimensions.

Longueur . . . . 26 millim.
Par rapport à la longueur : Largeur 0, 100
—   —   —   Epaisseur 0, 65
Angle apicial . . . . , ... 120°

    Coquille épaisse aussi longue que large, un peu carrée, peu comprimée, ornée de stries concentriques peu marquées et de lignes d'accroissement plus visibles ; elle est inéquilatérale, courte du côté buccal, allongée et obtuse du côté anal.

    Moule lisse, sauf les crénelures du labre ; impressions musculaires bien visibles ; le côté buccal en porte deux sur chaque valve.

    Rapports et différences. M. d'Orbigny compare cette espèce à l'*Ast. numismalis* du terrain néocomien ; nous la comparerions plutôt à l'*A. substriata* du même terrain ; elle diffère de toutes deux par sa forme proportionnellement plus renflée, et par la similitude de ses deux diamètres longitudinal et transversal.

    Observations. Nos échantillons sont bien plus grands que celui qui a été figuré dans la Paléontologie française ; c'est peut-être à cette différence de taille qu'il faut rapporter l'écart qui existe entre les dimensions données par M. d'Orbigny et celles que nous avons trouvées, qui, du reste, coïncident bien avec celles de sa figure.

    Localité. Cette espèce n'est point rare à la perte du Rhône ; on trouve le test presque aussi souvent que le moule.

    Explication des figures. Pl. 32, fig. 5 a, b, *Astarte Dupiniana*, de grandeur naturelle. — Fig. 5 c, d, moule de la même espèce.

194. Astarte Sabaudiana Pictet et Roux.

(Pl. 32, fig. 4 *a, b,*)

A. testâ ovato-oblongâ, compressâ, inæquilaterâ ; latere buccali brevi, rotundato ; latere anali elongato, obtusè truncato ; labro simplici.

Dimensions.

(*Moules.*)

Longueur.	27 millim.
Par rapport à la longueur : Largeur.	0, 86
— — — Épaisseur	0, 52
— — — Longueur du côté anal	0, 65
Angle apicial	117°

Espèce ovale, oblongue, plus longue que large, inéquilatérale, comprimée, paraissant, autant que nous pouvons en juger sur le moule, avoir été ornée de stries concentriques ; côté buccal court et arrondi ; côté anal plus long, offrant un méplat bordé d'une légère carène. Impressions musculaires peu visibles sur l'échantillon que nous avons figuré, sauf la petite impression buccale.

Rapports et différences. Cette espèce diffère clairement de la précédente par sa forme oblongue et plus comprimée, ainsi que par son labre simple.

Localité. Le Saxonet ; espèce rare. Collection du Musée Académique.

Explication des figures. Pl. 52, fig. 4 *a, b,* moule de l'*Astarte Sabaudiana,* de grandeur naturelle.

Genre CRASSATELLA Lamarck.

Caractères. Coquille épaisse. Charnière très-solide, pourvue sur la valve droite de deux dents divergentes, et sur la gauche d'une seule. Ligament interne. Impressions musculaires profondément excavées.

Ce genre, souvent remarquable par sa coquille très-épaisse, se distingue facilement du précédent par son ligament interne.

Il a paru avec les terrains crétacés. On n'en connaissait aucune espèce des terrains albiens, nous en avons trouvé trois.

195. Crassatella Saxoneti Pictet et Roux.

(Pl 33, fig 2 *a*, *b*.)

C. testâ oblongo-subquadratâ, compressâ, inœquilaterâ; latere buccali brevi ; latere anali elongato, obliquè truncato ; labro crenulato.

Dimensions.

(*Moule.*)

Longueur...	19 millim.
Par rapport à longueur : Largeur	0, 65
— — — Épaisseur..............................	0, 35
— — — Longueur du côté anal....................	0, 68
Angle apicial...	128°

Nous ne connaissons que le moule.

Espèce plus longue que large, oblongue, un peu carrée, comprimée, lisse, inéquilatérale ; le côté buccal est court, tronqué, un peu plus large que le côté anal, qui est plus long et tronqué obliquement; le côté palléal est presque droit ; le labre est crénelé. Impressions musculaires fortement marquées. On voit sur le dos des valves une dépression dont le bord supérieur est relevé sous forme de côte, se dirigeant obliquement en haut depuis les crochets et se terminant à la ligne palléale.

Rapports et différences. Ce moule nous paraît très-voisin de celui de la *Crassatella Galliennei* d'Orbigny, du terrain turonien ; mais cette dernière espèce est beaucoup moins épaisse du côté anal.

Localité. Le seul exemplaire que nous ayons pu étudier, a été trouvé au Saxonet, et appartient à la collection du Musée Académique.

Explication des figures. Pl. 33, fig. 2 *a*, *b* moule de la *Crassatella Saxoneti*, grossi.

196. Crassatella Sabaudiana Pictet et Roux.

(Pl. 33. fig. 3 *a, b, c.*)

C. testâ crassâ, subtriangulari, compressâ, longitudinaliter sulcatâ ; latere buccali triangulato, brevi, impresso ; latere anali dilatato, producto, impresso ; umbonibus approximatis, elongatis ; labro crenulato.

Dimensions.

(*Moules.*)

Longueur . . . . 28 millim.

Par rapport à la longueur : Largeur. 0, 100

—   —   —   Epaisseur. 0, 68

Angle apicial. . . . . 108°

Coquille à test épais, de forme triangulaire, aussi large que longue, peu épaisse, ornée en long sur sa région médiane de rides régulièrement espacées; bord buccal offrant une face triangulaire marquée d'une impression transverse ; bord anal dilaté, ayant une impression semblable à celle du bord buccal. Crochets grands et rapprochés.

Le moule ne reproduit pas les rides de la région médiane de la coquille. Empreintes musculaires grandes et bien marquées; empreinte palléale très-distincte. Labre crénelé.

Rapports et différences. Cette espèce est caractérisée par sa forme carrée et par sa longueur qui ne dépasse pas sa largeur. Le moule prouve que le test a été très-épais.

Localités. Nos exemplaires ont été rapportés du Saxonet et de Tanneverges ; ils appartiennent au Musée Académique et à M. le prof. Favre.

Explication des figures. Pl. 33, fig. 3 *a, b, c,* moule de la *Crassatella Sabaudiana,* de grandeur naturelle. — Fig. 3 *c,* la même vue par sa face buccale.

197. Crassatella Fisiana Pictet et Roux.

(Pl. 33, fig. 4. *a. b, c.*)

C. testâ inflatâ, rotundato-trigonâ, subæquilaterâ ; lateribus rotundatis ; labro crenulato.

DIMENSIONS.

Longueur. . . . . 18 millim.
Par rapport à la longueur : Largeur. 0, 98
    —   —   —   Epaisseur 0, 75
    —   —   —   Longueur du côté anal. 0, 65
Angle apicial. . . . . 90°

Nous ne connaissons pas le test.

Espèce à peu près aussi longue que large, renflée, à bords arrondis, un peu inéquilatérale, le côté buccal étant le plus court. Crochets grands, rapprochés, recourbés. Impression musculaire buccale bien marquée et accompagnée d'une dépression que borde en dehors un sillon arrondi partant du sommet des crochets. Impression musculaire buccale bordée aussi par un sillon qui devient profond en approchant de l'extrémité. Labre crénelé.

RAPPORTS ET DIFFÉRENCES. La duplicité de l'impression musculaire buccale et les traces de l'impression palléale placent évidemment cette espèce dans la famille des Astartides. Les moules ne conservant pas de traces du ligament, il est impossible de savoir s'il était interne comme dans les Crassatelles, ou externe comme dans les Astartes. La grandeur des crochets, l'épaisseur probable du test, la profondeur des impressions musculaires, semblent prouver en faveur de l'analogie avec les premières. Cette espèce est du reste facile à distinguer par sa forme renflée et arrondie.

LOCALITÉ. Elle a été trouvée à la montagne des Fis et paraît rare. Collection du Musée de Berne.

EXPLICATION DES FIGURES. Pl. 53, fig. 4 *a*, *b*, moule de la *Crassatella Fisiana*, de grandeur double. — Fig. 4 *c*, le même vu par sa face buccale.

GENRE CARDITA Bruguière.

(*Cardita* et *Venericardia* Lamarck.)

CARACTÈRES. Coquille épaisse, souvent ornée de côtes rayonnantes. Charnière solide, formée de deux dents. Impressions musculaires bien marquées.

Ces mollusques se trouvent fossiles dans la plupart des terrains, et vivent encore dans les mers actuelles. Ils ont été surtout abondants pendant la période tertiaire.

Nous n'avons trouvé que deux espèces de ce genre, dont une déjà connue.

198. Cardita Constantii d'Orbigny.

(Pl. 33, fig. 5 a, b, c, d, e.)

C. testà oblongà, inflatà, costis numerosis, imbricatis, angustatis, radiantibus ornatà; costis, concentricis decussatà; inæquilaterà ; latere anali elongato, rotundato ; latere buccali brevi, rotundato ; lunulà cordiformi ; labro crenulato.

C. *Constantii*, d'Orbigny, 1843, Pal. fr., Terr. crét., 3, p. 89, pl. 269, fig. 1 — 5.
   Ead.   d'Orbigny, 1850, Prodr., t. 2, p. 137.

DIMENSIONS.

Longueur..	21 millim.
Par rapport à la longueur : Largeur...............................	0,80
— — — Épaisseur..................................	0,70
— — — Longueur du côté anal, au plus	0,90
— — — Longueur de la lunule.....................	0,18
Angle apicial...	99°

Coquille oblongue, renflée, plus large que longue, ornée en travers de côtes rayonnantes, étroites, au nombre de cinquante environ, avec lesquelles se croisent des côtes concentriques lamelleuses. Cette coquille est inéquilatérale, le côté anal est très-long, arrondi à son extrémité et présente la même largeur que le côté buccal. Lunule cordiforme arrondie. Labre crénelé.

Moule lisse, sauf les crénelures du labre ; impressions musculaires très-apparentes ; impression palléale peu marquée.

RAPPORTS ET DIFFÉRENCES. Cette espèce est par ses ornements, très-voisine des C. *tenuicosta* et *Dupiniana*, du gault également ; mais ses proportions sont différentes : elle est plus renflée que la C. *tenuicosta* et n'en a pas la lunule lancéolée et étroite ; elle est moins épaisse et plus longue que la *C. Dupiniana*. Les dimensions que nous avons données s'accordent mieux avec les figures de la même espèce de M. d'Orbigny qu'avec son texte.

LOCALITÉ. Elle est assez commune à la perte du Rhône ; plusieurs exemplaires ont conservé leur test qui est très-épais.

EXPLICATION DES FIGURES. Pl. 33, fig. 5 *a*, *b*, *Cardita Constantii*, de grandeur naturelle. — Fig. 5 *c*, la même vue sur la face buccale.—Fig. 5 *d*, *e*, moule de la même espèce.

199. CARDITA ROTUNDATA Pictet et Roux.

(Pl. 33, fig. 6 *a. b. c.*)

C. testâ ovato-transversâ, subquadrilaterâ, inflatissimâ, costis numerosis, angustatis, radiantibus ornatâ ; costis concentricis decussatâ ; inæquilaterâ, lateribus rotundatis ; lunulâ cordiformi.

DIMENSIONS.

Largeur		12 millim.
Par rapport à la largeur :	Longueur	0,95
— — —	Épaisseur..................................	0,93
— — —	Longueur du côté anal....................	0,85
Angle apicial..		90°

Coquille un peu plus large que longue, ovale, subquadrilatère, presque globuleuse, très-renflée, ornée de côtes nombreuses, rayonnantes, étroites, et de côtes concentriques qui donnent aux précédentes un aspect imbriqué aux points de croisement. Elle est inéquilatérale, le côté anal est beaucoup plus long que le côté buccal. Lunule cordiforme plus longue que large. Labre crénelé.

Moule lisse, sauf les crénelures du labre ; impressions anale et buccale bien marquées ; une impression transverse de chaque côté des valves ; impression palléale peu distincte ; crochets peu saillants.

RAPPORTS ET DIFFÉRENCES. Cette espèce, voisine par ses ornements des autres Cardita du gault, en diffère tout-à-fait par sa forme ; elle se distingue en particulier de la *C. tenuicosta*, par sa plus grande épaisseur et de la *C. Dupiniana*, par ses côtes plus minces et plus nombreuses. Son moule a quelque ressemblance avec celui du *Cardium alpinum* ; mais tandis que le labre de ce dernier est régulièrement arrondi, celui de la Cardita a des contours anguleux.

LOCALITÉ. La perte du Rhône, où elle se rencontre fréquemment ; elle y a conservé son test plus rarement que l'espèce précédente.

EXPLICATION DES FIGURES. Pl. 33, fig. 6 *a*, *Cardita rotundata*, de grandeur double. — Fig. 6, *b*, *c*, moule de la même espèce, au même grossissement.

GENRE CYPRINA Lamarck.

CARACTÈRES. Coquille cordiforme, moins inéquilatérale que dans le genre précédent, ornée seulement de stries concentriques. Charnière formée de trois dents cardinales divergentes et d'une dent latérale anale. Impression musculaire anale virgulaire, la buccale réniforme.

Les Cyprines se trouvent dans les terrains crétacés et tertiaires, ainsi que dans les mers actuelles. Nous en avons recueilli trois espèces, dont une est nouvelle.

200. CYPRINA ERVYENSIS Leymerie.

(Pl. 34. fig. 1, *a*, *b*.)

C. testâ oblongâ, subcompressâ, inæquilaterâ, substriatâ ; latere buccali brevi ; latere anali elongato, dilatato, truncato ; natibus brevibus ; lunulâ nullâ.

Cyprina ervyensis, Leymerie, 1842, Mém. de la Soc. Géol., t. v, p. 5, pl. 4, fig. 6.
C. ervyensis, d'Orbigny, 1843, Pal. fr., Ter. crét , t. 3, p. 102, pl. 274.
    Ead.   *id.*   1850, Prod., t. 2, p. 137.

DIMENSIONS.

(*Moules.*)

Longueur	87 millim.
Par rapport à la longueur : Largeur	0,82
— — — Épaisseur	0,63
— — — Longueur du côté anal	0,70
Angle apicial	105°

Coquille oblongue, peu renflée, plus longue que large, inéquilatérale, à côté buccal court, à côté anal allongé et coupé un peu carrément à son extrémité, à crochets peu saillants ; elle est ornée de stries ou lignes concentriques d'accroissement. Pas de lunule.

Moule lisse, montrant, principalement près du labre, des empreintes faibles de côtes rayonnantes internes. Impression musculaire buccale saillante et séparée du reste de la valve par une dépression transverse bien marquée ; impression anale ordinairement peu visible ; méplat bien prononcé sur tout le côté anal ; impression palléale bien marquée.

RAPPORTS ET DIFFÉRENCES. Cette espèce est caractérisée par le méplat prononcé de son côté anal.

LOCALITÉS. Elle se trouve à l'état de moule, soit au Saxonet, soit à la perte du Rhône ; elle n'est pas rare dans la dernière de ces localités. Un de nos échantillons atteint 115 millimètres de longueur.

EXPLICATION DES FIGURES. Pl. 34, fig. 1 *a*, *b*, moule de la *Cyprina ervyensis*, de grandeur naturelle.

201. CYPRINA RHODANI Pictet et Roux.

(Pl. 34, fig. 2 *a*, *b*.)

C. testâ oblongâ, subcompressâ, inæquilaterâ ; latere anali brevissimo, dilatato : latere buccali elongatissimo, angustato, obliquè truncato.

DIMENSIONS.

(Moules.)

Longueur . . . . 64 millim.	
Par rapport à la longueur : Largeur 0,70	
— — — Épaisseur 0,52	
— — — Longueur du côté anal 0,85	
Angle apicial . . . . 96°	

Nous ne connaissons pas le test.

Espèce oblongue, un peu comprimée, plus longue que large, inéquilatérale, à côté anal court et élargi, à côté buccal très-allongé et rétréci, à crochets peu contournés, mais très-obliques du côté buccal. Moule lisse ; impression musculaire buccale transverse et très-saillante ; impression anale allongée et moins marquée ; un méplat sur l'extrémité de ce même côté ; impression palléale bien conservée.

RAPPORTS ET DIFFÉRENCES. Cette espèce se distingue facilement de la précédente par sa forme plus allongée et surtout par la longueur de son côté anal.

LOCALITÉ. M. Roux l'a découverte à la perte du Rhône ; le Musée Académique en possède un échantillon de la même localité.

EXPLICATION DES FIGURES. Pl. 54, fig. 2 *a, b,* moule de la *Cyprina Rhodani,* de grandeur naturelle.

202. CYPRINA REGULARIS d'Orbigny.

(Pl. 34, fig. 3 *a, b.*)

C. testâ subrotundatâ, inflatâ, lævigata, subæquilaterâ; latere anali dilatato, rotundato ; latere buccali angustato, brevi ; natibus rotundatis; lunulâ sulcatâ.

Cyprina regularis, d'Orbigny, 1843, Pal. fr., terr. crét. t. 3, p. 100, pl. 272, fig. 3 — 6.
Ead.   *Id.*   Prod., 1850, t. 2, p. 137.

DIMENSIONS.

(*Moules.*)

Longueur	30 millim.
Par rapport à la longueur : Largeur	0,90
— — — Epaisseur	0,70
— — — Longueur du côté anal	0,75
Angle apicial	100°

Nous ne possédons que des moules.

Espèce arrondie, presque aussi large que longue, renflée, pas très inéquilatérale. Le côté anal est arrondi et dilaté; le côté buccal est plus court et plus étroit. Crochets gros et rapprochés.

Moule lisse. Impression musculaire buccale entourée d'une dépression, que circonscrit une légère côte partant des crochets. Impression anale peu visible.

RAPPORTS ET DIFFÉRENCES. Cette espèce se distingue facilement des précédentes par le moindre développement de sa région anale.

LOCALITÉS. Elle se trouve dans les grès verts de la Savoie, au Saxonet, au Reposoir, etc. Elle a été déjà indiquée comme trouvée à Cluse par M. d'Orbigny.

Nous en possédons aussi quelques échantillons de la perte du Rhône. Collections du Musée Académique, du Musée de Berne, etc.

EXPLICATION DES FIGURES. Pl. 34, fig. 5 *a*, *b*, moule de la *Cyprina regularis*, de grandeur naturelle.

Nous possédons encore quelques moules du Saxonet qui nous paraissent se rapporter à la *C. cordiformis*, d'Orbigny. Leur mauvais état de conservation ne nous permet pas de les décrire et de les figurer.

4me FAMILLE : LUCINIDES.

CARACTÈRES. Coquille équivalve, entièrement fermée, ronde ou ovale. Charnière peu développée, munie de dents cardinales médiocres ou petites, et de deux dents latérales qui manquent quelquefois.

Les coquilles de cette famille ont les dents latérales des Cardites, mais s'en distinguent par leur forme moins renflée, par leurs crochets moins saillants et par leurs dents cardinales plus petites.

GENRE CORBIS Lamarck.

(*Idotea* Schumacher.)

CARACTÈRES. Coquille ovale ou arrondie, à charnière composée d'une ou de deux dents cardinales et de deux dents latérales plus ou moins compliquées, dont les buccales sont plus rapprochées du sommet. Impressions musculaires assez prononcées, non allongées, l'anale simple, la buccale composée d'une partie principale et d'une petite accessoire du côté de la charnière.

Ces coquilles se distinguent facilement des Lucines par la forme de leurs impressions musculaires. Elles datent du lias et ont été peu nombreuses à toutes les époques géologiques.

203. Corbis gaultina Pictet et Roux.

(Pl. 34, fig 4 *a, b*.)

C. testâ ovato-rotundatâ, subinflatâ, subaequilaterâ, concentricè rugoso lineatâ.

DIMENSIONS.

Longueur	38 millim.
Par rapport à la longueur : Largeur	0,92
— — — Épaisseur............................	0,66
— · — Longueur du côté anal, ...	0,53
Angle apicial...	123°

Coquille ovale, presque ronde, un peu plus longue que large, à peu près équilatérale, médiocrement renflée, ornée de lignes rugueuses concentriques et rapprochées. Côté anal un peu plus long que le côté buccal, et moins arrondi. Crochets rapprochés. Le labre ne paraît pas avoir été crénelé.

Moule lisse, orné de sillons concentriques ; impressions musculaires peu apparentes.

LOCALITÉS. Le Saxonet. Collections du Musée de Berne et du Musée Académique de Genéve. M. Tollot l'a trouvée à Samoëns.

EXPLICATION DES FIGURES. Pl. 54, fig. 4 *a, b*, moule de la *Corbis gaultina*, de grandeur naturelle.

GENRE LUCINA Bruguière.

CARACTÈRES. Coquille ronde ou ovale, à crochets petits et obliques. Charnière faible et variable. Impression musculaire buccale très-allongée et non divisée; impression palléale se continuant en dehors d'elle. Intérieur des valves souvent ponctué ou strié. Ligament en partie externe et en partie caché.

Les Lucines sont clairement caractérisées par l'allongement de leur impression musculaire buccale. Elles sont très-abondantes dans les mers actuelles.

204. Lucina gurgitis Pictet et Roux.

(Pl. 31, fig. 5 a, b.)

L. testâ ovato-rotundatâ, maximè compressâ, subæqualiterâ ; lateribus rotundatis; nucleo lævigato.

DIMENSIONS.

(Moules.)

Longueur	12 millim.
Par rapport à longueur : Largeur	0,90
— — — Epaisseur	0,40
— — — Longueur du côté anal	0,43
Angle apicial	126°

Nous ne connaissons pas le test.

Espèce arrondie, un peu plus longue que large, très-comprimée, presque équilatérale, le côté anal un peu plus court que le côté buccal ; tous deux ont leurs bords arrondis. Crochets peu saillants, presque médians.

Moule lisse; impression buccale allongée, caractéristique du genre; impression palléale et anale également bien marquées; empreinte d'une forte dent latérale en arrière de l'impression buccale.

Rapports et différences. Cette espèce se distingue de toutes les Lucines du gault par sa forme plus arrondie et par ses crochets plus médians.

Localité. La perte du Rhône, où elle est rare. Collection du Musée Académique.

Explication des figures. Pl. 34, fig. 5 a, b, moule de la *L. gurgitis*, grossie deux fois.

5me Famille : TRIGONIDES.

Caractères. Coquille épaisse, équivalve, inéquilatérale. Charnière très-forte, composée de dents cardinales oblongues, divergentes, striées. Impressions musculaires doubles de chaque côté; il y en a de plus une sous les crochets.

Cette famille à peu près éteinte aujourd'hui, renferme des coquilles remarquables par leur forme et par leurs ornements. Elles ont surtout été abondantes pendant l'époque secondaire.

Genre TRIGONIA Bruguière.

Caractères. Charnière composée de dents, dont deux sur la valve gauche sont sillonnées des deux côtés, et quatre sur la valve droite le sont d'un seul côté.

Ce genre se distingue des *Myophoria* de Bronn, par les stries des dents. Les Trigonies sont en outre ordinairement plus ornées du côté extérieur.

205. Trigonia aliformis Parkinson.

(Pl. 35, fig. 1 *a b*.. et 2 *a*, *b*, c.)

T. testâ elongatâ, triangulari, costis flexuosis, crenulatis, transversim ornatâ ; latere buccali brevi, rotundato ; latere anali elongato, lævigato, canaliculato ; areâ anali angustatâ, costis crenulatis regulariter striatâ.

T. aliformis, Parkinson, 1811, Organ. remains, t. iii, p. 176, pl. 12, fig. 9.
Ead. Sowerby, 1818, Min. conch. pl. 215.
Ead. Defrance, 1828, Dict. des Sc. nat, tom. 55 p. 297.
Ead. Desh., 1831, Coq. caract. p. 33, pl. 10, fig. 6, 7.

Lyriodon aliformis, Goldf., 1839, Petref. Germ. t. 2. p. 203, pl. 137, fig. 6.

Trigonia aliformis, Agassiz, 1840, Trigonies, p. 31, pl. 7, fig. 14-16, pl 8, fig. 12.

Trigonia aliformis, d'Orbigny, 1843, Pal. fr. Terr. Cret. t. 3, p. 143, pl. 291, fig. 1-3.

Trigonia alæformis, Reuss, 1845, Verst. Bœhm. Kreid. II, p. 5.

    Ead.   Geinitz, 1846, Grundriss, pl. 18, fig. 15 (copiée d'après Goldfuss)

    Ead.   1850, Prodr. t. 2, p. 137.

Nous pensons que l'on doit exclure de cette synonimie les citations suivantes que l'on trouve dans quelques auteurs.

Lyriodon alæformis, Bronn, Lethæa p. 700, pl. 32, fig. 15. La figure ne peut pas se rapporter à cette espèce.

Trigonia aliformis, de Buch, 1839, Petrif. recueillies en Amérique, pl. 1, fig. 10. Elle nous paraît offrir des caractères tout à fait différents de ceux de l'*aliformis*.

DIMENSIONS

Longueur	80 mill.
Par rapport à la longueur : Largeur.........................	0,65 à 0,80
— — — Epaisseur.........	0,45 à 0,65
— — — Longueur du côté anal	0,75
Angle apicial.............................	80°

Coquille triangulaire, beaucoup plus longue que large, renflée dans l'âge adulte, ornée en travers de côtes obliques, saillantes, crénelées, flexueuses, largement séparées par des sillons réguliers. Côté buccal court, arrondi ; côté anal très-long, prolongé dans le jeune âge en un rostre obtus. Area anale ou corselet, excavé dans l'âge adulte, orné intérieurement de petites côtes transverses, rapprochées, droites et crenelées, à peu près perpendiculaires à la suture. Ce corselet est séparé de la région palléale par un rebord élevé, lisse, étroit, divisé par un sillon longitudinal.

Moule intérieur offrant quelquefois des traces des côtes dans toute leur longueur, et toujours les crénelures du bord qui correspondent à leur terminaison. Impressions buccales indistinctes.

OBSERVATION. Cette espèce varie avec l'âge d'une manière assez remarquable. Elle est d'abord peu épaisse et a un rostre assez prolongé (fig. 2) ; puis la largeur et l'épaisseur augmentent à proportion de la longueur, en sorte que dans l'âge adulte elle se rapproche beaucoup plus de la forme des *Trigonia scabra*, *crenu-*

lata, etc. Les côtes du corselet ne sont dans l'origine que des stries nombreuses
et un peu obliques ; puis elles s'éloignent, deviennent perpendiculaires à la suture,
prennent des crénelures, et se réduisent à peu près au nombre des côtes principales. En même temps, le corselet se creuse et rend ainsi plus saillant l'espace
lisse qui le sépare des flancs. Ce dernier forme alors un bourrelet très-prononcé.

Au reste, nos échantillons manquent tous de la dernière partie de l'extrémité
anale, de sorte qu'ils laissent des doutes sur la forme de cette région aux divers
âges. Mais ils sont suffisants pour montrer clairement les variations des côtes du
corselet, ainsi que celles de la largeur et de l'épaisseur de la coquille.

RAPPORTS ET DIFFÉRENCES. La *T. aliformis* se distingue facilement de ses
congénères du gault, par la région lisse marquée d'un sillon longitudinal, qui sépare l'aréa de la région palléale et par les côtes régulières de son corselet.

LOCALITÉS. Elle n'est pas rare à la perte du Rhône ; on la trouve aussi au
Crion, au Saxonet et au Reposoir.

EXPLICATION DES FIGURES. Pl. 55, fig. 1 *a*, *b T. aliformis* adulte de la perte
du Rhône, échantillon appartenant à M. Tollot ; — fig. 2 *a*, *b*, la même jeune ;—
fig. 2 *c*, moule de la même espèce.

206 TRIGONIA CONSTANTII d'Orbigny.

(Pl. 35, fig. 3 a, b. c.)

*T. testâ oblongo-quadratâ, inæquilaterâ, costis transversis, acutis, crenulatis orna-
tâ ; latere buccali brevi, convexo ; latere anali lato, obtusè truncato ; areâ anali transversim costulatâ, anticè lævigatâ.*

T. Constantii, d'Orbigny, 1843, Pal. fr., ter. crét. t. 3, p. 144, pl. 291, fig. 4 à 6.
   Ead.   *Id.*   Prod., 1850, t. 2, p. 137.

DIMENSIONS.

Longueur	41 millim.
Par rapport à la longueur : Largeur	0,80
— — — Épaisseur	0,50
— — — Longueur du côté anal	0,83
Angle apicial	85°

Coquille oblongue, un peu carrée, plus longue que large, ornée de côtes
transverses, peu arquées, aiguës et légèrement crénelées. Côté buccal court, ar-

rondi ; côté anal très-long, coupé presque carrément. Aréa anale pourvue vers les crochets de côtes transverses qui se changent sur la région anale en stries de plus en plus obliques.

Moule lisse, crénelé sur ses bords.

RAPPORTS ET DIFFÉRENCES. Cette espèce se distingue facilement des autres, par sa forme carrée, ainsi que par sa région anale dépourvue d'ornements. Son moule est beaucoup moins arqué du côté anal que celui de la *T. aliformis;* il porte l'impression musculaire anale plus rapprochée du crochet, et ne présente pas de rostre.

LOCALITÉS. Elle se trouve également à la perte du Rhône et au Saxonet ; nous n'en connaissons qu'un petit nombre d'exemplaires.

EXPLICATION DES FIGURES. Pl. 53, fig. 3 *a*, *b*, *Trigonia Constantii*, de grandeur naturelle, — fig. 3 *c*, moule de la même espèce.

207. TRIGONIA ARCHIACIANA d'Orbigny.

(Pl. 35, fig. 4.)

T. testâ oblongâ, costis transversis, obtusè angulatis, obliquè striatis, ornatâ; latere buccali brevi, rotundato ; latere anali elongato, truncato ; areâ anali costis arcuatis. striatis, transversim ornatâ.

Trig. Archiaciana, d'Orbigny, 1843. Pal. fr. Terr. crét., tome 3, p. 142, pl. 290 fig. 6 — 10.

    Ead.   *Id.*   Prod., 1850, t. 2. p. 137.

DIMENSIONS.

Longueur. . . . . 33 millim.	
Par rapport à la longueur : Largeur	0, 80
— — — Epaisseur	0, 50
— — — Longueur du côté anal.	0, 80
Angle apicial. . . . . 90°	

Coquille oblongue, ornée de côtes obtuses, transverses, peu arquées, marquées en travers de stries obliques, régulièrement espacées. Côté buccal court, arrondi ; côté anal plus allongé, obtus, anguleux. Aréa anale séparée de la région palléale par une ligne étroite, un peu saillante; elle est ornée de côtes obliques très-arquées, striées en travers, et en nombre plus grand que celui des côtes palléales.

La surface interne de la coquille est entièrement lisse.

RAPPORTS ET DIFFÉRENCES. Cette espèce est caractérisée par sa forme comprimée et par les stries obliques qui ornent ses côtes.

LOCALITÉS. Elle a été recueillie à la perte du Rhône par M. le professeur Favre et par M. Tollot. Le Musée de Berne la possède du Reposoir.

EXPLICATION DES FIGURES. Pl. 35, fig. 4, *Trigonia Archiaciana*, de grandeur naturelle.

208. TRIGONIA NODOSA Sowerby.

(Pl. 35, fig. 5)

T. testâ subtrigonâ, elongatâ, crassâ, tuberculis crassis per series arcuatas et transversas ornatâ; latere buccali brevi, lato, rotundato; latere anali elongato, obtusè truncato; areâ anali.....

Trigonia nodosa, Sow. Min. Conc. 1826, pl. 507, fig. 1.

DIMENSIONS.

Longueur . . . . 99 millim.
Par rapport à la longueur : Largeur 0, 71
    —   —   —   Epaisseur. 0, 55
    —   —   —   Longueur du côté anal 0, 93
Angle apicial. . . . .   115°

Coquille subtrigone, médiocrement renflée, plus longue que large, inéquilatérale, à côté buccal très-court, élargi et arrondi, à côté anal très-long. Elle est ornée en travers de douze à quinze séries de tubercules assez rapprochés entre eux et devenant d'autant plus petits qu'ils approchent du côté palléal, où ils se terminent en lignes rugueuses. L'aréa anale qui est incomplétement conservée sur notre échantillon, paraît continuer la même courbure que les flancs.

RAPPORTS ET DIFFÉRENCES. L'espèce dont elle est la plus voisine est la *T. Herzogii* des grès verts du cap de Bonne-Espérance, Goldf., pl. 137, fig 5. Elle

a aussi des rapports de forme avec la *T. Robinaldina* d'Orbigny, du néocomien inférieur, et des rapports d'ornements avec les *T. dædalea* et *rudis* de Parkinson ;
mais elle est bien distincte de toutes les trois.

M. d'Orbigny rapporte la planche de Sowerby que nous avons citée à la *T. rudis*,
du néocomien, mais elle nous paraît bien plutôt retracer les caractères de l'espèce
que nous décrivons ici, qui ne peut pas se confondre avec la *T. rudis*. Elle en
diffère en effet, par la forme plus allongée de son côté anal, par l'absence de
dépression sur l'aréa anale, par le manque de séparation entre cette aréa et les
flancs, et par ses tubercules plus séparés. Dans la *T. rudis* l'aréa anale occupe près
de la moitié de la coquille et forme un méplat très-caractéristique. M. Agassiz (Trigonies, p. 27.) avait déjà fait ressortir les différences qui existent entre la *T. nodosa*
Sow. et celle à laquelle il a donné le nom de T. *cincta* qui n'est autre que la
T. rudis.

LOCALITÉ. Elle a été trouvée à la perte du Rhône. Collection du Musée
Académique.

EXPLICATION DES FIGURES. Pl. 55, fig. 5, *Trigonia nodosa*, de grandeur
naturelle.

6ᵐᵉ FAMILLE : ARCACIDES.

CARACTÈRES. Charnière composée de dents nombreuses disposées sur une ligne droite, arquée ou courbée. Deux impressions musculaires, ordinairement simples et arrondies.

Cette famille est une des plus naturelles ; la disposition des
dents de la charnière distingue facilement les coquilles qui la
composent de celles de tous les autres Acéphales marins.

Genre ARCA Linné.

(*Arca*, *Cucullæa* et *Byssoarca* auct.)

Caractères. Dents de la charnière disposées en ligne droite. Ligament externe. Coquille allongée, ovale, inéquilatérale, souvent anguleuse ; crochets écartés, non enroulés.

Nous réunissons aux Arca les Cucullées de Lamarck que ce savant naturaliste caractérisait par une lame saillante à l'intérieur des valves et par les dents de la charnière disposées à l'extrémité dans le sens longitudinal. Ces deux caractères ne sont point en effet constamment associés et présentent d'ailleurs de nombreuses formes intermédiaires.

Les Arches sont un genre très-ancien et ont été trouvées dans presque tous les terrains.

209. Arca gurgitis. Pictet et Roux.

(Pl. 36, fig. 2 *a*, *b*.)

A. testâ elongatâ, transversim striatâ, longitudinaliter rugoso-lineatâ, inæquilaterâ; latere buccali brevissimo, angulato ; latere anali elongatissimo, obtusè truncato ; areâ ligamenti latâ ; umbonibus distantibus ; labro lævigato.

Dimensions.

(*Moules.*)

Longueur				42 millim.
Par rapport à la longueur : Largeur				0,40
—	—	—	Epaisseur	0,33
—	—	—	Longueur du côté anal	0,80
—	—	—	Longueur de la facette ligamentaire	0,55

Coquille très-allongée, étroite, ornée en travers de côtes ou de stries rayonnantes avec lesquelles se croisent des rides d'accroissement. Côté buccal très-court, anguleux en arrière sur le prolongement de la ligne ligamentaire ; côté anal allongé, tronqué d'une manière obtuse, marqué d'un sillon longitudinal peu profond. Bord palléal sinueux ; aréa anale pourvue dans le sens de sa longueur de plis marqués. Crochets écartés, peu saillants. Facette ligamentaire à peu près plane, assez large ; labre lisse. Moule lisse.

RAPPORTS ET DIFFÉRENCES. Cette espèce ressemble surtout à l'*Arca pholadiformis*, d'Orbigny, du grès vert supérieur du Mans ; et rappelle comme elle la forme de l'*Arca Noe* ; mais elle en diffère par son côté anal bien plus dilaté , par son côté buccal plus tronqué et par son bord palléal sinueux.

LOCALITÉ. La perte du Rhône ; collection du Musée Académique. Espèce très-rare.

EXPLICATION DES FIGURES. Pl. 56, fig. 2 *a*, *b*. moule de l'*Arca gurgitis*, de grandeur naturelle.

210. ARCA HUGARDIANA d'Orbigny.

(Pl. 36, fig. 1 *a*. *b*. *c*. *d*.

Arca testâ oblongâ, compressâ, transversim striatâ, longitudinaliter plicatâ ; latere buccali brevi, angustato; latere anali elongato, rotundato ; areâ ligamenti angustâ.

A. *Hugardiana*, D'Orb. 1844. Pal. fr. Terr. crét. t. 3. p. 216, pl. 313, fig. 4 à 6.
Ead. d'Orb. Prodr. 1850. t. 2, p. 138.

DIMENSIONS.

(Moules.)

Longueur	19 millim.
Par rapport à la longueur : Largeur	0,50
— — — Epaisseur	0,35
— — — Longueur du côté anal	0,77

Coquille allongée, oblongue, comprimée, ornée de stries fines rayonnantes entrecroisées de lignes d'accroissement inégalement espacées entre elles. Côté buccal court, arrondi, rétréci ; côté anal long, un peu élargi, coupé un peu obliquement en arrière; bord palléal légèrement sinueux. Crochets peu saillants, rapprochés. Facette ligamentaire étroite.

Moule lisse, montrant quelques traces des lignes d'accroissement de la coquille.

Rapports et différences. Cette espèce est la plus comprimée de toutes les arches du terrain albien.

Localités. La perte du Rhône, le Saxonet et les Fis ; espèce très-rare. Collections de M. le prof. Favre, du Musée Académique de Genève et de celui de Berne.

Explication des figures. Pl. 36, fig. 1 *a, b. Arca Hugardiana*, de grandeur naturelle ; — fig. 1 *c, d.* moule de la même espèce.

211. Arca Favrina Pictet et Roux.

(Pl. 36, fig. 4 *a, b.*)

A. testâ oblongâ, subcompressâ ; latere buccali brevissimo, rotundato ; latere anali elongato, rotundato ; umbonibus approximatis ; labro lævigato.

DIMENSIONS.

Longueur..				26 millim.
Par rapport à la longueur : Largeur...............................				0,58
—	—	—	Epaisseur.................................	0,55
—	—	—	Longueur du côté anal.....................	0,77
—	—	—	Longueur de la facette ligamentaire..........	0,70

(*Moules.*)

Nous ne connaissons pas le test.

Espèce allongée, oblongue, peu comprimée, à côté buccal court, retréci et arrondi ; à côté anal long, également arrondi, sans aucune carène. Crochets, peu saillants, très-rapprochés, ne laissant entre eux qu'un espace très-étroit mais allongé pour la facette du ligament.

Moule lisse offrant des traces de côtes concentriques ou de lignes d'accroissement rapprochées ; empreintes musculaires peu marquées ; pas de sillon de côte interne.

Rapports et différences. Cette espèce se distingue clairement des précédentes, mais elle est très-voisine de forme de l'*A. Galliennei* d'Orb. du terrain turonien ; la ressemblance est surtout très grande lorsqu'on les compare du côté des crochets ; il est à regretter qu'aucun de nos échantillons n'ait conservé son test, pour nous

permettre d'apprécier exactement les rapports de ces deux espèces que des différences notables dans les dimensions ne nous permettent pas provisoirement d'assimi-
ler. L'absence de toute carène sur le côté anal qui est très-régulièrement arrondi,
la différencie de toutes les arches du terrain albien.

Localités. La perte du Rhône et le Reposoir; collection du Musée Académique.

Explication des figures. Pl. 36, fig, 4 *a*, *b*. moule de l'*Arca Favrina*, de
grandeur naturelle.

212. Arca Campichiana Pictet et Roux..

(Pl. 36. fig 3 *a*, *b*.)

*A. testâ oblongâ, angustâ, subinflatâ ; latere buccali brevi, posticè angulato ; latere
anali elongato, obliquè truncato, externè subcarinato ; areâ ligamenti latâ.*

Dimensions.

(Moules.)

Longueur.	34 millim.
Par rapport à la longueur : Largeur	0,52
— — — Epaisseur.	0,50
— — — Longueur du côté anal . . . .'. . .	0,72
— — — Longueur de la facette ligamentaire	0,75

Nous ne connaissons pas le test.

Espèce oblongue, plutôt étroite, peu comprimée. Côté buccal court, aminci et
anguleux en arrière sur le prolongement de la ligne ligamentaire ; côté anal allongé,
obliquement tronqué, légèrement caréné du côté externe. Crochets courts et écartés ; aréa ligamentaire large. Moule lisse ; empreintes musculaires très-marquées.

Rapports et différences. Cette espèce est assez voisine de l'*A. carinata* ; elle
en diffère par sa largeur moindre, par sa région buccale étroite, par ses impressions musculaires très-marquées et surtout par la conformation de sa région anale
dont la carène externe est presque nulle, et dont la surface est presque régulie-
rement convexe. L'*A. carinata* présente tout au contraire une carène saillante et
tranchante et une région anale fortement excavée.

Localités. La perte de Rhône où elle est rare. Collections de M. Tollot et du

Musée Académique. Nous l'avons dédiée à M. le Dr Campiche qui nous en a communiqué plusieurs échantillons de Ste-Croix.

Explication des figures. Pl. 36, fig. 3 *a*, *b*. moule de l'*A. Campichiana*, de grandeur naturelle.

213. Arca bipartita Pictet et Roux.

(Pl. 36. fig. 3 *a*, *b*.)

A. testà oblongâ, subquadratâ, inflatâ, lævigatâ; in latere buccali sulco transverso bipartitâ; latere buccali brevi, angustato; latere anali elongato, dilatato; natibus brevibus, distantibus; areâ ligamenti latâ.

Dimensions.

Longueur... 14 millim.
Par rapport à la longueur : Largeur.... ....   0, 61
   —   —   —   Épaisseur 0, 60
   —   —   —   Longueur du côté anal 0, 60
  —   —   —   Longueur de la facette ligamentaire..........   0, 80

Coquille oblongue, de forme un peu carrée, aussi épaisse que large, renflée, lisse à l'œil nu, ornée à la loupe de stries fines rayonnantes et de lignes concentriques obtuses; partagée en deux sur sa région buccale par un sillon transversal. Côté buccal le plus court, rétréci, coupé un peu carrément; côté anal allongé, élargi, coupé de même presque carrément. Crochets courts et très-peu saillants. Facette ligamentaire très-large, sillonnée sur sa longueur.

Moule lisse, reproduisant le sillon transverse de la coquille, labre finement strié.

Rapports et différences. Cette jolie espèce est suffisamment caractérisée par le sillon dont elle est marquée.

Localité. Le Saxonet; espèce très-rare.

Explication des figures. Pl. 36. fig. 3 *a*, *b*. moule de l'*Arca bipartita*, de grandeur double.

214. Arca subnana Pictet et Roux.

(Pl. 36, fig. 6 a. b, c, d.)

A. testâ ovatâ, inflatâ, concentricè radiatimque striatâ; latere buccali brevi, rotundato, posticè angulato; latere anali elongato, obliquè truncato, externè subcarinato; areâ ligamenti sulcatâ non angustatâ; umbonibus non approximatis; labro in junioribus crenulato; nucleo lævigato.

Dimensions.

Longueur	17 millim.
Par rapport à la longueur : Largeur	0,75
— — — Epaisseur	0,68
— — — Longueur du côté anal	0,62
— — — Longueur de la facette du ligament	0,85

Coquille ovale, renflée, ornée de stries fines concentriques, croisées par des stries rayonnantes; côté buccal le plus court, arrondi, anguleux en arrière sur la ligne ligamentaire, côté anal plus long, plus large, coupé obliquement; sa partie extérieure est carénée, mais la carène n'est pas aussi vive que dans l'*A. carinata*. Crochets contournés, plutôt écartés. Facette ligamentaire sillonnée de côtes divergentes.

Moule lisse, sans fente costale ni empreintes musculaires, marqué seulement de sillons concentriques rapprochés; labre finement crénelé sur les jeunes individus.

Rapports et différences. Cette espèce est très-voisine de l'*A. nana* d'Orb.; elle en diffère cependant par la longueur de sa facette ligamentaire, par son coté anal caréné, par son labre crénelé dans le jeune âge, et par les sillons concentriques qui ornent son moule.

Localité. La perte du Rhône; espèce peu commune; collections de M. Roux et du Musée Académique.

Explication des figures. Pl. 56, fig. 6 a, b. *Arca subnana*, de grandeur double, — fig. 6 c, Moule de la même espèce au même grossissement.

215. Arca carinata Sowerby.

(Pl. 37, fig. 1, *a, b, c, d.*)

A. testâ oblongâ, inflatâ, radiatim costatâ, transversim rugosâ, costis lateralibus inæqualibus ; latere buccali brevi, posticè angulato ; latere anali elongato, obliquè truncato, multicostato, externè carinato ; areâ ligamenti sulcatâ, latâ.

Arca carinata, Sowerby, 1813. Min. Conch. pl. 44, fig. 23.

Cucullæa costellata, Sowerby, 1824. Min. Conch. pl. 447, fig. 3, 4.

Cucullæa striatella, Michelin, 1838. Mém. de la Société géol. de France. Tom. III, p. 102, pl. 12, fig. 11,

Arca carinata, d'Orbigny, 1844. Pal. fr. Terr. crét. Tome 3, p. 214, pl. 313, fig. 1 — 3.

Ead., d'Orb. 1850. Prod. tome 2, p. 138.

DIMENSIONS.

(Moules.)

Longueur. . . . . 34 millim.

Par rapport à la longueur : Largeur. 0,57

   —   —   —   Épaisseur 0,55

   —   —   —   Longueur du côté anal. 0,78

   —   —   —   Longueur de la facette ligamentaire. 0,75

Coquille allongée, renflée, à peu près également large sur toute sa longueur, ornée de côtes rayonnantes dont quelques-unes sont plus grosses et plus saillantes que les autres vers les deux extrémités, et surtout sur l'anale ; des rides d'accroissement croisent ces côtes. Côté buccal le plus court, anguleux, saillant et prolongé sur la ligne ligamentaire ; côté anal long, coupé très-obliquement à son extrémité et fortement caréné en dehors. Crochets saillants. Facette ligamentaire assez large, ornée de côtes divergentes.

Moule lisse, sans impressions musculaires.

RAPPORTS ET DIFFÉRENCES. Cette espèce est facilement reconnaissable à sa carène très-oblique et très-saillante.

LOCALITÉS. Elle est assez commune à la perte du Rhône et au Saxonet ; on la trouve aussi au Reposoir, à Samoens, etc.

EXPLICATION DES FIGURES. Pl. 57, fig. 1 *a, b. A. carinata* du Saxonet, de grandeur naturelle, — fig. 1 *c, d.* Moule de la même espèce, individu plus grand de la perte du Rhône.

216. ARCA COTTALDINA d'Orbigny.

Arca Cottaldina d'Orbigny, 1844. Pal. fr. Terr. crét. T. 3, p. 217, pl. 313, fig. 7—9.
Ead. d'Orbigny, Prod. 1850. Tome 2, p. 138.

Nous rapportons à cette espèce quelques moules du Saxonet ; mais ils ne sont pas assez bien conservés pour que nous soyons sûrs de notre détermination et que nous jugions utile de les figurer et de les décrire.

217. ARCA FIBROSA Sowerby.

(Pl. 37, fig. 2. *a, b, c, d, e, f.*)

A. testâ ovatâ, dilatatâ, longitudinaliter subplicatâ ; in junioribus striis radiantibus ornatâ; latere buccali brevi, angustato ; latere anali elongato, dilatato, obtusè truncato : arcâ ligamenti angustâ, excavatâ, sulcatâ ; labro lævigato ; nucleo posticè sulcato.

Arca fibrosa, d'Orbigny, 1844, Pal. fr. Terr. crét. t. 3, p. 212, pl. 312.
Cucullæa fibrosa, Sowerby, 1818, Min. Conc. pl. 207, fig. 2.
Arca glabra, Goldfuss, Petref. Germ. p. 149, n° 32, pl. 124, fig. 1.
Arca fibrosa, d'Orbigny, Prodr. 1850, t. 2, p. 138.

DIMENSIONS.

Longueur				70 millim.
Par rapport à la longueur : Largeur				0,70
—	—	—	Épaisseur	0,85
—	—	—	Longueur du côté anal	0,70
—	—	—	Longueur de la facette ligamentaire	0,70

Coquille ovale ou oblongue, un peu carrée, ornée de lignes d'accroissement d'autant plus marquées que l'individu est plus âgé, et de stries rayonnantes qu'on n'observe que sur les jeunes exemplaires. Côté buccal court, arrondi ; côté anal plus long, obliquement tronqué, surtout dans la jeunesse, et séparé de la région des flancs par une carène très-arrondie. Crochets plus rapprochés chez les sujets jeunes que chez les vieux. Facette ligamentaire étroite, ornée de larges sillons divergents. Valve droite, visiblement plus grande que la gauche. Nous n'avons pas pu observer la charnière. Labre lisse.

Moule lisse, marqué sur le côté anal d'une fente arquée, profonde, formée par une côte interne de la coquille ; impression musculaire buccale très-distincte.

RAPPORTS ET DIFFÉRENCES. Très-voisine de la *Cucullæa decussata*, Sowerby, l'*A. fibrosa* en diffère par son labre non denté.

OBSERVATIONS. Cette espèce varie de forme ; le côté anal s'allonge avec l'âge et l'angle formé par l'extrémité de la carène qui sépare ce côté des flancs devient de plus en plus aigu. C'est ce caractère qui distingue le plus facilement l'*A. fibrosa* de l'espèce suivante.

LOCALITÉS. Elle se trouve à la perte du Rhône ; nous en avons observé aussi quelques exemplaires rapportés du Saxonet, du Reposoir et de Bossetang.

EXPLICATION DES FIGURES. Pl. 57, fig. 2 *a*, *b*. *A. fibrosa* adulte, de grandeur naturelle. — fig. 2 *c*, *d*, moule de la même — fig. 2, *e*. *f*., moule d'un individu plus jeune.

218. ARCA OBESA Pictet et Roux.

(Pl. 38, fig. 1 *a*, *b*, *c*, et fig. 2 *a*, *b*, *c*. *d*.)

A. testâ ovatâ, inflatâ, longitudinaliter subplicatâ ; in junioribus striis radiantibus ornatâ ; latere buccali brevi, angustato ; latere anali truncato ; areâ ligamenti angustâ ; labro lævigato ; nucleo posticè sulcato.

DIMENSIONS.

(A l'état normal.)

Longueur	46 millim.
Par rapport à la longueur : Largeur...	0, 80
— — — Epaisseur...	0, 90
— — — Longueur du côté anal..........................	0, 65
— — — Longueur de la facette ligamentaire..........	0, 70

(Dans les individus déformés par l'âge.)

Par rapport à la longueur : Largeur			.....	0, 100
—	—	—	Epaisseur.	0, 118
—	—	—	Longueur du côté anal.....	0, 92
—	—	—	Longueur de la facette ligamentaire.....	0, 72

Coquille ovale, carrée, très-renflée, ornée de lignes d'accroissement, et comme la précédente de stries rayonnantes qu'on n'observe que sur les individus jeunes. Côté buccal, court, arrondi ; coté anal plus long mais beaucoup moins oblique que dans l'*A. fibrosa*, séparé de la région des flancs par une carène plus arrondie et moins marquée. Crochets rapprochés. Labre lisse.

Moule lisse, marqué sur la région anale d'une impression oblique plus courte et plus rapprochée de la charnière que dans l'*A. fibrosa*.

OBSERVATIONS. Cette espèce varie aussi avec l'âge mais en sens inverse de la précédente. Tandis que l'*A. fibrosa* devient de plus en plus oblique et que son angle ano-palléal s'allonge, l'*A. obesa* tend au contraire à se raccourcir jusqu'à devenir plus épaisse que longue. Le côté buccal y est alors presque nul et le côté anal forme presque toute la coquille, mais en restant obtus et comme aplati.

RAPPORTS ET DIFFÉRENCES. On pourra à tous les âges distinguer l'*A. obesa* de l'*A. fibrosa* par son angle ano-palléal moins aigu et par la côte interne qui laisse son impression sur le côté anal du moule ; cette côte est au milieu de la face anale dans l'*A. fibrosa*, tandis qu'elle est beaucoup plus rapprochée de la charnière dans l'*A. obesa*. A l'âge adulte, les différences sont beaucoup plus évidentes.

LOCALITÉS. Elle est très-commune à la perte du Rhône et se trouve aussi au Saxonet et au Reposoir.

EXPLICATION DES FIGURES. Pl. 39, fig. 1 *a, b,* moule de l'*Arca obesa* très-adulte et déformée par l'âge, — fig. 2 *a,* la même espèce dans son état normal, — fig. 2 *b, c, d.* moule de l'espèce normale,

GENRE ISOARCA Münster.

CARACTÈRES. Dents de la charnière disposées comme dans les Arca. Ligament extérieur. Crochets grands, saillants, enroulés.

Ce genre a été établi par le comte de Munster pour des Arca, qui par leurs grands crochets, rappellent la forme des Isocardes.

219. Isoarca Agassizii Pictet et Roux.

(Pl. 38, fig., 3, *a, b, c, d*.)

I. testâ inflatissimâ, striis radiantibus concentricisque decussatim ornatâ ; latere buccali brevi, rotundato ; latere anali elongato, dilatato, obtusè truncato ; umbonibus involutis, contortis, crassis ; arcâ ligamenti excavatâ ; nucleo non sulcato.

Ceromya crassicornis, Agassiz, 1842. Etudes crit., Myes, p. 36, pl. 8 *f*, fig. 1-4.

Isocardia crassicornis, d'Orbigny, 1850. Prodr., t. 2, p. 137. n° 249, partim.

Dimensions.

Longueur	26 millim.
Par rapport à la longueur : Largeur	97
— — — Epaisseur	105
— — — Longueur du côté anal	75
— — — Longueur de la facette ligamentaire	75

Coquille presque aussi large que longue, très-renflée, ornée de stries rayonnantes fines, croisées par des stries concentriques également fines et régulièrement distribuées. Côté buccal court, arrondi ; côté anal plus long, obtusément tronqué à son extrémité. Crochets très-épais, rapprochés sur les jeunes individus, infléchis, contournés et écartés sur les adultes. Aréa ligamentaire excavée.

Moule lisse, offrant des sillons concentriques plus ou moins visibles suivant les échantillons ; impressions musculaires buccales bien marquées ; pas de fente costale sur le côté anal.

Rapports et différences. Cette espèce, bien distincte de toutes les arches a été confondue par M. Agassiz avec l'*Isocardia crassicornis*, ainsi que nous l'avons déjà dit en traitant de cette espèce. La confusion est en effet facile quand on ne possède que des moules incomplets ; mais toutes les fois que l'on peut observer la charnière, la distinction entre ces deux espèces est parfaitement claire ; de plus les ornements du test les différencient suffisamment. M. le professeur Favre nous a communiqué l'échantillon très-imparfait qui a servi pour les figures 1-4 de la planche 8 *f*, de M. Agassiz. La comparaison que nous en avons faite avec les nôtres nous permet de présenter avec une complète sécurité la rectification ci-dessus indiquée à l'ouvrage de notre savant ami.

LOCALITÉS. Cette espèce n'est pas rare à la perte du Rhône, on la rencontre aussi au Saxonet, au Reposoir, à Bossetang, etc.

EXPLICATION DES FIGURES. Pl. 58, fig. 5 *a*, *Isoarca Agassizii* de grandeur naturelle, — fig. 5 *b*, moule de la même espèce, vu de profil, — fig. 5 *b*, le même vu en dessus, — fig. 5 *d*, le même vu sur sa face buccale.

GENRE PECTUNCULUS Lamarck.

CARACTÈRES. Dents de la charnière disposées en arc régulier. Ligament externe. Coquille orbiculaire, subéquilatérale; crochets petits ou médiocres.

Ces caractères distinguent très-clairement les Pétoncles des Arches, ainsi que des genres dans lesquels le ligament est interne.

Les Pétoncles ont paru avec les terrains jurassiques; ils sont très-nombreux dans les mers actuelles.

220. PECTUNCULUS ALTERNATUS d'Orbigny

Pl. 58. fig. 4 *a*, *b*.

P. testâ orbiculatâ, subcompressâ, subæquilaterâ, transversim costatâ; costis unâ latâ, alterâ angustâ, alternantibus; labro crenulato; areâ ligamenti angustâ.

P. alternatus, d'Orbigny, 1843. Pal. fr., Terr. crét., t. 3, p. 188, pl. 306, fig. 7-11.
    Id.   d'Orbigny, 1850. Prod., t. 2, p. 138.

DIMENSIONS.

Longueur .... 22 millim.
Par rapport à la longueur : Largeur 0, 100
   —   —   —   Epaisseur................................... 0, 66
   —   —   —   Longueur du côté anal..................... 0, 53
Angle apicial.. 125°

Coquille épaisse, presque circulaire, aussi large que longue, peu comprimée, ornée de côtes rayonnantes régulièrement alternes, les unes larges, les autres très-étroites. Côté anal un peu plus long que le côté buccal. Labre crénelé. Facette ligamentaire étroite.

Moule lisse sauf le labre. Empreintes musculaires bien marquées.

OBSERVATIONS. Lorsque la coquille est imparfaitement conservée, les petites côtes sont seules visibles ; les côtes larges qui remplissaient leur intervalles ont disparu.

LOCALITÉ. Nous n'avons rencontré cette espèce qu'à la perte du Rhône. Collections de M. Roux et du Musée Académique.

EXPLICATION DES FIGURES. Pl. 39, fig. 4 a, *Pectunculus alternatus*, de grandeur double, — fig. 4 b, grossissement du test.

221. PECTUNCULUS HUBERIANUS Pictet et Roux.

(Pl. 38, fig. 5 a, b.)

P. testâ suborbiculatâ, subcompressâ, subæquilaterâ, radiatim concentricèque striatâ ; labro crenulato ; areâ ligamenti angustâ.

DIMENSIONS.

Longueur .... 13 millim.
Par rapport à la longueur : Largeur 90
   —   —   —   Epaisseur................................... 65
   —   —   —   Longueur du côté anal 55
Angle apicial.. 130°

Coquille épaisse, à peu près circulaire, un peu moins large que longue, peu renflée. ornée de stries fines rayonnantes, croisées par d'autres stries concentriques, et par des lignes d'accroissement. Le côté anal est un peu plus long que le côté buccal. Labre crénelé. Facette ligamentaire etroite.

Moule lisse ; son labre est crénelé.

RAPPORTS ET DIFFÉRENCES. Cette espèce diffère par ses ornements de toutes celles des terrains crétacés.

LOCALITÉ. La perte du Rhône. Collection du Musée Académique ; espèce tres-rare.

EXPLICATION DES FIGURES. Pl. 58, fig. 5 a, *P. Huberianus*, de grandeur double, — fig. 5 b, grossissement du test.

GENRE **NUCULA** Lamarck.

CARACTÈRES. Dents de la charnière disposées sur deux lignes droites qui se réunissent en formant un angle obtus. Ligament interne, placé dans une fossette qui occupe cet angle. Coquille ovale ou allongée, plus ou moins inéquilatérale.

La disposition des dents de la charnière et la position du ligament limitent ce genre d'une manière très-claire.

Les Nucules ont paru avec les terrains siluriens, se sont continuées à travers tous les âges géologiques, et sont très-abondantes dans les mers actuelles où on les trouve sous toutes les latitudes.

222. NUCULA NECKERIANA Pictet et Roux.

(Pl. 39, fig. 1. a. b, c, d.)

N. testâ oblongo-trigonâ, compressâ, æquilaterâ, concentricè striatâ; latere buccali incurvato, angustato ; latere anali latiori; umbonibus brevibus, compressis: labro lævigato.

Dimensions.

(*Moules.*)

Longueur .... 18 millim.
Par rapport à la longueur : Largeur 0,62
— — — Epaisseur............................. 0,45
— — — Longueur du côté anal. 0,50
Angle apicial .... 118°

Coquille allongée, épaisse, aplatie sur les côtés, équilatérale, ornée de stries concentriques, à côté buccal rétréci, un peu recourbé, à côté anal plus large. Crochets comprimés, courts, écartés. Labre lisse.

Moule lisse, impressions musculaires peu marquées.

Observations. Cette espèce a la forme extérieure de quelques-unes de celles que M. d'Orbigny rapporte au genre *Leda*, mais son impression palléale entière nous oblige à la placer parmi les Nucules.

Rapports et différences. Elle ressemble sous quelques rapports à la *Nucula subrecurva*, Phill., mais elle s'en distingue par une épaisseur un peu plus grande et surtout par l'écartement des crochets qui est très-frappant dans le moule de l'adulte. Les flancs présentent aussi toujours une dépression caractéristique, tandis que chez la *N. subrecurva* ils sont uniformément arrondis.

Nous aurions toutefois, peut-être, hésité à séparer ces deux espèces, si M. d'Orbigny n'avait pas placé la *N. subrecurva* dans le genre Leda, ce qui est probablement motivé par l'observation d'une impression palléale échancrée; or, dans la *N. Neckeriana* cette impression parfaitement entière prouve que la coquille est une véritable Nucule.

Localités. La *N. Neckeriana* n'est pas rare à la perte du Rhône. Elle a été aussi trouvée, mais moins communément, au Saxonet, au Criou et à Bosselang.

Explication des figures. Pl. 39, fig. 1 *a*, *b*, *Nucula Neckeriana* du Saxonet, moule d'un échantillon très-adulte, grossi; — fig. 1 *c*, *d*, moule d'un individu plus jeune de la perte du Rhône.

223. Nucula Vibrayeana d'Orbigny.

(Pl. 39, fig. 2 a, b.)

N. testâ ovato-rotundatâ, compressâ, subæquilaterâ, lævigatâ ; lateribus rotundatis : latere buccali subangustato, lunulâ nullâ ; labro lævigato.

Nucula Vibrayeana, d'Orbigny, 1843, Pal. fr., Terr. crét., t. 3, p. 172, pl. 301, fig. 12 — 14.

Leda Vibrayeana, d'Orb. Prodr., 1850, t. 2, p. 136.

DIMENSIONS.

Longueur	13 millim.
Par rapport à la longueur : Largeur......	0,80
— — — Epaisseur............................	0,45
— — — Longueur du côté anal...................	0,52
Angle apicial..	125°

Coquille ovale, comprimée, presque équilatérale, lisse ; côté anal plus large que le côté buccal et un peu plus long; tous deux arrondis ; lunule non distincte. Labre lisse.

Moule lisse ; impressions musculaires plus ou moins marquées, impression palléale entière.

RAPPORTS ET DIFFÉRENCES. Cette espèce diffère de la précédente par sa forme plus large, par l'écartement moindre des crochets et par l'absence d'une dépression latérale.

OBSERVATIONS. Nous rapportons cette petite espèce à la *N. Vibrayeana*, quoique M. d'Orbigny ait classé depuis cette dernière espèce dans le genre *Leda*; mais nos moules prouvent l'absence de tout sinus palléal et M. d'Orbigny n'ayant figuré que le test, il est possible que ce caractère lui ait échappé et qu'il n'ait été décidé que par les formes extérieures. S'il en est autrement et si la *Nucula Vibrayeana* d'Orbigny est une vraie Leda, la nôtre pourra conserver ce même nom en restant dans le genre Nucula.

Localité. La perte du Rhône ou elle est rare ; collections de M. Roux et du Musée Académique.

Explication des figures. Pl. 59, fig. 2 *a, b*, moule de la *Nucula Vibrayeana*, de grandeur double.

224. Nucula pectinata Sowerby.

(Pl 39, fig 3 *a, b*.)

N. testâ ovato-subtrigonâ, inflatâ, radiatim costatâ, concentricè plicatâ ; latere buccali brevi, ampulato ; latere anali elongato, angustato; lunulâ cordiformi, excavatâ, lævigatâ ; labro crenulato.

Nucula pectinata, Sowerby 1818, Min. conch. trad. franç. p. 242. pl. 192. fig. 9 et 10. (Il faut probablement exclure de la synonimie les fig. 7 et 8.)

N. pectinata, Mantell, 1822, Geol. of Sussex, pl. xix, fig. 5 à 9.

    Ead.   Michelin, 1839, Mém. Soc. Géol. de France, t. 3, p. 102.

    Ead.   d'Orbigny, 1843, Pal. fr., Ter. crét. t. 3, p. 177, pl. 303, fig. 8—14.

    Ead.   *Id.*   Prod., 1850, t. 2, p. 138.

    Ead.?   Reuss, Bœhm. Kreid. II, p. 5. pl. 34 fig. 1-5.

M. Geinitz (Character. Kreid. p. 77) rapporte à la *N. pectinata* sans motifs suffisants et sans que les planches citées justifient, ce nous semble, cette association, les espèces suivantes :

Nucula truncata, Nilson, Petref. suec. pl. 5, fig. 6.

    Ead.   Geinitz, Charact. pl. 20, fig. 25.

Nucula Blochmanni, Geinitz, id. p. 50, pl. 10, fig. 8 *a, b*.

Nucula striatula, Roëmer, Nord. Deuts. Kreid. pl. 8. fig. 26.

DIMENSIONS

Longueur .... 25 millim.

Par rapport à longueur : Largeur................................... 0, 65

    —   —   —   Épaisseur 0, 55

    —   —   —   Longueur du côté anal...................... 0, 80

Angle apicial .... 98 à 100°

Coquille ovale, plus ou moins triangulaire, plus ou moins renflée, ornée de côtes rayonnantes et de lignes concentriques d'accroissement. Côté buccal court, anguleux, côté anal long, arrondi ou à peine anguleux. Lunule cordiforme, à peu près aussi large que haute, excavée, lisse de même que le corselet. Labre crénelé.

Moule lisse, sauf les crénelures du labre sur les rares échantillons où il est intact; impressions musculaires saillantes ; empreinte palléale distincte.

RAPPORTS ET DIFFÉRENCES. Cette espèce est facile à distinguer des autres par ses côtes rayonnantes et par sa lunule.

LOCALITÉS. La perte du Rhône, le Saxonet, le Reposoir, le Criou, Tanneverges.

EXPLICATION DES FIGURES. Pl. 59, fig. 5 *a*, *b*. moule de la *Nucula pectinata*. grossi.

225. NUCULA OVATA Mantell.

(Pl. 39, fig. 4 *a*, *b*.)

N. testâ ovato-oblongâ, compressâ, inæquilaterâ ; latere buccali brevi, angustato, subangulato; latere anali elongato, angustato, rotundato ; lunulâ nullâ; labro lævigato.

Nucula ovata, Mantell, 1822, Geol. of Sussex pl. XIX, fig. 26 et 27.

Nucula capsæformis ? Michelin, 1839, Mém. Soc. Géol. de France, t. 3, p. 120, pl. 12. fig. 8.

Nucula ovata, d'Orbigny, 1843, Pal. fr. Terr. crét. t. 3, p. 173, pl. 202, fig. 1 — 3.

    Ead.   *Id.*   Prodr. 1850, p. 137.

Nucula Mantelli ? Geinitz, Charact. Kreid. p. 77. pl. 20, fig. 22. M. Geinitz la cite comme identique à la *N. ovata* Mantell (non Nilsson); mais la figure qu'il en donne, et qui du reste est à peu près inintelligible, semble peu justifier ce rapprochement.

DIMENSIONS.

(*Moules.*)

Longueur . . . . 23 millim.

Par rapport à la longueur : Largeur 0,65

  —   —   —   Épaisseur 0,46

  —   —   Longueur du côté anal 0,70

Angle apicial . . . . 125°

Nous n'avons pas trouvé de test.

Espèce ovale oblongue, un peu comprimée; à côté buccal court, un peu rétréci, anguleux ; à côté anal long, plus rétréci, arrondi. Lunule non distincte. Labre lisse.

Moule présentant une impression palléale et des impressions musculaires très-distinctes et grandes; on remarque fréquemment sur la région anale quelques granules, disposés sur une ligne arquée, qui correspondent probablement à de petites cavités du test.

RAPPORTS ET DIFFÉRENCES. Cette nucule n'a aucun rapport avec celles que nous avons décrites jusqu'à présent ; elle a des analogies de forme avec une ou deux espèces du terrain néocomien, avec lesquelles cependant elle ne saurait être confondue.

LOCALITÉS. Elle n'est pas rare à la perte du Rhône, nous l'avons aussi trouvée au Saxonet et à Samoëns.

EXPLICATION DES FIGURES. Pl. 59, fig. 4 *a, b*, moule de la *Nucula ovata* de grandeur double.

226. NUCULA GURGITIS Pictet et Roux.

(Pl. 39. fig. 5, *a, b.*)

N. testâ ovato-oblongâ, subcompressâ, inæquilaterâ ; latere buccali brevi, angustato ; latere anali elongato, angustato, rotundato ; lunulâ nullâ ; labro lævigato.

DIMENSIONS.

(Moule.)

Longueur totale	18 millim.
Par rapport à la longueur : Largeur	0,62
— — — Épaisseur	0,47
— — — Longueur du côté anal	0,75
Angle apicial	123°

Nous ne connaissons pas le test.

Espèce ovale oblongue, peu comprimée ; côté buccal court, un peu anguleux ;

côté anal allongé, peu rétréci, arrondi. Lunule non distincte ; labre lisse. Moule lisse, montrant par l'aplatissement de l'espace compris entre l'impression palléale et le bord, que la coquille a été très-épaisse.

OBSERVATION. Cette espèce est très-voisine de la *N. ovata ;* elle en diffère par son côté anal plus long, plus large, plus arrondi et par son épaisseur bien plus forte près de l'empreinte palléale ; avec des dimensions à peu près semblables, ces deux espèces ont cependant un facies très-différent, et les moules de la *N. gurgitis* portent près du labre des indices de stries rayonnantes qu'on ne retrouve pas sur ceux de l'espèce précédente.

LOCALITÉ. La perte du Rhône où elle n'est pas rare ; collections de MM. Roux, Tollot et du Musée Académique.

EXPLICATION DES FIGURES. Pl. 39, fig. 5 *a*, *b*, moule de la *Nucula gurgitis*, grossi.

227. NUCULA ARDUENNENSIS, d'Orbigny.

Pl. 39, fig. 6 *a*, *b*.

N. testâ ovato-trigonâ, compressâ ; latere buccali brevi, dilatato, truncato ; latere anali elongato, angustato, subangulato ; labro levigato.

Nucula arduennensis, d'Orbigny, 1843, Pal. fr., Terr. cret., t. 3, p. 174, pl. 302, fig. 4--8.

    Ead.   d'Orbigny, Prod. 1850, t. 2, p. 137.

DIMENSIONS.

(*Moules.*)

Longueur	13 millim.
Par rapport à la longueur : Largeur	0,72
— — — Epaisseur	0,50
— — — Longueur du côté anal	0,70
Angle apical	98°

Nous ne possedons que des moules.

Espèce ovale, subtrigone, comprimée; côté buccal court, élargi, tronqué : côté anal allongé, rétréci, un peu anguleux. Labre lisse.

Moule lisse ; impressions musculaires bien détachées.

RAPPORTS ET DIFFÉRENCES. La forme triangulaire de cette Nucule la différencie parfaitement des espèces précédentes.

LOCALITÉ. La perte du Rhône où elle est rare. Collection du Musée Académique.

EXPLICATION DES FIGURES. Pl. 59, fig. 6, *a*, *b*, moule de la *Nucula arduennensis*, de grandeur double. L'extrémité anale est trop arrondie sur la figure 6, *a*.

228. NUCULA TIMOTHEANA Pictet et Roux.

(Pl. 59, fig. 7 *a*, *b*.)

N. testâ trigonâ, compressissimâ, latâ ; lateribus subangulatis : labro lævigato.

DIMENSIONS.

Longueur	15 millim.
Par rapport à la longueur : Largeur	0,85
— — Epaisseur	0,40
— — Longueur du côté anal	0,70
Angle apicial	98°

Nous ne connaissons pas le test.

Espèce triangulaire, très-comprimée, large ; côté anal un peu plus long que le côté buccal et terminé par un angle assez prononcé. Moule lisse ; labre non crénelé ; empreintes musculaires bien marquées et saillantes.

RAPPORTS ET DIFFÉRENCES. La forme très-comprimée de cette espèce et sa grande largeur la différencient de ses congénères et en particulier de la précédente avec laquelle elle a quelques rapports au premier coup-d'œil. Nous devons faire observer à ce sujet que la figure 7 *a*, comparée à la figure 6 *a*, n'indique pas suffisamment les différences qui existent entre les deux espèces. Pour les bien saisir il faut surtout considérer la largeur et remarquer que la *N. Timotheana* est la seule espèce qui forme un triangle presque équilatéral.

LOCALITÉS. Elle a été recueillie au Saxonet et dans les grès de Bossetang. Collections de M. Roux et du Musée Académique. C'est une espèce rare.

EXPLICATION DES FIGURES. Pl. 39, fig. 7 *a*, *b*, moule de la *Nucula Timotheana* de grandeur double.

229. NUCULA CARTHUSIÆ Pictet et Roux.

(Pl 39, fig. 8 *a*, *b*.)

N. testâ oblongo-trigonâ, subinflatâ, lateribus angulatis, angustatis: latere anali elongato ; lunulâ cordiformi ; labro lævigato.

DIMENSIONS.

(*Moules.*)

Longueur . . . . 16 millim.
Par rapport à la longueur : Largeur 0, 55
—   —   —   Épaisseur 0, 50
—   —   —   Longueur du côté anal 0, 75
Angle apicial . . . . 107°

Nous ne connaissons pas le test.

Espèce oblongue, triangulaire, peu comprimée, à côtés anguleux, le côté buccal court, le côté anal allongé ; lunule cordiforme ; labre lisse.

Moule complétement lisse ; empreintes musculaires saillantes.

RAPPORTS ET DIFFÉRENCES. Cette espèce est voisine de forme de la *N. pectinata*, mais elle s'en distingue par ses extrémités très-anguleuses et par son labre non crenelé.

LOCALITÉ. Elle a été trouvée au Reposoir ; collection du Musée Académique.

EXPLICATION DES FIGURES. Pl. 39, fig. 8 *a*, *b*, moule de la *Nucula Carthusiæ* de grandeur naturelle.

Nous avons recueilli encore, soit à la perte du Rhône, soit dans les Alpes de la Savoie, quelques espèces dont nous ne possédons que des moules. Nous ne les décrivons pas, pour ne pas risquer de faire double emploi avec celles qui ne sont connues que par leur test.

7me Famille : MYTILIDES.

Caractères. Coquille allongée ou ovale, équivalve, ordinairement fermée, à crochets terminaux ou subterminaux. Ligament
très-long, marginal ou submarginal. Deux ou trois impressions musculaires.

Les coquilles de cette famille font une transition entre les
Orthoconques et les Pleuroconques. Elles sont équivalves
comme les premières, mais se rapprochent par leurs formes
de la famille des Malléacés et en particulier des Pernes, Gervilies, Avicules, etc., dont elles se distinguent facilement par
leurs impressions musculaires.

Les Mytilides qui ont paru au sein des mers les plus anciennes, ont été nombreuses pendant les époques secondaire
et tertiaire, et le sont encore plus dans les mers actuelles. Leur
position normale est verticale ou oblique, les crochets en bas.
Elles se fixent sur les rochers au moyen de leur byssus.

Genre MYTILUS Linné.

Caractères. Région anale fermée ou à peine bâillante. Charnière longue, souvent dépourvue de dents. Test simple, non
composé de deux couches comme dans les Pinna. Impressions
musculaires au nombre de deux sur chaque valve, une grande
anale et une petite buccale.

230. Mytilus albensis d'Orbigny.

Mytilus albensis, d'Orbigny, 1850, Prod., t. 2, p 138.

Espèce de la série des modioles de Lamarck, lisse, très-large sur la région buccale.

M. d'Orbigny la cite de Cluse; nous ne la connaissons pas.

231. Mytilus Orbignyanus Pictet et Roux.

Pl. 39, fig. 9 a, b, c. ;

M. testâ oblongâ, subarcuatâ, inflatâ, radiatim striatâ, concentricè striatâ et plicatâ; latere buccali obtuso; latere anali dilatato, rotundato; labro crenulato.

Longueur (mesurée depuis les crochets à l'extrémité de la région anale)... 51 millim.
Par rapport à la longueur : Largeur.. 0, 40
    —   —   —   Epaisseur.. 0, 60

Coquille oblongue, arquée, renflée, ornée partout de stries fines rayonnantes continues, croisées par d'autres stries concentriques plus fines et par des plis d'accroissement nombreux. Côté buccal obtus, retréci; côté anal allongé, élargi, arrondi; la région palléale ne dépasse pas les sommets. Labre crénelé.

Moule lisse, marqué de sillons d'accroissement.

RAPPORTS ET DIFFÉRENCES. Ce *Mytilus* ne nous paraît pas pouvoir être confondu avec d'autres espèces des terrains crétacés, et en particulier avec le *Mytilus albensis*, d'Orbigny, cité ci-dessus, qui est lisse et très-large sur la région buccale.

LOCALITÉS. Le Saxonet, le Reposoir, le Criou, la perte du Rhône. Collections du Musée Académique de M. le prof. Favre et de M. Roux.

EXPLICATION DES FIGURES. Pl. 39, fig. 9 a, *Mytilus Orbignyanus* de grandeur naturelle; — fig. 9 b, le même vu sur la région du ligament; — fig. 9 c, le même vu sur la région palléale.

232. Mytilus Rhodani Pictet et Roux.

(Pl. 40, fig. 1 *a, b.*)

M. testâ ovato-elongatâ, compressâ ; latere buccali angustato ; latere anali sub-dilatato, rotundato ; latere palleali non excavato.

Dimensions.

(*Moules.*)

Longueur .... 35 millim.
Par rapport à la longueur : Largeur..   0,52
        —   —   —   Epaisseur...............................   0,34

Nous ne connaissons pas la coquille.

Espèce ovale oblongue, convexe et étroite sur la région apiciale, élargie et comprimée sur les régions palléale et anale. Côté anal arrondi, un peu oblique ; côté buccal un peu rétréci. Crochets légèrement dépassés par l'extrémité de la région palléale. Moule lisse, montrant quelques empreintes des plis d'accroissement de la coquille et aussi quelques indices de stries obliques.

Rapports et différences. Cette espèce est caractérisée par sa forme ovale, oblongue, comprimée, non arquée. Elle a quelques rapports avec les *Myoconcha* par la forme de sa charnière qui avait une dent allongée de chaque côté, et par celle de l'impression musculaire buccale qui est profonde et qui forme sur le moule une sorte de pointe conique. Mais la coquille est mince comme dans les *Mytilus* et, autant que nous en avons pu juger, l'impression musculaire buccale n'est point double comme dans les *Myoconcha.*

Localité. La perte du Rhône ; espèce rare. Collection du Musée de Berne.

Explication des figures. Pl. 40, fig. 1 *a,* moule du *Mytilus Rhodani,* de grandeur naturelle, échantillon appartenant au Musée de Berne ; — fig. 1 *b,* le même vu sur la région du ligament.

233. Mytilus gurgitis Pictet et Roux.

(Pl. 40, fig. 2 *a, b.*)

M. testâ oblongo-elongatâ, angustâ, compressissimâ, subarcuatâ; latere buccali brevi, angustato, obtuso.

Dimensions.

(*Moules.*

Longueur	33 millim.
Par rapport à la longueur : Largeur.	0, 33
— — — Epaisseur.	0, 13

Nous ne connaissons pas le test.

Espèce très-allongée, très-comprimée, un peu arquée. Côté buccal court, obtus, étroit; crochets légérement dépassés par la région palléale; côté anal un peu élargi, arrondi. Région palléale très-légérement évidée au milieu. Moule lisse, montrant quelques indices de plis concentriques.

Rapports et différences. Cette espèce est caractérisée par sa forme très-allongée, étroite et surtout très-comprimée.

Localité. La perte du Rhône; espèce rare. Collection du Musée Académique.

Explication des figures. Pl. 40, fig. 2 *a,* moule du *Mytilus gurgitis* de grandeur naturelle; — fig. 2 *b,* le même vu sur la région du ligament.

234. Mytilus giffreanus Pictet et Roux.

(Pl. 40, fig. 3 *a. b. c.*)

M. testâ ovato-oblongâ, inflatâ, gibbosâ, subarcuatâ; latere buccali brevi, obtuso; latere anali rotundato; latere palleali excavato, externè obtusè carinato; natibus convexis.

Dimensions.

(Moules.)

Longueur. . . . . **24 millim.**
Par rapport à la longueur : Largeur. 0, 40
   —   —   —   Epaisseur 0, 63

Nous ne connaissons pas le test.

Espèce ovale oblongue, très-renflée, un peu arquée ; côté buccal court, obtus ; côté anal un peu oblique, arrondi, non élargi ; région palléale un peu excavée, ne dépassant pas le sommet des crochets qui sont convexes, pointus et infléchis en dedans ; elle est bordée par une carène obtuse. Moule lisse, montrant des indices des plis d'accroissement de la coquille.

RAPPORTS ET DIFFÉRENCES. Cette espèce diffère de ses congénères du gault par sa forme courte et renflée, et par ses crochets saillants pointus et enroulés.

LOCALITÉS. Elle a été trouvée au mont Criou et au Saxonet. Collections de M. Roux et du Musée de Berne.

EXPLICATION DES FIGURES. Pl. 40, fig. 5 *a*, moule du *Mytilus giffreanus* de grandeur naturelle, de la collection de M. Roux ; — fig. 5 *c*, le même vu sur la région du ligament ; — fig. 5 *b*, individu plus renflé sur la région anale, de la collection du Musée de Berne.

235. MYTILUS MORTILLETI Pictet et Roux.

(Pl. 40. fig. 4 a, b.)

M. testâ ovato-oblongâ, compressâ, subarcuatâ, concentricè inæqualiter tenuiter striatâ ; latere anali obtuso, compresso, rotundato ; latere buccali inflato.

Dimensions.

Longueur. . . . . 30 millim.
Par rapport à la longueur : Largeur 0, 47
   —   —   —   Epaisseur 0, 40

Coquille ovale, oblongue, comprimée, un peu arquée, ornée de stries concentriques, fines mais profondes, inégales entre elles ; côté anal obtus, oblique, arrondi ; côté palléal évidé au milieu et comprimé vers son extrémité ; côté buccal renflé ; crochets dépassés par l'extrémité de la région palléale.

Rapports et différences. Cette espèce a assez de rapports de forme avec les *M. Carteroni* et *æqualis* du terrain néoconien, mais sa région anale est beaucoup plus comprimée. Il est probable aussi qu'elle se rapproche du *Mytilus albensis*, d'Orbigny, que nous avons cité plus haut et qui n'est connu que par une phrase très-brève et insuffisante. Nous pensons toutefois que ces deux espèces sont différentes, car le *M. albensis* est lisse suivant M. d'Orbigny, tandis que le *M. Mortilleti* est finement mais profondément strié.

Localité. Elle a été découverte dans les grès vert du grand Bornand par M. Mortillet.

Explication des figures. Pl. 40, fig. 4 *a*, *Mytilus Mortilleti* de grandeur naturelle ; — fig. 4 *b*, le même vu sur la région palléale.

8me Famille : LIMIDES.

Caractères. Coquille équivalve, comprimée, auriculée, inéquilatérale, souvent bâillante. Une seule impression musculaire à chaque valve, large, ovale, située du côté anal. Ligament placé sous les crochets dans une fossette triangulaire de la facette cardinale, qui est elle-même plane, triangulaire, très-oblique. Charnière dépourvue de dents.

Les Limides autrefois associées aux Pectinides sont équivalves et l'animal est composé de parties paires. Elles doivent donc être réunies aux Orthoconques intégropalléales, mais elles forment un groupe bien distinct par leur impression musculaire unique. Ainsi que le fait très-bien remarquer M. d'Orbigny, elles sont aux Pectinides, ce que les Mytilus sont aux Malléacés.

Cette famille ne se compose que du genre Lima.

Genre LIMA Bruguière.

(*Lima* et *Plagiostoma* Sowerby, Lamarck.)

Ces coquilles ont en général les mêmes ornements extérieurs que les peignes et leur ressemblent par leurs oreillettes. Elles s'en distinguent facilement par leurs valves égales, par leur coquille bien plus inéquilatérale et par la forme de leur facette cardinale.

Les Limes ont eu leur maximum de développement numérique dans les terrains jurassiques et crétacés.

236. Lima Itieriana Pictet et Roux.

(Pl. 40, fig. 5 *a, b, c. d, e, f.*)

L. testâ compressâ, transversâ, concentricè rugoso-striatâ, radiatim 20-22 costis rotundatis ornatâ; sulcis intermediis interstriatis, sœpè unicostatis; latere buccali radiatim costulato, recto; latere anali convexo.

Dimensions.

Largeur			....	31 millim.
Par rapport à la largeur :	Longueur	....		0,85
—	—	—	Épaisseur................................	0,47
—	—	—	Longueur de la facette du ligament	0,30
Angle apicial, sans les oreillettes			....	90°

Coquille ovale, transverse, comprimée, pourvue d'environ vingt côtes rayonnantes, arrondies, séparées par des sillons plus larges que les côtes, principalement sur la région anale. Chacun de ces sillons est orné de stries parallèles aux côtes, dont la médiane, plus apparente, figure souvent une côte très-petite ; cette disposition est surtout distincte sur la région anale ; des stries concentriques, fines et un peu rugueuses, croisent les côtes et les sillons. Côté buccal costulé, droit, présentant une arête saillante, légèrement excavée latéralement ; bord anal convexe ; région cardinale étroite, coupée obliquement.

Le moule ne présente que les grosses côtes rayonnantes.

RAPPORTS ET DIFFÉRENCES. Cette espèce diffère de la *Lima parallela*, d'Orbigny, par ses stries intercostales et par la situation de la petite côte qui se trouve au fond des sillons et non au sommet des grosses côtes ; elle est beaucoup plus voisine de la *L. cottaldina*, d'Orbigny, du terrain aptien, qui présente aussi une petite côte au fond des sillons intermédiaires aux côtes principales ; elle en diffère cependant par sa longueur plus grande, par ses côtes arrondies et jamais anguleuses et par quelques autres détails d'ornementation.

OBSERVATIONS. Il est possible que ce soit le moule de cette espèce que M. d'Orbigny a eu entre les mains, quand il a cité la *L. parallela* comme trouvée à Cluse ; leurs moules ne peuvent guère être distingués l'un de l'autre.

LOCALITÉS. La perte du Rhône, le Reposoir, le Saxonet ; espèce répandue, mais rare partout. Collections de MM. Tollot, Roux, des Musées de Berne et de Genève.

EXPLICATION DES FIGURES. Pl. 40, fig. 5 *a*, *b*, *Lima Iteriana* de grandeur naturelle ; — fig. 5 *c*, moule de la même espèce ; — fig. 5 *d*, grossissement des côtes ; — fig. 5 *e*, coupe transversale grossie des côtes près du bord buccal ; — fig. 5 *f*, la même coupe vers le milieu du bord anal.

237. LIMA SABAUDIANA Pictet et Roux.

(Pl. 40, fig. 6.)

L. testâ ovato-transversâ, compressâ, radiatim multicostatâ ; costis tenuibus ; latere buccali truncato, recto ; latere anali inflato, rotundato.

50

DIMENSIONS

```
Longueur....................................................  50 millim.
Par rapport à longueur :   Largeur ................................    0, 87
       —        —      —    Épaisseur...............................  0,25 à 0,30
Angle apicial, sans les oreillettes...............................  90°
```

Coquille ovale transverse, comprimée, ornée de côtes rayonnantes nombreuses, petites, égales entre elles ; côté buccal tronqué, présentant sur la commissure des valves une arête saillante avec une dépression latérale ; côté anal élevé, arrondi sur son bord ; nous n'avons pas pu observer la région cardinale.

Moule reproduisant les côtes du test.

RAPPORTS ET DIFFÉRENCES. Cette lime diffère des autres espèces du gault par ses côtes nombreuses, simples et petites.

LOCALITÉ. Le Saxonet où elle est très-rare ; collections de M. Roux et du Musée Académique.

EXPLICATION DES FIGURES PL. 40, fig. 6, moule de la *Lima sabaudiana* de grandeur naturelle.

238. LIMA ALPINA Pictet et Roux.

(Pl. 40, fig. 7.)

L. testâ orbiculatâ, compressâ, radiatim 12-costatâ : costis et sulcis intermediis concentricè squamosis ; latere buccali truncato, excavato ; latere anali dilatato, rotundato.

DIMENSIONS

```
Longueur à peu près égale à la largeur.
Angle apicial, sans les oreillettes...............................  95°
```

Coquille orbiculaire, comprimée, ornée d'environ douze côtes rayonnantes, arrondies, squammeuses de même que leurs intervalles ; région buccale tronquée, excavée ; côté anal arrondi, dilaté ; région cardinale large. Sur le moule les côtes sont lisses.

RAPPORTS ET DIFFÉRENCES. Cette espèce est caractérisée par sa forme comprimée, par ses côtes espacées et par son test squammeux.

LOCALITÉ. Elle n'est pas rare au Saxonet, où on ne la trouve en général que très-mutilée ; collections de M. Roux, du Musée de Berne et du Musée Académique de Genève.

EXPLICATION DES FIGURES. Pl. 40, fig. 7, *Lima alpina*, de grandeur naturelle.

239. LIMA SAXONETI Pictet et Roux.

(Pl. 40 fig. 8.)

L. testâ ovatâ, transversâ, subcompressâ, radiatim tenuicostatâ et interstriatâ, concentricè sub-plicatâ ; latere buccali truncato, excavato, subcarinato ; latere anali convexo, rotundato.

DIMENSIONS.

(Moules.)

Longueur	11 millim.
Par rapport à la longueur : Largeur	0,90
— — — Longueur de la facette du ligament	0,35
Angle apicial, sans les oreillettes	70°

Espèce ovale transverse, médiocrement comprimée, ornée de plis concentriques rapprochés, très-peu marqués et de faibles côtes rayonnantes, nombreuses, dont les sillons intermédiaires offrent chacun trois ou quatre stries ou petites côtes parallèles aux côtes principales. Région buccale tronquée, excavée, un peu carénée en dehors ; bord anal arrondi.

RAPPORTS ET DIFFÉRENCES. Cette espèce diffère des précédentes par ses côtes très-peu prononcées formant de faibles stries, qui la laissent presque lisse à l'œil nu. Elle se distingue de la suivante par ces mêmes côtes et stries rayonnantes et par son angle apicial beaucoup plus aigu.

LOCALITÉ. Le Saxonet ; collection du Musée Académique.

EXPLICATION DES FIGURES. Pl. 40, fig. 8, *Lima Saxoneti*, de grandeur naturelle.

240. Lima albensis d'Orbigny.

(Pl. 40, fig. 9 *a*, *b*.)

L., testâ ovato-trigonâ, inflatâ, concentricè radiatimque substriatâ ; latere buccali truncato, excavato, subcarinato ; latere anali rotundato, semicirculari.

L. albensis, d'Orbigny, 1843, Pal. fr., Ter. crét., t. 3, p. 541, pl. 416, f. 15 —16.
 Ead.   *Id.* Prod. 1850, t. 2, p. 138.

Largeur . . . . 17 millim.
Par rapport à la largeur : Longueur 0, 95
 — — — Épaisseur 0, 60
Angle apicial . . . . 105°

Coquille ovale, subtrigone, renflée, à peu près aussi longue que large, lisse à l'œil nu et ne montrant que quelques lignes d'accroissement, ornée à la loupe de stries concentriques, croisées par des indices de stries rayonnantes, principalement dans le voisinage de la région buccale ; celle-ci est tronquée, très-excavée sur son milieu et carénée en dehors. Le bord anal est arrondi en demi-cercle.
 Moule complétement lisse.

Rapports et différences. Cette espèce est caractérisée par son aspect lisse, par sa région buccale excavée et par sa longueur à peu près égale à sa largeur ; elle est très-voisine de la *L. Saxoneti*, mais elle s'en distingue par un angle apicial plus ouvert et par la disposition des côtes et des stries.

Localité Le Musée Académique la possède de la perte du Rhône où elle est très-rare.

Explication des figures. Pl. 40, fig. 9 *a*, *b*, moule de la *Lima albensis*, grossi de moitié.

241. Lima rhodaniana d'Orbigny.

Lima rhodaniana , d'Orbigny , 1845, Pal. fr., Terr. crét., t. 3, p. 541, pl. 416,
fig. 17—19.
Ead.   d'Orb., Prod., 1850, t. 2, p. 138.

Nous n'avons pas trouvé cette espèce que M. d'Orbigny cite de la perte du
Rhône ; elle ressemble aux deux précédentes, mais elle s'en distingue par l'absence de carène sur la région buccale.

242. Lima montana, Pictet et Roux.

Pl. 43, fig. 1. a et b.

*L. testâ crassâ, oblongâ, obliquâ, compressâ, concentricè inæqualiter plicatâ ; la-
tere buccali truncato ; latere anali elongato, rotundato ; auriculâ anali distinctâ.*

DIMENSIONS.

Longueur	80 millim.
Par rapport à la longueur : Largeur	0, 75
— — — Epaisseur	0, 35
Angle apicial	88°

Coquille oblongue, transverse, comprimée, fort épaisse surtout vers la charnière et le long du bord cardinal au côté buccal. Elle est ornée de plis concentriques très-marqués , irrégulièrement espacés. Région buccale tronquée, droite;
région anale, arrondie, prolongée, formant une oreillette saillante qui est séparée
par un sillon du reste de la coquille.

Le test se décompose en feuillets et les diverses couches ne reproduisent pas
les mêmes ornements. En dessous de la couche superficielle on en trouve une

qui a les mêmes plis concentriques, et qui est ornée en outre, de stries saillantes rayonnantes, irrégulières. Les couches suivantes sont plus lisses.

Le moule est parfaitement lisse, sauf quelques lignes rayonnantes peu marquées au côté anal qui est tout-à-fait droit et comme tronqué, ne reproduisant pas des traces de l'oreillette. Les crochets sont très-grands, et vu l'épaisseur du bord cardinal de la coquille, ils sont très-séparés l'un de l'autre.

RAPPORTS ET DIFFÉRENCES. Cette espèce ressemble un peu à la *Lima Saxoneti;* elle en diffère par son oreillette anale séparée par un sillon du reste de la coquille, par son angle apicial et par les ornements de son test.

EXPLICATION DES FIGURES. Pl. 45, fig. 1 *a,* moule de la *Lima montana* avec quelques débris de test, de grandeur naturelle; fig. 1 *b,* le même, vu de profil.

LOCALITÉS. Cette espèce a été trouvée au Saxonet et au Grand-Bornand; elle n'est pas commune. Collections du Musée Académique, de M. le professeur Favre, de M. Roux.

———⟨∘⟩———

SECOND ORDRE.

PLEUROCONQUES, d'Orbigny.

———

Cet ordre comprend les mollusques lamellibranches dont la station n'est pas verticale, et dont une des valves est inférieure et l'autre supérieure. L'animal n'est pas symétrique non plus que la coquille; cette dernière se distingue de celles de l'ordre des Orthoconques par l'inégalité constante de ses valves.

Cet ordre contient six familles. Celles des Ethérides et des Anomides ne paraissent pas représentées dans nos grès verts; les quatre autres peuvent être distinguées comme suit:

Les CAMIDES ont une coquille à crochets saillants, une charnière armée de dents, et deux impressions musculaires égales ou presque égales.

Les autres familles n'ont qu'une seule impression musculaire, ou une grande et une très-petite.

Les MALLÉACÉS ont une coquille irrégulière, un test feuilleté et un ligament large quelquefois multiple. L'animal est muni d'un pied.

Les PECTINIDES ont une coquille régulière (qui peut, mais rarement, être modifiée en devenant adhérente), un test non feuilleté et un ligament étroit, toujours simple. L'animal est également muni d'un pied.

Les OSTRACÉS ont une coquille irrégulière, un test feuilleté et un ligament étroit toujours simple. L'animal est dépourvu de pied.

1re FAMILLE : CAMIDES.

CARACTÈRES. Coquille inéquivalve, fermée, peu régulière, à crochets arrondis et recourbés. Charnière formée de dents assez fortes. Deux impressions musculaires sur chaque valve.

Genre DICERAS Lamarck.

CARACTÈRES. Crochets des deux valves enroulés et saillants. Charnière très-forte. Impression musculaire anale très-saillante.

Nous conservons ici le genre Diceras, en le distinguant des Cames par la force de sa charnière, par la présence d'un crochet saillant sur la valve supérieure qui n'est pas operculiforme, et par son impression musculaire anale très-marquée ; mais nous reconnaissons avec MM. Deshayes et d'Orbigny que ces caractères sont peu précis et présentent des transitions nombreuses. La nature du test qui est composé de trois couches dans les Diceras, fournirait peut-être un meilleur signe distinctif, mais nous n'avons pas pu le vérifier dans le cas actuel.

Nous devons faire remarquer aussi que les espèces des terrains crétacés forment une sorte de transition entre les Diceras et les Cames et qu'elles fournissent ainsi un nouvel argument en faveur de la convenance de leur réunion. Les espèces décrites par M. d'Orbigny ont comme les Diceras, la valve supérieure saillante et non operculiforme, et paraissent avoir eu le test simple des Cames. La nôtre appartient probablement au même type, et présente d'une manière plus marquée encore le caractère d'une impression musculaire anale très-saillante.

Les Camides auraient donc apparu sous la forme de Diceras pendant l'époque jurassique, auraient passé dans l'époque crétacée par des formes intermédiaires et auraient vécu à l'époque tertiaire sous la forme de Cames.

243. Diceras gaultina Pictet et Roux.

(Pl. 41, fig. 1 a, b, c.)

*D. testâ inflatâ ; valvâ superiore convexâ, rotundatâ, sub-contortâ ; valvâ inferiore
elongatâ, obliquè contortâ.*

Coquille renflée, peu irrégulière ; formée de valves inégales dont la supérieure
est plus petite, mais assez renflée, convexe, et terminée par un sommet obtus
un peu coutourné. La valve inférieure est plus grande, allongée, et son sommet
est fortement et obliquement contourné. Nous ignorons si le labre était crénelé.
Le moule est lisse ; il montre sous les crochets, l'empreinte des dents cardinales
bilobées, et sur le côté anal de chaque valve, l'impression musculaire sous la forme
d'un sillon allongé et très-marqué ; cette impression est peu visible sur le côté
buccal.

Des fragments très-incomplets du test semblent indiquer que la coquille était
ornée de côtes rayonnantes très-petites, un peu rugueuses, et de stries concentriques très-fines, mais nous ne saurions pas affirmer que ces fragments appartiennent bien à la couche superficielle.

Rapports et différences. Cette espèce nous paraît très-voisine de forme de
la *Chama cornucopiæ* d'Orb. de l'étage turonien de Rouen ; cependant les valves
de cette dernière sont plus inégales et moins contournées. Dans la nôtre en outre
la valve droite est la plus grande ; l'inverse a lieu dans la *Ch. cornucopiæ.*

Localités. Le Saxonet et la perte du Rhône ; collection du Musée Académique ;
espèce très-rare.

Explication des figures. Pl. 41 , fig. 1 a , *D. gaultina* de grandeur naturelle, vue par sa face buccale ; fig. 1 b, la même vue par sa face anale ; fig. 1 c,
la même, la petite valve en avant.

2ᵐᵉ Famille : MALLÉACÉS.

(*Aviculides* d'Orbigny.)

Caractères. Coquille plus ou moins irrégulière, sub-iné-
quivalve, très-inéquilatérale, mince, à test feuilleté. Valve su-

périeure plus bombée que l'inférieure. Ligament large, simple ou divisé par des crénélures ou des dents. Une grande impression musculaire médiane, ordinairement accompagnée d'une petite buccale sous les crochets. Impression palléale entière.

Ces mollusques se tiennent horizontalement couchés sur le côté, la valve bombée en dessus, souvent fixés par un byssus. Leurs coquilles se distinguent facilement de celles de la famille des Pectinides par leur forme irrégulière très-inéquilatérale, par leur test feuilleté, et par leur ligament large.

Genre AVICULA Klein.

Caractères. Charnière linéaire, munie d'une ou de plusieurs dents calleuses, souvent très-effacées. Ligament externe, unique, linéaire, se prolongeant du côté anal. Coquille inéquilatérale, souvent prolongée en aile du côté anal; valve inférieure échancrée pour le passage d'un byssus.

Les avicules, qui ont paru sur le globe avec les terrains paléozoïques, habitent encore les mers actuelles; elles adhèrent aux corps sous-marins par un byssus et sont habituellement couchées sur le côté.

244. Avicula Rhodani Pictet et Roux.

(Pl. 11, fig. 2)

A. testâ dilatato-transversâ, inflatâ, lævigatâ et concentricè plicatâ, unisulcatâ; latere anali dilatato, aliformi; latere buccali brevi, obtuso.

Dimensions.

Largeur...75 millim.
Épaisseur de la valve supérieure par rapport à la largeur.............. 0,37

Coquille plus large que longue, transverse, assez épaisse, renflée, lisse, marquée de lignes d'accroissement concentriques ; sa partie bombée, prolongée et arrondie sur la région palléale, est séparée par une dépression transverse de l'expansion aliforme du côté anal ; cette expansion paraît avoir été assez grande ; nous ne la connaissons qu'en partie ; le côté buccal présente aussi une expansion , mais elle est étroite, courte et obtuse, séparée de la partie bombée des valves par une légère dépression. La valve inférieure est moins bombée que la valve supérieure. Les crochets sont pointus.

Rapports et différences. Cette espèce est très-voisine de l'*A. Moutoniana* d'Orb. de l'étage cénomanien ; elle nous paraît en différer par son expansion anale plus oblique, par son côté buccal plus grand, séparé de la région apiciale par un sillon plus prononcé, et enfin par ses plis d'accroissement moins nombreux et plus marqués.

M. E. Forbes cite dans le lower greensand d'Angleterre, la *Perna alæformis*, décrite par Sowerby (Min. Conch. pl. 251) sous le nom de *Modiola aliformis*, du terrain Portlandien. La figure de Sowerby rappelle un peu notre espèce ; mais dans celle-ci, la charnière, que nous ne connaissons, il est vrai, qu'en partie, paraît avoir eu un ligament simple, et lui assigne sa place dans le genre des Avicules, et non dans celui des Pernes.

Localité. Les grès inférieurs de la perte du Rhône ; espèce rare. Collection du Musée Académique de Genève.

Explication des figures. Pl. 41, fig. 2. *Avicula Rhodani* de grandeur naturelle.

Genre GERVILIA Defrance.

Caractères. Charnière linéaire, formée d'un nombre variable de dents obliques ou longitudinales placées en dedans de la fossette du ligament. Ligament externe, multiple, divisé par segments dont chacun est logé dans une fossette. Coquille transverse inéquilatérale, souvent prolongée en ailes comme celle des avicules.

Ce genre se rapproche de celui des Pernes par son liga-

ment multiple, mais il s'en distingue par une charnière fortement inclinée par rapport à l'axe de la coquille, et par des
dents allongées et obliques. Il diffère de celui des Avicules
par son ligament multiple.

Les Gervilies, assez nombreuses dans les terrains jurassiques et crétacés, n'ont été retrouvées ni dans les terrains tertiaires, ni dans les mers actuelles.

245. Gervilia alpina Pictet et Roux.

(Pl. 41, fig. 3 a, b, c.)

*G. testâ elongatâ, lanceolatâ, lœvigatâ, concentricè lineatâ, inflatâ ; latere anali
elongato, dilatato ; latere buccali..... ; valvis convexis.*

Coquille à test très-épais, renflée, allongée, lancéolée, presque équivalve, lisse,
marquée de lignes d'accroissement ; le côté anal est élargi ; son expansion très-
grande est séparée du corps des valves par une dépression ; le côté buccal
paraît avoir été un peu arqué ; il ne portait pas d'expansion, sauf peut-être très-
près du sommet qui est cassé sur nos échantillons.

Son moule, dont nous possédons un fragment, montre une série de granulations qui longent le bord buccal à partir du sommet ; la charnière nous manque.

Rapports et différences. Cette espèce se rapproche surtout de la *G. anceps*
Deshayes, du terrain néocomien (Leymerie Mém. Soc. Géol., tom. 5, pl. 10,
fig. 5) ; mais elle est beaucoup moins inéquivalve. Elle est plus large que la
G. difficilis d'Orbigny, la seule espèce connue du gault.

Localité. Elle a été trouvée dans le gault du Saxonet ; collection du Musée
Académique.

Nous possédons des fragments d'une espèce à peu près semblable, trouvés dans
les grès inférieurs de la perte du Rhône ; ils sont trop incomplets pour permettre
une comparaison rigoureuse.

Explication des figures. Pl. 41, fig. 3 a, *Gervilia alpina*, de grandeur naturelle, vue par sa face anale, — fig. 3 b, moule de la même espèce, vu de profil,
— fig. 3 c, le même, vu du côté de la charnière.

Genre PERNA Bruguière.

Caractères. Coquille transverse, irrégulière, à test fibreux. Charnière linéaire, dépourvue des dents obliques qui caractérisent les Gervilies. Ligament externe, multiple, divisé en segments dont chacun est logé dans une fossette profonde et régulière de la facette articulaire qui est oblique par rapport à la ligne de séparation des valves. Deux impressions musculaires dont l'anale est virgulaire, médiane et très-grande, et la buccale petite et située sous le crochet.

Les Pernes ont vécu à toutes les époques géologiques.

Nous n'avons trouvé qu'une seule espèce, déjà décrite par M. d'Orbigny.

246. Perna Rauliniana d'Orbigny.

(Pl. 41, fig. 1 a, b.)

P. testâ oblongo-cuneiformi, compressâ, transversâ, lævigatâ, concentricè lineatâ, subæquivalvi ; latere anali rotundato ; latere buccali acuminato ; umbonibus approximatis.

P. *Rauliniana*, d'Orbigny, 1845, Pal. fr., ter. crét., t. 3, p. 497, pl. 401, fig. 4 et 5.
Ead. *id.* Prod., 1850, t. 2, p. 138.

Dimensions.

(Moules.)

Largeur. . . . . 60 millim.
Par rapport à la largeur : Longueur. 0,60
— — — Épaisseur 0,35
Angle apicial. . . . . 70° variab.

Coquille oblongue, transverse, comprimée, à peu près équivalve, lisse, ornée de lignes d'accroissement. Extrémité anale arrondie ; extrémité buccale acuminée et anguleuse ; la région du byssus légèrement échancrée.

Moule lisse ; la facette du ligament montre de petites crénelures carrées, également espacées, séparées par des sillons étroits.

LOCALITÉS. La perte du Rhône ou elle n'est pas rare. M. Tollot l'a trouvée aux Fis.

EXPLICATION DES FIGURES. Pl. 41, fig. 4 *a*, moule intérieur de la *Perna Rauliniana* de grandeur naturelle, vu de côté, — fig. 4 *b*, le même vu par la face anale.

GENRE **INOCERAMUS** Sowerby.

(*Inoceramus*, *Mytiloïdes* et *Catillus* Brongniart.)

CARACTÈRES. Coquille bombée, inéquivalve, inéquilatérale, souvent gryphoïde, à petite valve non échancrée. Charnière courte, linéaire, munie d'une seule dent. Ligament externe, recouvrant probablement toute la facette articulaire, mais divisé en segments nombreux dont chacun est logé dans une petite fossette. Une grande impression musculaire ovale, médiane.

Les coquilles de ce genre sont très-voisines de celles des Pernes ; elles s'en distinguent surtout par leur forme générale et par la dent de la charnière, si toutefois ce dernier caractère est constant.

Les Inocérames ont été depuis long-temps signalés dans le gault. Nous en avons trouvé trois espèces, sur les quatre qui étaient connues dans cet étage. Ce genre, assez ancien à la surface du globe, ne se retrouve pas au-dessus des terrains crétacés.

247. INOCERAMUS SULCATUS Parkinson.

(Pl. 42, fig. 1 *a—f.*)

I. testâ ovato-transversâ, inflatâ, inæquivalvi, concentricè undulato-striatâ, radiatim 7-10 costatâ ; costis elevatis, acutis, inæqualiter proeminentibus ; latere buccali truncato, excavato, non costato ; latere anali dilatato ; umbonibus incurvatis, oppositis, Nucleo radiatim costato, concentricè striato.

Inoceramus sulcatus, Parkinson, 1820, Trans. of the Geol. Soc., vol. 5, p. 59, pl. 1, fig. 5.

Id. Sowerby, 1821, Miner. Conch., pl. 306, fig. 1-5 et 8, (exclus. fig. 7),

Id. Mantell, 1822, Geol. of Sussex, p. 95, pl. 19, fig. 16.

Id. Brongniart, dans Cuv. Oss. foss., 4ᵉ édition, pl. X., fig. 12.

Id. Nilsson, Petrif. Suecana, p. 18.

Id. Deshayes, 1831, Coq. caractérist., p. 62, pl. 12, fig. 7.

Id. Goldfuss, 1836, Petref. Germaniæ, p. 112, n° 16, pl. 110, fig. 1.

Id. d'Orbigny, 1845, Pal. fr., terr. crét., t. 3, p. 504, pl. 403, fig. 3-5.

Id. *id.* Prod., 1850, t. 2, p. 139.

DIMENSIONS.

Largeur... 43 millim.

Par rapport à la largeur : Longueur............................... 0,68 à 75

— — — Epaisseur................................ 0,65 à 70

Angle apicial.. 70°

Coquille ovale, transverse, renflée, plus ou moins inéquivalve, ornée de lignes d'accroissement concentriques, ondulées, et de 7 à 10 côtes rayonnantes, inégalement élevées, anguleuses, séparées par des sillons d'égale largeur. Côté buccal court, tronqué, excavé, dépourvu de côtes ; côté anal plus large. Crochets pointus et contournés ; facette du ligament assez longue.

Moule reproduisant l'empreinte des côtes et même celle des stries concentriques.

OBSERVATIONS. Nous rapportons à cette espèce quelques échantillons, dont les côtes rayonnantes moins nombreuses, plus ou moins déformées et très-inégales entre elles, ne sont souvent apparentes que dans le voisinage du bord palléal. Les stries concentriques sont les mêmes que sur les échantillons bien caractérisés.

RAPPORTS ET DIFFÉRENCES. Elle se distingue de toutes celles du gault par ses côtes rayonnantes.

LOCALITÉS. Elle est extrêmement commune à la perte du Rhône ; on ne la trouve que rarement dans le gault du Faucigny ; nous la possédons aussi de Bossetang au pied de la dent du Midi.

EXPLICATION DES FIGURES. Pl. 42, fig. 1 *a*, *Inoceramus sulcatus*, de la perte du Rhône, de grandeur naturelle (un grand échantillon), vu par sa grande valve ; — fig. 1 *b*, le même, vu par sa petite valve ; — fig. 1 *c*, le même , vu de côté ; — fig. 1 *d*, 1 *e* et 1 *f*, variétés diverses consistant dans la diminution du nombre des côtes.

248. INOCERAMUS CONCENTRICUS Parkinson.

(Pl. 42, fig. 2 *a*, *b*, *c*.)

I. testâ ovato-transversâ, inflatâ, inæquivalvi, concentricè sulcatâ ; latere buccali subexcavato, latere anali subdilatato ; valvâ unâ convexâ, umbone incurvato, alterâ convexiusculâ, umbone parvo, sub-incurvato. Nucleo concentricè sulcato.

I. concentricus, Parkinson, 1820, Trans. of the Geol. Soc., vol. 5, p. 58, pl. 1, fig. 4.
    Id.   Sowerby, 1821, Miner. Conch., pl. 305.
    Id.   Mantell, 1822, Geol. of. Sussex, p. 95, pl. 19, fig. 15, 19, 20.
Catillus pyriformis, Michelin, 1834, Mag. Zool., Guérin, 1833, classe 5, pl. 32.
I. concentricus, Goldfuss, 1836, Petref. German., p. 11, n° 14, pl. 109, fig. 8.
    Id.   d'Orbigny, 1845, Pal. fr., terr crét.. t. 3, p. 506, pl. 404.
    Id.   *id.*   Prod. 1850, t. 2, p. 138.

DIMENSIONS.

(*Moules.*)

Largeur... 57 millim.
Par rapport à la largeur : Longueur...................................... 0,65
    —   —   —   Epaisseur................................. 0,55
Angle apicial... 55°

Coquille ovale, transverse, lisse, ornée de sillons concentriques , marqués surtout dans le jeune âge. Des deux valves l'une est grande, très-convexe et a son sommet contourné, l'autre est plus petite, peu convexe et son sommet n'est que peu ou point contourné. Côté buccal tronqué et excavé ; côté anal élargi par l'expansion de la facette du ligament.

Moule montrant des côtes et des sillons concentriques plus marqués que sur la coquille.

OBSERVATIONS. Cette espèce varie beaucoup de convexité suivant l'âge ; jeune elle est très-convexe et courte ; en avançant en âge, elle s'allonge et diminue proportionnellement d'épaisseur.

RAPPORTS ET DIFFÉRENCES. Elle est voisine de forme de l'*I. Coquandianus* du même étage, mais elle en diffère par ses côtes et ses sillons concentriques.

LOCALITÉS. La perte du Rhône où elle est très-commune ; on ne la trouve que rarement dans les Alpes du Faucigny.

EXPLICATION DES FIGURES. Pl. 42, fig. 2 *a*, *Inoceramus concentricus*, de grandeur naturelle, vu par sa grande valve ; — fig. 2 *b*, le même vu par sa petite valve ; — fig. 2 *c*, le même vu de côté.

249. INOCERAMUS SALOMONI d'Orbigny.

(Pl. 42, fig. 3 *a*, *b*.)

I. testâ ovato-transversâ, inflatâ, concentricè sulcatâ, transversim sulco lato bipartitâ ; latere buccali truncato, excavato ; latere anali dilatato. Apicibus incurvatis.

I. Salomoni, d'Orb., 1850, Prodr., t. 2, p. 139.

DIMENSIONS.

Largeur. . . . . 54 millim.
Par rapport à la largeur : Longueur.   0,77
Angle apicial. . . . . 70°

Nous ne connaissons que le moule.

Espèce ovale, transverse, très-renflée, ornée de sillons concentriques et pourvue d'un sinus large et transverse, sur le milieu des valves ; côté buccal tronqué et excavé ; côté anal dilaté. Crochets recourbés.

OBSERVATIONS. Lorsque le sinus transverse est bien marqué, la distinction entre cette espèce et la précédente est facile ; mais il nous a paru qu'il existait des transitions entre elles, et qu'on ne pouvait séparer de l'*Inoceramus concentricus* certains échantillons sur lesquels la partie médiane des valves est aplatie ou même légèrement creusée, montrant ainsi un commencement de sinus. Les stries concentriques sont les mêmes sur les deux espèces. Nous n'avons trouvé que des valves isolées et mutilées de l'*I. Salomoni,* de sorte que nous n'avons pu l'étudier qu'incomplétement.

LOCALITÉS. La perte du Rhône, le Saxonet, le Criou, le Reposoir, Tanne-verges, le Grand Bornand. Collections du Musée Académique, de M. Roux et de M. le Prof. Favre.

EXPLICATION DES FIGURES. Pl. 42, fig. 5 *a, Inoceramus Salomoni,* de grandeur naturelle, vu par sa grande valve; — fig. 5 *b,* la même valve vue de côté.

3me FAMILLE : PECTINIDES.

CARACTÈRES. Coquille inéquivalve, peu inéquilatérale, régulière ou à peu près régulière, à test compact et non feuilleté, ordinairement pourvue sur la région cardinale de deux oreillettes, dont les buccales sont échancrées sur la valve inférieure. Impression palléale entière. Une impression musculaire ovale sur chaque valve. Ligament interne, court, placé dans une fossette de la région cardinale.

Les Pectinides sont fixés par un byssus ou par la coquille même. L'animal est muni d'un pied, caractère qui le distingue de ceux de la famille des Ostracés.

Les trois genres principaux qui composent cette famille sont les *Pecten,* les *Spondylus* et les *Plicatula.* Le premier offre quelques modifications dont l'importance a été diversement appréciée. Nous admettons ici, plutôt à titre de sous-genres que de genres, les divisions connues sous le nom de *Hinnites, Janira,* et *Pecten* proprement dit. Les caractères qui les distinguent sont d'un emploi commode, quoique d'une importance médiocre, et le nombre des espèces est si considérable qu'il nous a paru avantageux de les conserver.

Genre HINNITES Defrance.

Caractères. Coquille inéquivalve, subéquilatérale, pourvue d'oreillettes et régulière dans le jeune âge seulement; plus tard l'adhérence de l'une des valves modifie sa croissance et la rend irrégulière. Charnière et ligament semblables à ceux des peignes. Impression musculaire très-grande et entourée par une impression palléale peu distante.

Lorsque les Hinnites sont complétement conservés, leurs caractères sont suffisamment clairs; dans le cas contraire, et surtout si le crochet manque, la disposition de l'impression palléale qui entoure de près l'attache du muscle, peut servir à les caractériser et en particulier à différencier ce genre de celui des *Ostrea*.

250. Hinnites Favrinus Pictet et Roux.

(Pl. 43, fig. 2, et pl. 41.)

H. testâ crassâ ovato orbiculatâ, depressâ; valvis concentricè squamosis et subplicatis, radiatim undulato-costatis; costis inæqualibus, squamosis, echinatis; valvâ inferiore convexâ; valvâ superiore complanatâ.

Dimensions.

Un peu plus large que longue.

Coquille épaisse, irrégulièrement ovale; valve inférieure convexe, déformée sur la région cardinale par son adhérence; valve supérieure presque plane; toutes deux sont squammeuses, ornées de côtes rayonnantes, inégales, souvent bifurquées, pourvues de saillies imbriquées, surtout vers le bord palléal. Les oreillettes et la charnière manquent sur nos échantillons. L'intérieur des valves montre une impression musculaire grande et arrondie ; l'empreinte palléale en est fort rapprochée.

RAPPORTS ET DIFFÉRENCES. L'*Hinnites Favrinus* appartient évidemment au même type que l'*H. Cortesii* des terrains subapennins. Il a de grands rapports avec l'*H. Leymerii*, Deshayes, du terrain néocomien du département de l'Aube, mais il en diffère par ses côtes moins nombreuses et surtout par sa valve supérieure plane, caractères que nous avons observés sur tous nos échantillons. L'*H. Leymerii* a, suivant M. d'Orbigny, des valves peu inégales en convexité.

LOCALITÉ. Cette espèce a été trouvée dans les grès inférieurs de la perte du Rhône ; collections de MM. Favre, Tollot et du Musée Académique.

EXPLICATION DES FIGURES. Pl. 43, fig. 2, *Hinnites Favrinus*, valve bombée, de grandeur naturelle, avec sa surface d'adhérence ; — pl. 44, un autre échantillon de la même valve, vu par sa face interne, avec le sommet cassé. Les dimensions des fragments représentés dans les deux planches montrent à-peu-près les limites de variations dont l'espèce est susceptible en longueur et en largeur.

251. HINNITES STUDERI Pictet et Roux.

(Pl. 45, fig. 1, a. b, c, d.)

H. testâ tenui, suborbiculatâ ; valvis radiatim costatis, costis inæqualibus, subundulatis, longitudinaliter interstriatis ; valvâ inferiore convexâ, valvâ superiore planâ.

DIMENSIONS.

Largeur.. 45 millim.	
Par rapport à la largeur : Longueur............................... 0,95	
— — — Epaisseur............................... 0,25	

Coquille mince, irrégulièrement arrondie. Valve inférieure convexe, à oreillettes peu détachées, ornée de 20 à 25 côtes principales rayonnantes, un peu ondulées, rendant ainsi la surface légèrement bosselée. Entre ces côtes il en existe d'autres plus courtes, atteignant des hauteurs diverses et n'égalant pas en général le nombre des longues côtes. Leurs intervalles sont striés par des lignes très-fines, longitudinales (4-5 entre chaque côte). Sur le moule, les côtes sont seules visibles et les stries ne laissent pas d'empreinte. La valve supérieure est plane et ornée de côtes rayonnantes beaucoup plus nombreuses et plus fines que celles de la valve inférieure.

RAPPORTS ET DIFFÉRENCES. Cette espèce appartient à un tout autre groupe que la précédente et se rapproche surtout de quelques espèces jurassiques qui ont été d'abord décrites comme des Spondyles (*Hinnites inæquistriatus, velatus, etc.*). Elle est facile à distinguer de toutes les autres. Des fragments de la valve inférieure pourraient cependant paraître appartenir au *Pecten Rhodani*, *nobis*, si les côtes de ce dernier n'étaient pas plus épatées et moins nombreuses. Les valves supérieures de ces deux espèces n'ont aucun rapport.

LOCALITÉS. Le *H. Studeri* se trouve dans le gault de la perte du Rhône, au Saxonet et au Grand Bornand. Collections du Musée Académique, du Musée de Berne, et de M. le Prof. Favre. Il n'est pas commun.

EXPLICATION DES FIGURES. Pl. 45, fig. 1 *a*, moule d'une valve inférieure, fracturé, de grandeur naturelle; — fig. 1 *b*, moule d'une valve supérieure; — fig. 1 *c*, valve inférieure ayant des fragments de test sur son bord; — fig. 1 *d*, grossissement des stries intercostales.

GENRE JANIRA Schumacher.

(*Pandora* Megerle, non Bruguière; *Neithea* Drouot.)

CARACTÈRES. Coquille semblable à celle des Peignes pour tous les caractères essentiels. Valve inférieure très-convexe; valve supérieure plane ou même concave.

252. JANIRA FAUCIGNYANA Pictet et Roux.

(Pl. 45, fig 2 *a*, *b*.)

J. testâ convexâ, trigonâ; valvâ inferiore convexissimâ, incurvatâ, concentricè striatâ, radiatim 6-costatâ; costis elevatis, rotundatis; intermediis sulcis latis, parum excavatis, 3-costatis, costis inæqualibus; auriculis magnis, lævigatis.

DIMENSIONS.

Largeur.. 74 millim.
Par rapport à la largeur : Longueur................................   0,100
         —   —   —   Epaisseur (mesure approximative)........   0,35
Angle apicial?...   85°

Coquille trigone, aussi longue que large ; nous n'en connaissons pas la valve
supérieure. Valve inférieure très-bombée, à sommet très-contourné, ornée partout de stries fines, concentriques, et pourvue de six côtes rayonnantes principales,
arrondies et saillantes ; les intervalles compris entre ces grosses côtes sont larges,
peu excavés, presque plans et ornés chacun de trois côtes arrondies, saillantes,
de moitié moins fortes que les précédentes, plus larges que les sillons qui les
séparent ; la côte médiane est plus grosse dans chaque intervalle que les deux
latérales. Oreillettes lisses, triangulaires et enroulées.

Le moule porte l'empreinte en relief des côtes de la coquille. Les six côtes
principales sont marquées sur toute leur longueur de même que la côte médiane
de chaque intervalle ; les côtes latérales ne sont bien visibles qu'à leur terminaison
vers le bord palléal. Le bord cardinal de la facette des oreillettes est strié en
travers.

RAPPORTS ET DIFFÉRENCES. Cette espèce est très-voisine par ses ornements de
la *J. quadricostata* d'Orb., du terrain sénonien, mais elle a un angle apicial plus
ouvert et des oreillettes plus grandes.

LOCALITÉS. Cette belle espèce a été trouvée au Saxonet ; elle n'y est pas commune ; elle a été découverte aussi à la perte du Rhône. Collections du Musée
Académique et de M. Roux.

EXPLICATION DES FIGURES. Pl. 45, fig. 2 *a*, *Janira Faucignyana*, de grandeur
naturelle : — fig 2 *b*, moule de la même espèce.

253. JANIRA QUINQUECOSTATA d'Orbigny.

(Pl. 45, fig. 3 *a*, *b*. *c*.)

*Janira testâ ovato-trigonâ, transversâ, concentricè striatâ ; valvâ inferiore convexâ,
radiatim 6 - costatâ ; interstitiis sulcis complanatis, 4-costatis ; costulis inæqualibus,
auriculis magnis.*

Pecten quinquecostatus, Sowerby, 1814, Min. Conch., p. 121, pl. 56, fig. 48.

Pecten versicostatus, Lamarck, 1819, Animaux sans vert., VI, p. 181, n° 14.

Pecten quinquecostatus, Brongniart, dans Cuvier, Oss. foss., pl. L, fig. 1.

  Id.   Nilsson, Petref. Suecana, pl. 9, fig. 8, pl. 10, fig. 7, p. 19.

  Id.   Goldfuss, 1836, Petref. Germ., pl. 93, fig. 1.

  Id.   Geinitz, 1839, Character. Kreid., p. 22.

  Id.   Leymerie, 1842, Mém. Soc. Géol., t. 5, p. 27.

  Id.   Forbes, 1844. Quart. Journ. of the Geol. Soc., p. 249. n° 86.

Pecten versicostatus, Reuss, Verst. Bœhm. Kreidef., t. 2, p. 32.

Janira quinquecostata, d'Orbigny, 1846, Pal. fr., terr. crét., t. 3, p. 632, pl. 444, fig. 1-5.

  Ead.   d'Orb., 1850, Prodr., t. 2, p. 169.

DIMENSIONS.

Largeur. . . . . **27** millim.

Par rapport à la largeur : Longueur. 0,93

  — — —   Épaisseur. 0,40

Angle apicial sans les oreillettes. . . . . 72"

Coquille ovale, trigone, transverse, couverte partout de stries concentriques très-fines. Valve inférieure très-convexe, à sommet recourbé, ornée de six côtes rayonnantes principales, saillantes, arrondies, entre lesquelles sont des sillons très-larges, plans, uniformément excavés, munis chacun de quatre petites côtes inégales, les latérales toujours plus petites que les médianes. Les sillons qui les séparent sont un peu plus étroits que les côtes ; nous n'avons pas la valve supérieure assez bien conservée pour la décrire.

Le moule reproduit les ornements de la coquille ; les côtes y sont plus minces, elles disparaissent quelquefois en approchant du sommet.

OBSERVATION. Le nombre des côtes intermédiaires est sujet, mais rarement, à quelques variations ; la région où il est le plus fixe est la partie médiane de la coquille, où l'on peut presque toujours constater l'existence de quatre côtes.

RAPPORTS ET DIFFÉRENCES. Cette espèce se différencie de la précédente par son angle apicial plus aigu, par sa longueur moindre et par le nombre de ses côtes intermédiaires.

HISTOIRE. Cette coquille a été souvent confondue avec ses congénères, et M. d'Orbigny a relevé avec raison à son égard, quelques erreurs de synonimie. Nous ne nous trouvons cependant pas tout-à-fait d'accord avec ce savant paléon-

tologisite sur la distribution géologique de cette espèce. M. d'Orbigny n'admet
pas que la *Janira quinquecostata* puisse se trouver au-dessous de son étage cénomanien, et partant delà, il nie qu'on puisse lui appliquer les citations de M. Leymerie et de M. Forbes, et pense que ces auteurs se sont trompés et ont confondu
avec elle la *J. atava*.

Il est très-difficile de discuter sur des citations non accompagnées de planches
ou de descriptions. Nous devons seulement dire ici que la plus minutieuse comparaison de notre espèce avec des *J. quinquecostata* du cénomanien ne nous a pas
offre d'autre différence que celle que cite M. E. Forbes (Quart. Journ. of the
Geol. Soc., 1847, tome 5, p. 295). Cette différence consiste en ce que l'espace
compris entre les bords et les côtes principales externes est plus lisse dans les
échantillons du lower greensand d'Angleterre que dans ceux des étages supérieurs. Nos échantillons proviennent du gault et du terrain aptien et peu d'entre
eux sont assez bien conservés pour permettre d'apprécier ce caractère avec une
parfaite certitude. L'échantillon figuré qui provient du terrain aptien a ce bord
lisse. Nous en avons d'autres du gault du Saxonet qui l'ont évidemment strié, et
si ce caractère est suffisant pour faire admettre l'existence de deux espèces, il
n'empêchera pas que la *J. quinquecostata* n'existe dans nos terrains, mais seulement alors peut-être dans le gault.

Localités. La *Janira quinquecostata* se trouve à la perte du Rhône dans les
grès inférieurs et aussi dans les couches supérieures du gault; elle n'est pas
très-rare au Saxonet.

Explication des figures. Pl. 45, fig. 5 *a*, valve inférieure de la *Janira quinquecostata*, de grandeur naturelle; — fig. 5 *b*, la même vue de côté; — fig. 5 *c*,
moule de la même valve.

254. Janira albensis d'Orbigny.

Janira albensis, d'Orbigny 1850, Prodr., t. 2, p. 139.

M. d'Orbigny indique sous le nom de *J. albensis*, une espèce trouvée en
France dans divers gisements du gault, et à Cluse (Savoie). Il la caractérise par
l'existence de cinq côtes intermédiaires (au lieu de 4), entre les côtes principales
qui sont plus petites que dans la *J. quinquecostata*.

Nous n'avons pas trouvé cette espèce et ne la connaissons pas. Peut-être n'est-
elle qu'une variété de la précédente.

Genre **PECTEN** Gualtieri.

Caractères. Coquille régulière, auriculée, composé de deux valves inégales, mais toutes deux bombées, le plus souvent ornées de stries ou de côtes rayonnantes. Ligament formé de deux parties, l'une interne placée dans une fossette triangulaire, l'autre externe, linéaire, bordant l'extérieur de la région cardinale.

Les Pecten sont très-anciens sur le globe ; ils sont encore nombreux aujourd'hui.

255. **Pecten Rhodani** Pictet et Roux.

(Pl. 46, fig. 1 *a, b.*)

P. testâ depressâ, subtrigonâ, radiatim 12-15 costatâ ; costis lævigatis, rotundatis ; valvâ superiore subcomplanatâ ; valvâ inferiore convexâ.

DIMENSIONS.

Largeur. . . . . 85 millim.
Par rapport à la largeur : Longueur. 0,100
   —   —   —   Epaisseur. 0,25
Angle apicial, sans les oreillettes. . . . . 95°

Coquille très-déprimée, subtrigone, aussi longue que large ; lesdeux valves ornées de stries rayonnantes et de côtes arrondies un peu déprimées, au nombre de douze environ, égales entre elles et plus larges que leurs interstices sur la valve supérieure, inégales et plus étroites que les sillons qui les séparent sur la valve inférieure ; celle-ci est convexe, l'autre l'est très-peu.

A l'état de moule, les côtes sont relativement plus étroites sur les deux valves.

Localité. La perte du Rhône, où elle est rare. Collections de M. le Professeur Favre, de M. Roux et du Musée Académique.

Explication des figures. Pl. 46, fig. 1 *a*, moule de la valve inférieure du *Pecten Rhodani*, de grandeur naturelle ; — fig. 1 *b*, valve supérieure.

256. Pecten Raulinianus d'Orbigny.

(Pl. 42, fig. 2 *a*, *b*.)

P. testâ ovato-oblongâ, depressâ, subæquivalvi ; valvis radiatim 4o-costatis ; costis inæqualibus ; his magnis, illis minimis, alternantibus, elevatis, transversim imbricatis, squamosis ; auriculis inæqualibus, radiatim costatis, squamosis.

Pecten Raulinianus, d'Orbigny, 1846, Pal. fr., ter. crét., t. 3, p. 595, pl. 433 fig. 6-9.
    Id.   *id.*   1850, Prod., t. 2, p. 139.

DIMENSIONS.

Largeur. . . . . 34 millim.
Par rapport à la largeur : Longueur. 0,84
Angle apicial. . . . . 84° [1]

Coquille ovale, transverse, déprimée, les deux valves presque également bombées, ornées d'une quarantaine de côtes saillantes, alternativement grandes et petites, arrondies et couvertes de lamelles transverses, relevées et imbriquées ; l'alternance des côtes n'est pas très-régulière sur nos échantillons. Les sillons qui les séparent sont profonds et lisses. L'oreillette buccale supérieure, d'après M. d'Orbigny, est saillante, fortement marquée de côtes rayonnantes, égales, couvertes d'écailles imbriquées.

LOCALITÉS. Cette espèce a été recueillie à la perte du Rhône, où elle est très-rare ; on la trouve aussi au Saxonet. Collection du Musée Académique.

EXPLICATION DES FIGURES. Pl. 46, fig. 2 *a*, *Pecten Raulinianus*, de grandeur naturelle. L'échantillon qui a servi pour cette figure a moins de côtes que la plupart des autres, et il ne représente pas sous ce point de vue les échantillons moyens. — Fig. 2 *b*, moule de la même espèce.

---

[1] Le texte de la Paléontologie française indique 90°, mais la fig. 6 pl. 433 ne porte que 84° comme nos échantillons.

257. Pecten aptiensis d'Orbigny.

(Pl. 46, fig. 3 a. b.)

(Sous le nom de *Pecten interstriatus*.)

P. testâ ovato oblongâ, depressâ, valvis radiatim costatis ; costis angustatis, distantibus, tuberculis transversis, imbricatis, squamosis, brevibus ornatis ; interstitiis obliquè striatis ; auriculis magnis inæqualibus, rugosis.

Pecten interstriatus, Leymerie, 1842, Mém. Soc. géol., t. 5, p. 10, pl. 13.
    Id.   d'Orbigny, Pal. fr., terr. crét., t. 3, p. 594, pl. 433, fig. 1-5.
Pecten obliquus, Forbes, Quart. Journ. of the Geol. Soc., t. 1, p. 249 (non Sow.)
Pecten aptiensis, d'Orbigny, 1850, Prod., t. 2, p. 119.

DIMENSIONS.

Largeur	55 millim.
Par rapport à la largeur : Longueur	0,80
— — — Longueur de la facette des oreillettes	0,45
Angle apicial, sans les oreillettes	76°

Coquille ovale , subtriangulaire , transverse , très-déprimée, ornée de côtes rayonnantes étroites, à peu près égales , distantes, ornées de parties saillantes, imbriquées, courtes, qui deviennent plus apparentes sur les côtés. Les intervalles sont deux ou trois fois aussi larges que les côtes et marqués de stries obliques très-prononcées. Les oreilles sont grandes et striées.

M. d'Orbigny donne 20 à 25 côtes à la valve inférieure et 46 à la supérieure ; nous ne connaissons bien que la première et nos échantillons ont 55 à 58 côtes. Cette différence ne nous paraît pas suffisante pour rendre douteuse la réunion de notre espèce à celle de MM. Leymerie et d'Orbigny, d'autant plus que l'exemplaire figuré par M. Leymerie a plus de côtes que celui de M. d'Orbigny.

RAPPORTS ET DIFFÉRENCES. Cette espèce se rapproche de quelques autres peignes des terrains crétacés qui ont aussi des stries obliques dans les intervalles des côtes ; elle se distingue de toutes par ses côtes plus indépendantes, presque égales, séparées par des intervalles larges, marqués de stries distinctes et simples.

HISTOIRE. M. Leymerie, en 1842, a le premier fait connaître cette espèce sous le nom de *Pecten interstriatus* ; ce nom a été adopté par M. d'Orbigny dans sa

Paléontologie française, et changé plus tard par ce dernier auteur contre celui de *Pecten aptiensis*, car le nom de *interstriatus* avait été donné en 1841 par le Comte de Münster à une espèce de St. Cassian. M. Forbes paraît avoir trouvé la même espèce dans le lower green sand avec l'*Ostrea aquila*, la *Trigonia aliformis*, etc., mais il l'a confondu à tort avec le *Pecten obliquus* de Sowerby, qui est fort différent. M. d'Orbigny croit que l'espèce trouvée par M. Forbes est le *P. Robinaldinus*; c'est ce qu'il est impossible de décider sans description.

Localité. Le *P. aptiensis* se trouve dans les grès inférieurs de la perte du Rhône; il est rare. Collection du Musée Académique.

Explication des figures. Pl. 46, fig. 5 *a Pecten aptiensis*, valve inférieure, de grandeur naturelle ; — fig. 5 *b*, grossissement du test.

258. Pecten Dutemplei d'Orbigny.

(Pl. 46, fig. 4, *a*, *b*.)

P. testà ovato-oblongà, transversà, subæquivalvi ; valvà superiore radiatim 4o-5o costatà ; costis rotundatis, approximatis, transversim squamis imbricatis ornatis ; intermediis costis angustatis, simplicibus ; sulcis transversim et obliquè striatis.

Pecten Dutemplei, d'Orb., 1845, Pal. fr., terr. crét., t. 3, p. 596, pl. 433, fig. 10-13.
Id.   id.   1850, Prod., t. 2, p. 139.

DIMENSIONS.

(*Moules.*)

Largeur . . . . 24 millim.
Par rapport à la largeur : Longueur 0,82
Angle apicial . . . . 87°

Coquille ovale, transverse, déprimée ; les deux valves assez également bombées. Valve supérieure ornée de quarante à cinquante côtes rayonnantes assez saillantes, à lames imbriquées. Entre ces côtes, mais non régulièrement, on voit une autre petite côte, simple, linéaire. L'intervalle des côtes est orné de stries, les unes transversales, les autres obliques.

Le moule est lisse, sauf le bord palléal qui est strié vers la terminaison des côtes.

Rapports et différences. Cette espèce est caractérisée par ses côtes inégales, simples, et par ses sillons intercostaux plus étroits que dans l'espèce précédente, et plus irrégulièrement striés.

Localité. Le Saxonet; collection du Musée Académique.

Explication des figures. Pl. 46, fig. 4 *a*, moule du *Pecten Dutemplei*, de grandeur naturelle, avec un fragment du test; — fig. 4 *b*, grossissement du test.

259. Pecten Saxoneti Pictet et Roux.

(Pl. 46 fig. 5.)

P. testâ ovato-oblongâ, transversâ, depressâ, subæquivalvi; valvâ inferiore concentricè costatâ, radiatim 42-45 decussatim costatâ ; costis tenuibus, approximatis.

DIMENSIONS

(*Moules.*)

Largeur.	32 millim.
Par rapport à la largeur : Longueur.	0,88
— — — Epaisseur.	0,30
Angle apicial.	84°

Coquille ovale, transverse, déprimée, les deux valves à peu près également convexes. Valve inférieure ornée de 42 à 45 côtes rayonnantes, petites, égales entre elles, et de côtes concentriques de même apparence, formant de petites saillies lamelleuses à leurs points d'entrecroisement avec les premières. Nous ne connaissons pas le test de la valve supérieure, et nos échantillons ont les oreillettes cassées.

Moule lisse, ou marqué de très-faibles traces des côtes rayonnantes.

Rapports et différences. Cette espèce ne saurait se confondre avec les deux précédentes; elle en diffère par l'absence de stries obliques entre les côtes, qui sont en outre plus fines.

Localité. Elle a été trouvée au Saxonet; collection du Musée Académique.

Explication des figures. Pl. 46, fig. 5, *P. Saxoneti*, de grandeur naturelle.

Genre SPONDYLUS Gessner.

Caractères. Coquille épaisse, fixée au sol par sa valve inférieure qui est la plus convexe, et pourvue d'un talon en arrière de la charnière. Oreillettes égales et sans échancrure. Charnière composée sur chaque valve de deux grosses dents et de deux fossettes, les dents étant externes à la valve supérieure et internes à l'autre. Ligament interne placé dans une fossette médiane de la région cardinale et se prolongeant quelquefois sur le talon. Une seule impression musculaire, ovale, transverse.

Ces coquilles, souvent ornées d'épines et d'expansions foliacées, se distinguent facilement des peignes par leur épaisseur, par leur irrégularité, et surtout par leur charnière. La présence des oreillettes les sépare des plicatules.

Assez nombreux dans les terrains crétacés, les Spondyles le sont encore plus dans les mers actuelles.

260. Spondylus Brunneri Pictet et Roux.

(Pl. 17, fig. 1 *a, b* et 2 *a, b.*)

S. testâ crassâ, depressâ ; valvâ superiore suborbiculari, convexâ, radiatim costis numerosis, inæqualibus ornatâ ; costis majoribus 13-14 sparsè spiniferis, imbricatis ; alteris simplicibus, ad marginem imbricatis ; auriculis lævigatis ; valvâ inferiore ovato-oblongâ, depressâ, lamellis foliaceis, concentricis, erectis, ornatâ.

Dimensions.

Largeur	70 millim.
Par rapport à la largeur : Longueur	0,90
Angle apicial	100°

Coquille épaisse, déprimée ; valve supérieure convexe, arrondie, aussi longue que large, ornée de côtes rayonnantes nombreuses, inégales, dont les principales, quoique peu saillantes, au nombre de treize environ, sont pourvues d'épines imbriquées. Leurs intervalles contiennent chacun deux ou trois côtes plus petites sans épines, mais légèrement imbriquées vers leur terminaison de même que leurs sillons. Oreillettes lisses. La valve inférieure, déprimée et pourvue d'un talon prolongé, est ornée partout de lames foliacées concentriques, redressées, et encroûtée de corps marins étrangers. Le labre est crénelé sur les deux valves.

Observations. Dans le jeune âge, la valve inférieure est marquée de lignes rayonnantes, simples, sans tubercules ni épines, à peu près aussi larges que les sillons qui les séparent. La valve supérieure est épineuse comme dans l'adulte, et même sur un plus grand nombre de côtes à proportion. La coquille est aussi plus gibbeuse, et elle s'accroît de manière à devenir plus déprimée ; cette circonstance se remarque surtout sur la valve supérieure.

Rapports et différences. Ce Spondyle ressemble à quelques autres espèces des terrains crétacés et en particulier au *S. Royanus* d'Orbigny, et au *S. hippuritarum* Id. Il se distingue de ce dernier par les épines qui ne recouvrent qu'une partie des côtes, et du premier par sa forme plus déprimée et par ses épines plus longues.

Variété. Nous réunissons à cette espèce, qui se trouve constamment dans les grès inférieurs aptiens, une variété que nous n'avons pu observer que dans le jeune âge, et que nous n'avons vue que dans le gault (Pl. 42, fig. 2). Elle est un peu plus gibbeuse et ses côtes sont toutes plus ou moins épineuses. Ces caractères se retrouvant dans le jeune âge du Spondylus Brunneri, nous n'avons pas pu les admettre comme caractéristiques, et il nous a été impossible de trouver des modifications organiques de quelque précision pour y distinguer deux espèces. Des échantillons plus nombreux pourront résoudre plus tard cette question.

Localité. Le *S. Brunneri* se trouve à la perte du Rhône, le type de l'espèce dans les grès inférieurs, et la variété dans le gault. Collections du Musée Académique, du Musée de Berne, de M. Renevier, etc.

Explication des figures. Pl. 47, fig. 1 *a*, *b*, *Spondylus Brunneri*, état normal de l'âge adulte, de grandeur naturelle ; — fig. 2 *a*, *b*, la variété du gault, jeune, de grandeur double.

261. Spondylus gibbosus d'Orbigny.

M. d'Orbigny indique comme trouvé à Cluse (Savoie) un Spondyle du gault
qu'il nomme *S. gibbosus*, et qu'il caractérise par une valve supérieure très-bombée,
ornée de côtes rayonnantes simples, sans épines ni tubercules.

La figure et la description de M. d'Orbigny conviendraient fort bien à la variété
du gault du *Spondylus Brunneri*, si ce n'était l'absence des épines sur les côtes.
Il serait bien possible que les échantillons de Cluse étudiés par ce savant paléontologiste n'aient pas eu leur test complet, et que par conséquent l'espèce de
Savoie dut être associée à la précédente et non à ce *S. gibbosus* que M. d'Orbigny
a principalement observé dans le gault du département de la Meuse et des Ardennes.

Genre PLICATULA Lamarck.

Caractères. Coquille fixée au sol, très-déprimée. Valve
inférieure convexe, la supérieure plus plane, ordinairement
dépourvue d'oreillettes et non prolongée en talon. Charnière
composée de deux dents divergentes en V, souvent prolongées
dans l'intérieur des valves. Ligament interne situé dans une
fossette médiane de la région cardinale.

Les plicatules diffèrent des spondyles par leur forme plus
déprimée, par le manque d'oreillettes et par la forme des
dents de la charnière.

Elles ont paru avec les terrains jurassiques et habitent
encore les mers actuelles.

262. Plicatula radiola Lamarck.

(Pl. 17, fig. 3 *a*, *b*.)

*P. testâ obliquè ovali, subtrigonâ, concentricè striatâ et lamellosâ, supernè plano-
concavâ, infernè convexâ; costis 7-8 radiantibus, elevatis, spinosis.*

SYNONIMIE.

P. radiola, Lamarck. 1819, Anim. sans vert., t. 6. p. 185, n° 7.
   Ead.   *Id.*   2ᵉ édition, t. 7, p. 177, n° 7.
P. pectinoïdes, Sowerby, 1823, Min. Conch., pl. 409.
P. inflata, Sowerby, 1823, Min. Conch., pl. 409.
P. pectinoïdes, Leymerie, 1842, Mém. Soc. Géol., t. 5, p. 27.
P. radiola, d'Orbigny, 1847, Pal. fr., terr. crét., tome 3, p. 683, pl. 463, fig. 1-7.
   Ead.   *Id.*   1850, Prod., p. 139.

Coquille ovale, très-oblique, parfois triangulaire, très-inéquivalve ; la valve supérieure concave, ornée de 8 à 9 côtes rayonnantes arrondies, peu élevées, faiblement épineuses, aussi larges que les sillons qui les séparent ; valve inférieure convexe, ornée de 7-8 côtes rayonnantes, anguleuses, épineuses, qui partent du sommet et entre quelques-unes desquelles s'intercalent souvent 1 ou 2 autres côtes avant leur terminaison. Les deux valves sont striées en travers et concentriquement lamelleuses.

Localité. La perte du Rhône ; elle n'y est pas commune. Le Musée de Berne en possède un exemplaire du Reposoir.

Explication des figures. Pl. 47, fig. 3 *a*, *b*, *Plicatula radiola*, de grandeur naturelle.

263. Plicatula gurgitis Pictet et Roux.

(Pl. 47, fig. 4 *a*, *b*.)

P. testâ obliquè ovali, supernè plano-concavâ, infernè convexâ, radiatim in utrâque facie costis spinulosis ornatâ, concentricè striatâ et lamellosâ.

Coquille ovale, oblique, parfois très-inéquivalve ; la valve supérieure plane ou concave, la valve inférieure convexe ; toutes deux sont ornées de côtes rayonnantes épineuses, rapprochées, au nombre de dix à onze vers le sommet des valves et de vingt à vingt-deux vers le bord palléal par suite de l'intercalation assez régulière d'une côte intermédiaire entre chacune de celles qui partent du crochet ; toutes deux sont pourvues de stries transverses et concentriquement lamelleuses.

Rapports et différences. Cette espèce, très-voisine de la *P. radiola*, nous paraît devoir en être distinguée par sa forme moins oblique, par ses côtes plus

nombreuses, plus faiblement épineuses, plus également distribuées, et par ses
lamelles concentriques plus rapprochées entre elles. Ces différences sont surtout
appréciables sur la valve supérieure où les côtes sont beaucoup plus étroites.

LOCALITÉ. La perte du Rhône où elle n'est pas rare ; toutes les collections.

EXPLICATION DES FIGURES. Pl. 47, fig. 4 *a, b, Plicatula gurgitis*, de grandeur
naturelle.

264. PLICATULA PLACUNEA Lamarck.

(Pl. 47, fig. 5 *a, b.*)

(Sous le nom de *P. strigilis.*)

*P. testà obliquè ovali vel suborbiculari, costis radiantibus, spinosis, ornatà ; inter-
stitiis spinosulo costatis ; valvà superiore plano-concavà; valvà inferiore convexà.*

Plicatula placunea, Lamarck, 1819, Anim. sans vertèbres, t. 6, p. 186, n° 8.
Spondylus strigilis, Alex. Brong., 1822, dans Cuvier Oss. foss., 4° éd., pl. Q, fig. 6.
Plicatula placunea, Leymerie, Mém. Soc. Géol., t. 5, p. 27, pl. 13, fig. 2.
  Ead. Matheron, Catal., p. 189.
  Ead. Forbes, 1844, Quart. Journ. of the Geol. Soc., t. 1, p. 249.
  Ead. d'Orb., 1847, Pal. fr., terr. crét., t. 3, p. 682, pl. 462, fig. 11-18.
  Ead. *Id.* 1850, Prod., t. 2, p. 119.

DIMENSIONS.

Diamètre.. 30 millim.

Coquille obliquement ovale ou suborbiculaire, la valve supérieure un peu concave, la valve inférieure convexe, toutes deux ornées d'environ huit côtes principales pourvues d'épines imbriquées ; entre ces côtes et à moitié chemin il en naît
le plus souvent d'autres de même grandeur à peu près et de même contexture;
les intervalles qui séparent ces deux ordres de côtes, en présentent encore d'autres
beaucoup plus petites, également pourvues d'épines imbriquées, s'étendant sur
toute la largeur de la coquille, mais plus nombreuses au pourtour qu'au sommet.
Les deux valves présentent quelques plis concentriques lamelleux. La valve inférieure était adhérente aux corps sousmarins par son sommet qui est toujours plus
ou moins déformé.

Rapports et différences. Cette espèce se différencie facilement des *P. ra-diola* et *gurgitis* par les petites côtes qui ornent les intervalles des côtes principales dans toute leur longueur.

Histoire. La première indication dans laquelle on puisse reconnaître cette espèce, est celle de Bronguiart dans sa description des environs de Paris. Ce savant géologue lui a il est vrai, ajouté d'un côté une petite oreillette qui pourrait à la rigueur faire contester son identité, si les ornements de la coquille n'étaient pas assez précis pour ôter toute espèce de doute. Les auteurs qui ont écrit depuis, ont rapporté à l'espèce qui nous occupe une description de Lamarck, appliquée avec doute à une plicatule fossile des environs de Paris. Suivant nous, cette description est trop brève pour caractériser une espèce avec quelque certitude; mais MM. Leymerie, Forbes et d'Orbigny étant d'accord pour accepter ce rapprochement, et dans ce cas le nom de Lamarck devant prendre son rang d'ancienneté, nous n'avons aucune objection à nous ranger à la même manière de voir.

Localité. La *Plicatula placunea* n'est pas rare dans les grès inférieurs de la perte du Rhône.

Explication des figures. Pl. 47, fig. 5 *a, b, Plicatula placunea,* de grandeur naturelle.

4me Famille : OSTRACIDES.

Caractères. Coquille inéquivalve, plus ou moins irrégu-lière, à test lamelleux, fixée par la valve inférieure qui est la plus profonde, et dont le sommet est plus ou moins con-tourné. Charnière sans dents. Une grande impression mus-culaire sur la région anale et une seconde en dedans au-dessous de la fossette du ligament.

Les mollusques de cette famille sont caractérisés par l'ab-sence complète de pied. Nous n'avons trouvé dans les grès verts que le genre des Huîtres (*Ostrea*), auquel nous réunissons les Gryphées et les Exogyres qui n'en diffèrent que par des caractères tout-à-fait artificiels.

GENRE OSTREA Linné.

(*Ostrea et Gryphœa* Lamarck, *Exogyra* Say.)

Ce genre qui renferme des espèces très-nombreuses, et que leur irrégularité rend souvent difficiles à déterminer, a paru avec les terrains triasiques et paraît avoir augmenté de nombre jusqu'à l'époque actuelle.

265. OSTREA AQUILA d'Orbigny.

(Pl. 48)

O. testâ crassâ, ponderosâ, arcuatâ vel triangulari, concentricè lamelloso-plicatâ; valvâ superiore complanatâ, valva inferiore convexâ, obtusè carinatâ; umbone contorto.

SYNONIMIE.

Gryphœa sinuata, Sowerby, 1822, Min. Conch., pl. 336 (non *Ostrea sinuata* Lam. 1819), du lower greensand d'Angleterre.

Gryphœa aquila, Brongniart, 1822, dans Cuvier Ossem. foss., 4ᵉ ed., pl. Q., fig. 11 *a, b, c,* de la perte du Rhône.

Exogyra aquila, Goldfuss, 1834, Petref. Germ., t. 2, p. 36, pl. 87, fig. 3, du grès vert de Westphalie.

Exogyra sinuata, Roëmer, 1841, Nord-Deutsch. Kreideg., p. 47, de l'Hilsthon et de l'Hilsconglomerat.

Gryphœa sinuata, E. Forbes, 1844, Quart Journ. of the Geol. Soc., t. 1, p. 250, du lower greensand.

Ostrea aquila, d'Orbigny, 1846, Pal. fr., terr. crét., tome 3, p. 706, pl. 470, de l'étage aptien.

Ostrea aquila,   *Id.*   1850, Prodrôme, t. 2, p. 120, du même étage.

DIMENSIONS.

Variété oblongue : Diamètre	150	millim.
— — Longueur	120	—
— — Epaisseur	55	—
Variété triangulaire : Diamètre	95	—
— — Longueur	127	—
— — Epaisseur	34	—

Coquille épaisse, arquée, oblongue, ou triangulaire et large, ornée en dessus et en dessous de rides lamelleuses concentriques (anguleuses dans le jeune âge, arrondies plus tard, d'Orb.). Valve supérieure plane, arrondie sur le labre ; valve inférieure très-épaisse, profonde, arrondie ou obtusément carénée. Crochets fortement contournés, séparés et distants.

RAPPORTS ET DIFFÉRENCES. Cette espèce ne ressemble à aucune autre du même terrain. Voisine par sa forme de l'*O. Couloni* du terrain néocomien, elle en diffère principalement par le manque de nodosités et de côtes.

HISTOIRE. M. Alex. Brongniart a le premier mentionné et figuré cette espèce sous le nom de *Gryphœa aquila ;* nous avons eu sous les yeux les deux échantillons de la collection de M. De Luc qui lui avaient été communiqués et qui sont encore étiquetés de sa main ; il proviennent du grès vert inférieur de la perte du Rhône et les nôtres leur sont identiques

LOCALITÉ. La perte du Rhône où elle n'est pas rare ; toutes les collections.

EXPLICATION DES FIGURES. Pl. 48, fig. 1 *a*, valve inférieure de l'*Ostrea aquila ;* fig. 1 *b*, un exemplaire, variété allongée, vu par sa valve supérieure.

266. OSTREA RAULINIANA d'Orbigny.

Pl. 50, fig. 1 a, b, c

O. testà depressà, auriculatà ; valvà superiore ovali, complanatà, subexcavatà, concentricè substriatà, externè incrassatà longitudinaliterque plicatà ; valvà inferiore in latere buccali elevatà, non carinatà, concentricè obtusè plicatà ; margine interiori valvarum externè crenulato ; umbonibus involutis, obtusis.

55

Ostrea Rauliniana, d'Orbigny , 1846, Pal. fr., Terr. crét., t. 3, p. 708, pl. 471,
     fig. 1—3.
     Ead.   d'Orb., 1850, Prod., t. 2, p. 139.

Coquille déprimée, arquée, auriforme. Valve supérieure plane et même excavée, marquée de stries concentriques peu apparentes; son bord buccal est épaissi et pourvu de plis lamelleux qui en suivent le contour. Valve inférieure ornée de lignes d'accroissement, relevée à la région buccale, de manière à former un côté presque vertical s'unissant à la région anale par un contour arrondi. Les deux valves sont crénelées en dedans sur leur bord externe. Les crochets sont obtus et contournés en spirale.

RAPPORTS ET DIFFÉRENCES. Cette espèce diffère de l'*O. haliotidea* du terrain cénomanien, par sa forme plus arquée, par l'absence de carène sur la valve inférieure et par son sommet situé en dehors du retour du labre.

OBSERVATIONS. Le Musée Académique possède quelques moules recueillis au Saxonet, qui nous paraissent se rapporter à l'*O. Rauliniana ;* il en possède encore un autre de la même localité, de forme auriculaire également et ayant appartenu à une espèce extrêmement semblable à l'*O. haliotidea*, sinon identique. Le côté buccal relevé de la valve inférieure s'unit à angle presque droit à l'autre côté de la valve, de façon que la coquille était carénée en dessous; son bord externe est crénelé comme celui de l'*O. Rauliniana.*

LOCALITÉS. La perte du Rhône , dans les grès inférieurs; espèce très-rare. Collection de M. Tollot ; ce n'est qu'avec doute que nous citerions le Saxonet.

EXPLICATION DES FIGURES. Pl. 50, fig. 1 *a*, *Ostrea Rauliniana*, vue par sa face supérieure ; — fig. 1 *b*, la même, vue par sa face inférieure ; — fig. 1 *c*, la même, vue de côté.

267. OSTREA CANALICULATA d'Orbigny.

(Pl. 50, fig. 2 *a. b. c.*)

O. testâ inflatâ, irregulari ; valvâ superiore subovali, complanatâ, lamellis concentricis , erectis , distantibus ornatâ ; valvâ inferiore convexâ, globulosâ ; concentricè lamellosâ ; umbone involuto.

Chama canaliculata, Sowerby, 1813.

Gryphæa canaliculata, Sowerby, 1816, Min. conch., pl. 26, fig. 1 *a, b*, du grès vert.

Ostrea lateralis, Goldfuss, 1834, Petref. German., tome 2, p. 24, pl. 82, fig. 1, du grès vert de Westphalie.

Ostrea lateralis, Roemer, 1841, Nord-Deutsch. Kreidegeb., p. 46, de l'Hils conglomerat.

Ostrea canaliculata, d'Orbigny, 1847, Paléont., t. 3, p. 709, pl. 471, fig. 4-8.

    Ead.   d'Orb., 1850, Prod., t, 2, p. 139.

Coquille irrégulière, arrondie ou ovale. Valve supérieure operculiforme, plane ou concave, arquée, à sommet contourné, ornée de lames concentriques saillantes, espacées; valve inférieure irrégulière, variable de forme, le plus souvent semiglobuleuse, déformée et tronquée sur la partie adhérente, lisse, pourvue de lignes d'accroissement lamelleuses, espacées, formant un angle assez marqué et d'une expansion du côté anal; son sommet, quelquefois libre, est adhérent et contourné sur presque tous nos échantillons.

Rapports et différences. Cette espèce est caractérisée par les lames redressées de sa valve supérieure, par sa valve inférieure semiglobuleuse et profonde, et par l'angle que forment les stries d'accroissement.

Localité. La perte du Rhône; collections des Musées de Genève et de Berne; espèce rare.

Explication des figures. Pl. 50, fig. 2 *a*, *Ostrea canaliculata*, vue par sa face inférieure; — fig. 2 *b*, la même, vue par sa face supérieure; — fig. 2 *c*, valve inférieure de la même avec une surface d'adhérence.

268. Ostrea arduennensis d'Orbigny.

(Pl. 47, fig. 6. *a — f*)

O. testâ arcuatâ, angulosâ; valvâ superiore semilunari, planâ, sublævigatâ, externè plicatâ; latere palleali acutè angulato; valvâ inferiore convexâ, angulosâ, subcarinatâ; labro producto, elongato; umbone involuto.

Ostrea arduennensis, d'Orbigny, 1846, Paléont. fr., terr. crét., t. 3, p. 711, pl. 472, fig. 1—4.

    Ead.   *Id.*   Prod., 1850, t. 2, p. 139.

Diamètre.. **23** millim.
Longueur.. 13   —

Espèce régulièrement arquée, anguleuse. Valve supérieure de forme sémilunaire, plane, ornée en dehors de plis longitudinaux. Valve inférieure assez convexe en dessous, divisée en deux parties presque égales par une saillie anguleuse ; elle est marquée de ligne d'accroissement.

Moule lisse.

RAPPORTS ET DIFFÉRENCES. Cette espèce est caractérisée par sa petite taille et par sa forme arquée et régulièrement anguleuse en dessous.

LOCALITÉS. La perte du Rhône, collection du Musée Académique ; le Saxonet, collection de M. le Prof. Favre.

EXPLICATION DES FIGURES. Pl. 47, fig. 6 *a, b. c, O. arduennensis*, de grandeur naturelle ; — fig. 6 *d*, un échantillon de la même espèce plus grand ; — fig. 6 *e, f*. moule de la même espèce.

269. OSTREA ALLOBROGENSIS Pictet et Roux.

(Pl. 49, fig. 1 *a, b, c.*)

O. testâ crassâ, transversâ, ovatâ ; valvâ inferiore ponderosâ, profundâ, subtùs angulatâ, carinatâ, costatâ ; costis 25, arcuatis, obliquis, angulatis, obtusis, crenulatis, transversim striatis. Umbone angustato, subrecto.

Coquille épaisse, transverse, ovale, rétrécie et anguleuse vers son sommet, élargie vers son milieu ; valve supérieure inconnue ; vave inférieure profonde, anguleuse et carénée en dessous ; de chaque côté de la carène, qui n'occupe que la partie postérieure du dos de cette valve, partent sept à huit côtes, dont quelques-unes se bifurquent ou même se trifurquent ; ces côtes dont le nombre total est ainsi porté à vingt-cinq environ sont arquées, pourvues de pointes épineuses, striées en travers et dirigées obliquement en avant et en dehors des deux côtés de l'arête dorsale ; à leur terminaison elles forment des dentelures aigues et fortes, longues sur le bord palléal, courtes partout ailleurs. Crochet droit et pointu. Empreinte musculaire ovale et saillante ; intérieur de la valve lisse, un peu boursoufflé.

RAPPORTS ET DIFFÉRENCES. Cette espèce se distingue de l'*O. Milletiana*, avec laquelle elle a des rapports d'ornements, par sa coquille très-épaisse, par sa forme très-convexe, dilatée dans le milieu et rétrécie vers le sommet, et par ses côtes quelquefois bifurquées, bien plus longues, et ayant un point de départ différent. Elle nous paraît assez voisine de l'*O. santonensis* d'Orbigny, du terrain sénonien, si, comme il est à présumer, la valve supérieure que nous ne connaissons pas, présente la même conformation que la valve inférieure ; elle en diffère cependant par sa forme moins oblongue, plus large au centre et plus convexe.

LOCALITÉ. Grès inférieurs de la perte du Rhône ; nous n'en connaissons qu'une valve faisant partie de la collection de M. Roux.

EXPLICATION DES FIGURES. Pl. 49, fig. 1 *a. b, c,* valve inférieure de l'*O. allobrogensis,* de grandeur naturelle.

270. OSTREA MILLETIANA d'Orbigny.

(Pl. 49, fig. 3 *a, b.*)

O. testâ oblongâ, arcuatâ, inflatâ ; valvis convexis, subtùs bifariàm costatis ; costis latis, obliquis, obtusis, crenulatis, transversim striatis.

Ostrea Milletiana, d'Orbigny, 1846, Pal. fr., terr. crét., t. 3, p. 712, pl. 472, fig. 5-7.
    Ead.   *Id.*   1850, Prod., t. 2, p. 139.

Coquille oblongue, arquée, presque aussi large que haute, d'une égale largeur partout, et pourvue d'une légère expansion des deux côtés de la région cardinale. Les deux valves sont également bombées en dehors sans dépression aucune, et ornées de côtes qui partent alternativement de chaque côté de leur partie médiane, d'une manière irrégulière. Ces côtes sont au nombre de dix à seize chez les adultes, obliques, à angle obtus, fortement striées en travers et pourvues de distance en distance de pointes saillantes. Elles forment sur le bord des valves des dents longues et aiguës. Le crochet est un peu latéral ainsi que la fossette du ligament. L'intérieur des valves est légèrement boursoufflé.

RAPPORTS ET DIFFÉRENCES. Cette espèce est parfaitement caractérisée par ses côtes anguleuses formant sur les bords des valves des dents longues et aiguës, et par sa largeur égale sur toute sa longueur.

LOCALITÉ. La perte du Rhône où elle est rare. Collections de M. Tollot, de M. Roux, des Musées de Genève et de Berne.

Explication des figures. Pl. 49, fig. 5 *a*, *b*, *O. Milletiana*, de grandeur naturelle, échantillon appartenant à M. Tollot.

271. Ostrea harpa Goldfuss.

(Pl. 49, fig. 2 *a*, *b*, *c*.)

O. testâ ovato-oblongâ, subarcuatâ ; valvâ superiore concavâ, radiatim striato-costatâ, externè incrassatâ et longitudinaliter undato-lamellosâ ; valvâ inferiore convexiusculâ, subcarinatâ, concentricè striatâ, costis inæqualibus, rotundatis, subradiantibus ornatâ ; umbone laterali, involuto.

Ostrea harpa, Goldfuss, 1834, Petref. Germaniæ, pl. 87, fig. 7.
    Id.   Roemer, 1841, Kreidegeb., p. 48, n° 10.
    Id.   Forbes, 1844, Quart. Jour. of the Geol. Soc., t. 1, p. 250, pl. 3, fig. 12,
    Id.   Leymerie, 1842, Mém. Soc. Géol. de France, t. 5, p. 28.

Diamètre . . . . 19 millim.

Coquille ovale, allongée, un peu arquée. Valve supérieure ornée de rides et de petites côtes, confusément rayonnantes, concave au milieu, amincie sur le bord anal, relevée et épaissie du côté buccal où son bord est marqué de rides lamelleuses ondulées. Valve inférieure excavée, mince, divisée en dessous par une carène mousse en deux parties inégales ; elle est pourvue de rides concentriques et de côtes inégales arrondies dont quelques-unes se bifurquent ou se trifurquent près de leur terminaison ; ces côtes partent du voisinage du crochet et de là divergent : quelques-unes restent sur le côté anal, la plupart passent sur la carène et vont orner le côté buccal. L'extrémité palléale est un peu anguleuse ; le sommet est adhérent et fortement contourné.

Rapports et différences. Très-voisine de l'*O. flabella* d'Orbigny, de l'étage cénomanien, elle ne s'en distingue que par sa forme un peu moins arquée, plus étroite et par la profondeur relative plus grande de sa valve inférieure qui est ornée de plis plus réguliers. Elle est également voisine des jeunes individus de l'*O. Boussingaultii* de l'étage néocomien ; elle en diffère toujours cependant par sa forme moins arquée, par les côtes plus nombreuses et moins grosses de sa valve inférieure, et par sa valve supérieure plus operculiforme. L'*O. harpa* paraît d'ailleurs rester toujours plus petite.

HISTOIRE. L'espèce que nous décrivons ici est certainement celle que MM. Leymerie et Forbes ont désignée sous le nom de *O. harpa* et rapportée à l'*O. harpa* de Goldfuss. M. d'Orbigny nie l'existence de cette espèce, et rapporte les citations de MM. Forbes , Roemer et Leymerie à l'*O. Boussingaultii*. Il considère la figure de Goldfuss comme ne représentant qu'une jeune de l'*O. flabella* du même auteur, association qui paraît peu probable, car ces deux coquilles n'ont pas été trouvées dans le même terrain. Le résultat de l'opinion de M. d'Orbigny serait que l'espèce qui nous occupe se trouverait depuis le terrain néocomien inférieur jusqu'au terrain aptien. Nous avons donné ci-dessus les motifs qui nous empêchent d'admettre la réunion de l'*O. harpa* et de l'*O. Boussingaultii*; nous reconnaissons cependant que nous n'avons pas eu une série suffisante de cette dernière espèce à ses diverses âges pour arriver par la comparaison à une certitude complète.

LOCALITÉ. Les grès inférieurs de la perte du Rhône. Collections du Musée de Berne et du Musée de Genève.

EXPLICATION DES FIGURES. Pl. 49, fig. 2 *a*, *b*, *c*, *Ostrea harpa*, de grandeur naturelle.

QUATRIÈME CLASSE.

BRACHIOPODES.

Les Brachiopodes ont de nombreux points de contact avec les Lamellibranches, dans leur coquille bivalve, dans leurs lobes du manteau disposés de même et dans l'imperfection générale de leur organisme. Ils en diffèrent : 1° par leur bouche qui est située sur la ligne médiane de manière à partager leur corps en deux parties symétriques à droite et à gauche, tandis que dans les Lamellibranches la bouche est d'un côté de cette ligne et l'anus de l'autre. 2° par leur coquille équilatérale, conséquence de l'organisation précédente. 3° par l'absence de pied et par la présence au contraire fréquente de bras charnus, ciliés, plus ou moins rétractiles. L'animal est tantôt libre, tantôt fixé par un pédicule musculeux, tantôt adhérent par sa coquille.

M. d'Orbigny divise les Brachiopodes en deux ordres, les *Brachidés* qui ont des bras et qui sont toujours réguliers et les *Cirrhidés* qui n'ont pas de bras et qui sont le plus souvent irréguliers. Nous n'avons trouvé aucun représentant de cette seconde division. Les espèces que nous avons observées appartiennent toutes à l'ordre des Brachiopodes Brachidés.

Parmi les nombreuses familles qui ont été établies dans ces dernières années, deux seulement sont représentées dans nos grès verts. Celle des Rhynchonellides est caractérisée par ses bras très-extensibles, soutenus par des apophyses brachiales internes; dans l'étude des fossiles, ses caractères les plus apparents sont la structure fibreuse et non perforée de la coquille, sa surface souvent couverte de côtes rayonnantes, et son crochet percé par une ouverture pour le passage du muscle.

Celle des Térébratulides se distingue par ses bras fixes, coudés, soutenus par une charpente osseuse en anse. Leur coquille a une structure perforée, une surface souvent lisse et plus rarement pourvue de côtes. Leur crochet est également percé par une ouverture.

1re Famille : RHYNCHONELLIDES.

Caractères. Coquille libre, bombée, de contexture fibreuse; grande valve percée par une ouverture avec ou sans area.

Les espèces que nous avons trouvées se rapportent toutes au genre des Rhynchonelles.

Genre RHYNCHONELLA Fischer.

(*Hypothiris* Phillips, *Cyclothiris* M. Coy.)

Caractères. Coquille bombée, sans area; ouverture de la grande valve bordée d'un bourrelet et séparée de la char-

nière par un deltidium double. Cette coquille est ordinairement ornée de côtes rayonnantes.

Les Rhynchonelles paraissent dater de l'époque dévo-
nienne et avoir duré jusqu'à la fin de la période crétacée.
Elles manquent aux terrains tertiaires et aux mers actuelles.

272. Rhynchonella lata d'Orbigny.

(Pl. 50, fig. 3, 4.)

*R. testâ transverso-triangulari, subdepressâ, radiatim 32-48 costatâ ; costis obtusè
acutis, rectis ; latere palleali sinuato, sinu 8-11 costato ; umbone acuto, subtùs lævigato.*

Terebratula gallina, Al. Brongniart, 1822, dans Cuv. Oss. foss., 4ᵉ édition, p. 174
(non *T. gallina* id., p. 149, pl. Q., fig. 2).
   T. lata, Sowerby, 1825, Miner. Conch., pl. 502, fig. 1.
   T. latissima, Morris, 1843, Catalogue, p. 134.
   T. latissima? Roemer, 1840, Kreidegeb., p. 37, pl. 7, fig. 4.
   T. gallina   *Id.*   *id.*   p. 37.
Rhynchonella lata, d'Orbigny, 1847, Pal. fr., terr. crét., t. 4, p. 21, pl. 491, fig. 8-17.
   Ead.   *Id.*   1850, Prod. t. 2, p. 108.

Dimensions. [1]

Largeur.. 30 millim.
Par rapport à la largeur : Longueur............................... 0,80
    —   —   —   Epaisseur 0,50
Angle apicial... 90°—98°

Coquille plus large que longue, triangulaire, fortement élargie sur la région
palléale qui est ordinairement tronquée et ornée de 32 à 48 côtes rayonnantes,
droites, assez égales, anguleuses. Le crochet est court, aigu, peu arqué, lisse sur
la dépression qui environne le deltidium. La grande valve est peu convexe et pré-

---

[1] Pour les Brachiopodes, la largeur est la distance du bord droit au bord gauche de la coquille
et la longueur se mesure du crochet au bord palléal.

sente une forte dépression tantôt médiane, tantôt plus ou moins déviée qui comprend 8 à 11 côtes. La petite valve est bombée et pourvue d'une saillie correspondant à la dépression de la valve opposée, en sorte que la commissure palléale est sinueuse. L'ouverture est tubuleuse. La commissure latérale est presque droite jusqu'à la région palléale où elle se contourne brusquement.

Rapports et différences. Cette espèce est caractérisée par sa forme large, par son crochet court et aigu, lisse sur la surface excavée qui entoure l'ouverture, et par ses côtes anguleuses, tranchantes.

Histoire. Cette espèce a été indiquée par M. Alex. Brongniart parmi les fossiles de la glauconie crayeuse de la perte du Rhône, sous le nom de *Terebratula gallina*, et assimilée par cet auteur à la *T. gallina* de la craie chloritée du Hâvre, espèce que M. d'Orbigny réunit à sa *Rhynchonella compressa*. Cette assimilation de M. Brongniart était inexacte, et les échantillons dont il s'est servi pour la faire et qui sont étiquetés de sa main dans la collection de M. DeLuc, sont des *Rhynchonella lata* de l'étage néocomien supérieur de la perte du Rhône. Elle a été décrite en 1825 par Sowerby sous le nom de *T. lata*; mais cet auteur ayant déjà donné ce nom à une Térébratule de l'oolithe (Min. Conch., pl. 100, fig. 2), les auteurs Anglais ont été généralement d'accord pour changer ce nom en celui de *T. latissima*. Elle est désignée ainsi par MM. Morris, Ed. Forbes, etc., et paraît caractéristique du lower greensand. Ce changement n'est plus nécessaire, la *T. lata* restant dans le genre des Térébratules et celle-ci passant dans celui des Rhynchonelles.

M. Roëmer indique dans le Hilsconglomérat des environs de Essen deux espèces voisines. Il nomme l'une *T. gallina*, et sa courte description convient bien à celle de la perte du Rhône. Il désigne l'autre sous le nom de *T. latissima*, et si ce n'était qu'elle a les plis arrondis, la description et la figure semblent se rapporter à la même.

M. d'Orbigny réunit à cette espèce les *T. elegans* et *plicatilis* de Leymerie. Ces espèces n'étant pas décrites dans le mémoire cité, il nous est impossible d'apprécier la justesse de ces rapprochements.

Observations. Cette espèce est sujette à quelques variations; on voit en particulier des individus beaucoup plus déprimés que le type normal. Nous avons fréquemment trouvé au Saxonet à l'état de moule une variété plus distincte (pl. 50, fig. 4 *a*, *b*, *c*. *d*) dont les côtes un peu noueuses semblent indiquer que sur le test

ces parties étaient squammeuses et ornées d'imbrications disposées en lignes concentriques. Ces moules ont aussi la dépression palléale plus large, moins profonde
et souvent très-déviée.

Localités. La *R. lata* se trouve dans les grès verts inférieurs et dans le néocomien supérieur de la perte du Rhône. Au Saxonet, au grand Bornand, au Reposoir, etc., elle est associée aux fossiles du gault.

Explication des figures. Pl. 50, fig. 3 *a, b, c. d, R. lata*, des grès inférieurs de la perte du Rhône, de grandeur naturelle; — fig. 4 *a, b, c, d*, variété
provenant du Saxonet.

273. Rhynchonella sulcata d'Orbigny.

T. sulcata, Parkinson, Trans. of the Geol. Soc., vol. 5, p. 59.
R. sulcata, d'Orbigny, 1847, Pal. fr., ter. crét., t. 4, p. 26, pl. 495, fig. 1-7.
    Ead.   *Id*   1850, Prod., t. 2, p. 140.

M. d'Orbigny rapporte à cette espèce la *T. Gibbsiana* Sow. des grès inférieurs au gault des environs de Folkostone. M. Forbes la considère comme une espèce distincte.

Cette espèce est citée de la perte du Rhône dans la paléontologie française.
Nous n'en connaissons que des moules qui ne nous ont pas permis une détermination
positive. L'on peut constater sur ces moules, la présence de côtes nombreuses, mais on ne peut pas reconnaître la forme arrondie et non anguleuse de ces
côtes, et surtout on ne peut pas discerner si les crochets étaient recouverts sur
toute leur surface de petites côtes et manquaient de la partie latérale lisse excavée
qui entoure l'ouverture de la *R. lata*.

Nous considérons toutefois comme probable que la *R. sulcata* se trouve dans
le gault de la perte du Rhône et des Alpes de la Savoie, et quelques-uns des
moules de Rhynchonelles que nous y avons recueillis, sans pouvoir se distinguer
suffisamment de ceux de la *R. lata*, correspondent à la description de la *R. sulcata*
par une partie de leurs caractères.

274. Rhynchonella Emerici d'Orbigny.

(Pl. 50, fig. 6 *a*—*d*.)

R. testâ rotundato triangulari, depressâ, radiatim 13-costatâ, costis regularibus, obtusis, valvâ superiore subconvexâ, in medio depressâ.

Rhynchonella Emerici, d'Orbigny, 1847, Pal. fr., terr. crét., t. 4, p. 28, pl. 495, fig. 13—17.

    Ead.   *Id.*   1850, Prodr., t. 2, p. 140.

Largeur... 19 millim.

Par rapport à la largeur : Longueur.............................. 0,92

    —   —   — Épaisseur............................... 0,50

Angle apicial... 100°

Coquille arrondie un peu triangulaire, très-déprimée, ornée de 13 côtes rayonnantes, simples, assez égales, formées de deux faces planes se rencontrant sous un angle obtus, et formant une arête régulière. Valves également bombées, la supérieure marquée près du bord palléal d'une dépression renfermant quatre côtes.

RAPPORTS ET DIFFÉRENCES. Cette espèce ne peut être confondue avec aucune de celles que nous avons trouvées. M. d'Orbigny la compare à la *R. paucicosta* et la différencie par le nombre et par la forme de ses côtes.

LOCALITÉ. La *R. Emerici* a été trouvée au Saxonet. Collections du Musée Académique et de M. le Prof. Favre.

EXPLICATION DES FIGURES. Pl. 50, fig. 6 *a*, *Rhynchonella Emerici*, de grandeur naturelle, vue par sa face inférieure; — fig. 6 *b*, la même, vue par sa face supérieure; — fig. 6 *c*, la même, vue de profil; — fig. 6 *d*, la même, vue par sa région palléale.

275. Rhynchonella polygona d'Orbigny.

(Pl. 50, fig. 7, *a*—*d*.)

R. testâ subpentagonâ, inflatâ, radiatim 36-40 costatâ; costis subangulatis, regularibus; valvâ superiore convexiusculâ, valvâ inferiore maximè convexâ; sinu lato 14-costato.

Rhynchonella polygona, d'Orbigny, 1847, Pal. fr., terr. crét., t. 4, p. 30, pl. 496,
fig. 1 — 4.

    Ead.   *Id.*   1850, Prod., t. 2, p. 140.

DIMENSIONS.

Largeur	26 millim.
Par rapport à la largeur : Longueur	0,100
— — — Épaisseur	0,70
Angle apicial	80° à 90°

Coquille très-renflée, subpentagone, ornée de 36 à 40 côtes rayonnantes, régulières, un peu anguleuses. Valve supérieure peu convexe, aplatie et même excavée dans le sens de la largeur. Valve inférieure très-bombée. Commissure palléale présentant un large sinus anguleux, droit au milieu, relevé sur les côtés, pourvu de 11 côtes environ ; ce sinus est quelquefois arrondi sur sa partie médiane au lieu d'être droit.

RAPPORTS ET DIFFÉRENCES. La forme pentagone de cette espèce suffit pour la faire reconnaître facilement.

LOCALITÉS. Le Saxonet et le grand Bornand ; elle s'y trouve fréquemment ; il en existe dans la collection de M. Tollot un jeune individu recueilli à la perte du Rhône.

EXPLICATION DES FIGURES. Pl. 50, fig. 7 *a, b, c, d, Rhynchonella polygona*, de grandeur naturelle.

276. RHYNCHONELLA ANTIDICHOTOMA d'Orbigny.

(Pl. 50, fig. 5 *a—g*.)

R. testà depressà, transversà, radiatim inæqualiter costatà ; latere cardinali costis 30-40, latere palleali 15-18 ornatà ; valvà superiore convexiusculà, in medio depressà ; sinu 3-6 costato.

Terebratula antidichotoma, Buvignier, 1843, Mém. de la Soc. phil. de Verdun, t. 2,
p. 13, pl. 5, fig. 7 (teste d'Orbigny).

    Ead.   *Id.*   Géol. des Ardennes, p. 533, pl. 4, fig. 8.

Rhynchonella antidichotoma, d'Orbigny, 1847, Pal. fr., terr. crét., t. 4, p. 31, pl.
500, fig. 1-4.

    Ead.   *Id.*   1850, Prodr., t. 2, p. 140.

DIMENSIONS.

Largeur.. 31 millim.
Par rapport à la largeur : Longueur............................... 0 75 à 80
— — -- Epaisseur............................... 0,50 à 55
Angle apicial.. 105° à 110°

Coquille transverse, déprimée, triangulaire, figurant un angle obtus à son sommet, élargie et plus ou moins tronquée sur la région palléale. Elle est ornée sur la région cardinale, de côtes petites nombreuses et rapprochées entre elles, qui vers le milieu de la longueur de la coquille se réunissent le plus souvent par deux, quelquefois par trois ou quatre, pour former de grosses côtes anguleuses au nombre de 15 ou 18 s'étendant jusqu'à la circonférence. La valve supérieure, très-peu convexe, est plus ou moins abaissée sur la région palléale et le sinus qu'elle présente contient 5-6 côtes. La petite valve est plus bombée.

RAPPORTS ET DIFFÉRENCES. Les côtes anastomosées qui caractérisent cette espèce la différencient complètement des autres Rhynchonelles du gault.

LOCALITÉS. Le Reposoir et le Saxonet, elle n'est pas rare.

EXPLICATION DES FIGURES. Pl. 50, fig. 5 a, R. antidichotoma, de grandeur naturelle; — fig. 5 b-e, moule de la même espèce, vu sous différents aspects; — fig, 5 f, g, moule d'un jeune individu.

Nous possédons encore, soit de la perte du Rhône, soit des Alpes de la Savoie, d'autres espèces de Rhynchonelles; ces échantillons étant à l'état de moules, nous préférons les passer sous silence, plutôt que d'en faire des espèces dont les descriptions seraient nécessairement incomplètes.

———

2me FAMILLE : TÉRÉBRATULIDES.

CARACTÈRES. Coquille libre, bombée, à test perforé; grande valve percée par une ouverture; area souvent très-développée. Charnière formée par deux dents latérales.

Nous réunissons ici les Magasides et les Térébratulides de M. d'Orbigny, qui ne diffèrent que par la présence ou l'absence du deltidium.

Genre TEREBRATULA Bruguière.

Caractères. Valve supérieure sans area distincte, et ayant un deltidium. Crochet tronqué transversalement, plus ou moins recourbé. Valve inférieure plus petite, ayant son sommet caché sous le deltidium de l'autre valve. Ouverture ronde, médiane, terminale, toujours séparée de la valve inférieure par une distance assez grande.

Les Térébratules se trouvent dans tous les étages géologiques et dans les mers actuelles.

277. Terebratula Dutempleana d'Orbigny.

(Pl. 51, fig 1 — 4.)

T. testâ ovato-oblongâ, depressâ, lævigatâ ; valvâ superiore majore, convexâ, umbone recurvo ; latere palleali truncato, in medio sinuato ; valvâ inferiore subcomplanatâ ; latere palleali biplicato.

Terebratula biplicata, Sow., 1815, Miner. Conch., pl. 90, fig. 1, (non Brocchi, 1814).
T. subundata, Phillips, 1829, Geol. of. Yorcks., pl. 2, fig. 25, 26 ? (non Sow. 1813).
T. Dutempleana, d'Orbigny, 1847, Pal. fr., terr. crét., t. 4, p. 93, pl. 511, fig. 1-8.
Ead.   Id.   1850. Prodr., t. 2, p. 140.

Dimensions.

Longueur . . . . 37 millim.
Par rapport à la longueur : Largeur . . . . 0,70 à 75
   —   —   —   Epaisseur . . . . 0,60 à 65
Angle apicial . . . . 80°

Coquille ovale, oblongue, peu déprimée, quelquefois assez renflée, courte sur la région cardinale, dilatée et tronquée sur la région palléale, lisse ou ornée, surtout sur les bords, de lignes concentriques d'accroissement. Valve supérieure la plus renflée, à sommet recourbé, arrondi et tronqué, percé d'une grande ouverture et montrant un deltidium très-étroit; la région palléale de cette valve présente un pli médian, accompagné de dépressions latérales. Valve inférieure peu convexe, déprimée sur les côtés et surtout au milieu de la région palléale; la dépression médiane est séparée des dépressions latérales par deux plis intermédiaires plus ou moins prononcés. Commissure latérale des valves presque droite; commissure palléale figurant un M très-large, renversé.

Observations. Cette espèce est sujette à de grandes variations; nous en avons figuré les principales. Les figures 4 *a*, *b*, *c* de la planche 50 représentent une variété déprimée, large, arrondie; les figures 3 *a*, *b*, représentent au contraire une variété bombée dont la sinuosité palléale est très-prononcée, et la figure 2 montre une variété très-allongée, rappelant un peu la *T. prælonga* des terrains néocomiens. Des coquilles aussi diverses pourraient faire croire à des espèces différentes; mais comme elles sont liées au type par des transitions nombreuses et insensibles, nous les considérons, provisoirement du moins, comme se rapportant à la *T. Dutempleana*.

Rapports et différences. Cette térébratule fait partie d'un groupe dont les espèces ont été souvent confondues sous le nom de *T. biplicata;* elle se distingue de toutes celles du gault par la présence de deux plis sur la région palléale.

Histoire. Elle a été décrite en 1815 par Sowerby sous le nom de *T. biplicata*, désignation qui ne peut lui être conservée, parce que Brocchi avait donné antérieurement le nom d'*Anomya biplicata* à une térébratule de l'étage tertiaire. M. Philipps, suivant M. d'Orbigny, car nous n'avons pas pu vérifier cette synonimie, la donne sous le nom de *T. subundata*, propre à une autre espèce de l'étage turonien.

Localités. Toutes celles des Alpes de la Savoie où le gault a été constaté, et la perte du Rhône; dans ce dernier gisement elle se trouve soit dans le gault soit surtout dans les grès inférieurs.

Explication des figures. Pl. 51, fig. 1 *a - d*, *T. Dutempleana*, de grandeur naturelle, du grès inférieur de la perte du Rhône; fig. 2, 3 et 4, variétés de cette espèce.

278. Terebratula lemaniensis Pictet et Roux.

(Pl. 51. fig. 5—7.)

*T. testâ oblongâ, subpentagonâ, subdepressâ, concentricè plicatâ; valvis inæquali-
bus; valvâ superiore majore, arcuatâ, inflatâ; umbone brevi, recurvo, lateribus subcarinato; valvâ inferiore subcomplanatâ; latere palleali recto, truncato.*

DIMENSIONS.

Longueur. . . . . 25 millim.

Par rapport à la longueur : Largeur. 0,72

—   —   —   Epaisseur 0,60

Angle apicial . . . . 90°

Coquille oblongue, de forme pentagonale, les côtes latéraux les plus longs, plus
ou moins déprimée ou renflée, ornée de plis d'accroissement concentriques et de
ponctuations en quinconce très-prononcées. Valve supérieure bombée, régulièrement arquée du crochet à la région palléale, légèrement carénée aux côtés du
crochet qui est fortement recourbé; l'ouverture qui est plutôt grande est séparée
de la charnière par un deltidium très-court; valve inférieure peu convexe, aplatie.
Région palléale tronquée sur les deux valves, surtout à son extrémité qui est tantôt légèrement arrondie, tantôt et le plus souvent droite et coupée carrément.
Commissures latérales presque droites; commissure palléale droite.

Le moule reproduit les ponctuations du test.

OBSERVATIONS. Cette espèce est presque ronde dans le très-jeune âge.

RAPPORTS ET DIFFÉRENCES. Elle a de grands rapports avec la *T. tamarindus* de
l'étage néocomien, mais elle nous paraît devoir en être séparée à cause de sa
forme plus allongée, sa longueur étant toujours plus grande que sa largeur.

LOCALITÉS. Le Reposoir, le Saxonet, la perte du Rhône; elle n'est pas rare.

EXPLICATION DES FIGURES. Pl. 51, fig. 5 *a, b, c, d, T. lemaniensis*, de grandeur naturelle, vue sous différents aspects; — fig. 6, *a, b, c*, moule d'un individu plus grand; — fig. 7 *a, b*, moule d'un jeune individu, ayant déjà acquis la
forme pentagonale.

GENRE **TEREBRATELLA** d'Orbigny.

CARACTÈRES. Valve supérieure ayant une area distincte et un deltidium ; crochet droit un peu arqué, tronqué obliquement ; ouverture échancrant fortement le deltidium qui est formé de deux pièces souvent réunies. Valve inférieure plus petite, à sommet presque toujours apparent.

Les Térébratelles se distinguent donc des Térébratules par leur area bien marquée et aplatie et par l'échancrure du deltidium. Les espèces se trouvent dans les terrains jurassiques et crétacés et sont particulièrement abondantes dans ces derniers.

279. TEREBRATELLA RHODANI Pictet et Roux.

(Pl. 51, fig. 9 a—d.)

T. testà oblongà, inflatà, costis dichotomis, radiantibus, ornatà ; latere cardinali angulato ; latere palleali truncato ; umbone brevi, incurvo, lateraliter subcarinato ; aperturà magnà.

DIMENSIONS.

Longueur	16 millim.
Par rapport à la longueur : Largeur	0,72
— — — Epaisseur	0,73
Angle apicial	55°

Coquille oblongue, renflée, allongée, non anguleuse sur la région cardinale, élargie sur la région palléale, ornée de côtes rayonnantes, divergentes, dichotomes à la circonférence, principalement sur les régions latérales. Valve supérieure plus longue et un peu plus renflée que l'autre, formée en quelque sorte de trois plans, dont un médian figurant un triangle allongé et deux latéraux se réunissant au précédent sous un angle obtus. Crochet pourvu latéralement de deux légères carènes qui entourent une area un peu excavée; ouverture circulaire grande, séparée de la charnière par un deltidium double. Commissures latérales et palléale droites.

RAPPORTS ET DIFFÉRENCES. Cette espèce, assez voisine par ses ornements de la *Terebratula oblonga* de Sowerby, Min. Conch., pl. 535, fig. 10-13, appartient comme elle au lower greensand; elle en diffère cependant par sa région cardinale plus anguleuse et plus allongée, caractère qui a été malheureusement atténué sur notre planche. Peut-être que des échantillons plus nombreux nous auraient fourni des passages d'une espèce à l'autre.

M. d'Orbigny identifie à la *Terebratula oblonga* de Sowerby, une espèce trouvée dans les couches inférieures de l'étage néocomien de France.

LOCALITÉ. Les grès inférieurs de la perte du Rhône.

EXPLICATION DES FIGURES. Pl. 51, fig. 9 *a*, *b*, *c*, *d*, *T. Rhodani*, sous divers aspects, grossie d'un tiers.

GENRE **TEREBRATULINA** d'Orbigny.

CARACTÈRES. Valve supérieure sans area distincte et dépourvue de deltidium, à crochet saillant, tronquée obliquement; ouverture se continuant jusqu'à la charnière. Valve inférieure plus petite, bombée, à sommet toujours apparent, montrant de chaque côté du crochet une petite oreillette qui rappelle celles des Peignes.

Les Térébratulines ont apparu pour la première fois pendant l'époque crétacée, et ce genre s'est continué jusque dans nos mers.

280. Terebratulina Saxoneti Pictet et Roux.

(Pl. 51, fig. 8, *a—c.*)

T. testâ ovato-subpentagonâ, inflatâ ; valvis inæqualibus, radiatim multicostulatis ; costulis rotundatis, integris ; nonnullis brevioribus ad marginem in instertitiis dispositis ; latere cardinali obtuso, crasso, brevi ; latere palleali subrecto ; umbone incurvo ; auriculis minimis.

DIMENSIONS.

Longueur	9 millim.
Par rapport à la longueur : Largeur	0,80
— — — Épaisseur	0,70
Angle apicial	90°

Coquille ovale, subpentagone, renflée, principalement sur sa grande valve et sur la région cardinale, ornée de quelques lignes d'accroissement, et de petites côtes rayonnantes, nombreuses, arrondies, entières, dans les intervalles desquelles s'intercalent à la circonférence quelques côtes plus courtes, mais de même grosseur, et qui ne dérangent point la symétrie générale. Côté cardinal court, formant un angle assez ouvert ; côté palléal presque droit, s'amincissant brusquement à son extrémité. Crochet de la grande valve très-infléchi. Ouverture assez grande. Sommet de la petite valve très-distinct et remarquablement bombé. Oreillettes petites, peu marquées. Commissures latérales et palléale droites.

Rapports et différences. Cette jolie espèce est caractérisée par ses petites côtes simples, nombreuses et régulièrement distribuées, par sa forme bombée, pentagone, par la brièveté de sa région cardinale, etc.

Localités. Elle a été trouvée au Saxonet et au grand Bornand. Collection de M. le Prof. Favre.

Explication des figures. Pl. 51, fig. 8 *a, b, c, T. Saxoneti*, grossie environ deux fois et demie.

Genre TEREBRIROSTRA d'Orbigny.

Caractères. Valve supérieure prolongée en un très-long rostre, déprimé, légèrement arqué, sur lequel est une longue area aplatie, lisse. Deltidium unique, médian, très-allongé. Valve inférieure ovale, plus courte.

Ce genre paraît spécial aux terrains crétacés.

281. Terebrirostra arduennensis d'Orbigny.

(Pl. 51, fig. 10, *a*, *b*, *c*, *d*.)

T. testâ elongatâ, depressâ, radiatim costatâ ; costis dichotomis, subundulatis ; variis inæqualibus, superiore majore, elongatissimâ, rostratâ, inferiore convexâ ; areâ longitudinaliter excavatâ, externè obtusâ.

Dimensions.

Longueur de la petite valve..	19 millim.
Par rapport à cette longueur : Largeur...............................	0,70
— — — Épaisseur des deux valves................	0,55

Coquille allongée, déprimée, prolongée en un long rostre sur la région cardinale, élargie et arrondie à la région palléale, ornée de côtes dichotomes, légèrement ondulées, et de quelques plis d'accroissement imbriqués. Valve supérieure de beaucoup plus longue que l'autre par suite du rostre dont elle est pourvue, et aussi plus convexe. Valve inférieure peu déprimée, surtout près de la charnière. Area assez large, excavée sur toute la longueur du deltidium. Commissures latérales et palléale presque droites.

Rapports et différences. Cette espèce ne pourrait être confondue qu'avec la *T. neocomiensis ;* elle s'en distingue surtout par son bord palléal non échancré et par son ensemble plus allongé.

Localités. Le Saxonet et le Reposoir ; elle se trouve aussi à la perte du Rhône dans le gault et dans les grès inférieurs ; cette espèce n'est commune nulle part. Toutes les collections.

Explication des figures. Pl. 51, fig. 10 *a - d*, *T. arduennensis*, vue sous ses différentes faces.

APPENDICE.

§ 1. OBSERVATIONS GÉNÉRALES. [1]

Lorsque j'ai commencé la description des fossiles des grès verts, j'ai pris pour point de départ en ce qui concernait la perte du Rhône, la coupe géologique universellement admise alors. Tous les géologues qui avaient étudié cette localité célèbre, étaient d'accord, pour rapporter au gault ou terrain albien la totalité des dépôts compris entre la couche à orbitolites et les sables supérieurs sans fossiles. La seule divergence entre les travaux de ces divers savants était relative à la couche même à orbitolites, considérée par les uns comme le terme supérieur de la série néocomienne et par les autres comme le commencement du gault.

Toutefois, en acceptant ce point de départ, que je n'avais alors aucun motif pour contester, j'avais averti que ces dépôts de la perte du Rhône peuvent se subdiviser en couches où les fossiles ne sont pas distribués exactement de la même

[1] Ces observations concernent surtout la première partie de ce mémoire, publiée avant la collaboration de M. le Dr Roux. Je les présente en conséquence en mon nom personnel.　F.-J. PICTET.

manière. J'avais annoncé que je donnerais à la fin de cet ouvrage un tableau complet de distribution des espèces, tableau impossible à faire avant qu'elles fussent nommées avec précision.

La rédaction de la première livraison et celle de la seconde où j'ai eu le plaisir de m'associer pour la première fois avec M. le Dr Roux, n'ont pas fourni d'arguments qui fussent de nature à modifier mon opinion. Mais l'étude des Mollusques acéphales, entreprise pour les deux dernières livraisons, démontra bientôt qu'il y a une différence constante et importante entre la population zoologique des couches supérieures arénacées, riches en fossiles, et celle des grès verts inférieurs, durs et compacts, superposés aux orbitolites, et qu'un très-petit nombre d'espèces sont communes à ces deux dépôts.

Je ne tardai pas à reconnaître au contraire que quelques espèces très-caractéristiques se trouvent à la fois dans les grès inférieurs et dans les marnes situées sous les orbitolites. Ces marnes, décrites pour la première fois par M. Rochat dans un mémoire inédit, ont été rapportées par ce jeune géologue au terrain aptien et les faits, qui ont été recueillis plus récemment, confirmeront très-probablement cette opinion.

M. E. Renevier de Lausanne, venu à Genève pour continuer ses études à l'Académie, s'est occupé avec zèle de ces questions. Il s'est proposé de donner une coupe et une description géologique de la perte du Rhône plus précise et plus détaillée que celles que l'on possédait, et d'indiquer avec exactitude la répartition des espèces dans les diverses couches. Il a réuni pendant un séjour de quelques semaines à

Bellegarde, une série importante de fossiles de ces marnes, série dont la comparaison avec les matériaux que M. Roux et moi avions eu à notre disposition, a fourni des résultats intéressants qui confirment les observations indiquées ci-dessus.

La conclusion principale que l'on en peut tirer est que le gault proprement dit occupe à la perte du Rhône une épaisseur bien moindre qu'on ne le croyait, et que les grès inférieurs qu'on lui associait autrefois ont au moins autant de rapports avec le terrain qui contient les orbitolites et avec les marnes situées entre ce dépôt et le terrain néocomien supérieur.

M. Renevier vient de rédiger dans un mémoire spécial le résultat de ses recherches. Voici un extrait du profil des terrains contenu dans ce mémoire.

GAULT	Grès et sables jaunâtres, verdâtres et rougeâtres, très-riches en fossiles.	6 ^{m}, 60.
APTIEN	Grès vert inférieur, sable vert sans fossiles, et grès verdâtre formant le terrain *aptien* supérieur.	5 ^{m}, 50.
	Grès marneux, grès verdâtre, pauvre en fossiles . . . . 7 ^{m}, 95. Couche à orbitolites . . . . 0 ^{m}, 50. Argiles jaunes, rouges, blanches, etc. 3 ^{m}, 30. Marne jaune et bleue, riche en foss. 1 ^{m}, 95. Ces couches forment ensemble le *terrain aptien inférieur.*	13 ^{m}.
URGONIEN ou Néocomien supérieur	Calcaire à *Pterocera pelagi.*	2 ^{m}.
	Calcaire à *Caprotina ammonia.*	Estimé par M. Itier à 80 ^{m} dans le département de l'Ain.

La description des Mollusques fossiles des grès verts des environs de Genève, commencée comme je l'ai dit dans l'hypothèse, d'une profil différent et en supposant que le gault s'étendait jusqu'aux orbitolites, se trouve donc en ce qui concerne la perte du Rhône, renfermer des fossiles d'une époque plus ancienne. Nous donnerons plus tard avec un supplément, la répartition exacte des espèces de ces terrains à la perte du Rhône et dans le bassin du Léman, et un jour aussi, nous l'espérons, dans toute la Suisse. En attendant que ce travail puisse être complété, et pour éviter toute erreur, nous prévenons nos lecteurs que les espèces qui font partie de la liste suivante n'ont pas été trouvées dans le gault. mais bien dans les grès durs qui dépendent probablemeut du terrain aptien supérieur. [1] Ceux donc qui voudront extraire de cet ouvrage une liste des Mollusques du Gault de la perte du Rhône devront en retrancher toutes les espèces indiquées ci-dessous. Nous n'avons *pour le moment* aucune rectification analogue à proposer en ce qui concerne les Alpes.

Liste des espèces trouvées à la perte du Rhône et qui, dans cette localité,
appartiennent exclusivement aux grès aptiens.

Nautilus Neckerianus.......	Pictet.	Cardium sphæroïdum........	Forbes.
Ammonites Cornuelianus....	d'Orbigny.	(*Neckerianum* Pictet et Roux.)	
Panopæa Rhodani..........	Pictet et Roux.	» Dupinianum........	d'Orbigny.
» plicata...........	d'Orbigny,	Astarte Brunneri..........	Pictet et Roux.
Pholadomya Favrina........	Agassiz.	» gurgitis..........	Id.
Anatina Rhodani..........	Pictet et Roux.	Cyprina Ervyensis..........	d'Orbigny.

[1] Les espèces qui se trouvent à la fois dans le gault et dans l'aptien de la perte du Rhône ne figurent pas sur cette liste. Ce sont les : *Ammonites Beudanti, Natica gaultina, Solarium granosum, Arca fibrosa, Mytilus Orbignyanus, Janira quinque-costata, Spondylus Brunneri, Plicatula placuuca. Ostrea Milletiana Terebratula Dutempleana et Terebrirostra arduennensis*

Cyprina Rhodani	Pictet et Roux.	Pecten aptiensis	d'Orbigny.
Trigonia aliformis	Sowerby.	Ostrea aquila	Brongniart.
» Archiaciana	d'Orbigny.	» Rauliniana	d'Orbigny.
» Nodosa	Sowerby.	» Allobrogensis	Pictet et Roux
Mytilus simplex	d'Orbigny.	» Harpa	Goldfuss.
(gurgitis Pictet et Roux.)		Rhynchonella lata	Sowerby.
Avicula Rhodani	Pictet et Roux.	Terebratella Rhodani	Pictet et Roux.
Hinnites Favrinus	*Id.*		

---

§ 2. ADDITIONS ET RECTIFICATIONS.

Genre NAUTILUS.

Depuis la publication des Céphalopodes, nous avons constaté dans le gault proprement dit de la perte du Rhône, l'existence de trois autres espèces, savoir le *N. albensis*, d'Orbigny, le *N. Bouchardianus*, *Id.*, et le *N. Clementinus*, *Id.*; le N. Bouchardianus se trouve aussi au Saxonet. Nous avons reconnu encore que le *N. Saussureanus*, qui est fréquent au Saxonet, et qui n'avait été indiqué qu'avec doute de la perte du Rhône, s'y trouve dans le gault.

Le *N. Neckerianus* appartient à l'étage des grès inférieurs (aptien supérieur).

Le *N. Rhodani* a été trouvé aux Gorges, près de Bellegarde, dans le gault.

Genre AMMONITES.

A. Gossianus. Une comparaison directe des échantillons a prouvé que cette espèce est la même que l'*A. quercifolius* d'Orbigny, malgré les différences que semblent indiquer les figures de cet auteur.

A. Brongniartianus. Il a été dit déjà p. 287 que cette Ammonite ne pouvait pas conserver ce nom, donné antérieurement à une autre espèce, et celui de

Alexandrinus, Pictet, lui a été substitué. M. d'Orbigny la considère comme la jeune de l'*A. Bonnetianus* Pictet ; c'est une question qui sera reprise dans le supplément.

Nous discuterons aussi alors les associations que le célèbre paléontologiste français a faites, entre quelques-unes des espèces nouvelles contenues dans la première livraison de cette ouvrage et d'autres déjà connues ; nous pensons qu'un grand nombre de ces associations ne sont pas fondées.

Genre CRIOCERAS.

C. **Vaucherianus**. Des échantillons plus complets ont démontré que cette espèce, rapportée avec doute à ce genre, lui appartient définitivement.

Genre NATICA.

N. **Rauliniana**. L'étude des échantillons types de cette Natice conservés dans la collection de M. d'Archiac, a fait reconnaître à l'un de nous, que nous avions assimilé à tort à cette espèce, celle qui est figurée pl. 17, fig. 6 ; cette dernière doit probablement être réunie à la *N. gaultina*. L'existence de la *N. Rauliniana* dans nos environs, ne repose donc plus que sur l'assertion de M. d'Orbigny que nous n'avons pu vérifier.

Genre PLEUROTOMARIA.

P. **coronata**. M. d'Orbigny a changé le nom de notre *P. coronata* contre celui de *P. Pictetiana* d'Orbigny, le premier de ces noms appartenant déjà à une espèce de St Cassian.

P. **Fittoni**. Le même auteur n'admet pas que cette espèce se trouve dans le gault, et a donné le nom de *P. Rouxii* d'Orbigny, à la pleurotomaire que nous avons rapportée à celle de Roemer. Cette difficulté ne pourrait recevoir une solution positive que par la comparaison directe des échantillons.

Genre PTERODONTA.

P. gaultina et P. carinella. M. d'Orbigny a transporté ces deux espèces dans le genre des Ptérocères, parce qu'elles ont un canal. Dans la première description que cet auteur a donnée de ce genre (Paléont. franç., t. II, p. 315), il indiquait parmi ses caractères, au moins dans quelques espèces, « un canal court et oblique » et le plaçait par cela même dans la famille des Strombides ; depuis lors, il l'a rapproché de la famille des Actéonides, et ne leur reconnaît plus qu'un simple sinus. Nos espèces appartenaient aux Ptérodontes, suivant leur première description ; elles ne peuvent plus maintenant rester dans ce genre.

Genre ROSTELLARIA.

R. Orbignyana et R. Parkinsoni. M. d'Orbigny a reconnu exacte la rectification que nous avons faite au sujet de ces deux espèces ; mais sans motifs légitimes, il a substitué au premier de ces noms celui de *R. costata* Michelin. Ce nom, donné en 1836 par M. Michelin à l'espèce que nous avons plus tard appelée *Orbignyana*, ne peut évidemment pas être conservé, car il est le résultat d'une assimilation fautive faite par cet auteur, avec une espèce de Gosau, décrite par Sowerby en 1831, qui n'a aucun rapport avec celle qui nous occupe. Nous pensons que cette dernière doit garder le nom que nous lui avons donné, et que la *R. costata* de Sowerby dont M. d'Orbigny a fait sa *R. subcostata*, Prod., t. 2, p. 227, doit de même conserver le sien.

R. subulata. M. d'Orbigny l'appelle *subsubulata*, n'admettant pas que la *R. subulata* de Reuss se trouve dans le gault ; de même que pour la *Pleurotomaria Fittoni*, la comparaison directe des échantillons originaux pourrait seule éclairer la question.

R. marginata. M. d'Orbigny a également changé ce nom et en a fait sa *R. submarginata* ; nous persistons à regarder notre espèce comme identique avec celle de Sowerby dans Fitton, et nous n'admettons pas que l'espèce de Sowerby puisse être la même que celle que le même auteur dans le même mémoire nomme *R. Parkinsoni*.

Genre PTEROCERA.

P. retusa. Nous demeurons également dans l'opinion que notre espèce est
la même que celle de Sowerby, et nous croyons le nom de *subretusa* d'Orbigny,
inutile.

Genre MUREX.

M. Genevensis. Voir p. 287 la rectification que nous avons faite, au sujet de
son angle spiral.

Genre FUSUS.

F. bilineatus et decussatus. Les noms de *F. subbilineatus* Orb. et *subdecus-
satus* d'Orb. doivent remplacer les premiers qui avaient été donnés antérieurement à d'autres espèces.

Genre DENTALIUM

D. serratum. C'est une serpule.

Genre PANOPÆA.

P. acutisulcata. La figure 1 de la planche 28 ne représente pas cette panopée, l'échantillon figuré appartenant à une espèce des grès inférieurs ; la *P. acutisulcata* se trouve cependant à la perte du Rhône, mais dans le gault seulement ;
nous renvoyons provisoirement aux figures très-exactes qui en ont été données
par M. d'Orbigny.

Genre CARDIUM.

C. Neckerianum. L'espèce que nous avons appelée ainsi, ayant été antérieurement décrite et figurée par M. Ed. Forbes (Quart. journ. of the Geol. Soc.,
1845) sous le nom de *C. sphæroideum*, ce dernier nom doit lui être conservé.

Genre ARCA.

A. SUBNANA. Le dessinateur a oublié de figurer sur le moule les sillons concentriques dont il est fait mention dans le texte.

Genre MYTILUS.

M. GURGITIS. Nous avons reconnu par l'étude de meilleurs échantillons que notre *M. gurgitis* n'est qu'une compression accidentelle du *M. simplex*, d'Orb. Il se trouve dans le terrain aptien.

Genre LIMA.

L. SABAUDIANA et L. SAXONETI. Aux deux premières lignes des dimensions de chacune de ces espèces, il faut lire largeur là où est écrit longueur et vice-versà.

Lorsque nous aurons un nombre suffisant de nouveaux matériaux , nous ferons paraître le supplément annoncé plus haut ; nous reviendrons alors sur les questions douteuses et nous publierons quelques espèces nouvelles.

FIN.

TABLE ALPHABÉTIQUE ET SYNONIMIQUE

DES ORDRES, DES FAMILLES, DES GENRES ET DES ESPÈCES

DES MOLLUSQUES FOSSILES

DÉCRITS OU CITÉS DANS CET OUVRAGE.[1]

[1] C'est par erreur que la pagination saute de la page 288 à la page 389.

Fig.1. Belemnites minimus.   Fig.2. Nautilus Neckerianus.   Fig.3. N. Saussureanus.
Fig.4. N. Rhodani.   Fig.5 a 7. Cloisons de Nautiles.

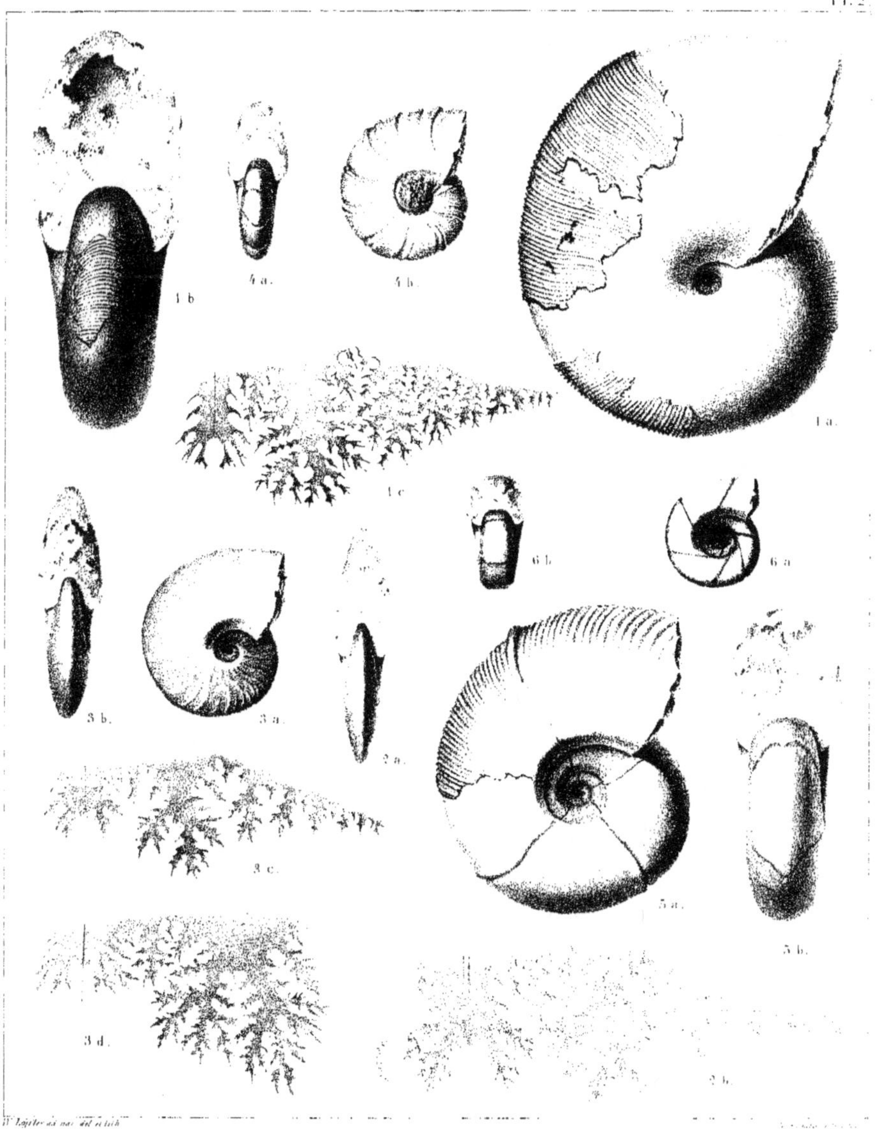

Fig. 1. **Ammonites Velledæ.**   Fig. 2. A. bicurvatus.   Fig. 3. A. Beudanti.
Fig. 4. A. Dupinianus.   Fig. 5. A. Mayorianus.   Fig. 6. A. Timotheanus.

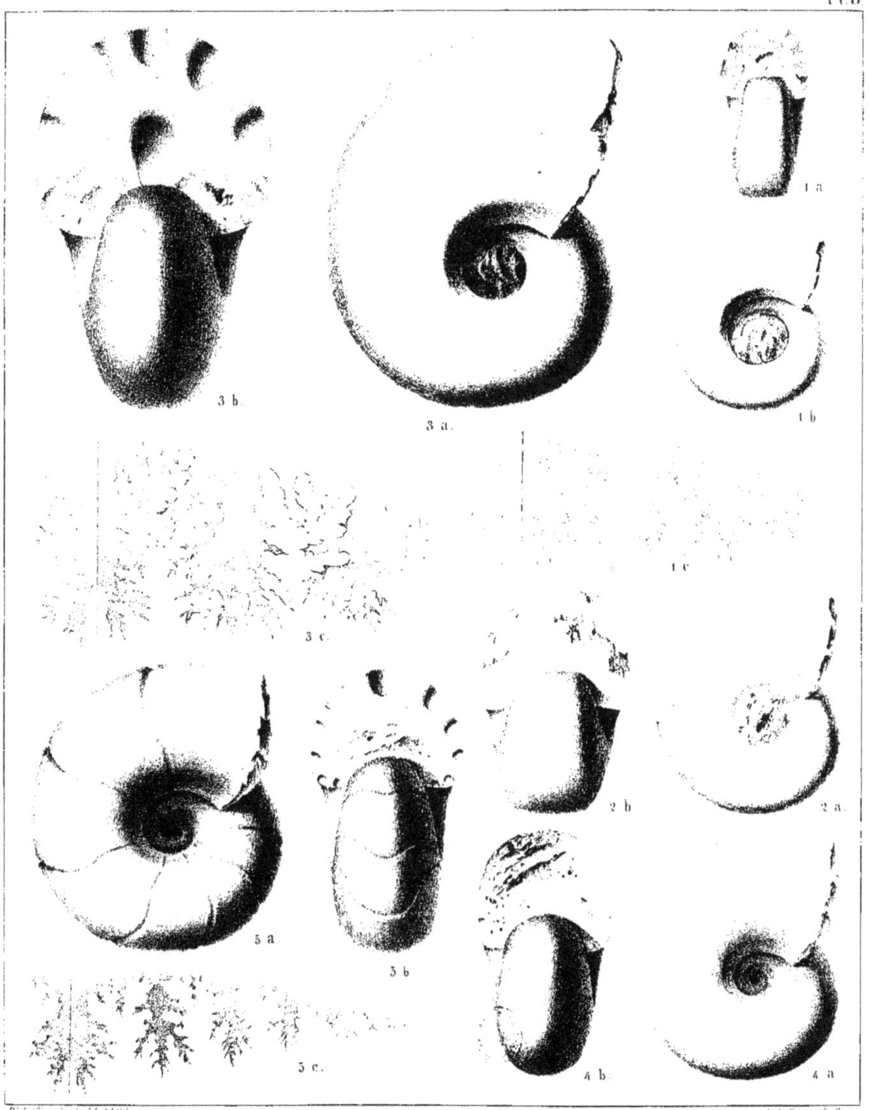

Fig. 1. **Ammonites Timotheanus.** Fig. 2. la même var. nautiloïde.
Fig. 3. A. Jurinianus. Fig. 4 et 5. A. latidorsatus.

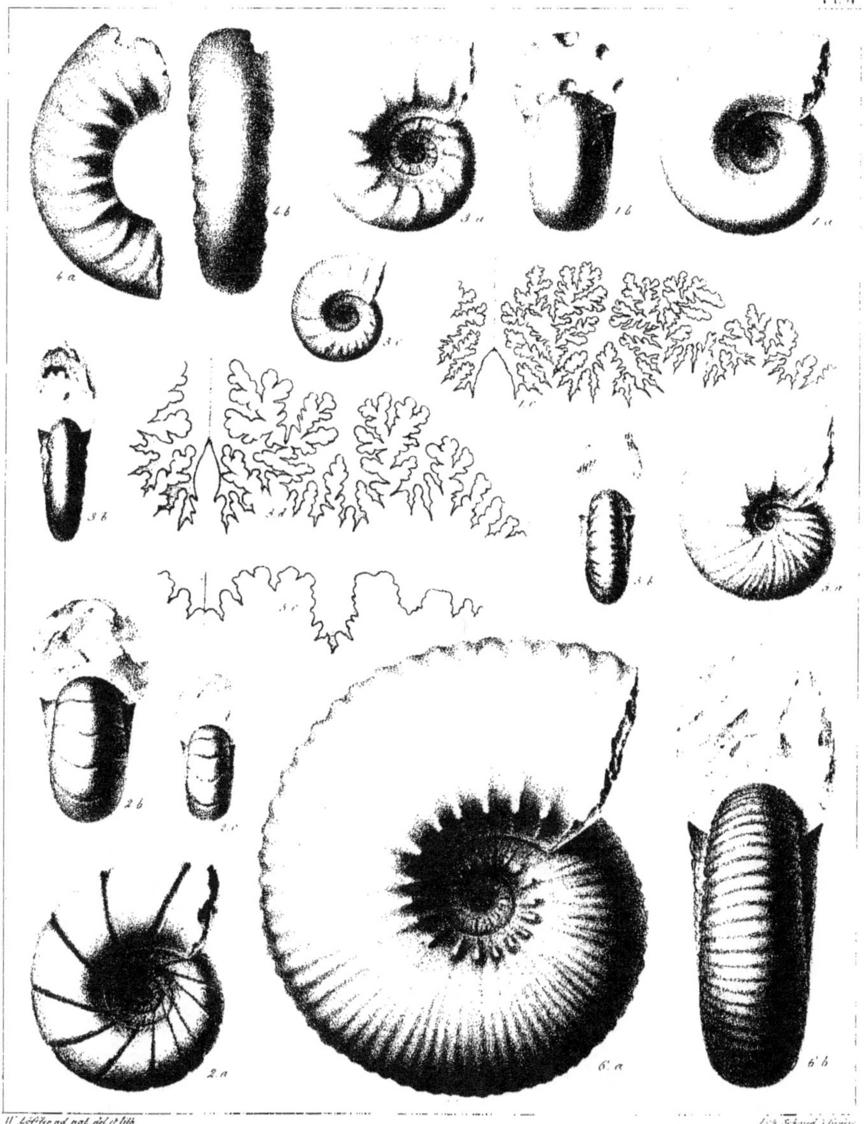

Fig. 1. Ammonites Bourritianus. — Fig. 2. A. Jallabertianus. — Fig. 3 et 4. A. Agassizianus.
Fig. 5. A. Gossianus. — Fig. 6. A. Bonnetianus.

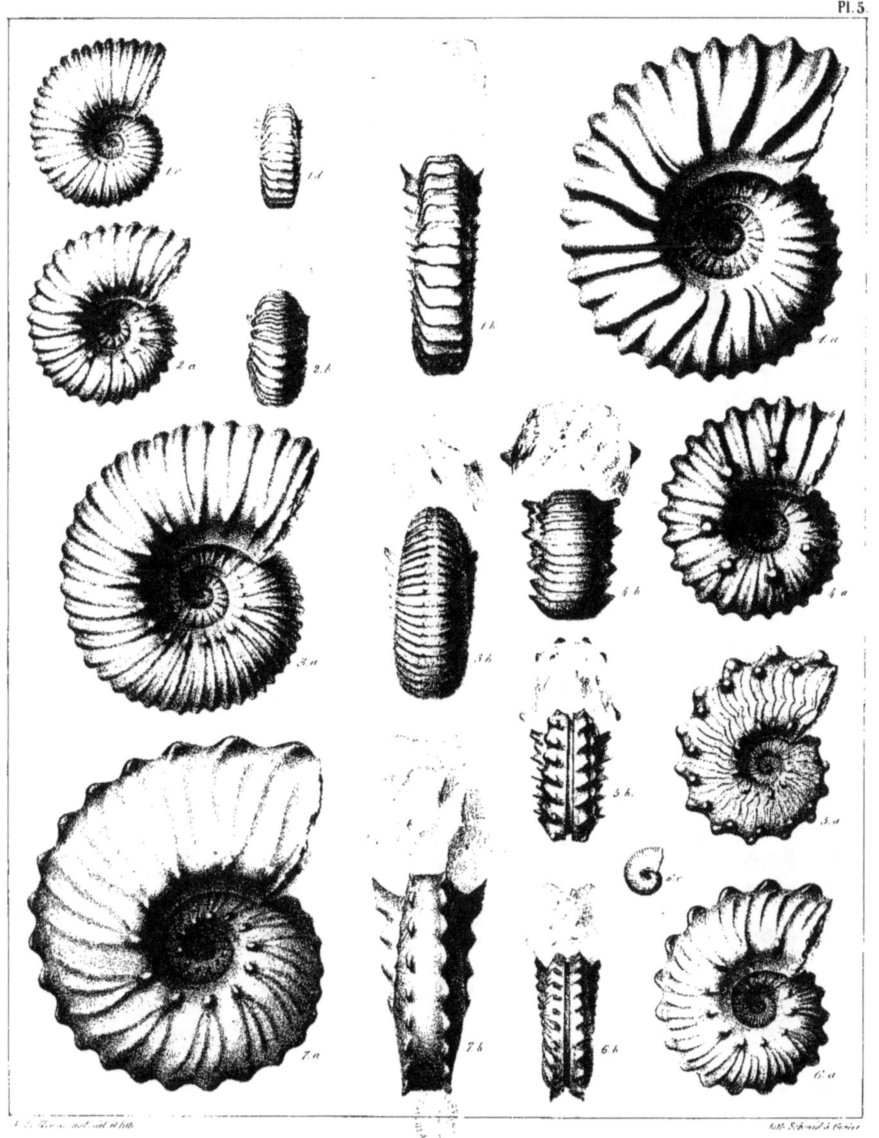

Fig. 1. A. Milletianus. — Fig. 2. A. fissicostatus. — Fig. 3. A. Brongniartianus. — Fig. 4. A. Cornuelianus.
Fig. 5. A. falcatus. — Fig. 6. A. Iantus. — Fig. 7. A. Guersanti.

Fig. 1 et 2. A. interruptus. — Fig. 3, 4 et 5. A. Deluci. — Fig. 6. A. Splendens.
Fig. 7. A. Senebierianus.

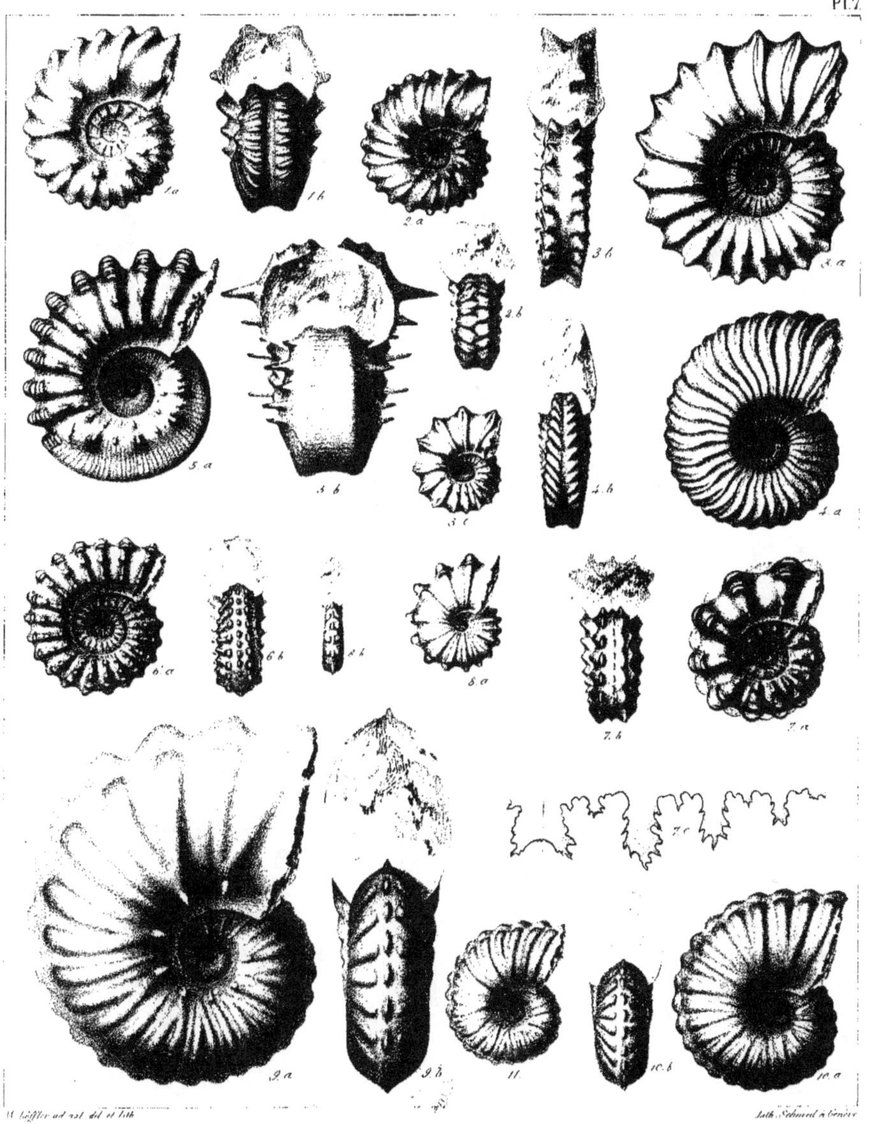

Fig. 1. Ammonites Chabreyanus. _ Fig. 2. A. Raulinianus. _ Fig. 3. A. regularis.
Fig. 4. A. tardèfurcatus. _ Fig. 5. A. mammillaris. _ Fig. 6 A. Lyelli. _ Fig. 7 A. Huberianus.
Fig. 8. A. Itierianus. _ Fig. 9, 10 & 11. A. Brottianus.

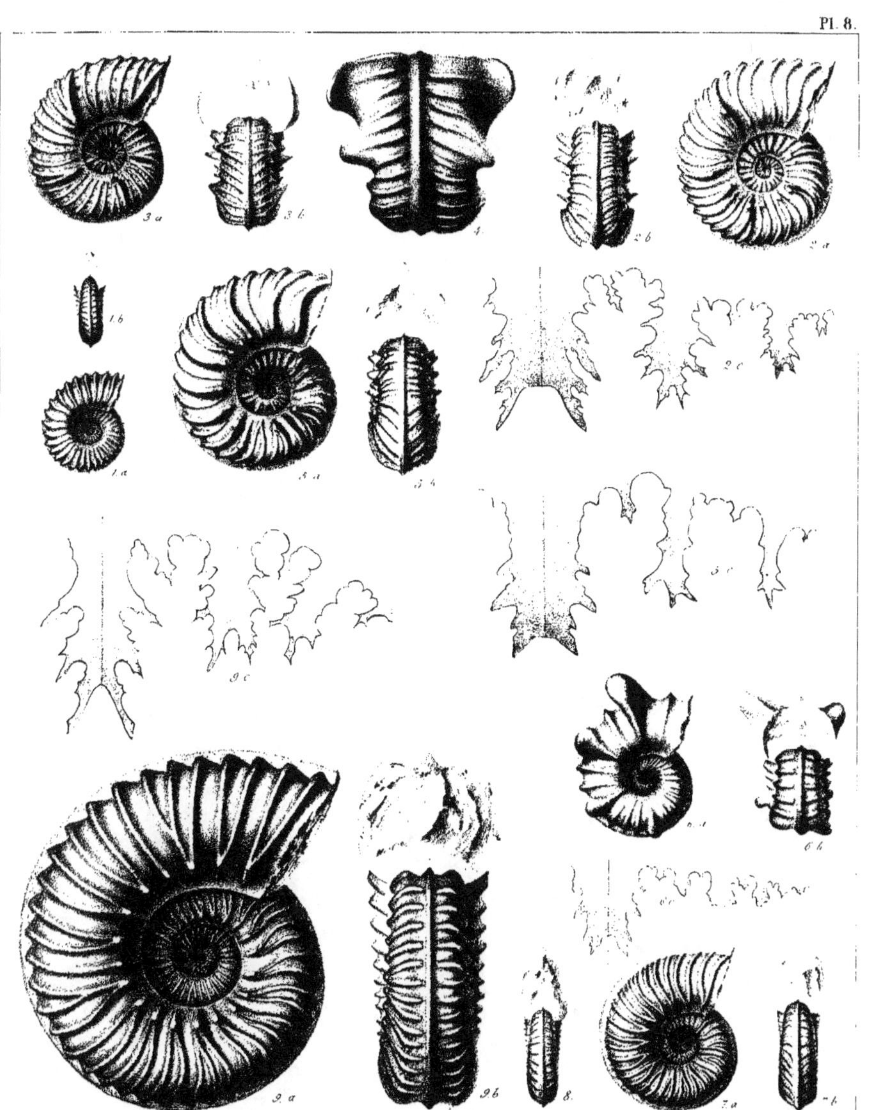

Fiǵ. 1. Ammonites Colladoni. — Fiǵ. 2. 3. 4 et 5. A. cristatus. — Fiǵ. 6. A. cornutus.
Fiǵ. 7, 8 et 9. A. Bouchardianus.

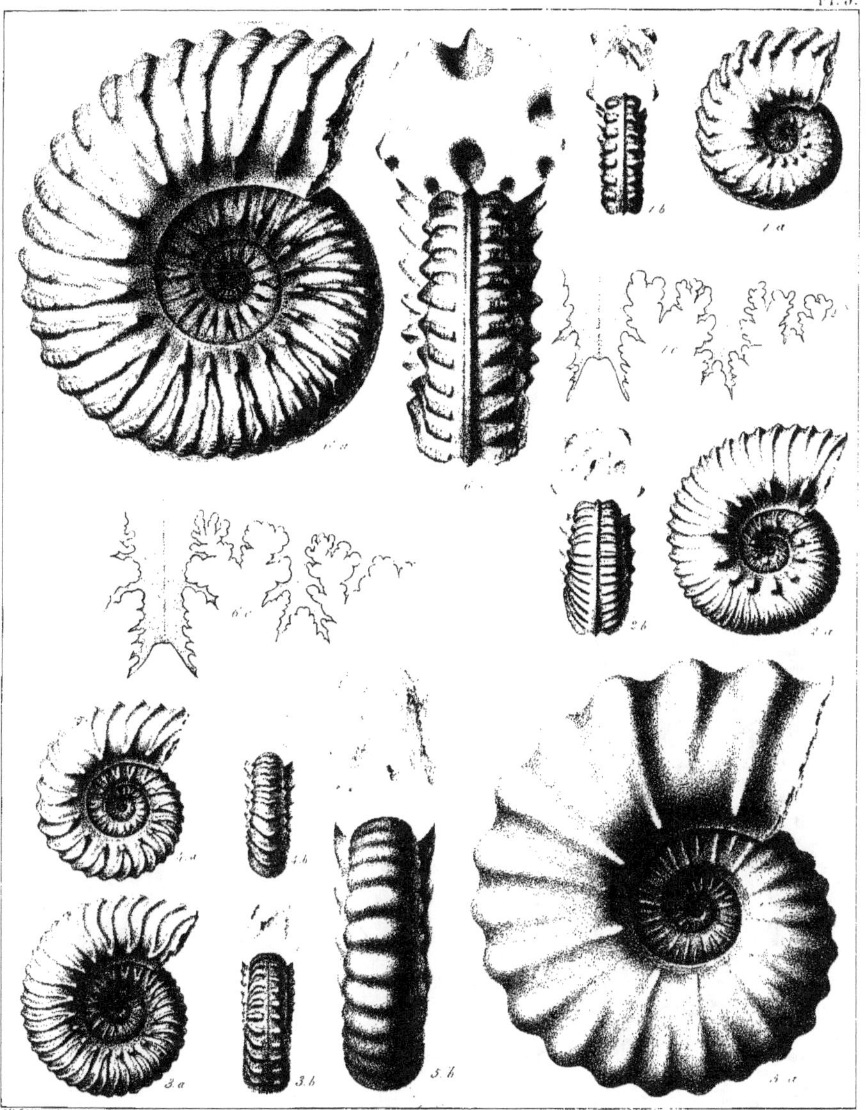

Fig. 1. Ammonites Balmatianus. — Fig. 2. A. Rouxianus.

Fig. 3, 4 et 5. A. varicosus. — Fig. 6. A. inflatus.

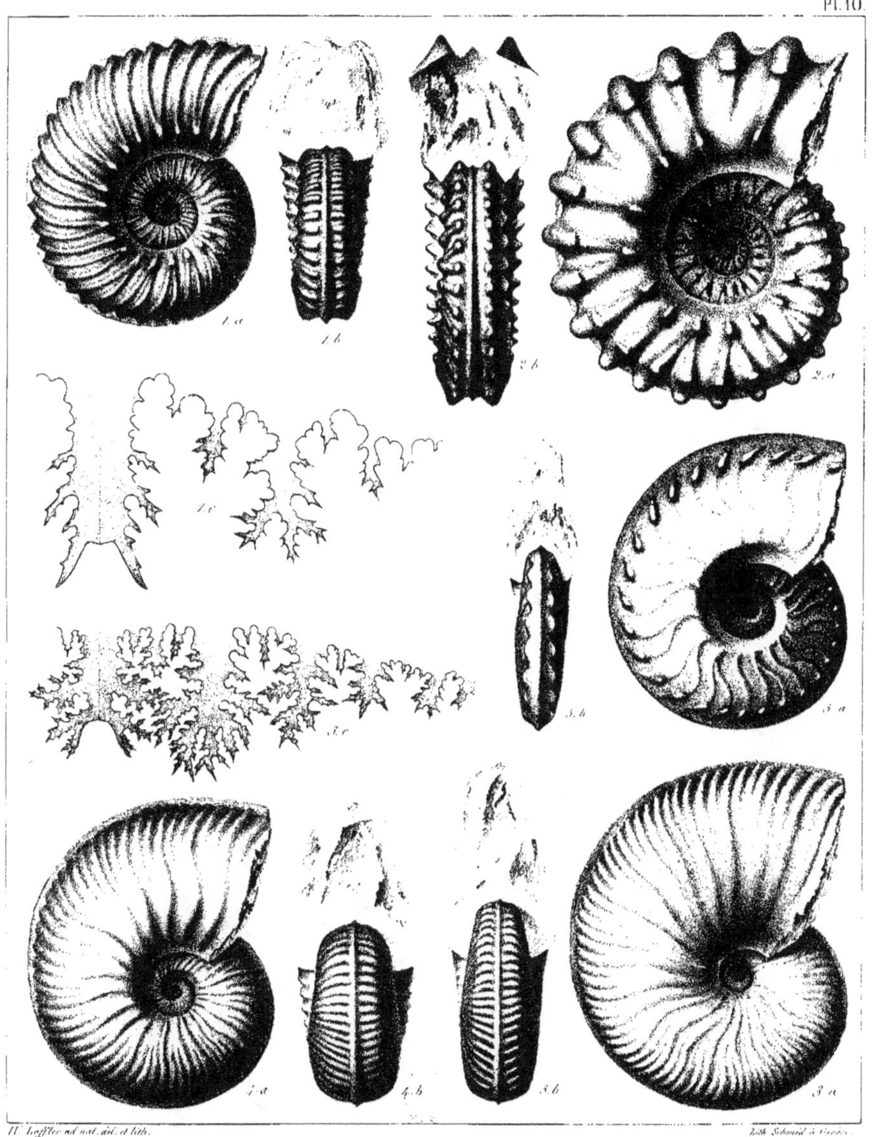

Fig. 1 et 2. Variétés de l'Ammonites inflatus; — Fig. 3 et 4. A. Hugardianus;
Fig. 5. A. Tollotianus.

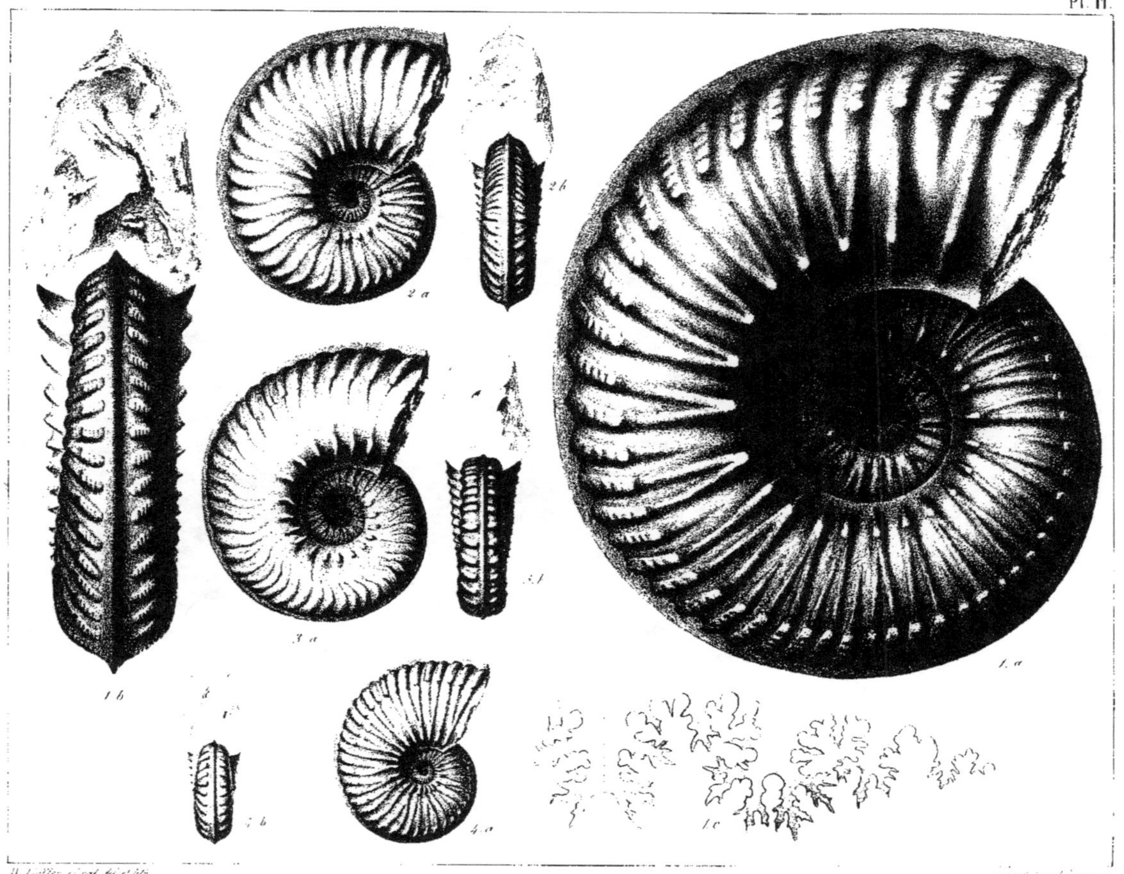

Ammonites Candollianus.

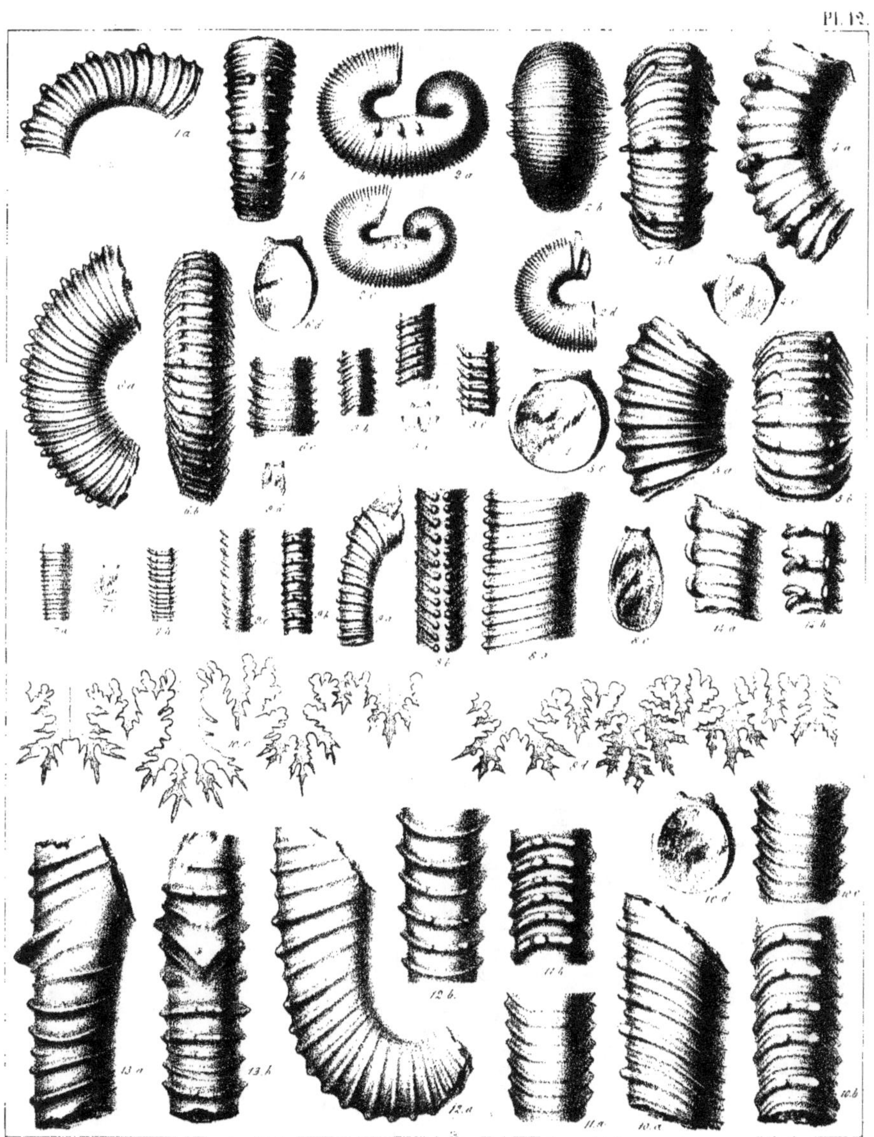

Fig. 1. Crioceras Vaucherianus. — Fig. 2. Scaphites Hugardianus. — Fig. 3. Hamites punctatus.
Fig. 4. H. Raulinianus. — Fig. 5, 6 et 7. H. Favrinus. — Fig. 8. H. Desorianus.
Fig. 9, 10, 11, 12, 13 et 14. H. flexuosus.

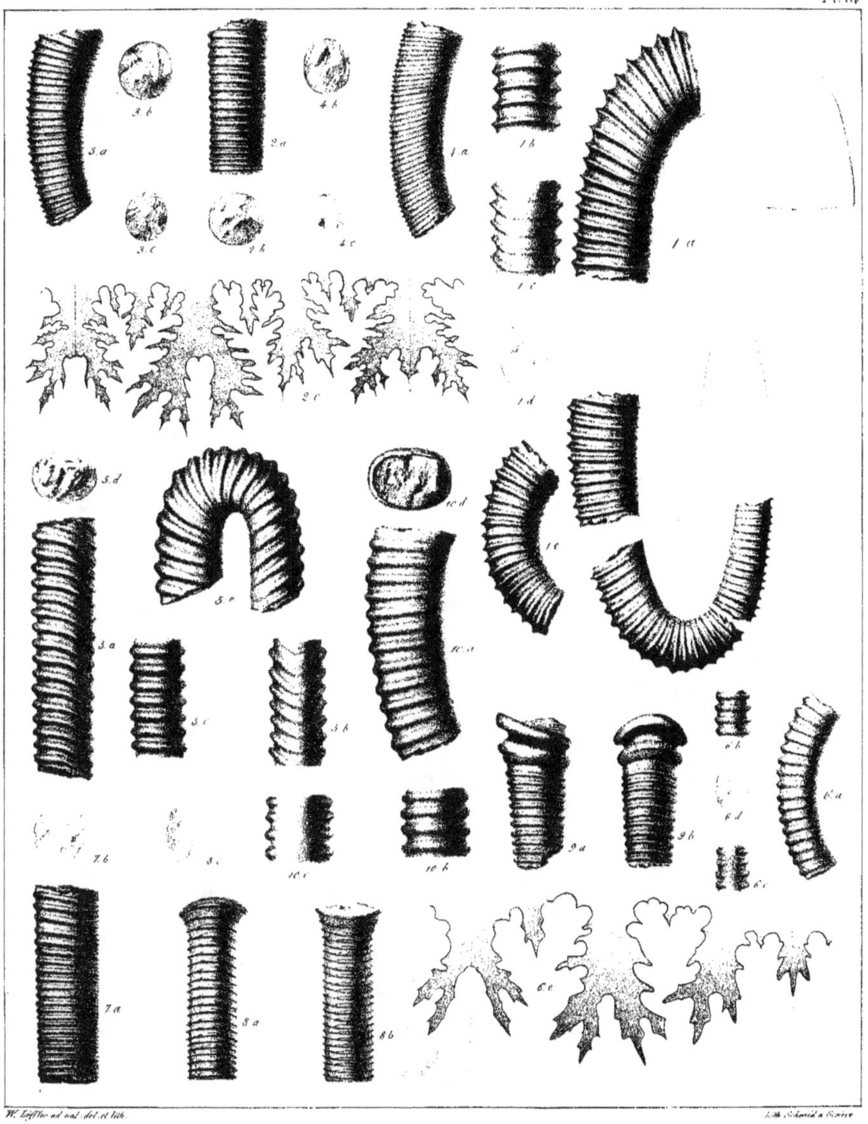

Fig. 1. Hamites rotundus. — Fig. 2, 3 et 4. H. Charpentieri. — Fig. 5. H. attenuatus
Fig. 6. H. Venetzianus. — Fig. 7, 8, 9 et 10. H. virgulatus.

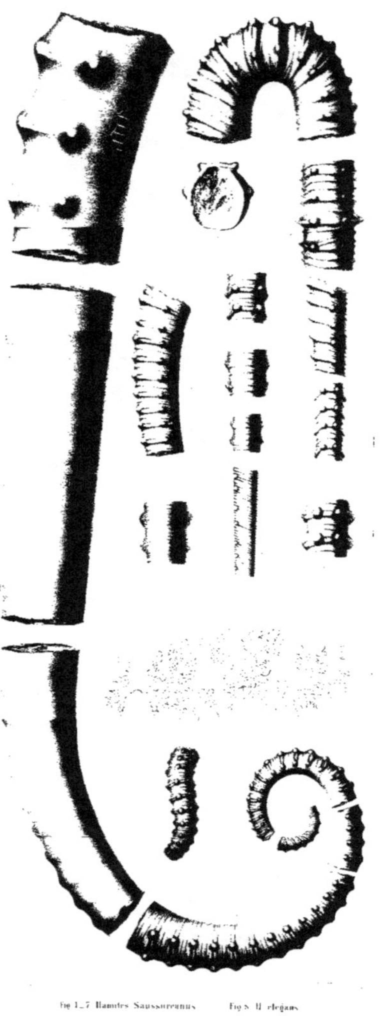

Fig 1–7 Hamites Saussureanus   Fig 8 H. elegans

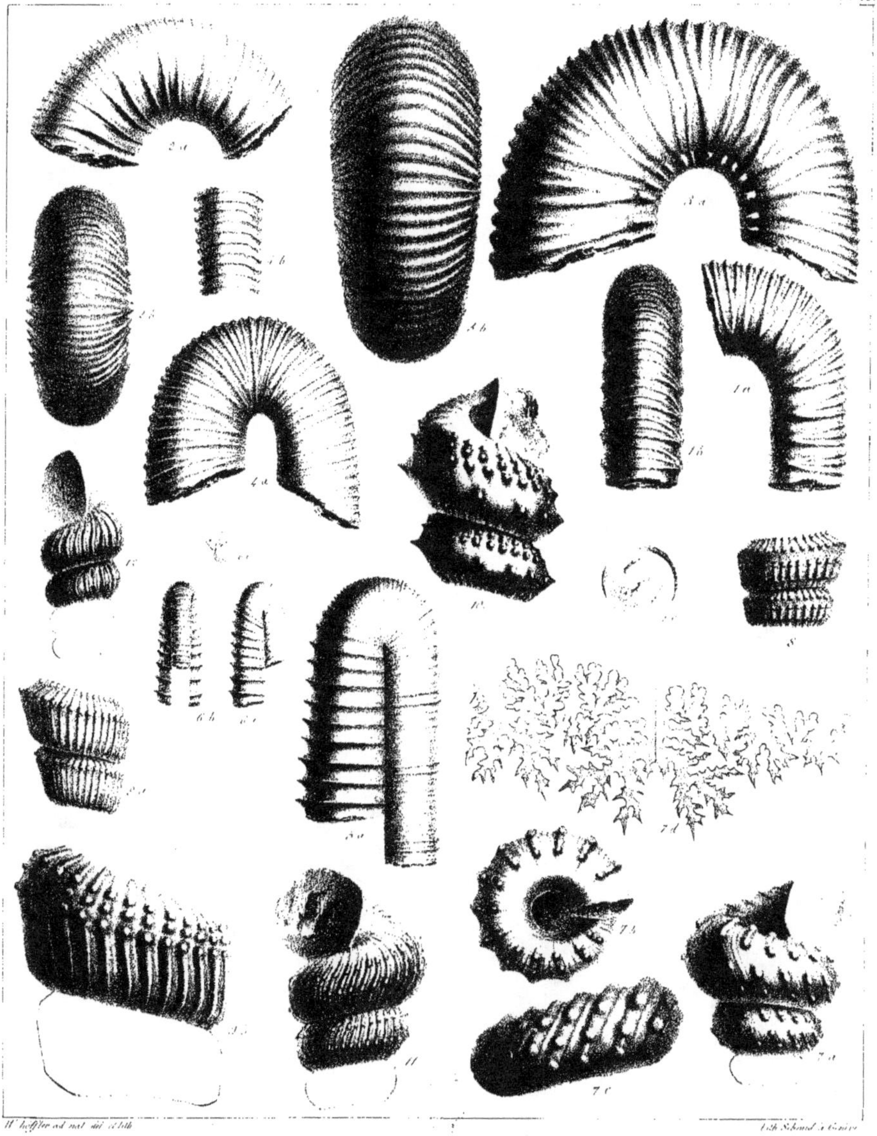

H. Hoffler ad nat. del. et lith. Lith. Schmid à Genève

Fig. 1, 2, 3 et 4. Hamites Studerianus. — Fig. 5 et 6. Ptychoceras gaultinus.
Fig. 7. Turrilites Robertianus. — Fig. 8. T. Bergeri jeune. — Fig. 9. T. Puzosianus. — Fig. 10. T. tuberculatus.
Fig. 11. T. Escherianus. — Fig. 12. T. Hugardianus.

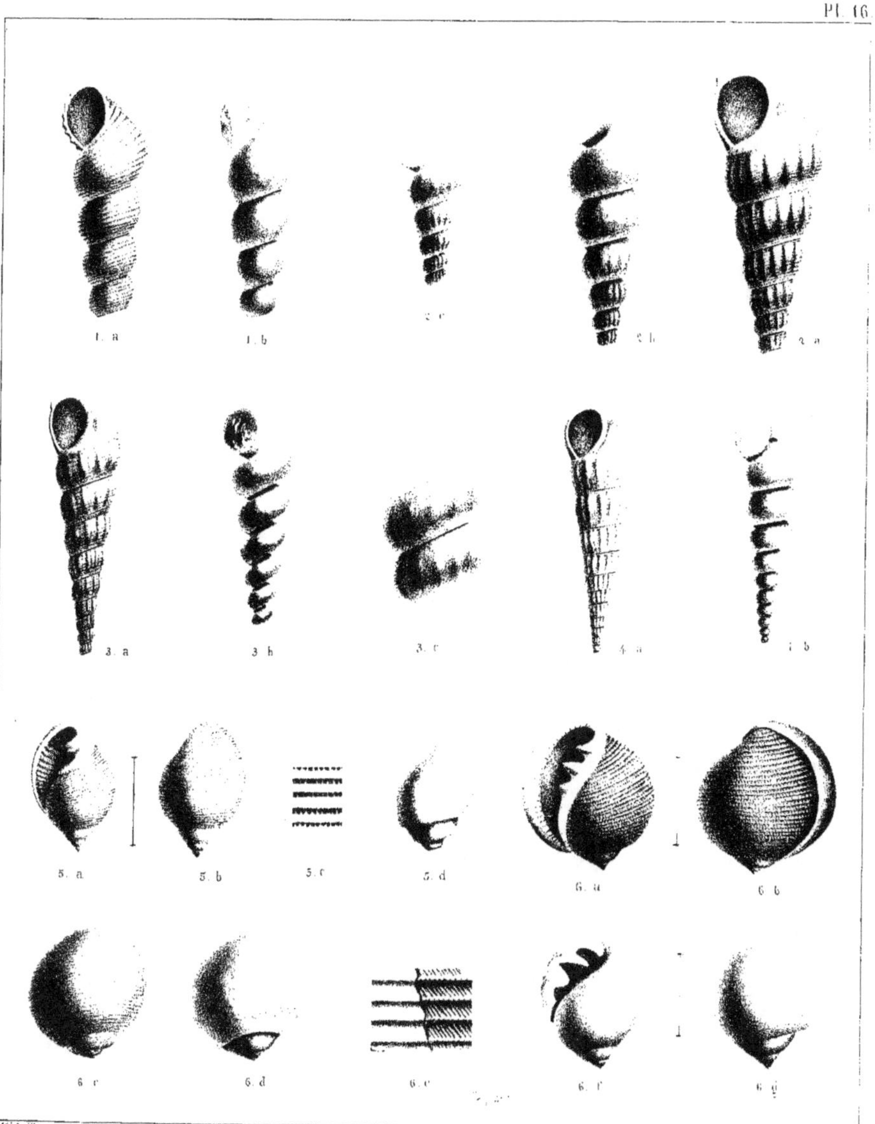

Fig. 1. Turritella Faucignyana.　　Fig. 2. Scalaria Dupiniana.　　Fig 3. S. Rhodani.
Fig. 4 S. Gurgitis.　　Fig. 5. Ringinella lacryma.　　Fig 6. Avellana incrassata

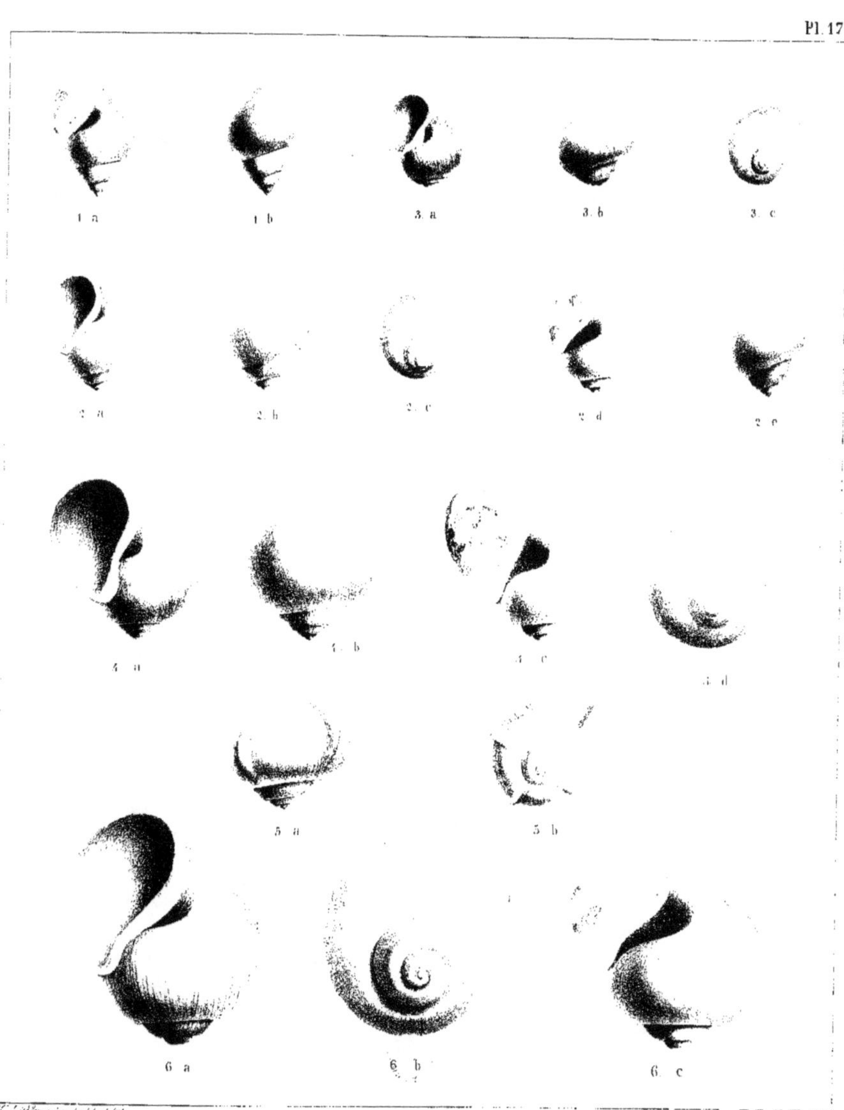

Fig. 1. Natica Clementina. Fig. 2. N. Ervyna. Fig. 3. N. Rhodani.
Fig. 4. N. Favrina. Fig. 5 et 6. N. Rauliniana.

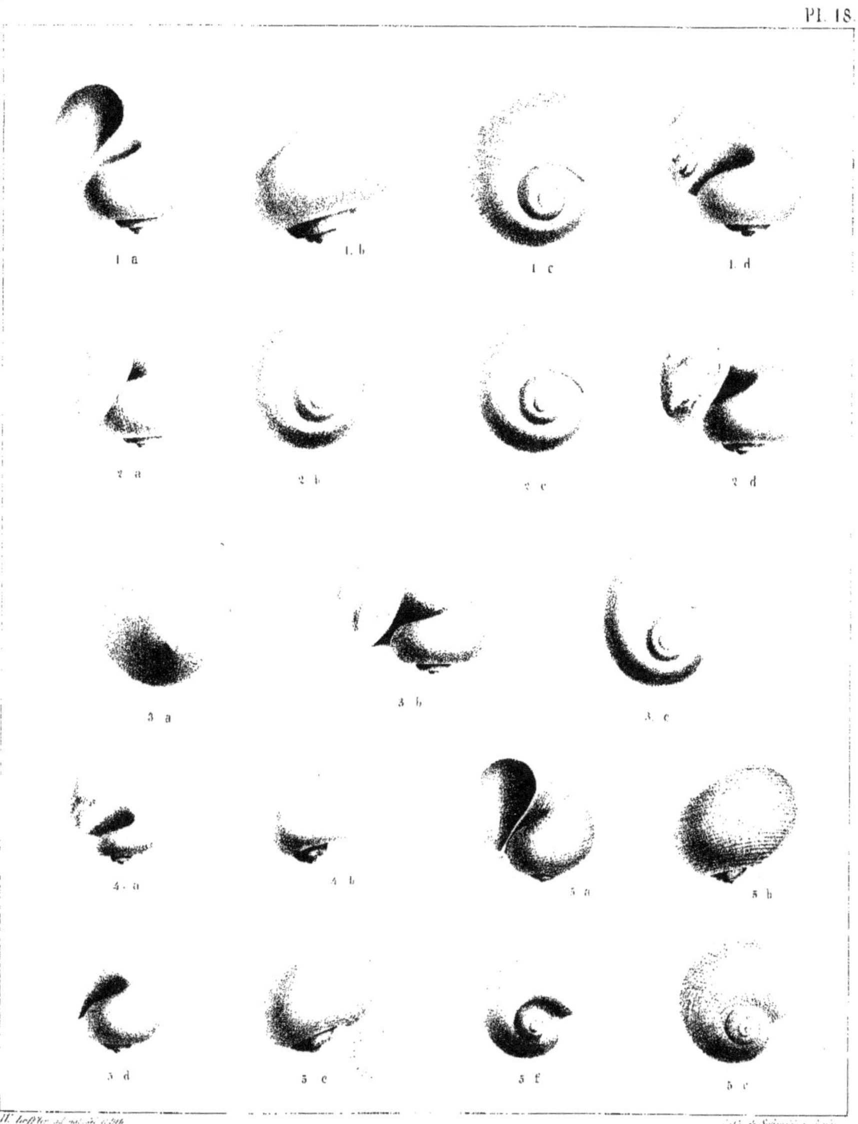

Fig. 1. **Natica** gaultina. Fig. 2. N. truncata. Fig. 3. N. excavata.
Fig. 4. N. perspicua. Fig. 5. **Narica** Genevensis.

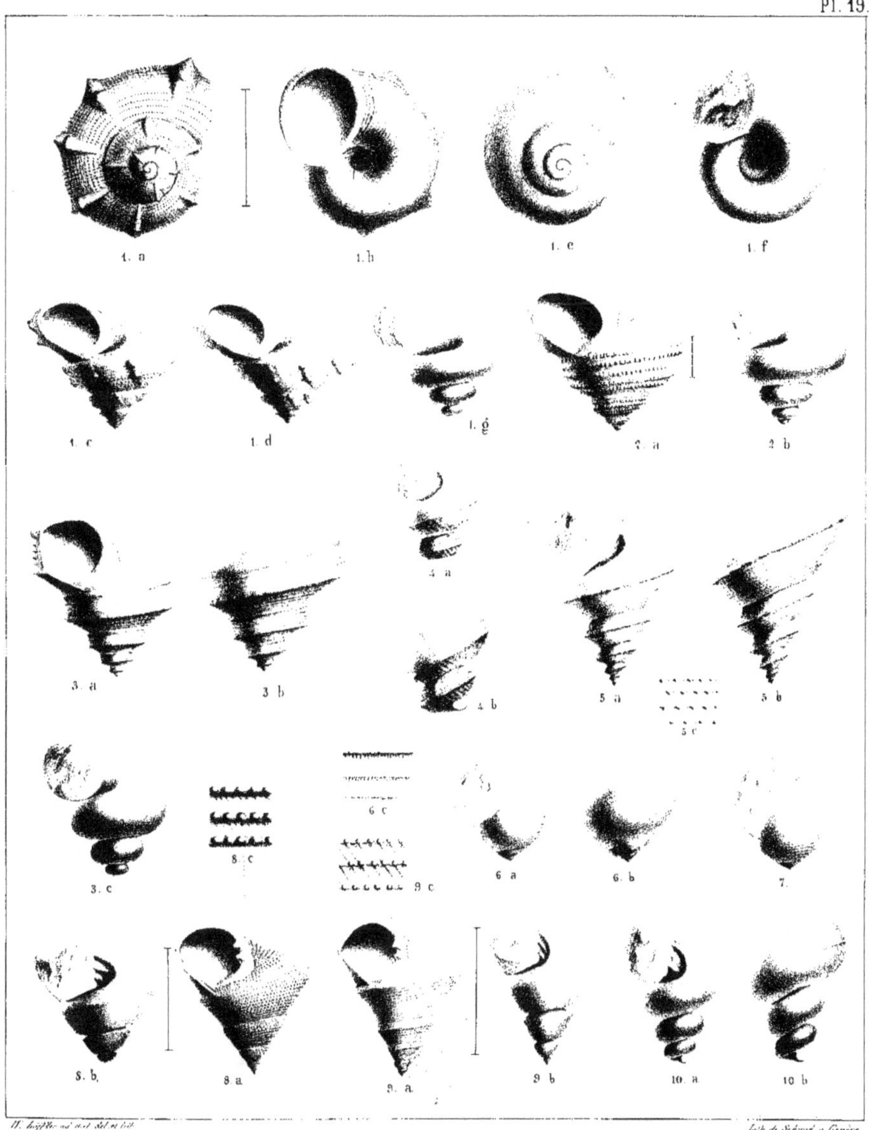

Fig. 1. Turbo Pictetianus. Fig. 2. T. Gresslyanus. Fig. 3. T. Faucignyanus. Fig. 4. T. Golezianus.
Fig. 5. T. Saxoneti. Fig. 6. T. Moutmolini. Fig. 7. T. problematicus.
Fig. 8. Trochus Guyotianus. Fig. 9. T. Tollotianus. Fig. 10. T. Nicoletianus.

Fig. 1. **Solarium** cirroïde.　　Fig. 2. S. Rochatianum.　　Fig. 3. S. ornatum.

Fig. 4. S. dentatum.　　Fig. 5. S. Deshayesi.

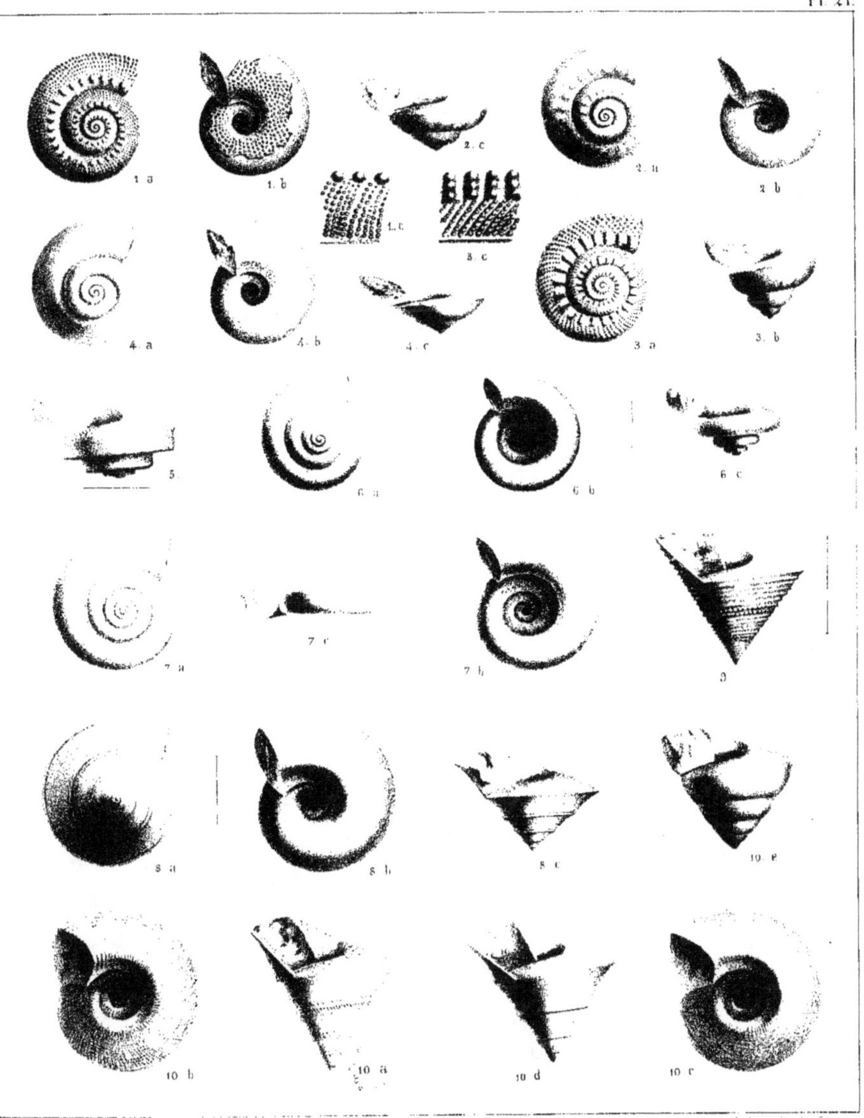

Pl. 21.

Fig. 1 & 2. **Solarium Tingryanum**. Fig. 3. S. triplex. Fig. 4 S. granosum.
Fig. 5. S. moniliferum. Fig. 6. S. Tollotianum. Fig. 7. S. Martinianum.
Fig. 8. S. Hugianum. Fig. 9. S. alpinum. Fig. 10. S. conoideum.

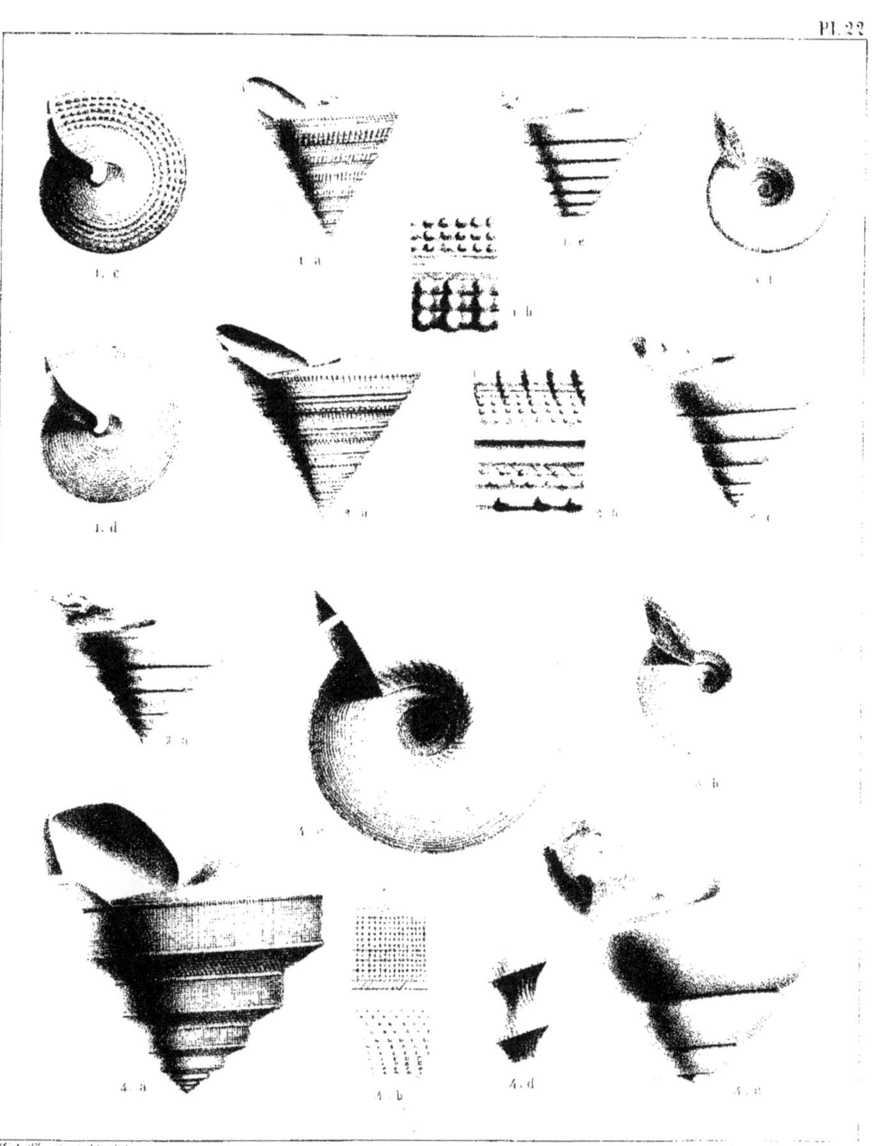

Fig. 1. **Pleurotomaria Thurmanni.**   Fig. 2. P. Orbignyana.
Fig. 3. P. Itieriana.   Fig. 4. P. alpina.

Fig. 1. **Pleurotomaria** Saussureana.   Fig. 2. P. gurgitis.
Fig. 3. P. Allobrogensis.   Fig. 4. P. coronata.

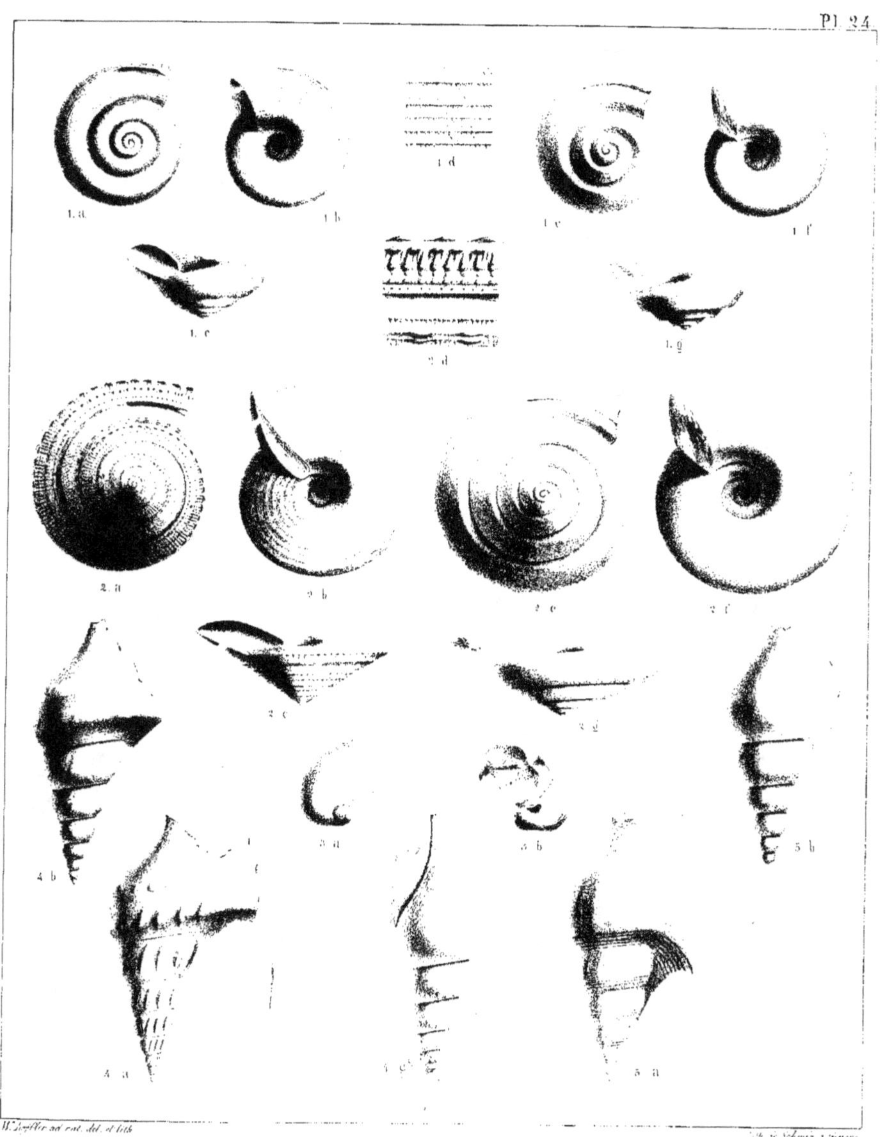

Fig. 1. Pleurotomaria rhodani.   Fig. 2. P. regina.   Fig. 3 Stomatia gaultina.

Fig 4. Rostellaria Orbignyana   Fig 5. R. Parkinsoni.

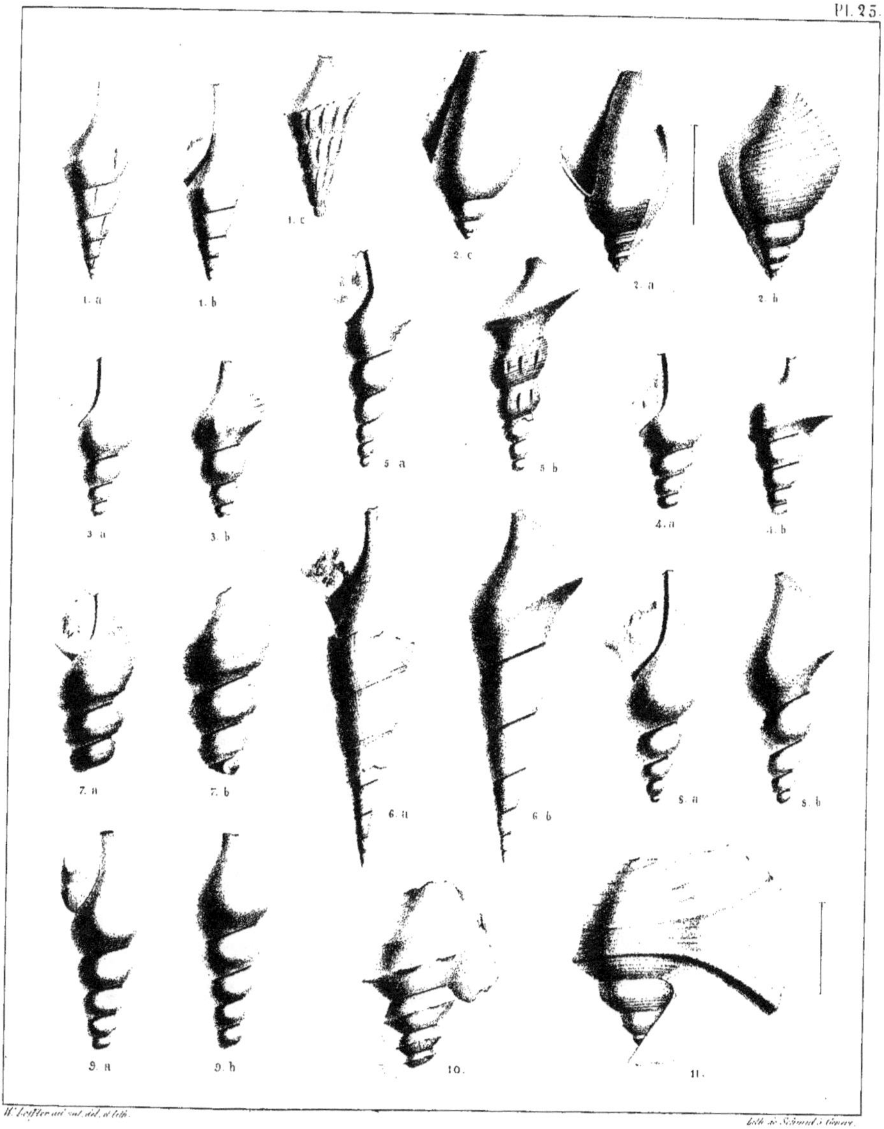

W. Leffler ad nat. del. et lith.

lith. de Schmid à Genève.

Fig. 1. Rostellaria subulata. Fig. 2. R. Deluci. Fig. 3. R. Neckeriana. Fig. 4. R. carinella.
Fig. 5. R. marginata. Fig. 6. R. Timotheana. Fig. 7. R. cingulata. Fig. 8. R. fusiformis.
Fig. 9. R. Itieriana. Fig. 10. Strombus Dupinianus. Fig. 11. Pterocera retusa.

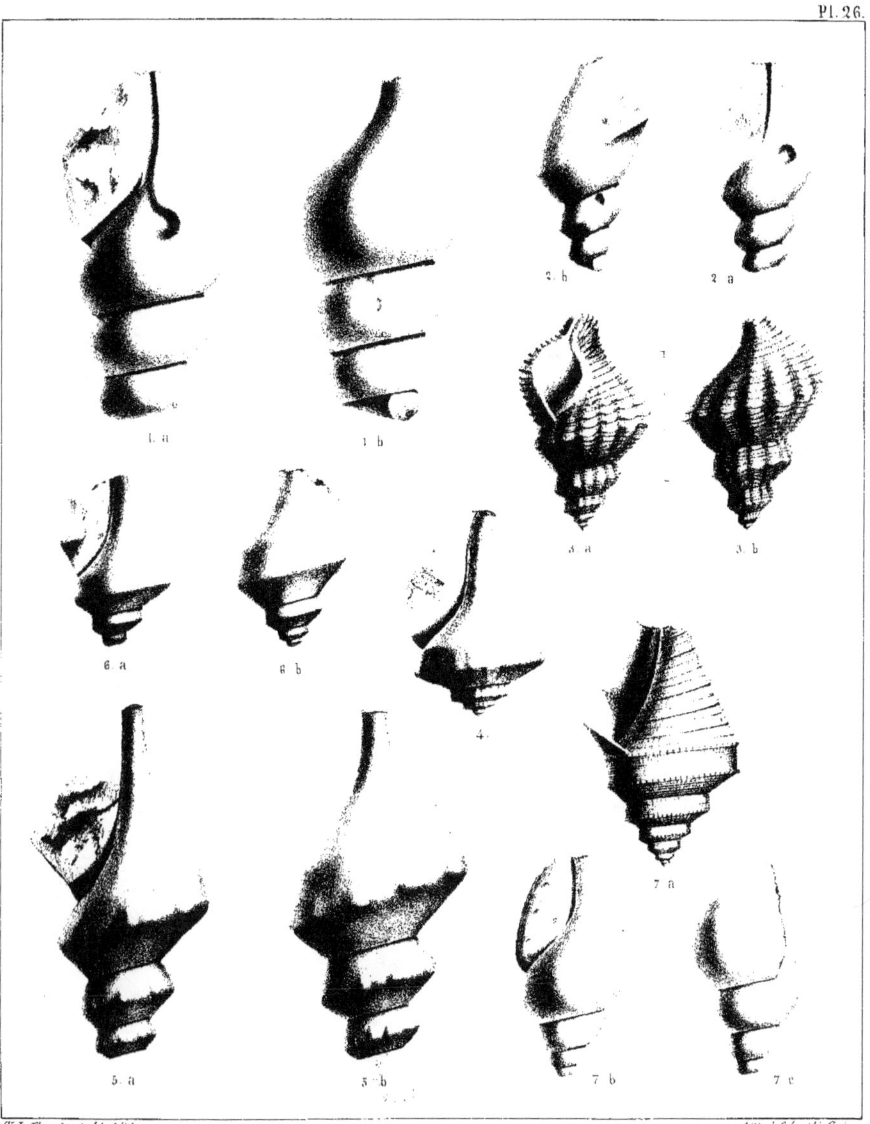

Fig. 1. Pterodonta gaultina.   Fig. 2. P. carinella.   Fig. 3. Murex Genevensis.

Fig. 4. Fusus trunculus.   Fig. 5. F. Fizianus.   Fig. 6. F. bilineatus.

Fig. 7. F. Sabaudianus.

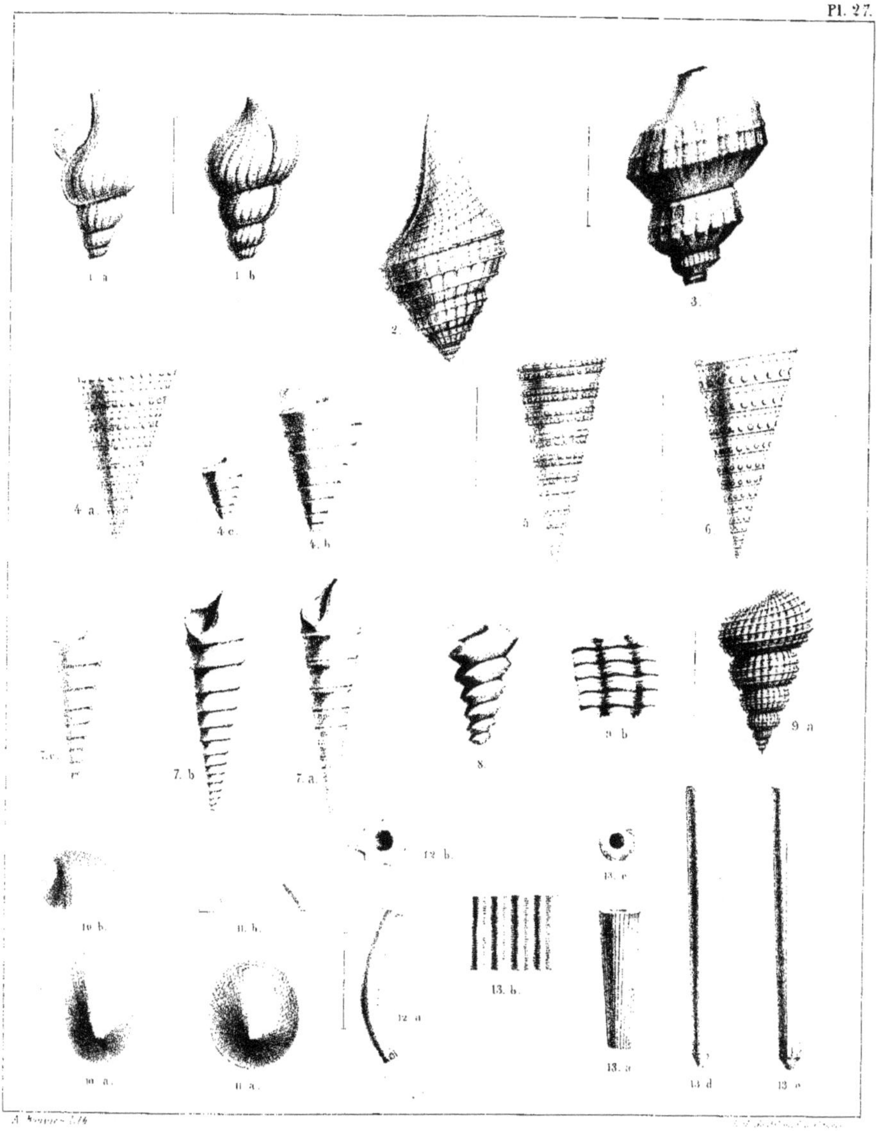

Fig. 1. Rostellaria Grasiana.   Fig. 2. Fusus Sabaudianus.   Fig. 3. F. decussatus.
Fig. 4 Cerithium Derignyanum.   Fig. 5. C. Sabaudianum.   Fig. 6. C. Rhodani.   Fig. 7 C. excavatum.
Fig. 8 C. gurgitis.   Fig. 9. C. Lallierianum.   Fig. 10. Acmea inflexa.   Fig. 11. A. gaultina.
Fig. 12. Dentalium serratum.   Fig. 13. D. Rhodani.

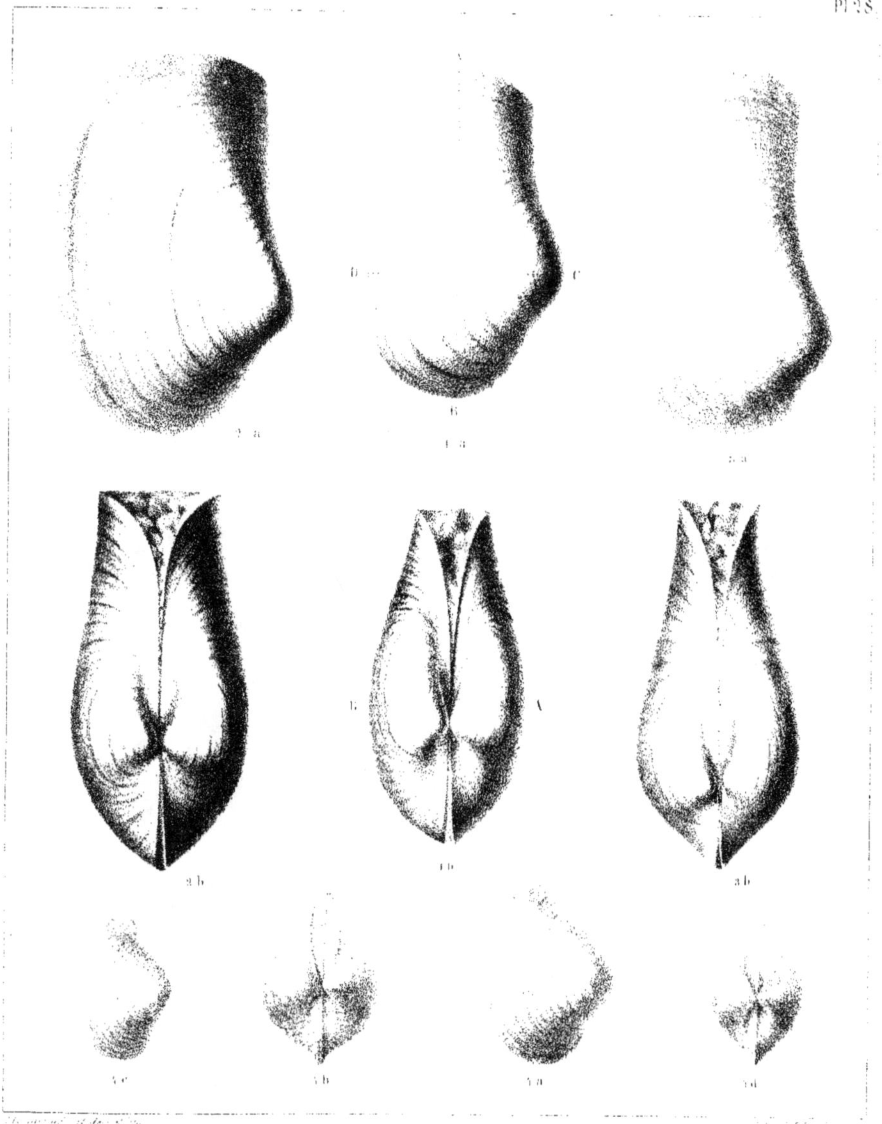

Fig 1. Panopæa acutisulcata.   Fig. 2. P. plicata.   Fig 3. P. Rhodani.
Fig. 4. P. Sabaudiana.

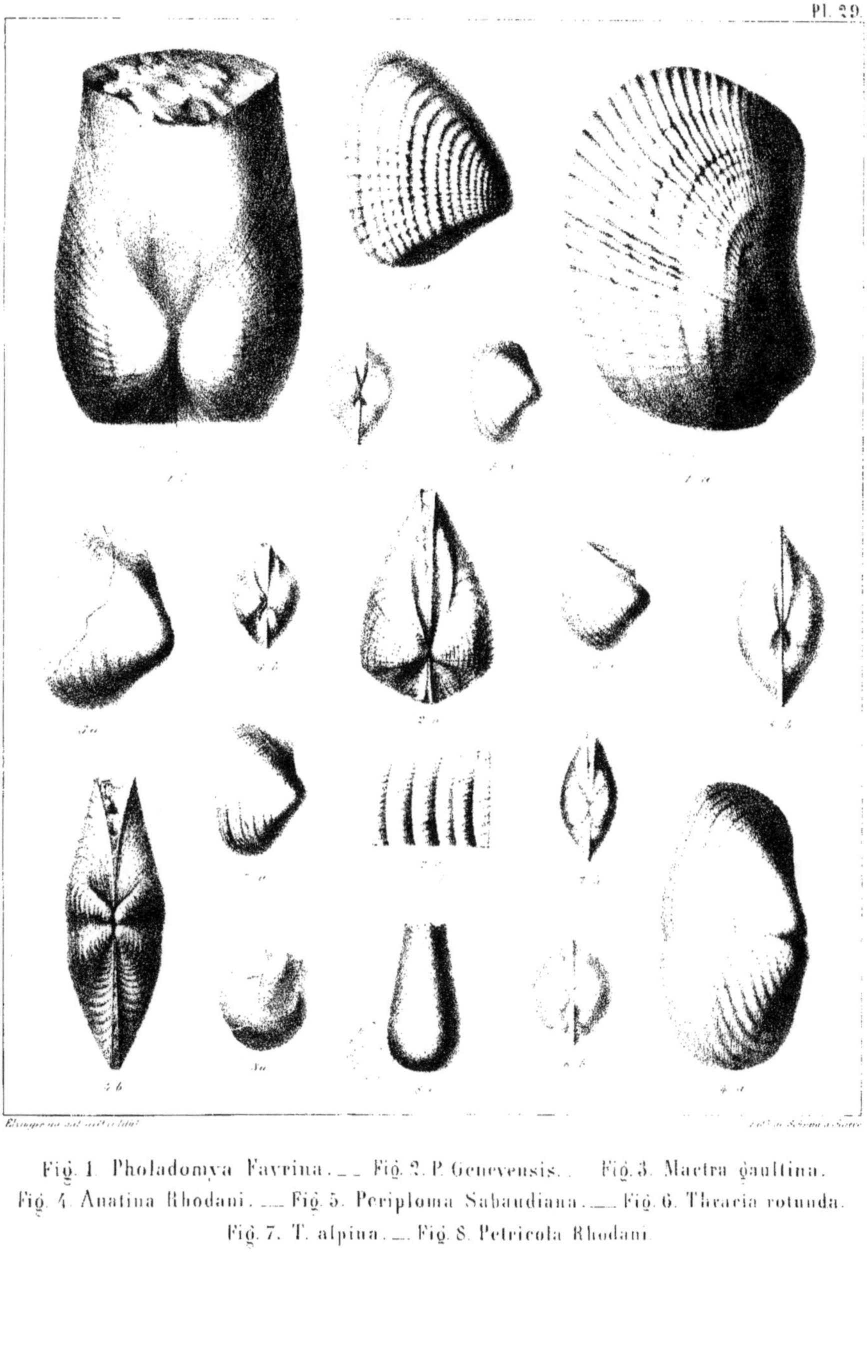

Fig. 1. Pholadomya Favrina. __ Fig. 2. P. Genevensis. Fig. 3. Mactra gaultina.
Fig. 4. Anatina Rhodani. __ Fig. 5. Periploma Sabaudiana. __ Fig. 6. Thracia rotunda.
Fig. 7. T. alpina. __ Fig. 8. Petricola Rhodani.

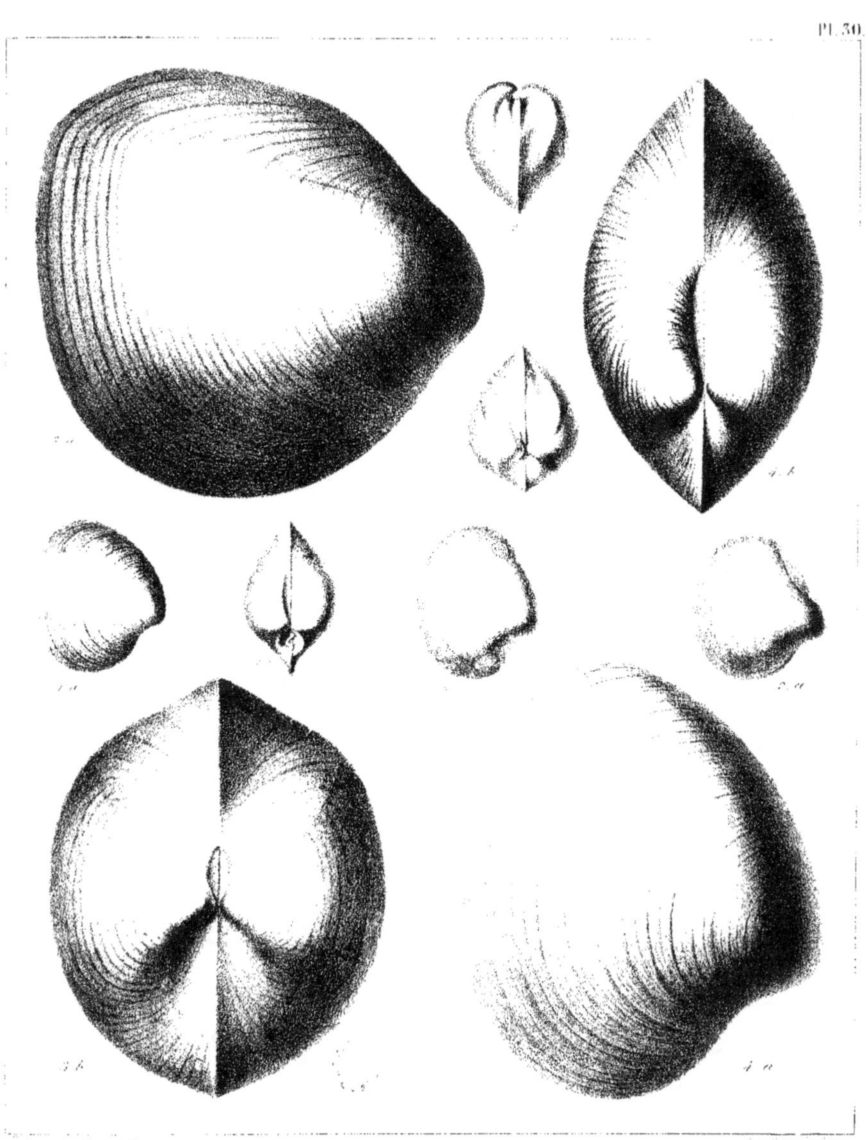

Fig. 1. Venus Vibrayeana. — Fig. 2. Thetis Genevensis.
Fig. 3. Cardium Neckerianum. — Fig. 4. C. Dupinianum.

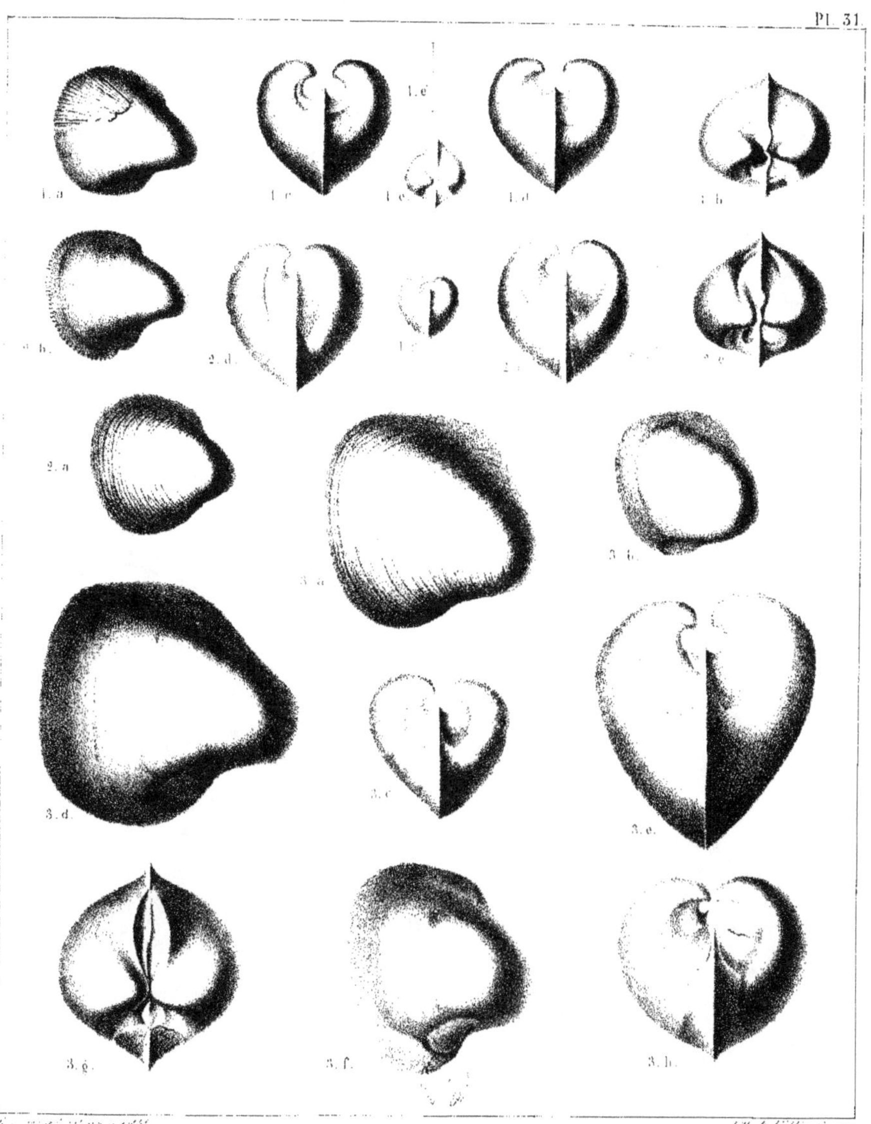

Fig.1. Cardium Raulinianum   Fig.2. C. Alpinum.
Fig.3. Isocardia crassicornis.

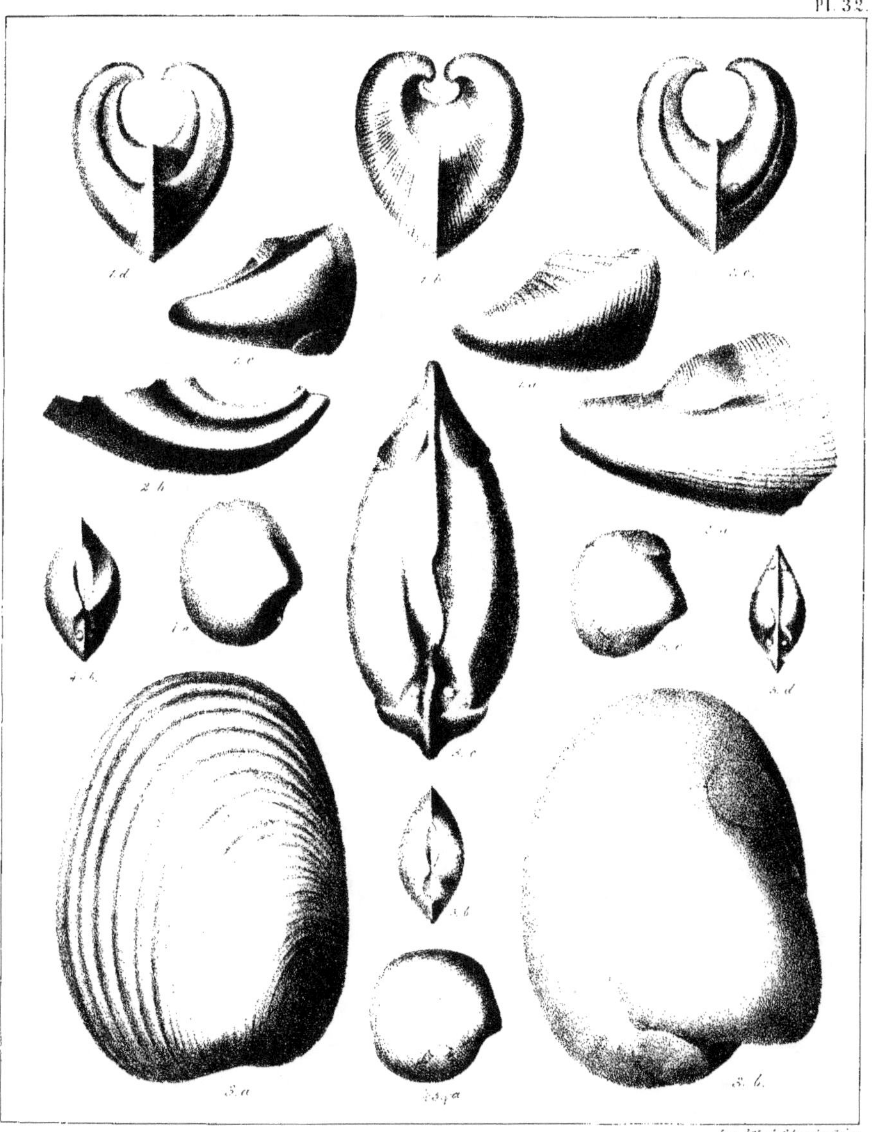

Fig. 1. Opis Hugardiana. — Fig. 2. O. lineata. — Fig. 3. Astarte Brunneri.
Fig. 4. A. Sabaudiana. — Fig. 5. A. Dupiniana.

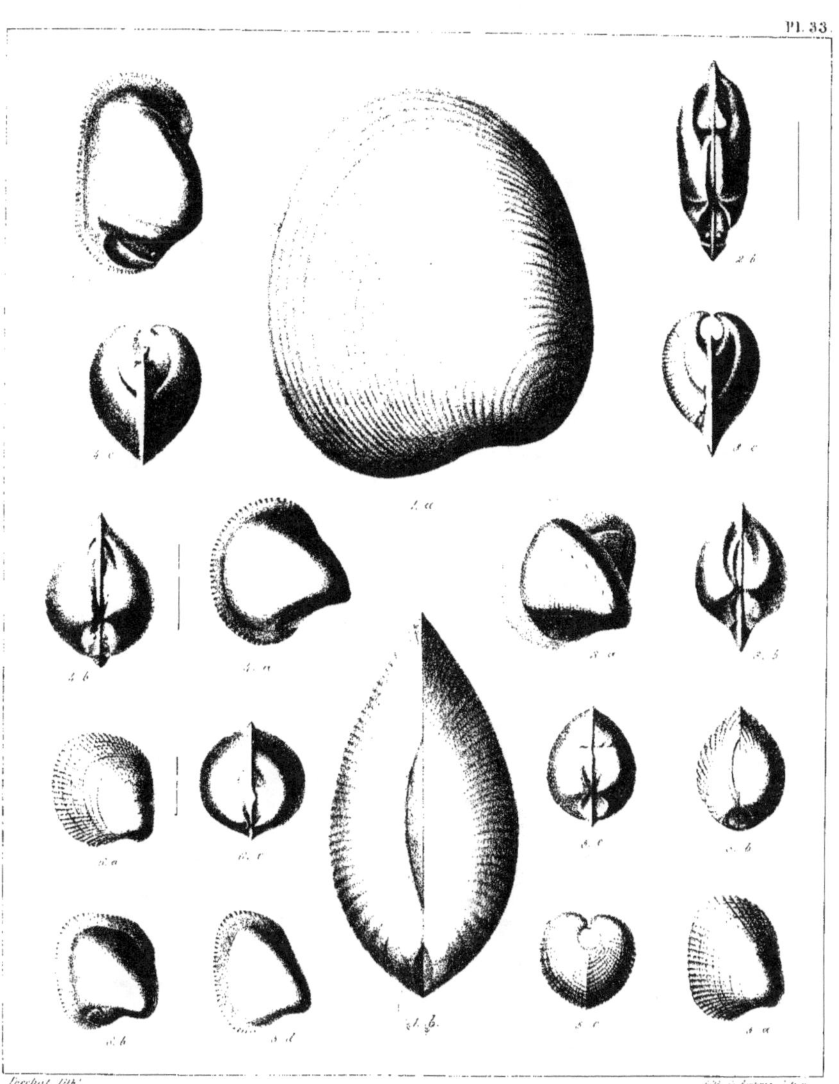

Fig. 1. **Astarte** gurgitis. — Fig. 2. Crassatella Saxoneti. — Fig. 3. C. Sabaudiana.
Fig. 4. C. Fisiana. — Fig. 5. Cardita Constantii. — Fig. 6. C. rotundata.

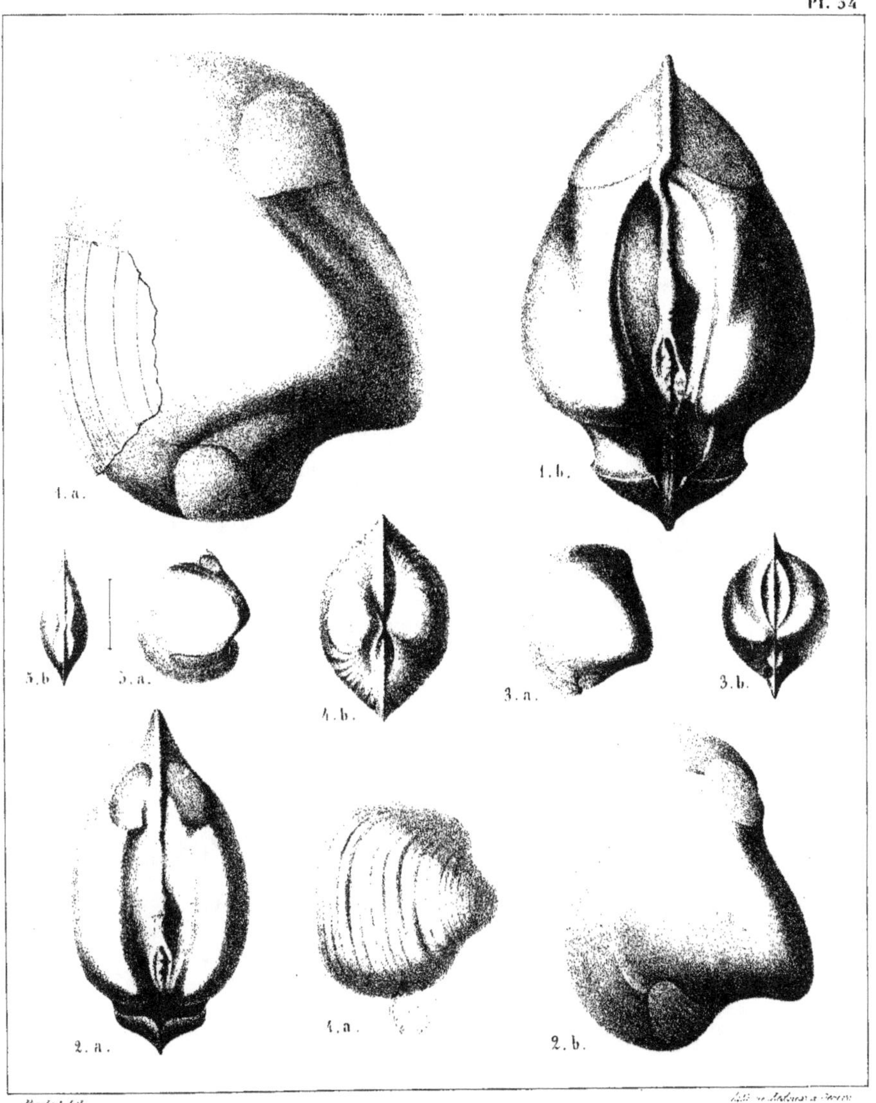

Fig.1. Cyprina Ervyensis.   Fig.2. C. Rhodani.   Fig.3. C. regularis.
Fig.4. Corbis gaultina.   Fig.5. Lucina gurgitis.

Fig. 1 & 2. Trigonia aliformis.   Fig. 3. T. Constantii.
Fig. 4. T. Archiaciana. Fig. 5. T. nodosa.

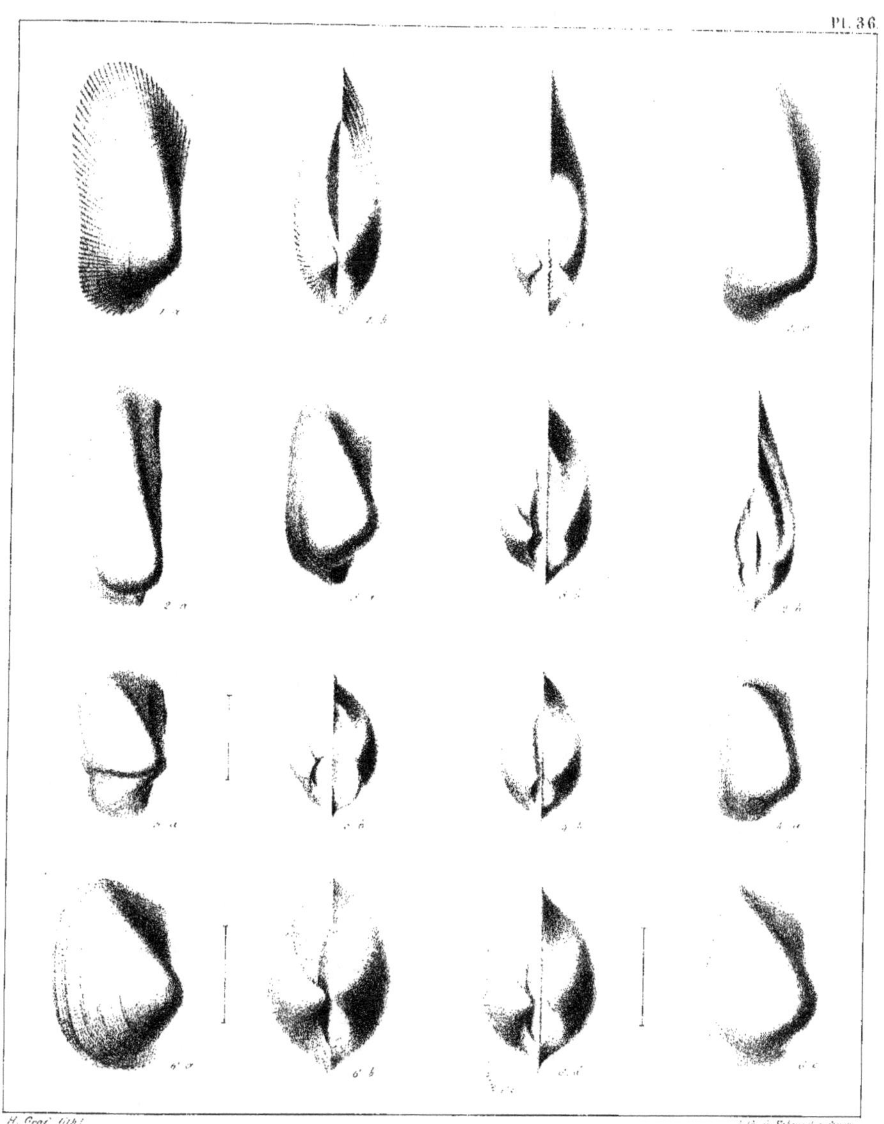

Fig. 1. Arca Hugardiana. ___ Fig. 2. A. gurgitis. ___ Fig. 3. A. Campichiana.
Fig. 4. A. Favrina. ___ Fig. 5. A. bipartita. ___ Fig. 6. A. subnana.

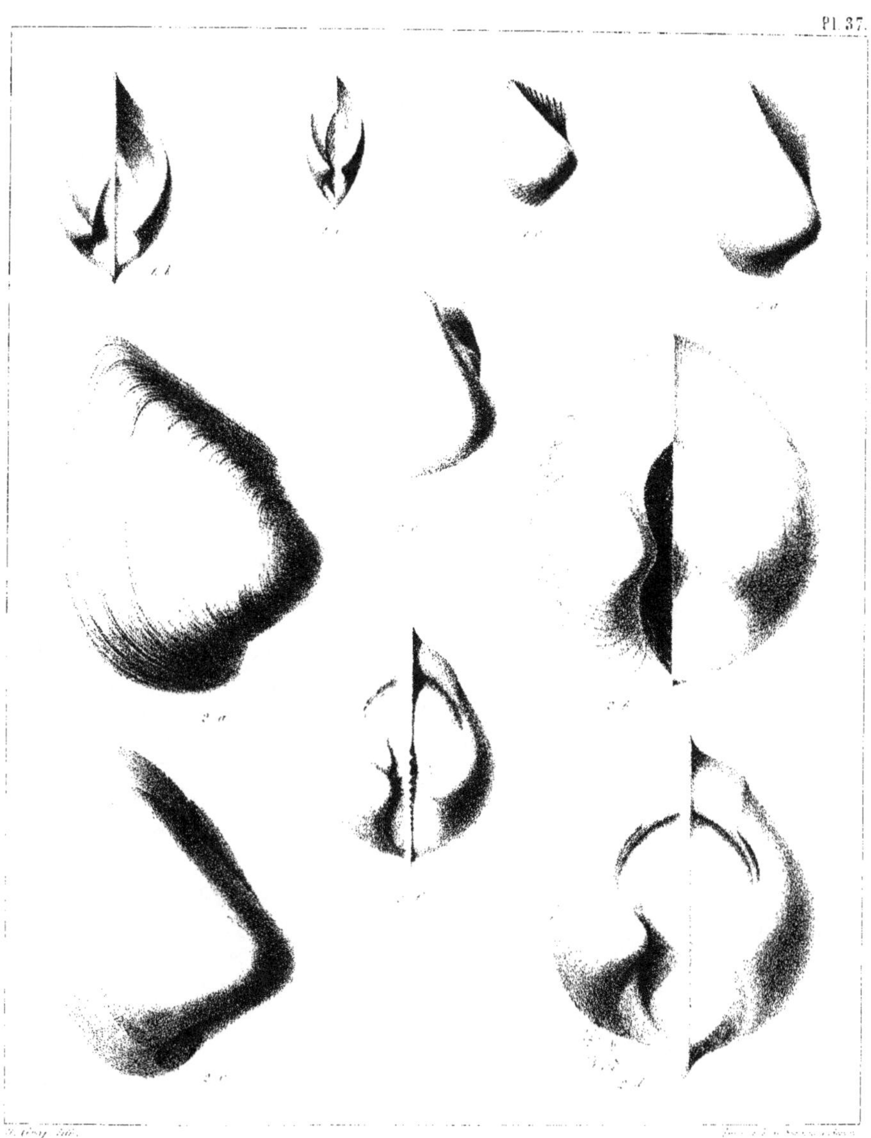

Fig. 1. Arca carinata. — Fig. 2. Arca fibrosa.

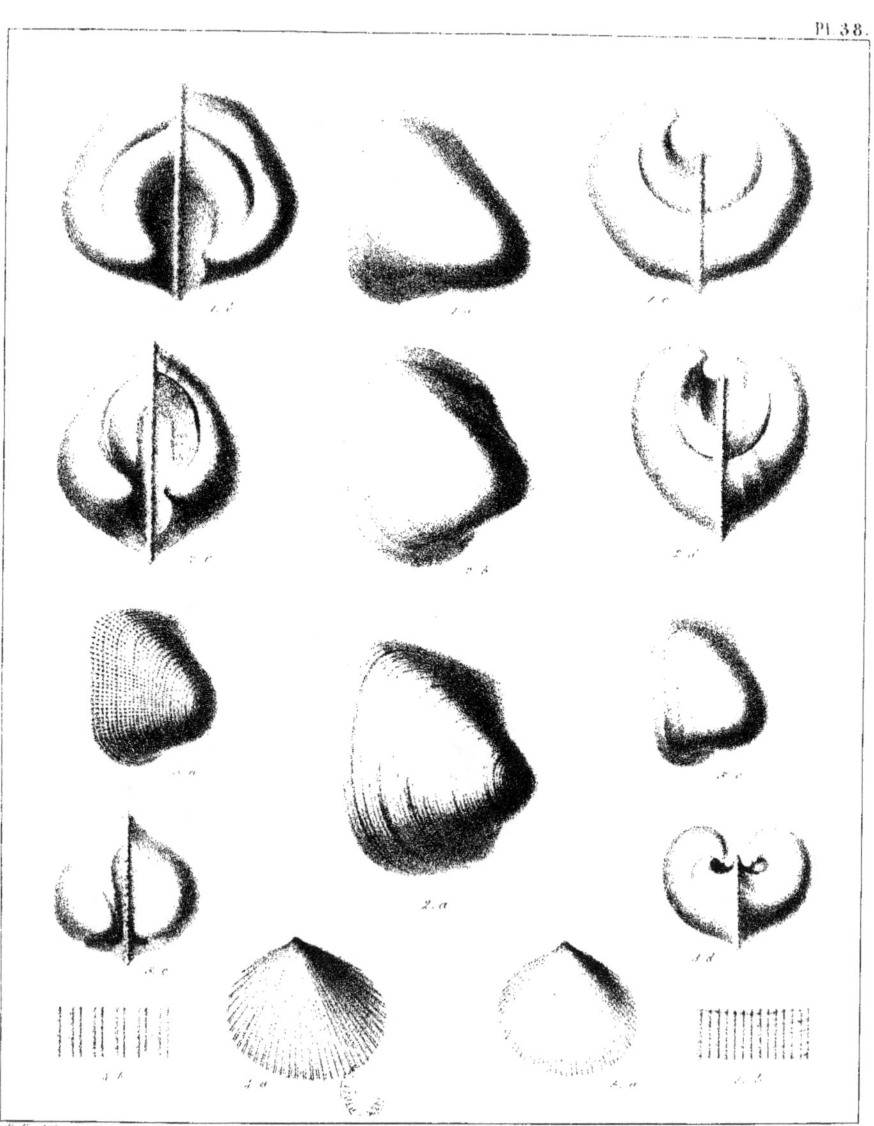

Fig. 1 & 2. Arca obesa.—— Fig. 3. Isoarca Agassizii.—— Fig. 4. Pectunculus alternatus.
Fig. 5. Pectunculus Huberianus.

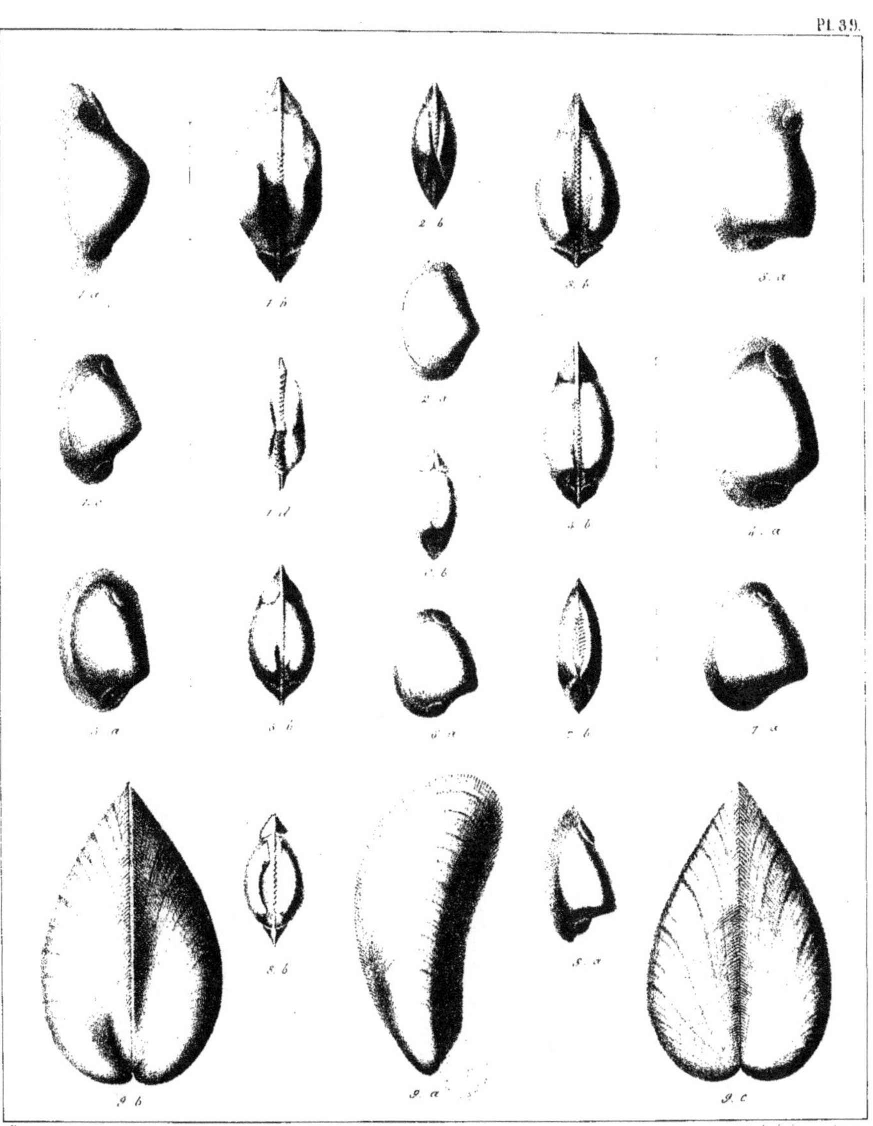

Fig. 1. **Nucula Neckeriana**. — Fig. 2. **N. Vibrayeana**. — Fig. 3. **N. pectinata**. — Fig. 4. **N. ovata**.

Fig. 5. **N. gurgitis**. — Fig. 6. **N. Arduennensis**. — Fig. 7. **N. Timotheana**.

Fig. 8. **N. Carthusiæ**. — Fig. 9. **Mytilus Orbignyanus**.

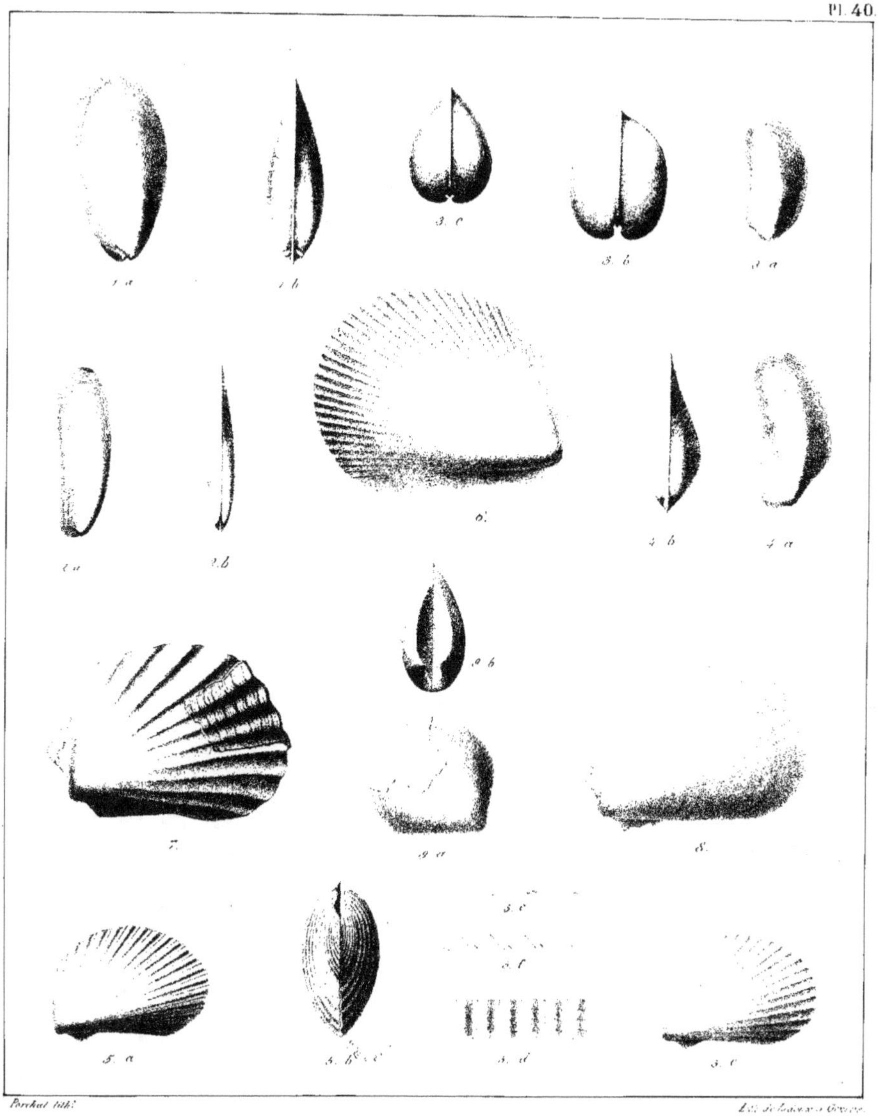

Pochat lith.

Lith. Schwarz à Genève.

Fig. 1. Mytilus Rhodani. — Fig. 2. M. gurgitis. — Fig. 3. M. Giffreanus.
Fig. 4. M. Mortilleti. — Fig. 5. Lima Itieriana. — Fig. 6. L. Sabaudiana.
Fig. 7. L. alpina. — Fig. 8. L. Saxoneti. — Fig. 9. L. albensis.

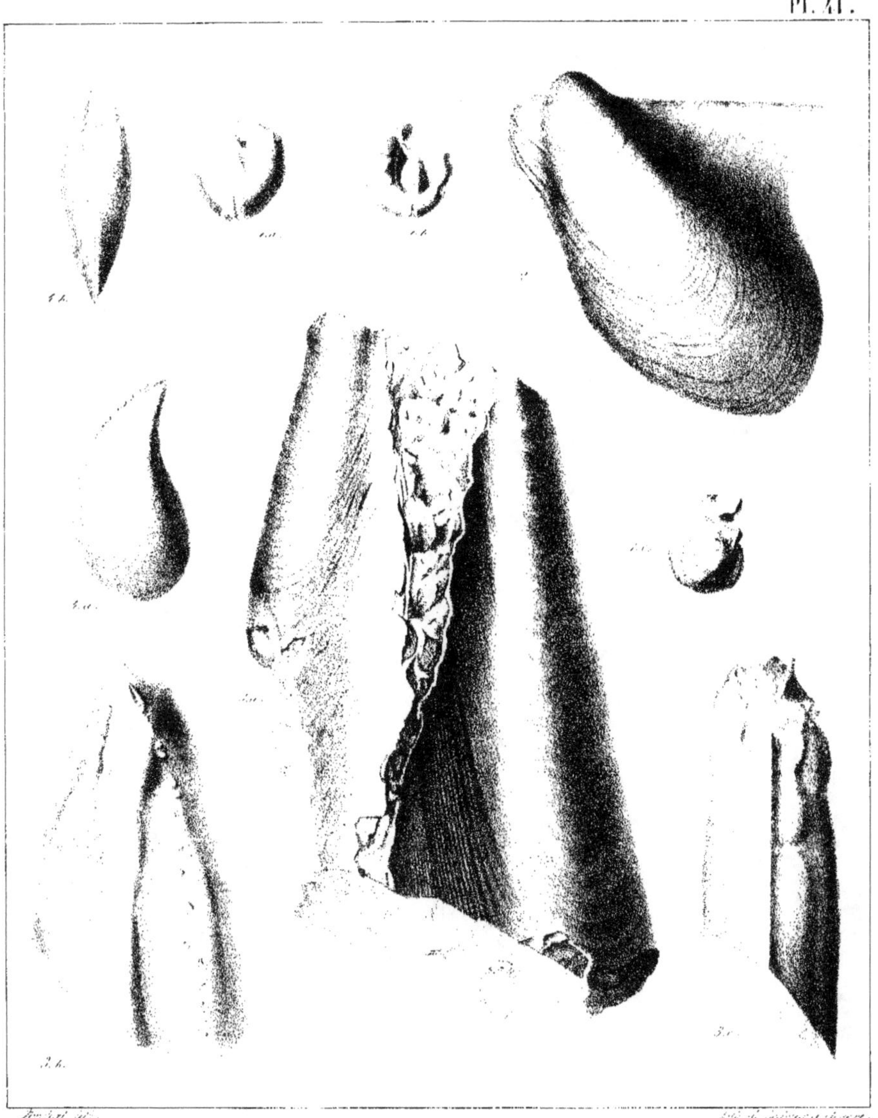

Fig. 1. Diceras gaultina.—Fig. 2. Avicula Rhodani.
Fig. 3. Gervilia alpina.—Fig. 4. Perna Rauliniana.

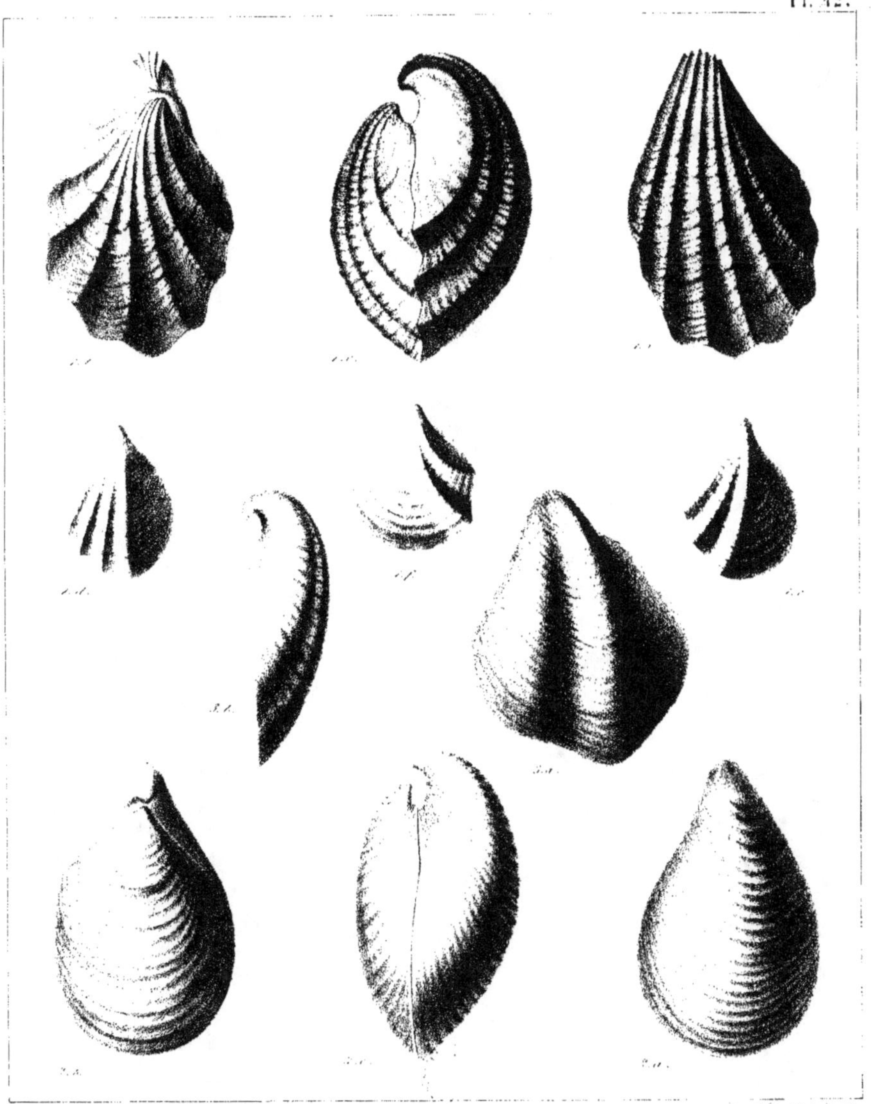

Fig. 1. Inoceramus Sulcatus. ___ Fig. 2. I. Concentricus.
Fig. 3. I. Salomoni.

Fig. 1. Lima montana. ___ Fig. 2. Hinnites Favrinus.

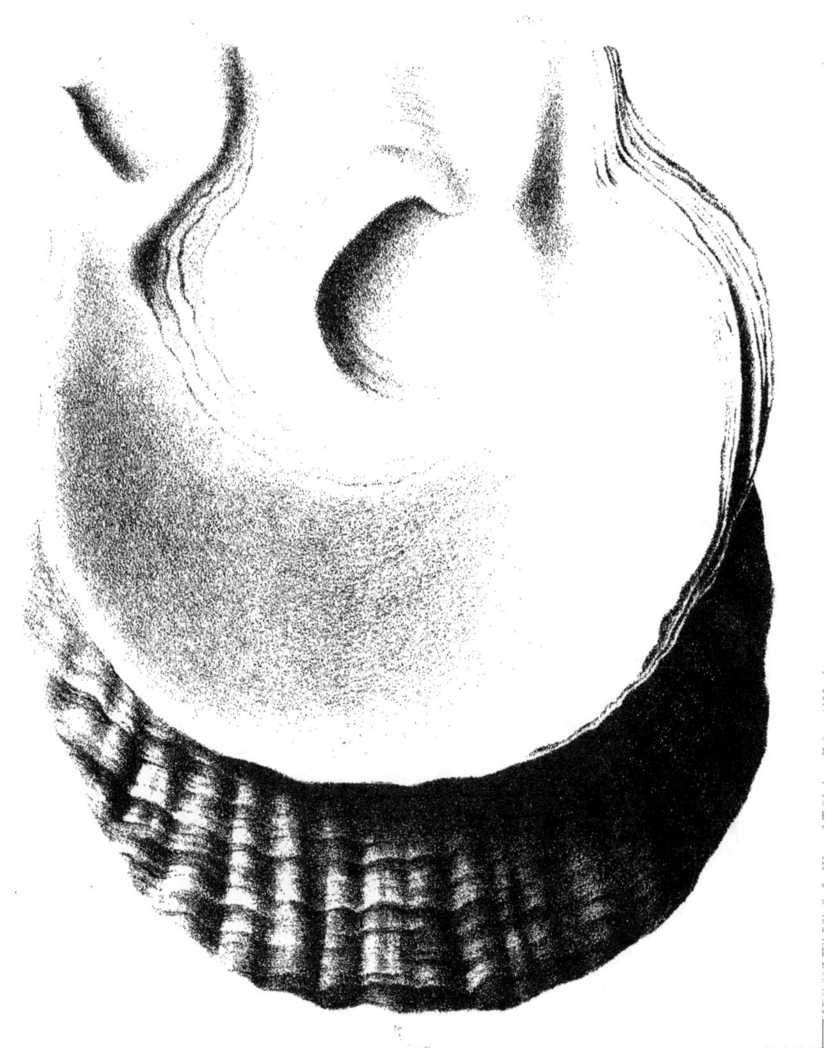

Hinnites Favrinus.

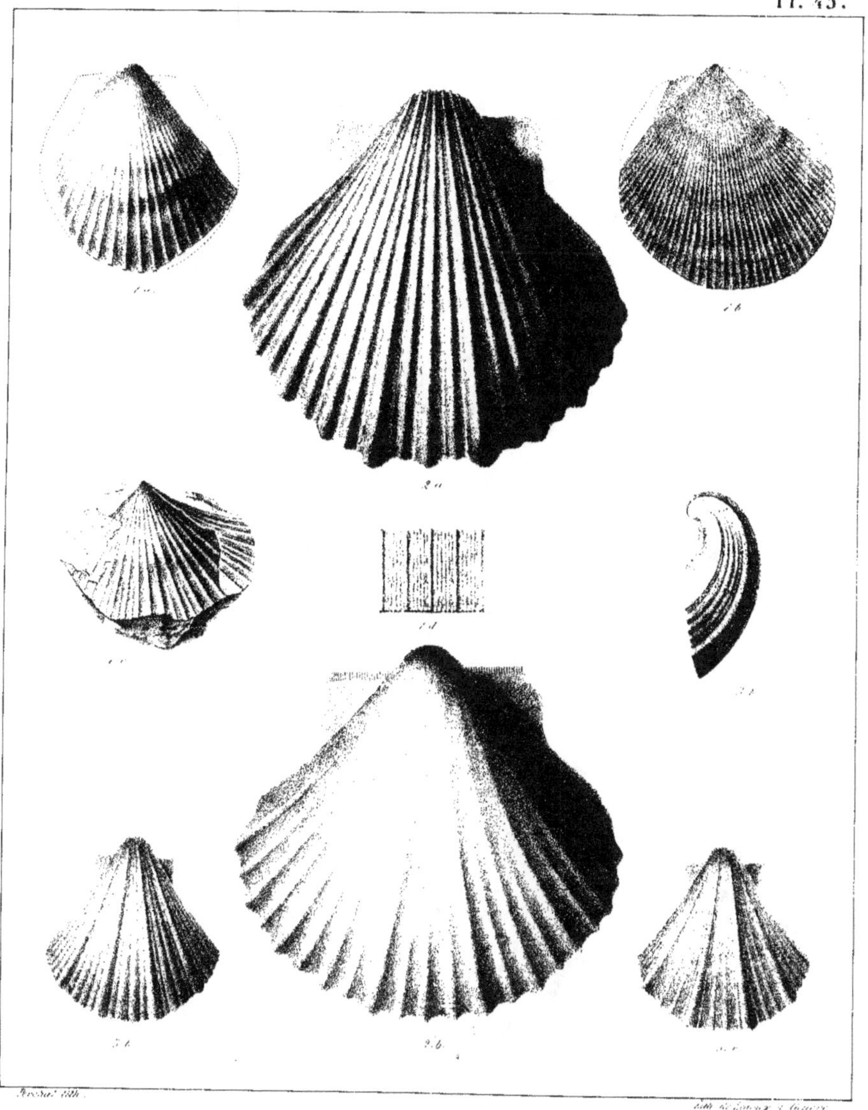

Fig. 1. Hinnites Studeri. — Fig. 2. Janira Faucignyana.
Fig. 3. Janira 5 costata.

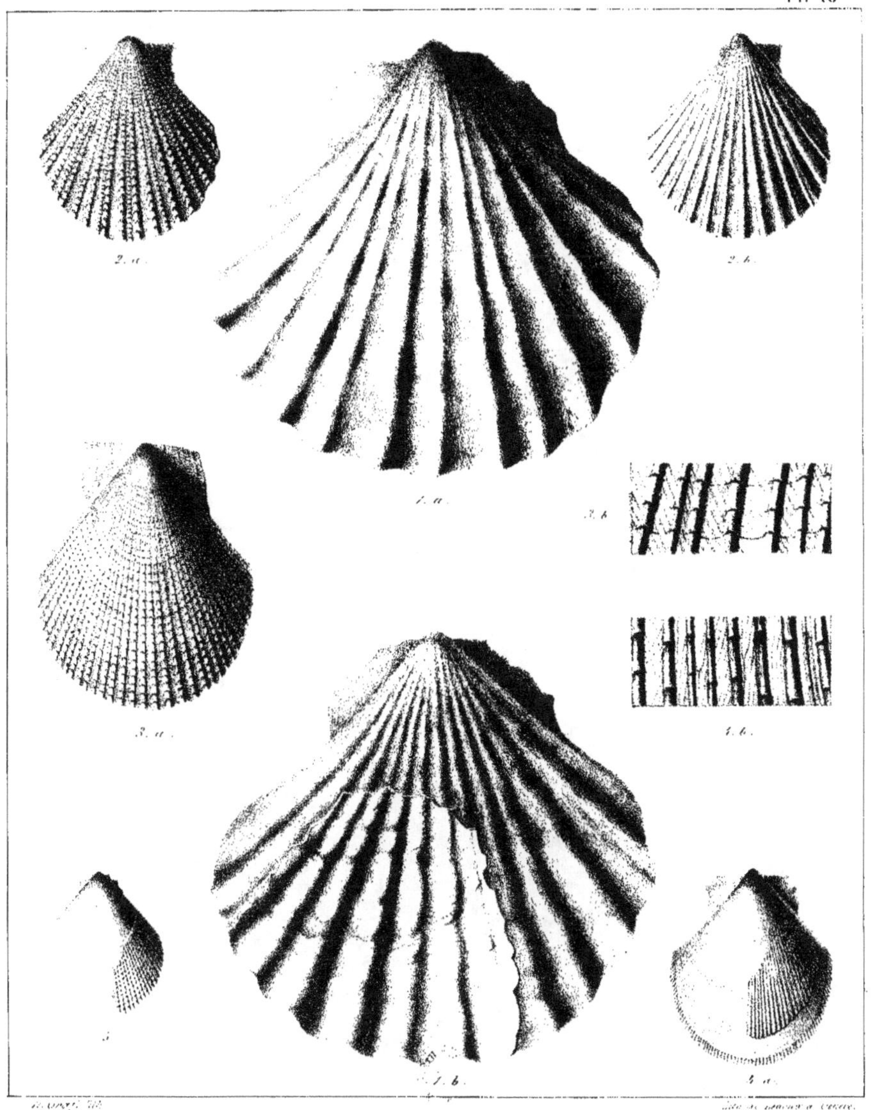

Fig. 1. Pecten Rhodani._Fig. 2. P. Raulinianus._Fig. 3. P. Interstriatus.

Fig. 4. P. Dutemplei. ___ Fig. 5. P. Saxoneti.

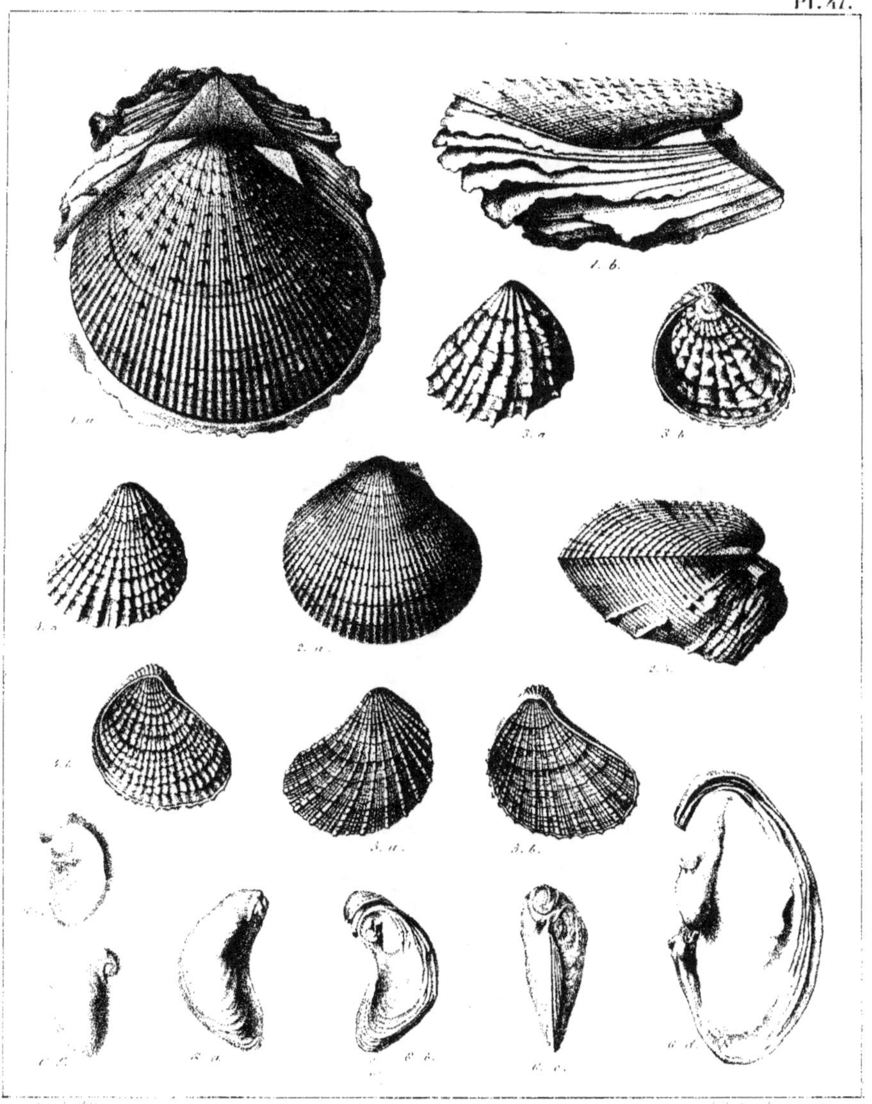

Fig. 1 et 2. Spondylus Brunneri._ Fig. 3. Plicatula radiola.
Fig. 4. P. gurgitis._ Fig. 5. P. Strigilis. _ Fig. 6. Ostrea arduennensis.

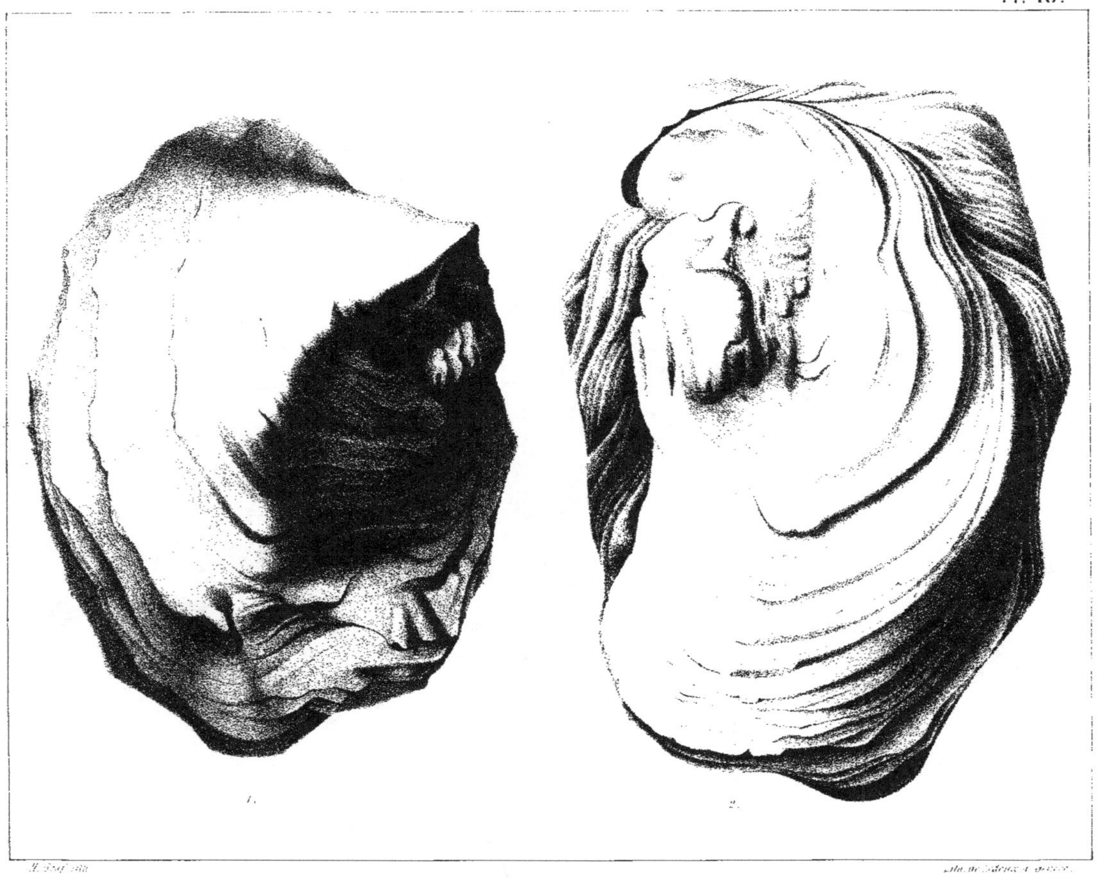

Ostrea aquila.

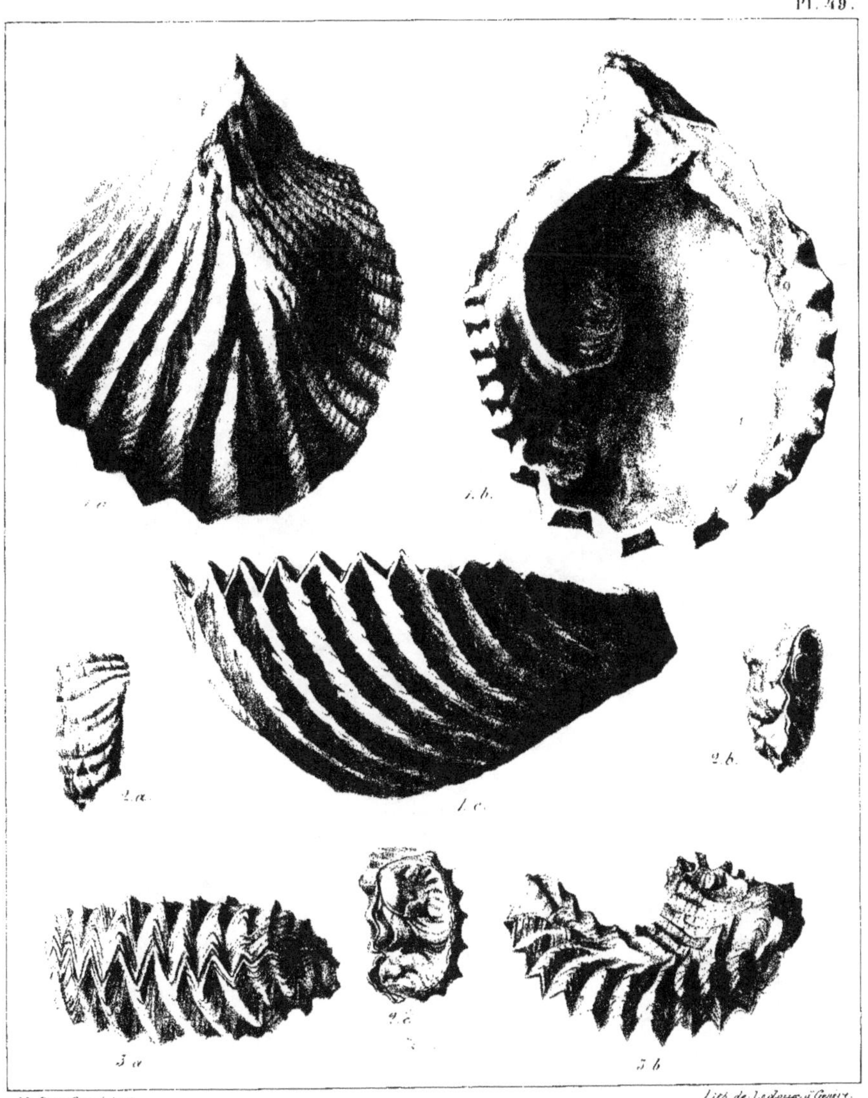

Fig. 1. Ostrea Allobrogensis. — Fig. 2. O. Harpa —
Fig. 3. O. Milletiana.

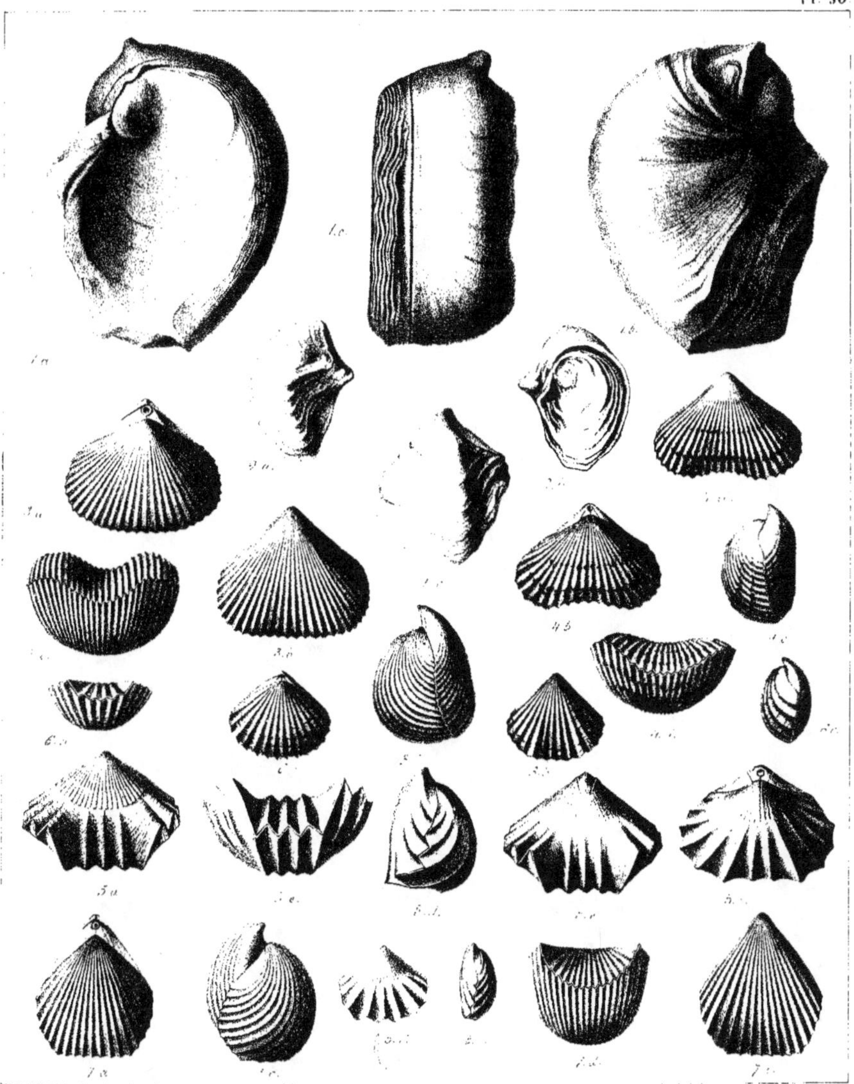

Fig. 1. Ostrea Rauliniana. — Fig. 2. O. canaliculata. — Fig. 3. & 4. Rhynchonella lata.
Fig. 5. R. antidichotoma. — Fig. 6. R. Emerici. — Fig. 7. R. polygona.

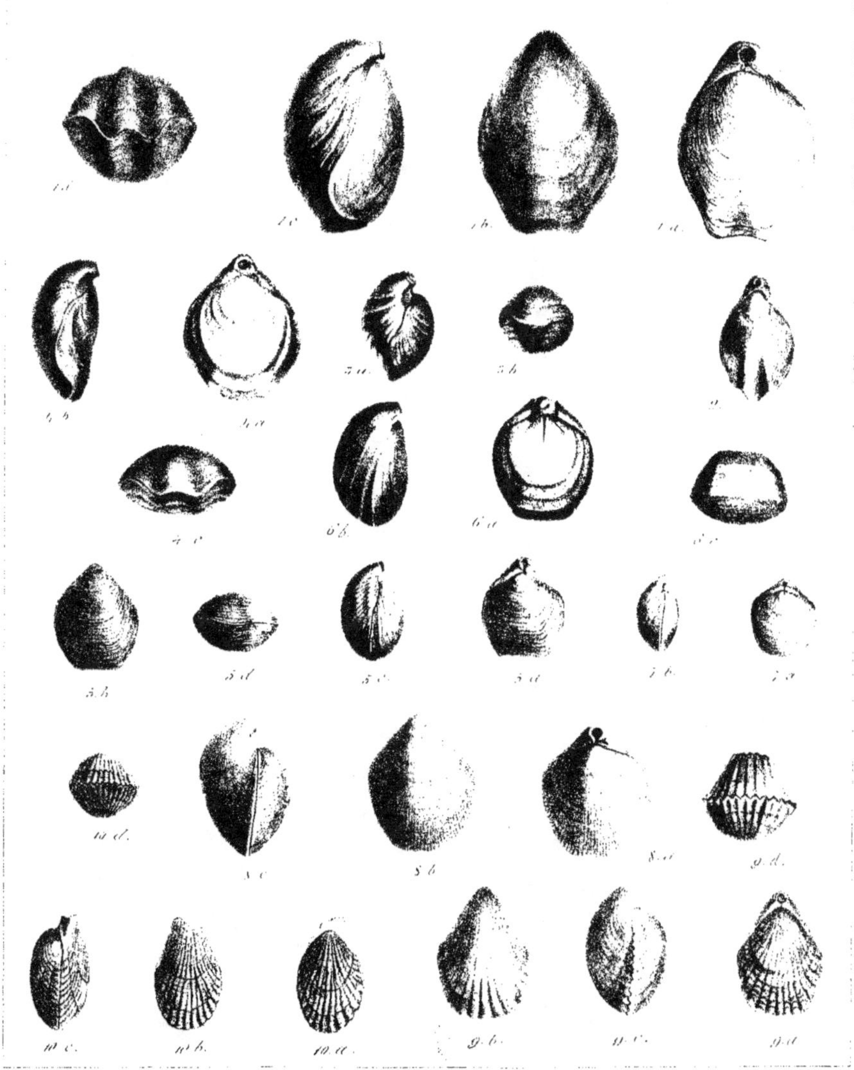

Fig. 1. 4. Terebratula Dutempleana.—Fig. 5. 7. T. Lemaniensis.—Fig. 8. Terebratulina
Saxoneti.—Fig. 9. Terebratella Rhodani.—Fig 10. Terebrirostra Arduennensis.